曲阜师范大学教材建设基金资助

单片微型计算机原理与接口技术
——基于 STC15W4K32S4 单片机
Danpian Weixing Jisuanji Yuanli Yu Jiekou Jishu

主 编 黄金明

副主编 王化建 褚晓广

主 审 姚永平

U0338238

中国矿业大学出版社

·徐州·

内 容 简 介

本教材从微型计算机的基础知识和基本工作原理入手，重点介绍单片微型计算机内部各模块的功能结构、工作原理、接口电路和应用编程等内容，在编写中尽可能地结合目前工程应用中常用的新技术、新知识和新方法，力求做到学以致用。

全书共分为12章。第1～2章介绍了微机系统的基础知识和组成结构；第3～4章介绍了STC15W4K系列单片机的内部结构及指令系统；第5章介绍了单片机的C语言程序设计；第6～12章介绍了单片机各模块的结构原理及应用。每章均配套有习题与思考题，所有实例均经调试通过。为了便于读者自学，本书在第12章还分别介绍了与教材配套的开发板设计方法和STC15W4K单片机学习板设计方法，并在附录B中提供了单片机学习板的电路图，供读者选择使用。

本书内容丰富、层次分明、结构合理，可以作为普通高校计算机类、电子信息类和电气自动化类等专业的教学用书，还可以作为高职院校以及培训班的教材，同时也可以作为大学生各类创新创业竞赛和单片机应用工程师的参考书。

图书在版编目(CIP)数据

单片微型计算机原理与接口技术：基于STC15W4K32S4
单片机/黄金明主编.—徐州：中国矿业大学出版社，2019.7
(2025.1 重印)
　ISBN 978 - 7 - 5646 - 4495 - 6

　Ⅰ.①单… Ⅱ.①黄… Ⅲ.①单片微型计算机－理论
－高等学校－教材②单片微型计算机－接口技术－高等学
校－教材　Ⅳ.①TP368.1

　中国版本图书馆 CIP 数据核字(2019)第 144754 号

书　　名	单片微型计算机原理与接口技术：基于 STC15W4K32S4 单片机
主　　编	黄金明
责任编辑	李　敬
出版发行	中国矿业大学出版社有限责任公司
	（江苏省徐州市解放南路　邮编 221008）
营销热线	(0516)83885370　83884103
出版服务	(0516)83995789　83884920
网　　址	http：//www.cumtp.com　**E-mail**：cumtpvip@cumtp.com
印　　刷	江苏淮阴新华印务有限公司
开　　本	787 mm×1092 mm　1/16　**印张** 27.75　**字数** 710 千字
版次印次	2019 年 7 月第 1 版　2025 年 1 月第 2 次印刷
定　　价	65.00 元

（图书出现印装质量问题，本社负责调换）

序

进入 21 世纪,全球全面进入计算机智能控制与计算时代,其中一个重要的发展方向是以单片机为代表的嵌入式系统应用。8051 单片机已有近 50 年的应用历史,在教育界和科技界产生了广泛的影响,大量经典程序和电路可以直接应用,这大幅降低了开发风险,并极大提高了开发效率。这也是国产 STC51 系列单片机支持 8051 指令集的巨大优势。

在高校的嵌入式核心课程中,使用国产处理器是课程思政的重要一环。通过实现芯片的自主可控,能够有效防止被"卡脖子"的情况发生。同时,高校支持国产芯片,体现了不崇洋媚外的立场,思政教育必须落实到实际行动中。这是本书所处的时代背景。单片机原理及应用的入门课程应以国产芯片为起点,培养学生的民族自豪感。

目前,STC51 系列已从 8 位发展到 AI8051U 的 32 位 8051 时代。以 AI8051U-LQFP48 为例,其具有以下特点:

(1) AI8051U 配备 TFPU@120MHz,支持微秒级硬件三角函数和浮点运算;

(2) AI8051U 具备强抗干扰能力,内置真 12 位 ADC;

(3) AI8051U 内置专业级复位电路,可以完全替代外部复位电路;

(4) AI8051U 内部高可靠时钟完全满足串口通信要求,配备 4 组串口;

(5) AI8051U-LQFP48 支持 QSPI 和 I8080/M6800-TFT 接口;

(6) AI8051U 的 PWM 支持硬件移相@120MHz,DMA 可直接连接外设;

(7) AI8051U 的 SRAM 容量为 34 KB,Flash 容量为 64 KB;

(8) AI8051U 自带硬件 USB 接口,支持单芯片 USB 连接进行仿真和下载。

基于 STC15 系列的单片机原理及应用课程体系目前仍然是教学的主流,教学资源的建设和完善为后续 32 位 AI8051U 的教学打下了良好的基础。STC15 系列单片机经过全面的技术升级与创新:全部采用 Flash 技术(可反复编程超过 10 万次)和 ISP/IAP(在系统可编程/在应用可编程)技术;针对抗干扰和加密进行了专门设计;与传统 8051 相比,在相同的时钟频率下,指令平均速度快 7 倍,最快指令速度提高了 24 倍,时钟频率从传统的 12 MHz 提升至最高可达 30 MHz;集成度显著提高,集成了 A/D、CCP/PCA/PWM(PWM 可作为 D/A 使用)、高速同步串行通信端口 SPI、4 个高速异步串行通信端口 UART、5 个定时器/计数器、看门狗、内部高精准时钟(±1% 温漂,−40～+85 ℃ 之间,省去外部昂贵晶振)、内部高可靠复位电路(可省去外部复位电路)、大容量 SRAM、大容量 EEPROM 及大容量 Flash 程序存储器等。此外,STC15 系列还具备单芯片仿真(IAP15W4K58S4)功能,定时器支持 16 位自动重载,串口通信波特率计算设计为[系统时钟/4/(65536－重装数)],极大简化了教学。针对实时操作系统(RTOS),推出了不可屏蔽的 16 位自动重载定时器(定时器 0 的模式 3)。在配套的烧录软件 STC-ISP 中,提供了大量开发工具,如示例程序、定时器计算器、软件延时计算器、波特率计算器、头文件、指令表、Keil 仿真设置、串口助手、串口绘图、字库生成、图片取模、虚拟键盘、虚拟数码管显示、OLED12864、LCD12864、FFT 显示和示波器显示等。

1. STC 大学计划

STC 全力支持我国的单片机与嵌入式系统教育事业,STC 大学计划正在如火如荼地进行中。我们陆续与普通高等学校的电子信息、自动化、物联网等相关专业开展联合实验室建设和实验器材支持等活动,已与上海交通大学、浙江大学等 40 余所国内著名的 985、211 高校以及深圳信息职业技术学院等多所职业院校建立了深度合作关系。

2. 对大学计划与单片机教学的看法

针对微控制器的选择问题,笔者建议从 8 位的 8051 单片机入门比较合适。由于目前高校嵌入式课程的学时设置有限,建议通过以点带面的方式,首先深入理解 8051 单片机的原理与应用。掌握这部分内容后,学生在工作中便能灵活运用相关知识。如果在有限的学时内盲目追求高性能的 ARM 处理器学习,可能无法完全掌握,既没有实际意义,也无法培养出真正具备动手能力的人才。此外,这种追求可能会给学生带来畏惧心理,导致他们终生不再接触嵌入式开发。因此,我们必须尊重教育规律,首先要培养学生的信心,而不是单纯追求高调的表现。建议在大学前两年以 8 位单片机为入门课程,大三时,学有余力的学生可以选择修读 32 位的嵌入式课程。同时,C 语言的教学应与 8051 单片机相结合。一些中学的课外兴趣小组也可以学习 STC 的单片机与 C 语言。

感谢 Intel 公司发明了经久不衰的 8051 体系结构,也感谢黄金明老师的新书,使得中国 50 年来的单片机教学与国际水平保持同步。我们将本教材定为 STC 大学计划推荐教材及 STC 杯单片机系统设计大赛推荐教材。采用本书作为教材的高校将优先获得我们可仿真的实验箱的支持。

最后,为了中华民族的伟大复兴,让我们一起勇往直前——"明知山有虎,偏向虎山行"!

www.STCAIMCU.com　姚永平
2025/1/1

前　　言

党的二十大报告提出,坚持科技是第一生产力、人才是第一资源、创新是第一动力,深入实施科教兴国战略、人才强国战略、创新驱动发展战略,开辟发展新领域新赛道,不断塑造发展新动能新优势。坚持教育优先发展、科技自立自强、人才引领驱动,加快建设教育强国、科技强国、人才强国。

以控制器为核心的微机系统的应用是信息技术的热点问题,其范围几乎涵盖了所有的工程应用领域。STC15W4K32S4 单片机是宏晶科技有限公司的宽电压单片机产品,基于增强型 8051 内核,指令系统完全兼容传统 8051,但速度快 8～12 倍;片内集成了 32 KB Flash 程序存储器、4 KB SRAM、26 KB 数据 Flash(EEPROM)、5 个 16 位可重装载定时/计数器、6 路可编程时钟输出、4 组完全独立的高速异步串行口(UART)、1 组高速同步串行口(SPI)、6 通道 15 位高精度 PWM 输出、8 通道 10 位 ADC 和硬件看门狗等资源。此外,STC15W4K32S4 单片机内部还集成了高精度 R/C 时钟和高可靠复位电路,正常工作时可以完全省掉外部晶振电路和复位电路。STC15W4K32S4 单片机的在系统可编程(ISP)功能和在线仿真调试功能,还可以省掉专门的编程器和仿真器,使得开发过程变得既简单又高效。

根据高等教育对理工科应用型人才培养的需求,本书在注重基础理论的同时,增加了实践环节的内容比重,力求通过本教材能循序渐进、由浅入深地将知识体系呈现出来。总体来说,本教材的特点如下:

(1) 重点突出、层次清楚,内容循序渐进、由浅入深。在内容选择上注重知识的延续性和实用性,将布尔代数、逻辑电路和微机系统基本概念与单片机知识融会贯通。

(2) 软、硬件紧密结合,突出了软、硬件在单片机应用开发中的关系,每个实例均根据相应的硬件电路配套有汇编语言和 C 语言实现代码。汇编语言有助于理解单片机的工作机制,而 C 语言则易于编程和实现。

(3) 理论与实践相结合。在详细阐述基本原理的基础上,采用 Keil μVision 作为软件开发环境,并增加了丰富的例题和实验项目,这些资源很多来自大学生的创新竞赛试题和实际工程项目,有较强的实用性和可操作性。

教材的每一章都配套有相应的习题和思考题,方便教学使用。相应的电子教案和源程序代码也可以通过相关网站下载。

参加本书编写和程序调试工作的人员还有高东省、赵秀娟、柏建彩、杜春花等。武玉强教授和宏晶科技有限公司的姚永平总经理对全书进行了认真审阅，并提出了许多宝贵意见，在此一并表示感谢。

本书适合普通高等院校、高职高专院校计算机及相关专业的学生使用，对自学者也很适用。由于时间仓促，加之水平有限，不当之处在所难免，敬请读者批评指正。

编　者
2025 年 1 月

目　录

第1章 微型计算机基础知识

【本章要点】

本章主要讲述微型计算机的基础知识,包括计数制及其转换方法、数值表示方法、存储器结构和常用编码等,介绍了布尔代数和常见逻辑电路的工作原理,并以处理器发展为主线介绍了微型计算机的发展史。

本章的主要内容有:

- 计数制和编码。
- 布尔代数和常见逻辑电路。
- 微型计算机的发展史。

1.1 计数制和编码

微型计算机是一个典型的数字化设备,它内部只存在 0 和 1 两个数码,分别代表电路的导通与关闭两种状态,这种由两个数字构成的计数方法称为二进制。所有计算机都是以二进制形式进行算术运算和逻辑操作的。

1.1.1 计数制及其转换方法

1. 计数制的基与权

在人们应用各种数字符号表示事物数量的长期过程中,形成了各种计数制。进位计数制就是一种常用的计数方法,微机中常用的进位计数制有十进制、二进制、八进制和十六进制四种。

计数值 N 和 R 进制之间的关系为:

$$N = \sum d_i R^i$$

式中,d_i 用 $0,1,\cdots,R-1$ 等数码表示;数码的个数 R 称为基数;R^i 称为权值。运算时,逢 R 向更高位进 1,相邻数码位的权值相差 R 倍。

(1) 十进制数(decimal)

在十进制计数中,用 $0,1,2,\cdots,9$ 这 10 个数码来表示数量,无论多大的数,都是用这 10 个数码的组合来表示的,即十进制的基数为 10,权值为 10^i,加法中采用逢 10 进 1 的原则。

任何一个十进制数都可以展开成幂级数形式。例如,十进制数 3758 可以表示为:

$$(3758)_{10} = 3 \times 10^3 + 7 \times 10^2 + 5 \times 10^1 + 8 \times 10^0$$

根据同样的方法也可以表示十进制小数,小数点右边各位的权为 $10^{-1}, 10^{-2}, 10^{-3}, \cdots$

例如,十进制数 275.368 可以用上述方法写成:

$$(275.368)_{10} = 2 \times 10^2 + 7 \times 10^1 + 5 \times 10^0 + 3 \times 10^{-1} + 6 \times 10^{-2} + 8 \times 10^{-3}$$

因此,一个有 n 位整数和 m 位小数的十进制数 N 可表示为:

$$N = \pm [d_{n-1} \times 10^{n-1} + d_{n-2} \times 10^{n-2} + \cdots + d_0 \times 10^0 + d_{-1} \times 10^{-1} + d_{-2} \times 10^{-2} +$$

$$\cdots + d_{-m} \times 10^{-m}] = \pm \sum_{i=n-1}^{-m} d_i \times 10^i$$

式中,10^i 为权值,基数为 10;i 表示数中任一位,是一个变量;d_i 表示第 i 位的数码,可取 0 到 9 之间的任意数码;n 为该十进制数整数部分的位数;m 为小数部分的位数。整数部分中每位的权的幂是该数的所在位数减 1;小数部分中每位的权的幂是该位小数的位数。

（2）二进制数（binary）

以 2 为基数、2^i 为权值的计数制叫作二进制计数制。二进制数由 0、1 共两个不同的数码组成,在加法中采用逢 2 进 1 的原则。

一个有 n 位整数和 m 位小数的二进制数 N 可表示为:

$$N = \pm [d_{n-1} \times 2^{n-1} + d_{n-2} \times 2^{n-2} + \cdots + d_0 \times 2^0 + d_{-1} \times 2^{-1} + d_{-2} \times 2^{-2} + \cdots +$$

$$d_{-m} \times 2^{-m}] = \pm \sum_{i=n-1}^{-m} d_i \times 2^i$$

式中,i 表示数中任一位,是一个变量;d_i 表示第 i 位的数码,可取 0 或 1;n 为该二进制数整数部分的位数;m 为小数部分的位数。

例如,二进制数 110101 可以表示为:

$$(110101)_2 = 1 \times 2^5 + 1 \times 2^4 + 0 \times 2^3 + 1 \times 2^2 + 0 \times 2^1 + 1 \times 2^0 = (53)_{10}$$

（3）八进制数（octal）

八进制数相对于二进制数具有容易书写和记忆的特点,是人们学习和研究计算机中二进制数的一种工具,它是随着计算机的发展而广泛应用的。

八进制数有 $0,1,2,\cdots,7$ 共 8 个数码,在加法中采用逢 8 进 1 的原则。例如,八进制数 612.12 展开成幂级数形式为:

$$(612.12)_8 = 6 \times 8^2 + 1 \times 8^1 + 2 \times 8^0 + 1 \times 8^{-1} + 2 \times 8^{-2} = (394.15625)_{10}$$

（4）十六进制数（hexadecimal）

十六进制也是学习和研究二进制数的一种工具,在中国历史上曾发挥重要作用,秦始皇统一度量衡后,采用"衡"的单位为十六进制,即一斤等于十六两,古人常用"半斤八两"来比喻彼此不相上下,实力相当。

十六进制数有 $0,1,2,\cdots,9,A,B,C,D,E,F$ 共 16 个数码,在加法中采用逢 16 进 1 的原则。十六进制数也可展开成幂级数形式。例如,十六进制数 70F.B1 可以写为:

$$(70F.B1)_{16} = 7 \times 16^2 + 0 \times 16^1 + F \times 16^0 + B \times 16^{-1} + 1 \times 16^{-2} = (1807.691406)_{10}$$

存在多种计数制的情况下,为了清楚地表示数值的大小,通常采用以下两种表示方法:

① 采用在数值后加下标的表示方式,即将数值的计数制方式以下标形式进行标注。例如,$68_{10}, 720_8, 13A8_{16}, 1011_2$ 或 $(68)_{10}, (720)_8, (13A8)_{16}, (1011)_2$ 等。

② 采用在数值后加英文字母后缀的方式,其规定为二进制数后面跟 B,十进制数后面跟 D,十六进制数后面跟 H,八进制数后面跟 O。例如,68D,720O,13A8H,1011B 等。

注意:

① 若在数值后面没有任何下标或英文字母后缀,则默认为是省略了下标或字母后缀的十进制数表示。

② 由于八进制英文字母后缀"O"容易与数字"0"混淆,因此实际应用中常用"Q"作为八进制数值的字母后缀。

2. 各种计数制的相互转换

(1) 二进制数和十进制数之间的相互转换

① 二进制数到十进制数的转换方法

由前面的知识可知每种计数制的数值都可以表示成一个幂级数形式的多项式,这就是该值所对应的十进制数,所以二进制数到十进制数的转换方法就是求此数的多项式的值。

例如:1011.01B=(　　　　)D

$$1011.01B = 1 \times 2^3 + 0 \times 2^2 + 1 \times 2^1 + 1 \times 2^0 + 0 \times 2^{-1} + 1 \times 2^{-2}$$
$$= 1 \times 2^3 + 1 \times 2^1 + 1 \times 2^0 + 1 \times 2^{-2}$$
$$= 11.25D$$

② 十进制数到二进制数的转换方法

本转换过程是上述转换过程的逆过程,但十进制整数和小数转换成二进制整数和小数的方法是不相同的,现分别进行介绍。

A. 十进制整数转换成二进制整数可以采用"除 2 取余倒序法"。

"除 2 取余倒序法"法则是:用 2 连续去除待转换的十进制数,直到商为零结束,然后把各余数按倒序从下至上排列起来,所得到的数便是所求的二进制整数。

例如:111D=(　　　　)B

$$111 \div 2 = 55 \cdots\cdots\cdots\cdots\cdots\cdots\cdots 余数 1$$
$$55 \div 2 = 27 \cdots\cdots\cdots\cdots\cdots\cdots\cdots 余数 1$$
$$27 \div 2 = 13 \cdots\cdots\cdots\cdots\cdots\cdots\cdots 余数 1$$
$$13 \div 2 = 6 \cdots\cdots\cdots\cdots\cdots\cdots\cdots 余数 1$$
$$6 \div 2 = 3 \cdots\cdots\cdots\cdots\cdots\cdots\cdots 余数 0$$
$$3 \div 2 = 1 \cdots\cdots\cdots\cdots\cdots\cdots\cdots 余数 1$$
$$1 \div 2 = 0 \cdots\cdots\cdots\cdots\cdots\cdots\cdots 余数 1$$

根据规则,将所得的余数倒序从下往上排列起来的序列就是所求二进制数,所以结果为:111D=1101111B。

B. 十进制小数转换成二进制小数通常采用"乘 2 取整法"。

"乘 2 取整法"法则是:用 2 连续去乘要转换的十进制小数,直到所得积的小数部分为零或满足所需位数为止,然后把各次所得整数按最先得到的为最高位和最后得到的为最低位依次排列起来,所对应的数便是所求的二进制小数。

例如:0.8125D=(　　　　)B

$$0.8125 \times 2 = 1.625 \cdots\cdots\cdots\cdots\cdots\cdots 取整 1$$
$$0.625 \times 2 = 1.25 \cdots\cdots\cdots\cdots\cdots\cdots 取整 1$$
$$0.25 \times 2 = 0.5 \cdots\cdots\cdots\cdots\cdots\cdots 取整 0$$
$$0.5 \times 2 = 1.0 \cdots\cdots\cdots\cdots\cdots\cdots 取整 1$$

根据规则,显然,0.8125D＝0.1101B。

（2）十六进制数和十进制数之间的相互转换

① 十六进制数到十进制数的转换方法

由十六进制数转换为十进制数的方法和二进制数转换为十进制数的方法类似,即把十六进制数进行加权展开后求和。

例如:E5D7.A3H＝(　　　　)D

$$E5D7.A3H＝E\times16^3＋5\times16^2＋D\times16^1＋7\times16^0＋A\times16^{-1}＋3\times16^{-2}$$
$$＝58839.63671875D$$

② 十进制数到十六进制数的转换方法

A. 十进制整数转换成十六进制整数和十进制整数转换成二进制整数类似,可以采用"除 16 取余倒序法"。

"除 16 取余倒序法"法则是:用 16 连续去除要转换的十进制整数,直到商数为零结束,然后把各余数按倒序排列起来,所得数便是所求的十六进制数。

例如:47632D＝(　　　　)H

$$47632\div16＝2977\cdots\cdots\cdots\cdots\cdots\cdots余数\ 0$$
$$2977\div16＝186\cdots\cdots\cdots\cdots\cdots\cdots余数\ 1$$
$$186\div16＝11\cdots\cdots\cdots\cdots\cdots\cdots余数\ A(10)$$
$$11\div16＝0\cdots\cdots\cdots\cdots\cdots\cdots余数\ B(11)$$

根据计算规则,所得余数的倒序排列值即为所求值,即 47632D＝BA10H。

B. 十进制小数转换成十六进制小数方法类似于十进制小数转换成二进制小数,常采用"乘 16 取整法"。

"乘 16 取整法"法则是:把欲转换的十进制小数连续乘以 16,直到所得乘积的小数部分为 0 或达到所需位数为止,然后把各次所得整数按先得到的为高位、后得到的为低位的次序排列起来,所得的数便是所求的十六进制小数。

例如:0.78125D＝(　　　　)H

$$0.78125\times16＝12.5\cdots\cdots\cdots\cdots\cdots\cdots取整\ C(12)$$
$$0.5\times16＝8.0\cdots\cdots\cdots\cdots\cdots\cdots取整\ 8$$

根据计算规则,所得的整数排列值即为所求值,即 0.78125D＝0.C8H。

（3）二进制数和十六进制数之间的相互转换

二进制数和十六进制数间的转换十分方便,这就是为什么要采用十六进制形式来对二进制数加以表达的内在原因,其根本原因就在于 $16＝2^4$,这就决定了十六进制数只是二进制数的变形。

① 二进制数到十六进制数的转换方法

可采用"四位合一位法"。其法则是:从二进制数的小数点开始,向两边每四位一组,不足四位加 0 补足,然后分别把每组用十六进制数码表示,并按序相连。

例如:1011101001.110101B＝(　　　　)H

二进制数	0010	1110	1001	.	1101	0100
	↓	↓	↓		↓	↓
十六进制数	2	E	9	.	D	4

显然,1011101001.110101B＝2E9.D4H。

② 十六进制数到二进制数的转换方法

可以采用"一位分四位法"。其法则是:把十六进制数的每位分别用四位二进制数码表示,然后把它们连成一体。将上面的例题求一个逆运算就是很好的"一位分四位法"的例题。

例如:1D4B7.5EAH＝(　　　　　)B

十六进制数	1	D	4	B	7	.	5	E	A
	↓	↓	↓	↓	↓		↓	↓	↓
二进制数	0001	1101	0100	1011	0111	.	0101	1110	1010

故,1D4B7.5EAH＝1110101001011011.010111101010B。

1.1.2 微型计算机中数值的表示方法

不同的数值类型在微机系统存储器中的表示方式是不同的,下面分别介绍无符号整数、带符号整数和实数的表示方法。

1. 无符号整数的表示方法

无符号整数在存储器中存储时无须考虑符号位的问题,直接使用数值的二进制真值表示即可,又因为数值在微机系统存储器中以字节为单位进行存储,因此有单字节数、双字节数和四字节数等分类。例如:整数 123D 的真值表示为 01111011B,占一个字节;整数 390D 的真值表示为 0000000110000110B,占两个字节。

2. 带符号整数的表示方法

在计算机中,带符号整数在存储时需要同时考虑其符号位和数值大小,这种同时包含符号和大小的二进制数称为机器数。机器数是有特定的位数的二进制数,它的位数就是该机器的 CPU 的机器字长。在机器数中,最高有效位是符号位,其余的各位是数值位。符号位规定"0"表示正数,"1"表示负数。

有三种主要的机器数表示方法,下面分别论述。

（1）原码表示法

一般来说,对于一个字长为 n 的符号数的原码表示可写成:

$$[X]_原 = \begin{cases} X & (X \geqslant 0) \\ 2^{n-1} - X & (X \leqslant 0) \end{cases}$$

这种方法其实就是"符号＋绝对值"的方法:符号位表示数的正负,而其余位表示这个数的绝对值。

例如,8 位字长的十进制数 45 的原码表示如下:

X＝＋45D,则[X]_原＝　　　0　　　0101101B

符号位　　绝对值

8 位字长的十进制数－45 的原码表示为:

X＝－45D,则[X]_原＝2^{8-1}－X＝　　　1　　　0101101B

符号位　　绝对值

由原码的定义可知,数"0"的原码有两种表示形式:

$$[+0]_原 = 00000000B$$
$$[-0]_原 = 10000000B$$

由原码的表示方法可以看出,8 位字长的原码表示范围为 $-127 \sim +127$,一般一个 n 位原码的表数范围是 $-(2^{n-1}-1) \sim +(2^{n-1}-1)$。

原码表示法可将正、负整数表示成二进制机器编码,在方便存储的同时还可以利用它进行乘除运算,其运算方法是:把两数的符号位做异或运算,其结果作为积的符号位,数值部分进行乘除运算作为积或商的数值部分,两部分组合在一起即为最后所求结果。

原码的表示形式虽具有直观、易记、与真值转换方便等优点,但在做加减运算时却比较麻烦。当两数相加时,如果它们是同号,则数值部分相加,符号不变;如果是异号,首先判断两个数绝对值的大小,用大数减去小数,运算结果的符号取较大数的符号。这样,为了判断是同号还是异号,需判断绝对值的大小,不仅要增加机器的硬件投入,还要增加机器的运算时间。因此,原码是一种不太成熟的机器数。

如果能找到一种新的机器数表示形式,使减法运算转换为加法运算,从而使正、负数的加减运算转化为单纯的相加的运算,就可以达到节省机器硬件投入的目的。反码和补码正是为了解决这一问题而提出的。采用反码或补码后就可把减法与加法运算统一起来。

(2) 反码表示法

对于 n 位字长的带符号整数的反码定义为:

$$[X]_反 = \begin{cases} X & (X \geqslant 0) \\ (2^n - 1) + X & (X \leqslant 0) \end{cases}$$

由此可见,正数的反码形式与原码一样;负数的反码只需将其原码表示中除符号位外的其他各位求反即可。

例如:8 位字长 $+45$ 和 -45 的反码分别为:

$$[+45]_反 = 00101101B = [+45]_原$$
$$[-45]_反 = (2^8 - 1) + (-45) = 11010010B$$

反码表示法中"0"的表示不唯一:

$$[+0]_反 = 00000000B$$
$$[-0]_反 = 11111111B$$

反码的表数范围跟原码的一样,n 位反码的表数范围为 $-(2^{n-1}-1) \sim +(2^{n-1}-1)$。

对于反码表示有如下关系式:

$$[X+Y]_反 = [X]_反 + [Y]_反 + 进位$$
$$[[X]_反]_反 = [X]_原$$

利用反码表示,可把加、减运算统一使用加法来完成。用反码做加法时,两数的反码相加,即得两数之和的反码。做减法时,如果减数是正数,则把减数变为负数的反码,然后与被减数的反码相加;如果减数是负数,则把减数变为正数的反码,与被减数的反码相加。

采用反码做加法时,要注意两个问题:

① 要把符号位当作数一同参与运算,并自动生成结果的符号。

② 当符号位相加后,若有进位,则要把它送回到数的最低位去相加,这叫循环进位。

【例 1.1】　已知 X＝＋13,Y＝－6,求 X＋Y＝?

解:∵[X]$_{反}$＝00001101B,[Y]$_{反}$＝11111001B

$$
\begin{array}{r}
0000\ 1101 \quad \leftarrow [X]_{反} \\
+\quad 1111\ 1001 \quad \leftarrow [Y]_{反} \\
\hline
\boxed{1}\ 0000\ 0110 \\
+\qquad\qquad 1 \quad \leftarrow 加上进位 \\
\hline
0000\ 0111 \quad \leftarrow [X+Y]_{反}
\end{array}
$$

∴X＋Y＝00000111B

由此可见,采用反码表示法可将减法运算变为加法运算,使加、减法运算统一为加法运算,而且反码的求法也比较简单。但是,采用反码运算会遇到处理循环进位问题,使运算欠缺规范且运算时间加长。从这个意义上说,反码仍然是不成熟的机器数。

为了克服反码表示法的不足,引入了补码表示法。

（3）补码表示法

对于 n 位字长的带符号整数 X 的补码定义为:

$$
[X]_{补}=\begin{cases} X & (X \geqslant 0) \\ 2^n+X & (X < 0) \end{cases}
$$

由此可知,正数的补码跟其原码和反码形式相同,负数的补码和反码之间有简单的关系,即补码等于该数的反码在最低位上加"1"。

由定义还可知,补码解决了"0"的符号和两个编码问题,使得"0"的表示具有唯一性。例如:

$$
\begin{aligned}
1-1&=1+(-1) \\
&=[00000001]_{原}+[10000001]_{原} \\
&=[00000001]_{补}+[11111111]_{补} \\
&=[00000000]_{补} \\
&=[00000000]_{原} \\
(-1)+(-127)&=[10000001]_{原}+[11111111]_{原} \\
&=[11111111]_{补}+[10000001]_{补} \\
&=[10000000]_{补}
\end{aligned}
$$

这样"0"用[00000000]$_{补}$表示,而以前出现问题的[－0]则不存在了,而且可以用[10000000]$_{补}$表示－128,由上述运算可以看出 [10000000]$_{补}$就是－128。但是注意,因为实际上是使用以前的原码和反码中的[－0]的编码来表示－128,所以－128 并没有原码和反码表示(对－128 的补码表示[10000000]$_{补}$再次进行求补运算出来的原码是[00000000]$_{原}$,这是不正确的,即对 8 位字长的机器数而言,无法写出－128 的原码和反码表示)。因此,补码的表数范围是－(2^{n-1}) ～＋$(2^{n-1}-1)$。

同样,对补码来讲具有如下关系式:

$$
[X+Y]_{补}=[X]_{补}+[Y]_{补}
$$

$$[X - Y]_{补} = [X]_{补} + [- Y]_{补}$$

$$[[X]_{补}]_{补} = [X]_{原}$$

由补码的加法运算可知,引入补码后,加法运算变得更加简单和方便。做加法时,两个补码相加即得和的补码。做减法时,如果减数是正数,则将减数变为负数的补码,然后与被减数的补码相加;如果减数为负数,则将减数变为正数的补码,然后与被减数的补码相加。

采用补码做加法时,也要注意两个问题:

① 符号位和数据位一同参与运算。

② 符号位相加后,若有进位存在,则把进位舍去。

【例 1.2】 已知 X＝＋69,Y＝－26,求 X＋Y＝?

解: ∵ $[X]_{补}$＝01000101B,$[Y]_{补}$＝11100110B

$$
\begin{array}{r}
0100\ 0101 \quad \leftarrow [X]_{补} \\
+\quad 1110\ 0110 \quad \leftarrow [Y]_{补} \\
\hline
\boxed{1}\quad 0010\ 1011 \quad \leftarrow [X+Y]_{补}
\end{array}
$$

∴ X＋Y＝$[[X+Y]_{补}]_{补}$＝$[00101011]_{原}$＝43D

【例 1.3】 已知 X＝＋11,Y＝＋6,求 X－Y＝?

解: ∵ $[X]_{补}$＝00001011B,$[-Y]_{补}$＝11111010B

$$
\begin{array}{r}
0000\ 1011 \quad \leftarrow [X]_{补} \\
+\quad 1111\ 1010 \quad \leftarrow [-Y]_{补} \\
\hline
\boxed{1}\quad 0000\ 0101 \quad \leftarrow [X-Y]_{补}
\end{array}
$$

∴ X－Y＝$[X-Y]_{补}$＝00000101B

可以看出,用补码运算和反码运算都可将减法运算变为加法运算,其结果是相同的,但由于用补码运算免去了加上循环进位值,故在一般计算机中常用补码来进行运算。

综上所述,对于正整数来讲,原码、反码和补码的表示是相同的,即有:

$$[X]_{原} = [X]_{反} = [X]_{补}$$

而对于负整数来说,原码、反码和补码的表示就不相同了,它们的引入主要是为了解决带符号整数的运算简化问题。

补码是最为成熟的一种机器数,所以在计算机中,带符号整数都用补码来表示的。

3. 带符号数的溢出

如果计算机的机器字长是 n 位,n 位二进制数的最高位为符号位,其余的 n－1 位为数值位,采用补码表示的话,可以表示的数的范围是 $-2^{n-1} \sim (2^{n-1} - 1)$,即如果机器字长为 8 位,则可表示的有符号数的范围是－128～＋127;如果机器字长为 16 位,则可表示的有符号数的范围是－32768～＋32767。

当两个带符号数进行加减运算时,如果运算的结果超出了可表示的有符号数的范围,就会发生溢出,使得运算结果出错。显然溢出问题只能发生在两个同号数相加或者两个异号数相减的时候。

对于加法运算,如果次高位向最高位有进位,但是最高位向前没有进位,或者次高位没有向最高位进位,但是最高位产生了进位,这都会发生溢出问题,因为这两种情况实际上是两个正数相加结果是负数或两个负数相加结果是正数。这都是因为计算结果超出了当前的机器字长所能表示的范围,发生了溢出错误。

看下面的两个例子。

例如:$(+72)+(+98)=?$

$$
\begin{array}{r}
0100\ 1000 \quad \leftarrow [+72]_\text{补} \\
+\quad 0110\ 0010 \quad \leftarrow [+98]_\text{补} \\
\hline
1010\ 1010 \quad \leftarrow [-86]_\text{补}
\end{array}
$$

无进位　　有进位　　　　→溢出,结果错误

例如:$(-83)+(-80)=?$

$$
\begin{array}{r}
1010\ 1101 \quad \leftarrow [-83]_\text{补} \\
+\quad 1011\ 0000 \quad \leftarrow [-80]_\text{补} \\
\hline
\boxed{1}\ 0101\ 1101 \quad \leftarrow [+93]_\text{补}
\end{array}
$$

有进位　　无进位　　　　→溢出,结果错误

对于减法运算,如果次高位向最高位有借位,但是最高位上没有借位,或者次高位没有向最高位借位,但是最高位产生了借位,这都会发生溢出问题,因为这两种情况实际上是负数减正数的差超出范围或正数减负数的差超出范围。这都是因为计算结果超出了当前的机器字长所能表示的范围,发生了溢出错误。

例如:$(-83)-(+80)=?$

$$
\begin{array}{r}
1010\ 1101 \quad \leftarrow [-83]_\text{补} \\
-\quad 0101\ 0000 \quad \leftarrow [+80]_\text{补} \\
\hline
0101\ 1101 \quad \leftarrow [+93]_\text{补}
\end{array}
$$

无借位　　有借位　　　　→溢出,结果错误

例如:$(+72)-(-98)=?$

$$
\begin{array}{r}
0100\ 1000 \quad \leftarrow [+72]_\text{补} \\
-\quad 1001\ 1110 \quad \leftarrow [-98]_\text{补} \\
\hline
1010\ 1010 \quad \leftarrow [-86]_\text{补}
\end{array}
$$

有借位　　无借位　　　　→溢出,结果错误

在后面的学习中,我们将知道,溢出表示的是带符号数的运算错误,当溢出发生时,CPU 中的标志寄存器 PSW 中的溢出标志 OF 将置 1。

综上所述,溢出的本质在宏观上来看是由于运算的结果超出了机器字长所规定的表示范围造成了数据错误。对于符号数来说,溢出表现为两正数相加后的结果为负数或两负数相加后的结果为正数。对于无符号数来说,溢出则表现为运算结果产生了进位或借位。

例如:若字长为 8 位,两个无符号数 $183+80=?$

$$
\begin{array}{r}
1011\ 0111 \quad \leftarrow [183]_{补} \\
+\quad 0101\ 0000 \quad \leftarrow [80]_{补} \\
\hline
\boxed{1}\ 0000\ 0111 \quad \leftarrow [7]_{补}
\end{array}
$$

有进位　　　　　　　　溢出,结果错误

由于机器字长为 8 位,进位会被自动舍弃,因此造成结果错误,这在本质上与符号数是相同的,都是由于结果超出字长表示范围导致的。

要想消除溢出造成的结果错误,需要改变数据的表示方法,如使用 16 位字长的数据替代 8 位字长的数据,其表数范围加大后就不会造成结果溢出了。

总结:符号数的溢出是根据两个进位值进行判断的,一个是次高位向最高位的进位,另一个是最高位向上的进位,也称为"双进位法"。关系如下:

Cs:符号位运算中向上的进位;

Cp:次高位向符号位的进位;

V:溢出标志(1:溢出,0:不溢出);

V＝Cp $\oplus$ Cs。

其含义可归纳为:若运算中符号位"有进无出"或者"无进有出",则产生算术溢出,用式子表示为双进位的异或值。

思考一下,如果字长为 8 位,$(-1)+(-2)=?$ 结果会不会有溢出?

4. 定点数和浮点数

在计算机中,用二进制表示实数的方法有两种,即定点法和浮点法。

（1）定点法

所谓定点法,即小数点在数中的位置是固定不变的。以定点法表示的实数称为定点数。

通常,定点表示又有两种方法:

方法 1:规定小数点固定在最高数值位之前,符号位之后,称为定点小数,机器中能表示的所有数都是小数。n 位数值部分所能表示的数 N 的范围(原码表示,下同)是:

$$1-2^{-n} \geqslant N \geqslant -(1-2^{-n})$$

它能表示的数的最大绝对值为 $1-2^{-n}$,最小绝对值为 2^{-n}。

方法 2:规定小数点固定在最低数值位之后,机器中能表示的所有数都是整数,n 位数值部分所能表示的数 N 的范围是:

$$2^n-1 \geqslant N \geqslant -(2^n-1)$$

它能表示的数的最大绝对值为 2^n-1,最小绝对值为 1。

因为实际数值很少有都是小数或都是整数的,所以定点表示法要求程序员做的一个重要工作是为要计算的数值选择"比例因子"。所有原始数据都要用比例因子化成小数或整数,计算结果又要用比例因子恢复为实际值。在计算过程中,中间结果若超过最大绝对值,机器便产生溢出,叫作"上溢",这时必须重新调整比例因子;中间结果如果小于最小绝对值,计算机只能把它当作 0 处理,叫作"下溢",这时也必须重新调整比例因子。对于复杂计算,计算中间需多次调整比例因子。

（2）浮点法

任意一个二进制数 N 总可以写成下面的形式:

$$N = \pm S \times 2^{\pm P}$$

其中 S 表示 N 的全部有效数字,称为尾数;尾数前面的符号称为尾符,表示数的符号,用尾数前的一位表示,0 表示正数,1 表示负数;P 指明小数点的位置,称为阶码;阶码前面的符号称为阶符,用阶码前的一位表示。阶符为正时,用 0 表示;阶符为负时,用 1 表示。由此可知,将尾数 S 的小数点向右(+)或向左(一)移动 P 位,即得数值 N。所以阶符和阶码指明小数点的位置。小数点随着 P 的符号和大小而浮动。这种数称为浮点数。

浮点数在机器中的表示格式如下:

阶符	阶码	尾符	尾数

.小数点隐含

例如:$(-18.75) = -10010.11B = -0.1001011 \times 2^{-5}$,采用上述形式,假定尾数用 10 位二进制表示,阶码用 4 位二进制表示,均采用原码,则有:

$$0 \qquad 0101 \qquad 1 \qquad 0001001011$$

设阶码的位数为 m 位,尾数的位数为 n 位,则浮点数的表示范围为:

$$2^{-n} \times 2^{-(2^m-1)} \leqslant |N| \leqslant (1-2^{-n}) \times 2^{(2^m-1)}$$

浮点数能表示的数值范围大,是它的主要优点。浮点数的表示方法不是唯一的,一般采用 IEEE 制定的有关标准。

为了保证所表示数的精度,即保留最多有效位数,通常采用规格化浮点数表示法。如果尾数的绝对值大于等于 0.5,即采用原码编码的正数或负数和采用补码编码的正数其尾数的最高位数字为 1,采用补码编码的负数其尾数最高位数字为 0,则该浮点二进制数被称为规格化浮点数。浮点运算后,经常要把结果规格化,规格化的操作是尾数每右移 1 位(相当于小数点左移 1 位),阶码加 1;尾数每左移 1 位,阶码减 1。

1.1.3　存储器的结构

存储器是用来存储数据和代码的主要设备,数据在存储器中均以二进制形式表示。计算机内的信息一般以字节(Byte)为单位进行存储,每个字节都有一个地址,方便对该字节进行读取和写入,因此存储器的容量与地址总线的多少有关。

微机系统中二进制存储的单位主要有:

位(bit):二进制数值中的一位,其值为 1 或 0。

字节(Byte):一个 8 位的二进制数就是一个字节,字节是计算机数据的基本单位。

字(Word):两个相邻字节组成的 16 位二进制数。

双字:四个相邻字节组成的 32 位二进制数。

如果一个数据占据多个字节的空间,该数据的存储结构为高字节存储在地址号高的单元,低字节存储在地址号低的单元,且低位的地址号为该数据的地址。图 1.1(a)为数据 1234H 的存储格式,占两个字节,数据的地址为 2001;图 1.1(b)则为 1A2BCD3FH 的存储格式,数据的地址为 2000。

单个数据所占用的存储空间是很小的,大量的数据和代码所需要的存储空间就非常可观了,微机系统的存储单位一般用 Byte、KB、MB、GB、TB、PB、EB、ZB、YB、BB 来表示,它们之间的关系如下:

1 KB(KiloByte)$= 2^{10}$ B$=1024$ B,1 MB(MegaByte)$= 2^{10}$ KB$=1024$ KB,1 GB(GigaByte)$=$

2003	
2002	12H
2001	34H
2000	

(a)

2003	1AH
2002	2BH
2001	CDH
2000	3FH

(b)

图 1.1　数据的存储格式

（a）1234H 的存储格式；（b）1A2BCD3FH 的存储格式

2^{10} MB＝1024 MB,1 TB(TrillionByte)＝2^{10} GB＝1024 GB,1 PB(PetaByte)＝2^{10} TB＝1024 TB

其他单位均是按照 2^{10} 的关系,即 1 BB＝1024 YB,1 YB＝1024 ZB,1 ZB＝1024 EB,1 EB＝1024 PB。

注意:在很多微机系统硬件上所标注的存储容量与系统内部的计算方式不同,例如硬盘的容量通常是按照 1 GB＝1000 MB、1 TB＝1000 GB 来计算的,具体情况以硬件上的标注信息为准。

1.1.4　微型计算机的常用编码

计算机只认识"0"和"1",为了将各种各样的字符输入计算机内部,或由计算机将某些结果以字符的方式输出到外部设备,必须对字符进行二进制编码。

1. ASCII 码

ASCII(American standard code for information interchange)码是"美国信息交换标准编码"的简称。ASCII 码是一种比较完整的字符编码,已成为国际通用的标准编码,现已广泛用于微型计算机中。

通常,ASCII 码由 7 位二进制数码构成,可为 128 个字符编码。这 128 个字符共分两类:一类是图形字符,共 96 个;另一类是控制字符,共 32 个。96 个图形字符包括十进制数码 10 个、大小写英文字母 52 个和其他字符 34 个,这类字符有特定形状,可以显示在显示设备上或打印在纸上,其编码可以存储、传送和处理。32 个控制字符包括回车符、换行符、退格符、设备控制符和信息分隔符等,这类字符没有特定形状,其编码虽然可以存储、传送和起某种控制作用,但字符本身是不能在显示设备上显示或在打印机上打印的。

ASCII 码的一般形式是以一个字节来表示,它的低 7 位是 ASCII 值,最高有效位用来作为奇偶校验位,用以检测在字符的传送过程中是否发生了错误。

根据 ASCII 码的格式,可以很方便地从附录 A 所列 ASCII 码表中查出每一个图形字符或控制字符的编码。例如:大写英文字母"A",其 ASCII 值为 65(41H)。常用字符的 ASCII 值如表 1.1 所列。

表 1.1　常用字符的 ASCII 码

ASCII 值	十六进制	控制字符	备注	ASCII 值	十六进制	控制字符	备注
0	00H	NUL	空	48	30H	0	
10	0AH	LF	换行	65	41H	A	
13	0DH	CR	回车	97	61H	a	
32	20H	SP	空格				

2. 汉字编码

所谓汉字编码,就是采用一种科学可行的办法,为每个汉字指定一个唯一的代码,以便计算机辨认、接收和处理。汉字的特点是字数多,字形复杂。据统计,高频率使用的字有 100 个,常用字有 1000 个,次常用字为 4000 个,再加上一些少见字、罕见字,日常所用汉字约为 1.5 万个。要用二进制数来表示这些汉字,其实就是对它的编码的问题。根据无符号数的表数范围的知识,我们知道,16 位的二进制数可以表示 65536 个无符号数。所以,只要能给每个汉字分配唯一的一个 16 位的二进制数来表示就可以了,这就是汉字编码的首要原则。

为了规范汉字在计算机中的使用,实现在不同设备之间的信息交换,我国颁布了《信息交换用汉字编码字符集 基本集》(GB 2312—1980,简称国标码),作为共同遵守的编码标准。国标码包含一级汉字 3755 个,二级汉字 3008 个,英文字符、图形字符和数字等 682 个。除此之外,汉字编码还有 B1G5 和 GBK 两种,B1G5 码主要是一个繁体字编码字符集,而 GBK 码则是国标码的扩展,定义了 21003 个汉字。

(1) 外部码

外部码是计算机输入汉字的代码,代表某一个汉字的一组键盘符号。外部码也叫汉字输入码,如智能 ABC、五笔、全拼以及双拼等等。汉字的输入方法不同,同一个汉字的外部码可能不一样。

(2) 内部码

汉字内部码亦称为汉字内码或汉字机内码,是一个唯一的 16 位二进制数。计算机处理汉字,实际上是处理汉字的代码。当计算机输入外部码时,通常要转成内部码,才能进行存储、运算、传送。一般用 2 个字节表示一个汉字的内部码。内部码经常是用汉字在字库中的物理位置表示,如用汉字在字库中的序号或汉字在字库中的存储位置表示。

(3) 字形码

字形码又称点阵码、输出码,主要是解决汉字在显示器或者打印机上输出的问题,有两种具体的形式:一种是文本方式,另外一种是图形方式。图 1.2 是汉字"汉"的 16×16 点阵图,这种编码表示的是汉字在计算机中的存储格式,在此不再赘述。

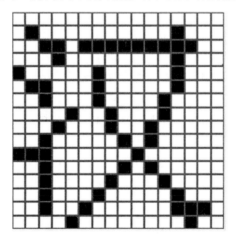

图 1.2　汉字"汉"的点阵图

3. Unicode

Unicode(统一码、万国码、单一码)用 16 位二进制数为 65000 多个字符提供了编码,它为每种语言中的每个字符设定了统一并且唯一的二进制编码,以满足跨语言、跨平台进行文本转换、处理的要求。例如,常见字符 π 的 Unicode 编码为 03C0H。

4. BCD 码

计算机中的数据都是用二进制数表示和运算的,但在日常生活中使用的还是以十进制数为主,为了解决这一矛盾,提出了一种适合十进制数运算规律的二进制代码的特殊形式来表示十进制数,称为 BCD(binary coded decimal)码。

(1) BCD 码表示方法

BCD 码是十进制数的编码表示法,由于机器中只能用二进制数,所以 BCD 码是二进制编码的十进制数,用 4 位二进制编码来表示一位十进制数码。BCD 码的种类较多,常用的有 8421 码、2421 码、余 3 码和格雷码等,现以 8421 码为例进行讨论。

8421 码是 BCD 码的一种,因组成它的 4 位二进制数码的权为 8、4、2、1 而得名。在这种编码系统中,十组 4 位二进制数编码分别代表了 0~9 十个数码,如表 1.2 所列。

表 1.2　8421BCD 码和十进制数码的关系表

十进制数码	8421BCD 码	十进制数码	8421BCD 码
0	0000	5	0101
1	0001	6	0110
2	0010	7	0111
3	0011	8	1000
4	0100	9	1001

BCD 码有压缩和非压缩之分。压缩 BCD 码就是用相应的 4 位的 BCD 码代替十进制数的数码所得的二进制数;非压缩 BCD 码是指用 8 位的二进制数来表示 1 位十进制数的数码,在这个字节(8 位的二进制数)中,低 4 位就是如表 1.2 所列的 BCD 码,而高 4 位没有意义,一般用"0000"来表示。例如,78D 的压缩 BCD 码的形式是 01111000B,它的非压缩 BCD 码的形式是 0000011100001000B。

需要说明的是,一个二进制数要看它的含义是无符号数、带符号数还是 BCD 码,意义不同则表示的数不同。如 10000000B 作为无符号数是 128D,作为补码表示的带符号数则是 －128D,作为压缩 BCD 码时为 80D,作为非压缩 BCD 码时则为 0D。

(2) BCD 码运算规则

两个 BCD 码进行加减运算的结果有些情况下仍是 BCD 码,符合十进制的运算规律,如图 1.3(a)所示;有些情况下则需要进行修正后才符合十进制的运算规律,如图 1.3(b)所示。

BCD 码加法运算规则:

① 若两位 BCD 码的和小于 10,则保持不变。

② 若两位 BCD 码的和大于等于 10,则相应的结果应加 6 修正。

对于任何两位 BCD 码均需按照以上规则进行,对于压缩 BCD 码要先对低 4 位进行修正,然后再看高 4 位是否需要修正。减法的运算规则与加法类似。

$$
\begin{array}{rl}
& 0011\ 0001 \quad \leftarrow [31]_{BCD} \\
+ & 0100\ 0010 \quad \leftarrow [42]_{BCD} \\
\hline
& 0111\ 0011 \quad \leftarrow [73]_{BCD}
\end{array}
$$

$$
\begin{array}{rl}
& 0011\ 0111 \quad \leftarrow [37]_{BCD} \\
+ & 0011\ 0110 \quad \leftarrow [36]_{BCD} \\
\hline
& 0110\ 1101 \quad \leftarrow 错误,1101不是BCD码 \\
+ & \qquad 0110 \quad \leftarrow 加6修正 \\
\hline
& 0111\ 0011 \quad \leftarrow [73]_{BCD}
\end{array}
$$

(a)   (b)

图 1.3 BCD 码加法运算

（a）BCD 码加法；（b）带有修正的 BCD 码加法

1.2 布尔代数和常见逻辑电路

微型计算机内部是由逻辑电路组成的,其对于二进制数的识别、运算要靠这些逻辑电路来实现。逻辑电路的输入和输出只有高电平和低电平两种状态,分别用"1"和"0"来表示。布尔代数是进行逻辑运算的一种数学规则,可以很方便地用逻辑表达式来表示逻辑电路之间的关系。下面将分别介绍基本逻辑电路和布尔代数。

1.2.1 基本逻辑电路

逻辑电路由三种基本逻辑门电路组成。表 1.3 是基本逻辑门电路的名称和符号。

表 1.3 基本逻辑门电路图形符号

名称	GB/T 4728.12—2008		国外图形符号	曾用图形符号
	限定符号	国标图形符号		
与门	&	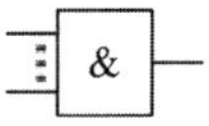 &	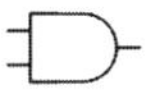	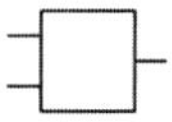
或门	≥1	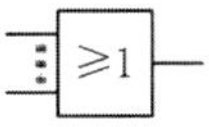 ≥1	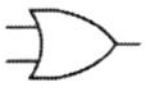	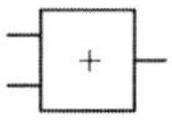
非门		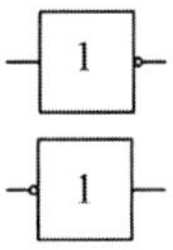 1 1	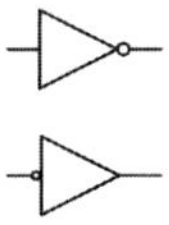	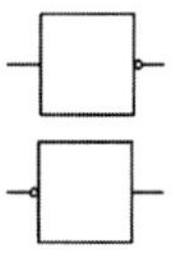

1. 与门

与门能够实现逻辑乘运算的多端输入、单端输出,逻辑表达式为 $Y = A \cdot B$,其真值如表 1.4 所列。

2. 或门

或门能够实现逻辑加运算的多端输入、单端输出,逻辑表达式为 $Y = A + B$,其真值如表 1.4 所列。

3. 非门

非门能够实现逻辑非运算的单端输入、单端输出,逻辑表达式为 $Y=\overline{A}$,其真值如表1.4所列。

表 1.4　基本逻辑门电路真值表

输入		输出					
A	B	与门	或门	非门 *	与非门	或非门	异或门
0	0	0	0	1	1	1	0
0	1	0	1	1	1	0	1
1	0	0	1	0	1	0	1
1	1	1	1	0	0	0	0

* 对于非门只考虑输入端 A 的输入电平。

在以上三种基本逻辑门电路的基础上,还可以组合出异或门、与非门、或非门等其他门电路。异或门能够实现逻辑异或运算的多端输入、单端输出,其逻辑表达式为 $Y=A \oplus B$;与非门能够实现逻辑与非运算的多端输入、单端输出,其逻辑表达式为 $Y=\overline{A \cdot B}$;或非门能够实现逻辑或非运算的多端输入、单端输出,其逻辑表达式为 $Y=\overline{A+B}$。

1.2.2　布尔代数

布尔代数也称为开关代数或逻辑代数,和一般代数一样,可以写成下面的表达式:

$$Y=f(A,B,C,D)$$

布尔代数表达式的特点:

(1) 变量 A、B、C、D 等均只有两种可能的数值:0 或 1。布尔代数变量的数值并无大小之意,只代表事物的两个不同性质。如用于开关,则"0"代表关(断路)或低电平,"1"代表开(通路)或高电平。如用于逻辑推理,则"0"代表错误(伪),"1"代表正确(真)。

(2) 函数 f 只有三种基本方式:"与"运算、"或"运算和"非"运算。下面分别讲述这三种运算的规律。

1. "与"运算

根据 A、B 的取值可以写出下列各种可能的与运算结果:

$$\left.\begin{array}{l} Y=0 \times 0=0 \\ Y=1 \times 0=0 \\ Y=0 \times 1=0 \end{array}\right\} \rightarrow Y=0$$
$$Y=1 \times 1 \rightarrow Y=1$$

与运算的逻辑可以归纳为:只有当决定一件事情 Y 的条件全部具备之后,这件事情才会发生。与运算有时也称为"逻辑与"。当 A 和 B 为多位二进制数时,如:

$$A=A_1 A_2 A_3 \cdots A_n$$
$$B=B_1 B_2 B_3 \cdots B_n$$

则进行逻辑与运算时,各对应位分别进行与运算:

$$Y=A \times B$$
$$=(A_1 \times B_1)(A_2 \times B_2)(A_3 \times B_3) \cdots (A_n \times B_n)$$

【例 1.4】　设 A＝11001010，B＝00001111，求 Y＝A×B。

解：Y ＝ A×B

$\quad\quad$＝(1×0)(1×0)(0×0)(0×0)(1×1)(0×1)(1×1)(0×1)

$\quad\quad$＝00001010

写成竖式表示为：

$$
\begin{array}{r}
1100\ 1010 \\
\times\quad 0000\ 1111 \\
\hline
0000\ 1010
\end{array}
$$

由此可见，用"0"和 1 个数位相"与"，就是将其变为"0"；用"1"和 1 个数位相"与"，则不改变此数位的值。这种方法在程序设计中经常会用到，称为"屏蔽"。上面的 B 数（00001111）称为"屏蔽字"，它将 A 数的高 4 位屏蔽起来，使其都变成 0 了。

2."或"运算

由于 A、B 只有 0 或 1 的可能取值，所以其各种可能结果如下：

$$
\begin{array}{l}
Y＝0＋0＝0 \rightarrow Y＝0 \\
\left.\begin{array}{l}
Y＝0＋1＝1 \\
Y＝1＋0＝1 \\
Y＝1＋1＝1
\end{array}\right\} \rightarrow Y＝1
\end{array}
$$

上述第 4 个式子与一般的代数加法不符，这是因为 Y 也只能有两种取值：0 或 1。

或运算的逻辑可以归纳为：决定一件事情 Y 的几个条件中，只要有一个或一个以上具备，这件事情就发生。或运算有时也称为"逻辑或"。当 A 和 B 为多位二进制数时，如：

$$
A ＝ A_1 A_2 A_3 \cdots A_n
$$
$$
B ＝ B_1 B_2 B_3 \cdots B_n
$$

则进行逻辑或运算时，各对应位分别进行或运算：

$$
Y ＝ A＋B
$$
$$
\quad ＝(A_1＋B_1)(A_2＋B_2)(A_3＋B_3)\cdots(A_n＋B_n)
$$

【例 1.5】　设 A＝10101，B＝11011，求 Y＝A＋B。

解：Y ＝ A＋B

$\quad\quad$＝(1＋1)(0＋1)(1＋0)(0＋1)(1＋1)

$\quad\quad$＝11111

写成竖式表示为：

$$
\begin{array}{r}
1\ 0101 \\
＋\quad 1\ 1011 \\
\hline
1\ 1111
\end{array}
$$

注意：两个"1"之间进行或运算是没有进位的。

3."非"运算

如果一件事物的性质为 A，则其经过"非"运算之后，其性质必与 A 相反，用表达式表示为：

$$
Y ＝ \overline{A}
$$

这实际上也是反相器的性质。所以在电路实现上，反相器是反运算的基本元件。反运

算也称为"逻辑非"或"逻辑反"。当 A 为多位数时,如:

$$A = A_1 A_2 A_3 \cdots A_n$$

则其逻辑反为:

$$Y = \overline{A_1 A_2 A_3 \cdots A_n}$$

【例 1.6】 设 A＝11010000,求 Y＝$\overline{A}$。

解:Y＝00101111。

4. 布尔代数的运算规律

与普通代数一样,布尔代数也有交换律、结合律、分配律,而且它们与普通代数的规律完全相同,详见表 1.5。

表 1.5 布尔代数的基本公式

名称	公式 1	公式 2
0-1 律	$A \cdot 1 = A$ $A \cdot 0 = 0$	$A + 0 = A$ $A + 1 = 1$
互补律	$A\overline{A} = 0$	$A + \overline{A} = 1$
重叠律	$AA = A$	$A + A = A$
交换律	$AB = BA$	$A + B = B + A$
结合律	$A(BC) = (AB)C$	$A + (B+C) = (A+B) + C$
分配律	$A(B+C) = AB + AC$	$A + BC = (A+B)(A+C)$
反演律	$\overline{AB} = \overline{A} + \overline{B}$	$\overline{A+B} = \overline{A} \cdot \overline{B}$
吸收律	$A(A+B) = A$ $A(\overline{A}+B) = AB$ $(A+B)(\overline{A}+C)(B+C) = (A+B)(\overline{A}+C)$	$A + AB = A$ $A + \overline{A}B = A + B$ $AB + \overline{A}C + BC = AB + \overline{A}C$
对合律	$\overline{\overline{A}} = A$	

1.2.3 算术运算单元

1. 二进制数的运算

基本的算术运算共有四种:加、减、乘和除。在微型计算机中常常只有加法电路,一方面是因为减法可以转换为补码相加,乘法在本质上就是加法,除法则可以看成减法来处理;另一方面也使得硬件结构简单、成本较低。

二进制加法与十进制加法相类似,所不同的是二进制加法中是"逢二进一",其法则为:

```
    0           1           0           1
  + 0         + 0         + 1         + 1
  ---         ---         ---         ---
    0           1           1         1 0
    ↑           ↑           ↑           ↑
  进位        进位        进位        进位
```

【例 1.7】 求二进制数 10110101B＋10001110B＝?

解:
```
      1011 0101
   +  1000 1110
   ------------
   1  0100 0011
```

从以上运算法则可得出下列结论：

(1) 两个二进制数相加时，可以逐位相加。如二进制数可以写成：

$$A = A_3 A_2 A_1 A_0$$
$$B = B_3 B_2 B_1 B_0$$

则从最右边第 1 位(即 0 权位)开始，逐位相加，其结果可以写成：

$$S = S_3 S_2 S_1 S_0$$

其中各位的运算方法为：

$$S_0 = A_0 + B_0 \rightarrow 进位 C_1$$
$$S_1 = A_1 + B_1 + C_1 \rightarrow 进位 C_2$$
$$S_2 = A_2 + B_2 + C_2 \rightarrow 进位 C_3$$
$$S_3 = A_3 + B_3 + C_3 \rightarrow 进位 C_4$$

最后所得的和值为：

$$C_4 S_3 S_2 S_1 S_0 = A + B$$

(2) 右边第 1 位相加的电路要求为：

输入量为 2 个，即 A_0 和 B_0；

输出量为 2 个，即 S_0 和 C_1。

这样的一个二进制位相加电路称为半加器(half adder，简称 HA)。

(3) 从右边第 2 位开始，各位对应相加，其电路要求为：

输入量为 3 个，即 A_i，B_i，C_i；

输出量为 2 个，即 S_i，C_{i+1}。

其中 $i = 1, 2, 3, \cdots, n$。这样的一个二进制位相加电路称为全加器(full adder，简称 FA)。

2. 二进制加法电路

(1) 半加器电路

【例 1.8】　设计一个加法电路，要求有两个输入端 A_0 和 B_0，有两个输出端用以输出总和 S_0 及进位 C_1。

解：根据要求写出输入和输出之间的真值表如图 1.4(a)所示，根据真值表写出输出量 C_1 与 A_0 及 B_0 之间的逻辑表达式，即两者相"与"：

$$C_1 = A_0 \times B_0$$

再进一步写出 S_0 与 A_0 和 B_0 之间的关系，即为"异或"的关系，其逻辑表达式为：

$$S_0 = \overline{A}_0 B_0 + A_0 \overline{B}_0$$
$$= A_0 \oplus B_0$$

真值表

A_0	B_0	C_1	S_0
0	0	0	0
0	1	0	1
1	0	0	1
1	1	1	0
		与门	异或门

(a)　　　　　　(b)

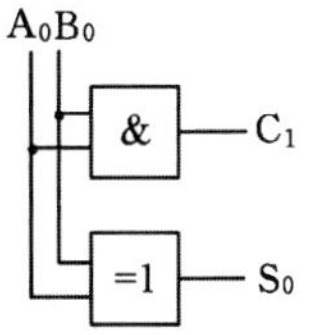

图 1.4　半加器的真值表及逻辑电路图

要实现以上功能,需要与门和异或门两种逻辑电路,其逻辑电路图如图 1.4(b)所示。

（2）全加器电路

【例 1.9】 设计一个全加器电路,要求有三个输入端 A_i、B_i 和 C_i,有两个输出端 S_i 和 C_{i+1},用以输出三输入变量的和及进位值。

解：根据要求写出输入和输出之间的真值表如图 1.5(a)所示,根据真值表写出输出量 C_1 与 A_0 和 B_0 之间的逻辑表达式并化简,即三输入量之间相互先"与"后"或"：

$$C_{i+1} = A_i B_i + B_i C_i + A_i C_i$$

再进一步写出 S_0 与 A_0 和 B_0 之间的关系,即为"异或"的关系,其逻辑表达式为：

$$S_i = A_i \oplus B_i \oplus C_i$$

要实现以上功能,分别需要与门、或门和异或门三种逻辑电路,其逻辑电路图如图 1.5(b)所示。

A_i	B_i	C_i	C_{i+1}	S_i
0	0	0	0	0
0	0	1	0	1
0	1	0	0	1
0	1	1	1	0
1	0	0	0	1
1	0	1	1	0
1	1	0	1	0
1	1	1	1	1
			先与后或	异或

(a)

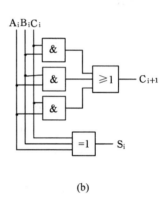

(b)

图 1.5　全加器的真值表及逻辑电路图

（3）半加器和全加器符号表示

图 1.6(a)为半加器的符号表示,图 1.6(b)为全加器的符号表示。

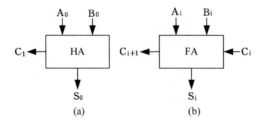

图 1.6　半加器与全加器符号表示

（4）二进制加法电路

设 $A = 1010B = 10D$,$B = 1011B = 11D$,则能完成两个四位二进制数相加的电路如图 1.7 所示。

A 与 B 相加的过程用竖式可表示为：

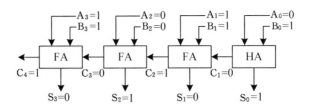

图 1.7　四位二进制加法电路

$$
\begin{array}{r}
1010 \quad \leftarrow \mathrm{A} \\
+ \quad 1011 \quad \leftarrow \mathrm{B} \\
\hline
\boxed{1}\,0101 \quad \leftarrow \mathrm{S}
\end{array}
$$

从加法电路可知，$S = C_4 S_3 S_2 S_1 S_0 = 10101$，与计算结果是相同的。

3. 二进制减法电路

由前面的知识可知，二进制的减法可以转换为加法运算，将减数变成其补码后再与被减数相加，其和就是两数之差，如有进位则舍去。

【**例 1.10**】　设字长为 4，若 $A = 15 = 1111B$，$B = 10 = 1010B$，求 $Y = A - B$ 的值。

解：$\because A = 1111B = 15$，$B = 1010B = 10$

　　　则：$[-B]_{补} = 0110B$

　　　$\therefore Y = A - B$

　　　　　$= A + [-B]_{补}$

　　　　　$= 1111B + 0110B$

　　　　　$= \boxed{1}\,0101B \quad \leftarrow$ 舍去进位

　　　　　$= 0101B$

4. 算术运算单元

在硬件实现上需要一个能将原码变成反码并进一步加 1 的电路，可控反相器能将原码变成反码，其实际上是一个异或门。经过改进的四位二进制加法电路如图 1.8 所示。从图中可以看出该电路在图 1.7 的基础上增加了四个可控反相器，并将最低位的半加器改为全加器，经过改进的电路既可以作为加法器电路（SUB＝0），又可以作为减法器电路（SUB＝1），是算术运算单元的最基本的模型。

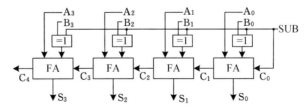

图 1.8　二进制补码加法/减法器

1.2.4　模型机的工作原理

除了由门电路构成的算术运算单元外，微型计算机中最常见的基本电路还包括触发器、寄存器和存储器等各个部件，连接这些部件的信号线称为“总线”，各部件在控制字的作用

下,伴随着时钟信号的先后触发而产生有序动作,最终完成一个操作过程。以下例程描述了信息在各部件之间传递的过程。

1. 信息在计算机中的传递

【例 1.11】 程序计数器 PC、存储地址寄存器 MAR 和可编程序只读存储器 PROM 通过总线相连,如图 1.9 所示。图中各信号的作用为:

CLK——时钟信号,时序逻辑电路的基准信号;

LOAD——装入控制信号,高电平时数据装入,低电平时数据锁存,也称"L 门";

CLR——清除控制信号,高电平时清除部件的值;

ENABLE——选通信号,三态门的控制端,高电平时部件与总线导通,也称"E 门"。

设系统开机时 CLR＝1,控制器发出的控制字依次为:

(1) $C_P E_P L_M E_R＝0110$;

(2) $C_P E_P L_M E_R＝0001$;

(3) $C_P E_P L_M E_R＝1000$。

则微机系统分别完成了什么操作?

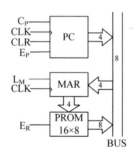

图 1.9　从 ROM 存储器取出数据示意图

解: 开机时 CLR＝1,所以 PC＝0000。

(1) 当 $C_P E_P L_M E_R＝0110$ 时,$E_P＝1$,允许 PC 计数器的值进入 BUS 总线,$L_M＝1$,则数据允许装入 MAR。在 CLK 上升沿的触发下,CLK＝1,MAR＝PC＝0000,即实现了 PC 的数据装入 MAR 寄存器,通过 MAR 中的译码电路进一步选中了 PROM 中的地址为 0000 的单元。

(2) 当 $C_P E_P L_M E_R＝0001$ 时,$E_R＝1$,PROM 中被选中单元的数据被送入 BUS 总线,该动作不需要等待时钟脉冲的同步信号,也称为异步动作。

(3) 当 $C_P E_P L_M E_R＝1000$ 时,$C_P＝1$,这是命令 PC 计数器加 1,即 PC＝0001,因为已经完成了读取第一个数据的工作,PC 计数器自动指向下一个数据,为接下来的指令做准备。

2. 模型机的工作原理

模型机是对微型计算机系统的原理模拟,在硬件上一般包括三个部分,如图 1.10 所示:

(1) 中央处理器 CPU——包括 PC、IR、CON、ALU、A 和 B;

(2) 记忆装置 M——MAR 和 PROM;

(3) 输入/输出 I/O——包括 O 和 D,D 也可称为外部设备。

模型机的硬件结构特点如下:

・功能简单:只能做两个数的加减法;

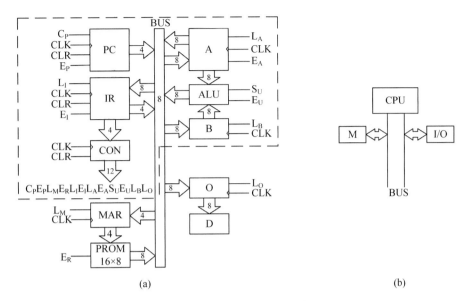

图 1.10　微型计算机的简化结构图

（a）简化结构；（b）模型结构

- 存储容量小：只有一个 16×8 的 PROM；
- 字长 8 位：二进制 8 位显示；
- 手动输入：用拨动开关输入程序和数据。

3. 模型机各部件的作用

（1）程序计数器 PC。计数范围 0000B～1111B，每次运行之前先复位至 0000B，当取出一条指令后，PC 应加 1。

（2）存储地址寄存器 MAR。接收来自 PC 的二进制程序号，作为地址码送至 PROM。

（3）可编程只读存储器 PROM。这是一个 4×4 PROM，只要拨动开关，即可使该数据位置 1 或置 0，从而达到使每个存储单元"写入"数据的目的。

（4）指令寄存器 IR。IR 从 PROM 接收到指令字（当 $L_I=1$，$E_R=1$），同时将指令字分送到控制部件 CON 和 BUS 总线上去。指令字是 8 位的，分为 MSB（most significant bit）和 LSB（least significant bit）。

（5）控制部件 CON。每次运行之前，发出 CLR＝1，使 PC 和 IR 清零。

CON 同步时钟，发出脉冲 CLK 到各个部件，使它们同步运行。

CON 中的控制矩阵 CM，能根据 IR 送来的指令发出 12 位的控制字：

$$CON＝C_P E_P L_M E_R \quad L_I E_I L_A E_A \quad S_U E_U L_B L_O$$

根据控制字中各位的置 1 或置 0 情况，计算机就能自动地按指令程序而有秩序地运行。

（6）累加器 A。用以储存计算机运行期间的中间结果。

（7）算术逻辑部件 ALU。它是一个二进制补码加法器/减法器，当 $S_U＝0$，ALU 进行加法 A＋B；当 $S_U＝1$，ALU 进行减法 A－B，即 $A+[-B]_补$。

（8）寄存器 B。将要与 A 相加减的数据暂存于此寄存器。

（9）输出寄存器 O。计算机运行结束时，将累加器 A 中的答案送入 O 寄存器。

（10）二进制显示器 D。用 LED 发光二极管组成的显示器。

4. 模型机的工作过程

在程序和数据装入之后,按启动按钮,将启动信号传给控制部件 CON,然后控制部件产生控制字,以便取出和执行每条指令。执行一条指令的时间为一个机器周期。机器周期又可分为取指周期和执行周期。取指过程和执行过程都通过不同的机器节拍。在这些节拍内,每个寄存器(PC、MAR、IR、A、B、O 等)的内容可能发生变化。

模型机的节拍由环形计数器产生,各节拍之间的转换是在时钟脉冲的负边缘开始的。如将环形计数器的输出看作一个字 T,则:

$$T = T_5 T_4 T_3 T_2 T_1 T_0$$

一个 6 位的环形字用来控制 6 条电路,使它们依次轮流为高电平,T_0、T_1、T_2、T_3、T_4 和 T_5 称为机器的节拍。

下面以从 PROM 中读取并执行第一条指令为例来说明模型机的工作流程。假设第一条指令是从 PROM 中读取一个数据放入累加器 A 中,则相应的取指周期和执行周期如下。

（1）取指周期

取出指令的过程需要 3 个机器节拍,在清零和启动之后发出第一个节拍 T_0。在每个节拍内各个寄存器的内容会相应变化,因而控制器应发出不同的控制字。

① 地址节拍($T_0 = 1$)。在 $T_0 = 1$ 时,应有 $E_P = 1$,即 PC 准备放出数据;$L_M = 1$,即 MAR 准备接收数据。因此,控制部件应发出的控制字为:

CON=	C_P	E_P	L_M	E_R		L_I	E_I	L_A	E_A		S_U	E_U	L_B	L_O
	0	1	1	0		0	0	0	0		0	0	0	0

② 存储节拍($T_1 = 1$)。在此节拍内,应准备好 $E_R = 1$,即 PROM 准备放出数据;$L_I = 1$,即 IR 准备接收数据。所以控制字为:

CON=	C_P	E_P	L_M	E_R		L_I	E_I	L_A	E_A		S_U	E_U	L_B	L_O
	0	0	0	1		1	0	0	0		0	0	0	0

③ 增量节拍($T_2 = 1$)。应使 PC 加 1,做好取下一条指令的准备,因此,$C_P = 1$,即命令 PC 计数。所以,此时:

CON=	C_P	E_P	L_M	E_R		L_I	E_I	L_A	E_A		S_U	E_U	L_B	L_O
	1	0	0	0		0	0	0	0		0	0	0	0

（2）执行周期

指令取出后,将其高 4 位送入控制部件去进行分析,决定下面应如何执行,即下面的 3 个节拍组成了执行周期。

① 节拍 4($T_3 = 1$)。IR 已将从 PROM 来的指令码的高 4 位送至控制部件进行分析。控制部件经过分析后就发出命令:$E_I = 1$,将 IR 的低 4 位送至 BUS 总线;$L_M = 1$,MAR 接收此低 4 位数作为地址并立即送至 PROM。因此:

CON=	C_P	E_P	L_M	E_R		L_I	E_I	L_A	E_A		S_U	E_U	L_B	L_O
	0	0	1	0		0	1	0	0		0	0	0	0

② 节拍 5(T_4＝1)。将 PROM 的数据区的存储单元的内容送入累加器 A,即:E_R＝1,PROM 准备放出数据;L_A＝1,A 准备接收数据。因此:

$$CON= \begin{matrix} C_P & E_P & L_M & E_R & & L_I & E_I & L_A & E_A & & S_U & E_U & L_B & L_O \\ 0 & 0 & 0 & 1 & & 0 & 0 & 1 & 0 & & 0 & 0 & 0 & 0 \end{matrix}$$

③ 节拍 6(T_5＝1)。因为 T_4＝1 时,已将数据存放入 A 中,所以从存储器 PROM 读取一个数据的工作已经完成,T_5 节拍就变成空拍,即有:

$$CON= \begin{matrix} C_P & E_P & L_M & E_R & & L_I & E_I & L_A & E_A & & S_U & E_U & L_B & L_O \\ 0 & 0 & 0 & 0 & & 0 & 0 & 0 & 0 & & 0 & 0 & 0 & 0 \end{matrix}$$

综上所述,模型计算机能够揭示出微机系统内部的各部件在时钟信号的作用下相互协调和配合完成数据传递和运算的基本原理,但该模型机也存在很多不足之处,例如硬件过于简单、不能进行实际操作等。

1.3　微型计算机的发展史

从 1946 年世界上第一台现代电子数字计算机 ENIAC(electronic numerical integrator and calculator)出现至今已有 70 多年,在这期间,计算机技术获得了突飞猛进的发展,经历了由电子管、晶体管、集成电路到超大规模集成电路的发展历程。计算机技术在科学技术和经济文化等领域发挥了巨大的推动作用。

1. 微型计算机的发展史

(1) 第一代是电子管计算机时代

1946—1957 年,这代计算机因采用电子管而具有体积大、耗电多、运算速度慢、存储容量小、可靠性差的特点,所使用的软件程序主要为机器语言。

(2) 第二代是晶体管计算机时代

1958—1964 年,这代计算机比第一代计算机的性能提高了数十倍,软件编程以汇编语言为主,一些高级程序设计语言相继问世,外部设备也逐渐丰富。除科学计算之外,开始了数据处理和工业控制等应用。

(3) 第三代是集成电路时代

1965—1972 年,主要由中小规模集成电路组成。将几十、数百个元器件集成在一块几平方毫米的芯片上,计算机的体积显著减小,耗电也显著减少,计算速度、存储容量、可靠性有较大的提高,操作系统出现并与通信技术结合,使计算机应用进入许多科学技术领域。

(4) 第四代是大规模集成电路时代

约为 1972 年至现在,大规模集成电路是在一块几平方毫米的半导体芯片上可以集成几十万到上千万个电子元件,使得计算机体积更小,耗电更少,运算速度提高到每秒几百万次,计算机可靠性也进一步提高,软件系统主要是网络操作系统和面向对象程序设计。

(5) 第五代是超大规模集成电路时代

以人工智能为代表的智能化要求计算机能模拟人的感觉和思维能力,这也是第五代计算机要实现的目标。

自 1981 年美国 IBM 公司推出第一代微型计算机 IBM-PC/XT 以来,以微处理器为核心的微型计算机便以其执行结果精确、处理速度快捷、小型、廉价、可靠性高、灵活性大等特点迅速进入社会各个领域,且技术不断更新、产品不断换代,先后经历了 80286、80386、80486、80586 等微处理器芯片阶段,并从单纯的计算工具发展成为能够处理数字、符号、文字、语言、图形、图像、音频和视频等多种信息在内的强大多媒体工具。

微型计算机的发展是以微处理器的发展为表征的,下面从字长和功能上对微处理器的发展进行介绍。

2. 微处理器的发展史

(1) 第一阶段(1971—1973 年)

4 位或 8 位低档微处理器,典型产品为 Intel 4004 和 Intel 8008,集成度为 1200～2400 个晶体管,基本指令执行时间 10～20 μs。系统结构和指令简单,主要用于家用电器等简单控制场合。

(2) 第二阶段(1974—1977 年)

8 位中档微处理器,典型产品为 Intel 8080、Z80 和 MC6800,集成度为 5000～9000 个晶体管,基本指令执行时间 1～2 μs。系统结构和指令比较完善,主要用于电子仪器和打印机等。

(3) 第三阶段(1978—1984 年)

16 位微处理器,典型产品为 Intel 8086/8088/80286,集成度为 2 万～7 万个晶体管,基本指令执行时间 0.5 μs。体系结构与指令更为完善和丰富,采用了多级中断、多种寻址方式和段式寄存器等结构。第一代微型机 IBM PC 和 IBM PC/XT 采用了 8088 主板,第二代微型机 IBM PC/AT 采用了 80286 主板。

(4) 第四阶段(1985—1992 年)

32 位微处理器,典型产品为 Intel 80386/80486,集成度为 100 万个晶体管,基本指令执行时间 25 MIPS(million instructions per second,每秒百万条指令)。具有 32 位地址线和实地址、保护虚地址、虚拟 8086 三种访问方式,引入 Cache 存储器。80486 内部还集成了 80386/80387/8 KB 的 Cache 存储器,采用了 RISC 技术以减少指令执行时间。

(5) 第五阶段(1993—2005 年)

64 位微处理器,典型产品为 Intel Pentuim,集成度为 310 万个晶体管,主频 60 MHz 以上;增强型的浮点运算器,分支目标缓冲器,以预测分支指令结果,提前安排指令执行顺序。超标量流水线结构,允许多条指令同时执行,将常用指令固化以硬件速度执行。

(6) 第六阶段(2005 年至今)

酷睿(Core)系列微处理器,设计的出发点是提供卓然出众的性能和能效,提高每瓦特性能,也就是所谓的能效比。

在微处理器的发展历史上,有两个基本理论:摩尔定律和钟摆理论。摩尔定律是指集成电路上可容纳的晶体管数目,约每隔 18 个月便会增加一倍,性能也将提升一倍。该定律由英特尔名誉董事长戈登·摩尔(Gordon Moore)经过长期观察发现得之。钟摆理论则是指在奇数年英特尔将会推出新的工艺,而在偶数年英特尔则会推出新的架构,简单地说,就是奇数工艺年和偶数架构年的概念。

3. 微型计算机的应用及发展趋势

由于微型计算机系统是采用超大规模集成电路组成的，因此它除了具有一般计算机的运算速度快、计算精度高、记忆逻辑判断力强、自动化程度高等特点外，还有以下独特的优点：

· 体积小、质量轻、功耗低。

· 可靠性高、对使用环境要求低。

· 结构简单、设计灵活、适应性强。

· 性价比较高。

微型计算机系统现已被广泛应用于科学计算、信息处理、计算机辅助技术、过程控制、人工智能、网络通信和计算机仿真等领域。

现代微型计算机有多种类型，其发展趋势也随着社会的需求而逐渐多元化，除了常见的台式机以外，还有如下几种类型。

（1）膝上型计算机（laptop computer）

最早的便携式计算机是可以放在腿上使用的膝上型计算机。它在体积上介于台式机和笔记本之间。其主机类似台式主机，显示器大多采用液晶型（LCD）或小型阴极射线管（CRT），质量约有 10 kg。虽然号称"可携带"，但由于它的体积仍显笨重，而且一定要使用有插座的交流电源，所以充其量也只是"可以动"的电脑。在笔记本计算机推出之后，"纯"膝上型计算机已经十分少有，许多外国人习惯讲的 laptop 电脑，其实指的是笔记本计算机。

（2）笔记本型计算机（notebook computer）

它是具有与台式机相同功能却又便于携带的微型计算机。同台式机一样，笔记本计算机是随着 CPU 的发展而不断发展的。以 Intel 迅驰（Centrino）和 AMD 的速龙（Athlon）为代表的笔记本计算机占据了主流。预计今后笔记本计算机将向着高性能、无线联、低能耗、长电池寿命的方向发展。

（3）掌上型计算机（palmtop computer）

目前掌上型计算机和个人数字助理（personal digital assistant，PDA）的概念似乎有些混淆。有人把低端的产品归之为 PDA，把高端的产品归之为掌上型计算机。实际上国外已经很普遍地把所有的手持式移动计算产品统称为 PDA，而国内则习惯称之为掌上电脑。该类型其实是计算机微型化、专业化趋势的产物，未来会朝着更高性能和更多功能的多样性方向发展。

（4）平板电脑（tablet PC）

最早由 Microsoft 公司提出的新概念电脑，是下一代移动商务 PC 的代表，已获得联想、Acer、HP、Viewsonic、AMD、Fujitsu、Toshiba、Sharp、NEC、Compaq 等 20 多家国内外硬件厂商和 30 多家全球知名软件厂商的支持并相继推出了产品。除了拥有笔记本的所有功能外，平板电脑还支持手写输入或者语音输入，移动性和便携性都更胜一筹，目前已经步入快速发展和普及应用时期，并且进一步朝着微型化、模块化、无线化、光电子化、专用化、网络化、智能化、环保化、人性化以及个性化的方向发展。

本 章 小 结

本章主要介绍了计数制和编码、布尔代数、常见逻辑电路、模型机的工作原理和微型计算机的发展史等内容,这既是学习微型计算机系统基本原理的基础知识,也为今后各章节的学习打下了坚实的基础。

不同计数制之间的转换和基本逻辑门电路的工作原理是掌握二进制运算规律的关键,逻辑门电路对应的逻辑关系将在后续章节中反复用到,需要熟练掌握。

模型机的工作原理是微处理器工作的模拟,通过该过程可以对微型计算机系统内部的硬件原理有比较深刻的认识,现代微型计算机系统的内部结构非常复杂,不适于教学,这也是使用模型机的原因。

通过学习微型计算机的发展历史,可以对整个微型计算机系统的发展有较为清晰的认识。

习题与思考题

一、填空题

1. 某内存单元中存放的二进制代码为 94H,若为一个无符号数则其真值为_____;若为一个带符号数则其真值为_____;若为一个 BCD 码则其真值为_____。

2. 十进制数 368 对应的十六进制数是_____,二进制数是_____,八进制数是_____,其用二进制数表示的补码是_____。

3. 已知$[X]_补 = 11010011B$,则$[X]_原 = $_____,$[-X]_补 = $_____。

4. 将 6.3、6.CH、$[0110.1B]_{BCD}$、0110.0101B 四个数据按照从大到小的顺序排列,其顺序是_____。

5. 若$[X]_原 = [Y]_反 = [Z]_补 = 90H$,试用十进制数分别写出其大小:X = _____;Y = _____;Z = _____。

二、选择题

1. 用 16 位二进制数补码表示一个带符号数,其最小数为(   )。

A. -0 B. -32767 C. -32768 D. -65536

2. 8 位二进制补码表示的带符号数 10000000B 及 11111111B 的十进制数值分别为(   )。

A. 128 和 255   B. 128 和 -1 C. -128 和 255   D. -128 和 -1

3. 若$[A]_原 = 10111101B$,$[B]_反 = 10111101B$,$[C]_补 = 10111101B$,以下结论正确的是(   )。

A. C 最大   B. A 最大   C. B 最大   D. A = B = C

4. 字符"A"的 ASCII 码是(   )。

A. 65H   B. 0AH   C. 41H   D. A0H

5. 一个 8 位二进制数,若采用补码表示,由 3 个"0"和 5 个"1"组成,则最小值为(   )。

A. −120　　　　B. −8　　　　　　C. −112　　　　　D. −11

三、简答题

1. 什么叫原码、反码及补码？计算机为什么采用补码表示？

2. 为什么需要半加器和全加器？它们之间的主要区别是什么？

3. 设机器字长为 8 位，用二进制补码法写出下列运算步骤：

(1) 00001111B−00001010B＝?　　　　(2) 00001100B−00000011B＝?

(3) 8＋18＝?　　　　　　　　　　　　(4) 9＋(−7)＝?

(5) −90＋(−70)＝?　　　　　　　　　(6) 8−18＝?

4. 设机器字长为 8 位，最高位为符号位，试用双高位判别法判断下述二进制运算是否产生溢出：

(1) 50＋84＝?　　　　　　　　　　　　(2) −90＋(−70)＝?

(3) −52＋7＝?　　　　　　　　　　　　(4) 72−8＝?

5. 先将下列无符号二进制数转换为十进制数，再写出它们的 8421BCD 码表示：

(1) 01111001B　　　　　　　　　　　　(2) 10000011B

6. 用 8 位压缩 BCD 码和非压缩 BCD 码时，表示的十进制数值范围各是多少？

第 2 章 微型计算机的组成结构

【本章要点】

本章主要讲述微型计算机的组成结构,包括微处理器、微型计算机和微型计算机系统三者的关系,以及微型计算机的硬件组成、软件结构、系统的应用和单片微型计算机简介等内容,重点对微型计算机系统的基本组成和单片微型计算机的内容做了介绍。

本章的主要内容有:

- 微型计算机系统的基本组成。
- 微型计算机系统的软、硬件结构。
- 单片微型计算机的简介。

2.1 微型计算机的基本组成

微型计算机的组成可以从不同角度进行分类,按功能和结构可分为单片机和多片机,按组装方式可分为单板机和多板机。

利用大规模集成电路工艺将微型计算机的三大组成部分——CPU、内存和 I/O 接口集成在一片硅片上,这就是单片机(single-chip computer)。使用专用开发装置可以对它进行在线开发。单片机在工业过程控制、智能化仪器仪表和家用电器中得到广泛的应用。

若将微型计算机的 CPU、内存、I/O 接口电路安装在一块印刷电路板上就组成了单板机。单板机结构简单,价格低廉,性能较好,经过开发后,可用于过程控制、各种仪器仪表、单机控制、数据处理等。由主板及插在主板上的多个电路板(如显示卡、声卡、多功能卡、网卡等)组成了多板机,家用 PC 机就是多板机的典型代表。

微型计算机系统是由硬件和软件两部分组成的,软件和硬件相互协调,从而使一台计算机正常工作。换言之,用户通过程序中的指令使得计算机按要求工作。软件和硬件之间的关系是相辅相成的,离开了软件支撑的微机系统被称为"裸机",毫无用途;而没有硬件平台支撑的软件则变成了"无源之水"和"无本之木"。因此,二者是缺一不可的。

微型计算机系统的组成从局部到全局可以分为微处理器、微型计算机和微型计算机系统三个层次结构,如图 2.1 所示。

2.1.1 微处理器

微处理器(microprocessor,简称 μP 或 MP)是指由一片或几片大规模集成电路组成的具有运算和控制功能的中央处理器部件,又称为微处理机。有时为了区分大、中、小型中央处理器 CPU(central processing unit)与微处理器,而称后者为 MPU(micro processing unit)。微处理器是微型计算机的核心部件,主要由运算器和控制器两部分组成,其性能决定了整个微型计算机的各项关键指标。微处理器的字长也是微型计算机的字长,是指 CPU 中大多数操作数的字长,也就是 CPU 数据总线的位数。微处理器本身并不能单独构成一个独立的工作系统,也不能独立地执行程序,必须配上存储器、I/O 设备和相关软件构成一个完整的微型计算机系统后才能工作。

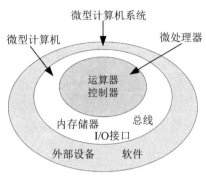

图 2.1　微型计算机系统的组成关系图

2.1.2　微型计算机

微型计算机(microcomputer,简称 μC 或 MC)是指以微处理器为核心,配上存储器、I/O 接口电路和系统总线所组成的计算机。当把微处理器、存储器、I/O 接口电路统一组装在一块或几块电路板上或集成在单个芯片上,则分别称之为单板机、多板机或单片微型计算机。

典型的微型计算机硬件组成如图 2.2 所示,它是由下列几种大规模集成电路通过总线连接在一起构成的。

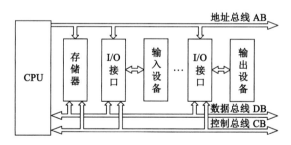

图 2.2　微型计算机的硬件组成

1. 微处理器

中央处理器单元 CPU。

2. 存储器

存储器通常由半导体存储器芯片组成,用来存放程序和数据,包括随机存取存储器(random access memory,缩写为 RAM)和只读存储器(read only memory,缩写为 ROM)。RAM 也称为读/写存储器,工作过程中 CPU 可根据需要随时对其内容进行读或写操作,RAM 是易失性存储器,即其内容在断电后会全部丢失,因而只能存放暂时性的程序和数据;ROM 的内容只能读出不能写入,断电后其所存信息仍保留不变,是非易失性存储器,所以 ROM 常用来存放永久性的程序和数据,如初始导引程序、监控程序以及操作系统中的基本输入、输出管理程序 BIOS 等。

3. I/O 接口电路及设备

I/O(input/output,缩写为 I/O)接口电路是微型计算机的重要组成部件,是微型计算机连接外部输入、输出设备及各种控制对象并与外界进行信息交换的逻辑控制电路。由于外部设备的结构、工作速度、信号形式和数据格式等各不相同,因此它们不能直接挂接到系统总线上,必须通过 I/O 接口电路才能实现与 CPU 间的信息交换。

I/O 设备种类繁多,有电子式、电动式、机械式等,它们的工作速度一般较低。同时,I/O 设备处理的信息种类也与 CPU 不完全相同,CPU 只能处理数字量,而外部设备不仅能处理数字量,还能处理模拟量等。因此,I/O 设备与 CPU 之间的硬件连线和信息交换不能直接进行,必须经过接口电路进行协调和转换。

4. 总线

总线为 CPU 和其他部件之间提供数据、地址和控制信息的传输通道,是微型计算机的重要组成部件。构成微型计算机的各功能部件(微处理器、存储器、I/O 接口电路等)之间通过总线相连接。采用总线结构之后,系统中各功能部件间的相互关系转变为各部件面向总线的单一关系,符合总线标准的设备都可以连接到系统中,使系统功能得到扩展。

系统总线一般包含 3 种不同功能的总线,即地址总线 AB(address bus)、数据总线 DB(data bus)和控制总线 CB(control bus)。

(1) 地址总线(AB)

地址总线用来指定寻址的存储器单元或 I/O 接口。地址总线专门用来传送地址信息,因地址总是由 CPU 发出的,且地址总线是单向的,故它的位数决定了 CPU 可以直接寻址的内存范围。

(2) 数据总线(DB)

数据总线用来传输数据。从结构上看,数据总线是双向的,即数据可以从 CPU 传送到其他部件,也可以从其他部件传送到 CPU。

(3) 控制总线(CB)

控制总线用来传输控制信号、时序信号和状态信号等,其中包括 CPU 送往存储器和I/O接口电路的控制信号,如读信号、写信号、中断响应信号等,还包括其他部件送到 CPU的信号,如时钟信号、中断请求信号、准备就绪信号等。

(4) 地址/数据复用总线

地址总线和数据总线复用,分时传送地址信息和数据信息(由同步信号区分),这样可以节省 CPU 引脚,但外部电路复杂。

2.1.3 微型计算机系统

微型计算机系统(microcomputer system,简称 μCS 或 MCS)是指以微型计算机为核心,配以相应的外部设备、电源和辅助电路以及软件所构成的系统。其组成结构如图 2.3所示。

一个完整的微型计算机系统由硬件和软件两部分组成。计算机的硬件和软件是密不可分但又相对独立的两大部分。硬件是计算机工作的基础,没有硬件的支持,软件将无法正常工作;软件是计算机的灵魂,没有软件,硬件就是一个空壳,不能做任何工作。只有把二者有机地结合起来,才能充分发挥计算机的作用。

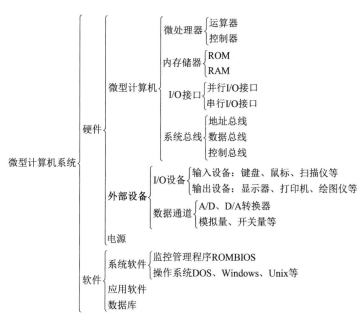

图 2.3　微型计算机系统组成结构

　　微型计算机硬件系统是机器的实体部分，主要包括主机和外部设备。主机由微处理器和内存储器等组成，其芯片安装在一块印刷电路板上，称为主机板。外部设备主要由外存储器、I/O 设备等组成。外存储器一般使用磁盘存储器（硬盘和软盘）、光盘存储器。输入设备有键盘、鼠标等，输出设备有显示器、打印机和绘图仪等。

　　微型计算机软件系统主要包括系统软件、应用软件和数据库等。系统软件是由设计者提供给用户的，充分发挥计算机性能的一系列程序，主要包括操作系统、语言翻译系统、数据管理系统和服务性程序等，比如编辑程序、汇编程序、编译程序、调试程序等。应用软件是指用户利用计算机提供的系统软件编制的用以解决各种实际问题的程序。通常应用软件解决某一领域中的具体问题，或某一类特定的计算、数据处理或控制问题。

2.2　微型计算机的工作过程

　　微型计算机系统的体系结构解决的是如何在总体上将软件、硬件、人员、数据库、文档和方法等协调一致，最大限度地提升微型计算机系统的性能，目前主要有冯·诺伊曼体系和哈佛体系两种，二者的主要区别在于程序空间和数据空间是否是一体的。冯·诺伊曼体系结构中数据空间和程序空间是不分开的，而哈佛体系结构中数据空间和程序空间是分开的。

2.2.1　冯·诺伊曼体系结构

　　1945 年，美籍匈牙利著名数学家冯·诺伊曼（John von Neumann）提出了计算机基本结构和存储程序及程序控制的概念，这些基本的概念奠定了现代计算机的基本框架。

　　冯·诺伊曼体系结构又称为普林斯顿体系结构（Princetion architecture），将整个计算机的硬件框架分为运算器、控制器、存储器、输入设备和输出设备五个组成部分，如图 2.4 所示。其主要贡献就是提出并实现了"存储程序"的概念。由于任何复杂的运算和操作都可以用二进制代码的指令来表示,把执行一项信息处理任务的程序代码和数据,以字节为单位按顺序存放在存储器的一段连续的存储区域内,这就是"存储程序"的概念。计算机工作时,依次执行每一条指令,不但能按照指令的存储顺序依次读取并执行指令,而且还能够根据指令执行的结果进行灵活地转移,从而完成各种复杂的运算操作,这就是"程序控制"的概念。

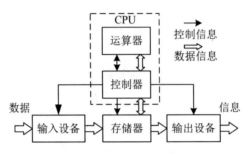

图 2.4　冯·诺伊曼体系结构框图

冯·诺伊曼体系结构是一种将程序存储器和数据存储器合并在一起的存储器结构。程序存储地址和数据存储地址指向同一个存储器的不同物理位置,因此程序和数据的宽度相同,这种程序和数据共享同一总线的结构,使得信息流的传输成为限制计算机性能的瓶颈,影响了数据处理速度的提高。

目前使用冯·诺伊曼体系结构的中央处理器和微控制器有很多,如 Intel X86、ARM7 TDMI 和 MIPS 处理器等。

2.2.2　哈佛体系结构

哈佛体系结构是一种将程序存储和数据存储分开的存储器结构。中央处理器首先到程序存储器中读取程序内容,译码后得到数据地址,再到相应的数据存储器中读取数据,并进行下一步的执行操作,如图 2.5 所示。程序存储和数据存储分开,可以使程序和数据有不同的宽度,如 Microchip 公司的 PIC16 芯片的程序是 14 位宽度,而数据是 8 位宽度。

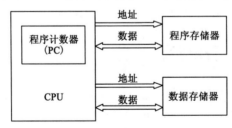

图 2.5　哈佛体系结构框图

目前使用哈佛体系结构的中央处理器和微控制器主要有 PIC 系列、MC68 系列、Z8 系列、AVR 系列、ARM9、ARM10 和 ARM11,值得一提的是以 MCS-51 或者后续衍生型号单片机为代表的单片微型计算机处理器有着嵌入式处理器经典的体系结构,这种体系结构在当前嵌入式处理器的高端 ARM 系列上仍然在延续,这就是哈佛体系结构。

2.2.3　程序执行的一般过程

计算机的工作就是按照顺序逐条执行指令,指令是机器所能识别的一组编制成特定格式的代码串,它要求机器在一个规定的时间段(指令周期)内,完成一组特定的操作。指令的基本格式包括操作码和操作数两部分。计算机所能执行的各种不同指令的全体叫作计算机的指令系统,采用不同 CPU 的计算机的指令系统可能有所不同。

　　程序是为求解某个特定问题而设计的指令序列。程序中的每条指令规定机器完成一组基本操作。如果把计算机完成一次任务的过程比做乐队的一次演奏,那么控制器就好比是一位指挥,计算机的其他功能部件就好比是各种乐器与演员,而程序就好比是乐谱。计算机的工作过程就是执行程序的过程,或者说,控制器是根据程序的规定对计算机实施控制的。

　　程序和第一条指令的位置由操作系统来确定,指令的顺序执行则由程序计数器 PC 来控制,指令中的操作数或者地址码提供了操作对象的寻址方式。计算机程序执行的过程可归结为:取指令→分析指令→执行指令→再取下一条指令,直到程序结束的反复循环过程。通常把其中的一次循环称为计算机的一个指令周期。一般来说,将一个指令周期分为取指令周期和执行指令周期两部分,取指令周期主要完成指令的取出和指令的译码功能,而执行指令周期主要完成取操作数和指令执行过程,如图 2.6 所示。

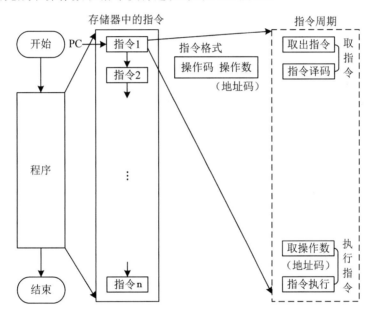

图 2.6　指令执行的一般过程

2.2.4　简单程序执行举例

　　【例 2.1】　试分析微型计算机系统执行 3＋2＝? 的详细过程。

　　解:(1)用助记符指令编写源程序。

MOV A,3　　　　　　　　;3→A

ADD A,2　　　　　　　　;A+2→A

HLT　　　　　　　　　　;停机

　　(2)将助记符指令编译为机器指令。

MOV A,3　　→1011 0000B＝B0H　　　　;操作码(MOV A,n)

　　　　　　　0000 0011B＝03H　　　　;操作数(3)

ADD A,2 　　　　→0000 0100B=04H 　　　;操作码(ADD A,n)

　　　　　　　　　　0000 0010B=02H 　　　;操作数(2)

HLT 　　　　　　→1111 0100B=F4H 　　　;操作码(HLT)

(3) 将数据和程序通过输入设备存入存储器进行存放,如图 2.7 所示。

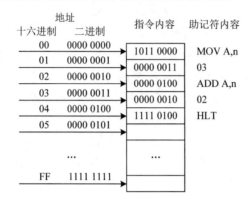

图 2.7　数据和程序在存储器中的格式

(4) 程序执行的具体过程分析,包括取指令、分析指令和执行指令三个部分。

取指令是按照程序所规定的顺序,从内存储器取出当前要执行的指令,并送控制器进行下一步操作的过程;分析指令是指对所取得的指令进行分析,即根据指令中的操作码确定计算机应进行什么操作;执行指令是根据指令分析的结果,由控制器发出完成操作所需要的一系列控制信号,以便控制计算机有关部分完成这一操作,同时还要为下一条指令做好准备。

由此可见,控制器的工作过程就是取指令、分析指令和执行指令的过程。周而复始地重复这一过程,就形成了执行程序的自动控制过程,整个过程如图 2.8 所示。

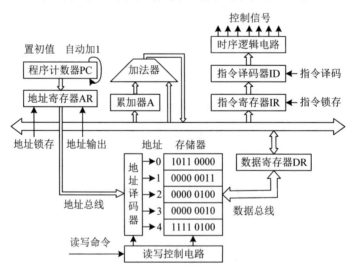

图 2.8　指令执行过程(取指/分析/执行)

在图 2.8 中,各组成部件的功能如下:

程序计数器 PC:PC 的功能是指出当前指令的地址。通常每取一条指令后自动加 1,以指出下条指令的地址。遇到转移指令时可通过地址计算部件形成下一条指令的地址。

地址寄存器 AR：具有三态控制功能，接收来自 PC 的指令地址或来自指令的操作数地址，经过三态控制用于对当前指令的地址进行锁存和输出，以保证对存储器单元的选中。

地址译码器：由给定的存储器地址经过逻辑选择后选中一个以字节为单位的确定的存储器单元，常见的如 74LS138 的三八译码器。

数据寄存器 DR：具有三态控制功能，用于指令或者操作数的锁存和输出。

累加器 A：CPU 进行加法计算的主要寄存器，通常用来保存被加数和结果。

指令寄存器 IR：保存由存储器取来的指令，并分别把操作码 OP 和操作数地址 AD 送往指令译码器和地址计算部件。

指令译码器 ID：也称操作码译码器。它按操作码的内容向操作控制部件提供相应的操作电信号。

时序逻辑电路：在系统时钟节拍的作用下，根据指令译码器的结果，发出一系列的控制命令，协调各组成部件完成一个基本操作，即根据指令译码器的规定内容，在规定的节拍内向有关部件发出操作控制信号。

第一条指令"MOV A,3"的取指令过程如图 2.9 所示。

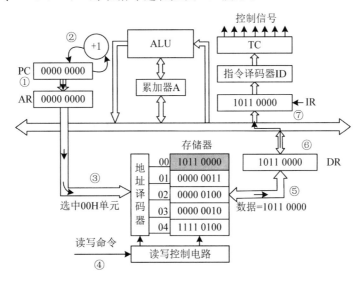

图 2.9　第一条指令"MOV A,3"的取指令过程

① 由于程序的起始位置为 00H，即(PC)=00H，该 PC 值送入 AR 寄存器。

② PC 的内容自动加 1，为取下一个指令字节做准备，即(PC)=01H。

③ AR 中的值 00H 经锁存、输出后送入地址译码器。

④ 在控制部件发出的"取指令操作码"和"读信号"的控制下，选中内存储器的 00H 单元。

⑤ 内存单元 00H 中的操作码 B0H 出现在数据总线上。

⑥ 读取出的操作码 B0H 送入地址寄存器 DR。

⑦ DR 中的操作码经过内部总线送入指令寄存器 IR，即(IR)=B0H。

分析指令过程是将 IR 的内容直接送 ID 进行译码，并将译码信号送至定时与控制部件

TC(时序逻辑电路),完成分析指令的操作。

第一条指令"MOV A,3"的执行过程如图2.10所示。定时与控制部件接收到操作码译码信号B0H后,产生为执行该指令所需要的一系列按时间顺序排列的控制信号,并按控制信号的先后次序完成如下执行指令的操作:

① (PC)=01H,该PC值送入AR寄存器。

② PC的内容自动加1,为取下一个指令字节做准备,即(PC)=02H。

③ AR中的值01H经锁存、输出后送入地址译码器。

④ 在控制部件发出的"取指令操作码"和"读信号"的控制下,选中内存储器的01H单元。

⑤ 内存单元01H中的操作数03H出现在数据总线上。

⑥ 读取出的操作码03H送入地址寄存器DR。

⑦ DR中的操作码经过内部总线送入累加器A,即(A)=03H。

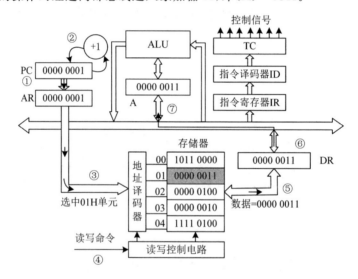

图2.10 第一条指令"MOV A,3"的执行过程

第二条指令"ADD A,2"的取指令过程如图2.11所示。

① (PC)=02H,该PC值送入AR寄存器。

② PC的内容自动加1,为取下个指令字节做准备,即(PC)=03H。

③ AR中的值02H经锁存、输出后送入地址译码器。

④ 在控制部件发出的"取指令操作码"和"读信号"的控制下,选中内存储器的02H单元。

⑤ 内存单元02H中的操作码04H出现在数据总线上。

⑥ 读取出的操作码04H送入地址寄存器DR。

⑦ DR中的操作码经过内部总线送入指令寄存器IR,即(IR)=04H。

分析指令过程是将IR的内容直接送ID进行译码,并将译码信号送至定时与控制部件TC(时序逻辑电路),完成分析指令的操作。

第二条指令"ADD A,2"的执行过程如图2.12所示。定时与控制部件接收到操作码译码信号 04H 后,产生为执行该指令所需要的一系列按时间顺序排列的控制信号,并按控制信号的先后次序完成如下执行指令的操作:

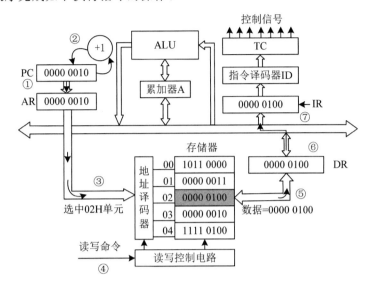

图 2.11　第二条指令"ADD A,2"的取指令过程

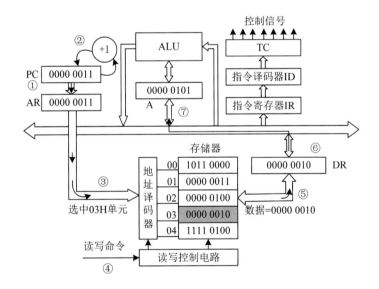

图 2.12　第二条指令"ADD A,2"的执行过程

① (PC)=03H,该 PC 值送入 AR 寄存器。

② PC 的内容自动加 1,为取下一个指令字节做准备,即(PC)=04H。

③ AR 中的值 03H 经锁存、输出后送入地址译码器。

④ 在控制部件发出的"取指令操作码"和"读信号"的控制下,选中内存储器的 03H 单元。

⑤ 内存单元 03H 中的操作数 02H 出现在数据总线上。

⑥ 读取出的操作码 02H 送入地址寄存器 DR。

⑦ DR 中的操作码经过内部总线送入 ALU 与 A 相加,即(A)=05H。

按照上述类似的过程取出第三条指令"HLT",译码后系统就停机,这样微型计算机系统就完成了所编制的程序中全部要求的功能。

2.3 微型计算机的应用与发展

2.3.1 微型计算机的应用

由于微型计算机具有体积小、质量轻、价格低、可靠性高、功耗低和结构灵活等一系列优点,因此得到了广泛应用。迄今为止,微型计算机不仅在工业、农业、国防、科学技术和国民经济各个领域中发挥了巨大作用,而且在日常生活中也日益显示出它的强大生命力,归纳起来,主要有以下几方面。

1. 科学计算

科学计算一直是计算机的重要应用领域。发明计算机的原始目的就是为了科学计算。第一台电子计算机就是为计算高炮弹道而研制的。实际中的许多应用领域,如卫星轨道、导弹、航天飞机、地震预测、天气预报、飞机和舰船的外形设计以及生物学中的人工胰岛素合成、物质分子结构等都需要进行大量复杂的计算分析,这些都离不开大型高速计算机。随着微处理器技术的不断发展,性能不断升级,高档微型计算机已具有较强的运算能力,已能满足相当范围的科学计算的需要,特别是微巨型机的发展以及用多个微处理器组成的并行处理机系统,其功能和计算速度已可与大型计算机相匹敌,而成本只有大型计算机的几分之一,使微型计算机用于科学计算的前景更为广阔。

2. 数据处理和信息管理

数据处理通常是指用计算机对实时采集和人工输入的大量数据进行加工处理、转换分析、分类统计、显示打印和通信等。这在航空、航天、邮电通信、军事科学中的应用十分广泛,如地面卫星接收系统、防空警戒雷达系统、导弹和反导弹控制系统以及工矿实时控制系统等等。信息管理是指计算机对人工输入信息和历史信息进行分类检索、查找统计、绘制图表和输出打印的过程。信息管理在信息管理系统中进行。信息管理系统可以是单个的高档微型计算机,也可以是一种不同类型的计算机网络系统,如飞机订票系统、情报检索系统、气象预报系统、办公自动化系统、电子邮件系统和银行信贷系统等等。

3. CAD、CAM、CAA 和 CAI 中的应用

计算机辅助设计 CAD(computer-aided design)是指工程设计人员借助于计算机进行新产品开发和设计的过程。计算机辅助制造 CAM(computer-aided manufacturing)是指计算机自动对所设计好的零件进行加工的过程。计算机辅助装配 CAA(computer-aided assemble)是指计算机自动把零件装配成部件或把部件装配成整机的过程。计算机辅助教学 CAI(computer-aided instruction)是指教师借助于计算机对学生进行形象化教学或学生借助于计算机进行形象化学习的过程。CAD、CAM、CAA 和 CAI 都要求有一台高性能的微型计算机或工程工作站机,其运算速度要快、存储容量要大,并要有相应软件作支持。目前,我国的 CAD 使用较为普遍,尤其在服装设计、电子、建筑、造船、机械制造和飞机制造等行业中使用更为广泛。

4. 过程控制和仪器仪表智能化

微型计算机对生产过程的控制是借助于传感器、A/D 和 D/A 转换器以及执行机构进行的。在闭环型过程控制中,过程的实时参数由传感器和 A/D 转换器实时采集,并由微型计算机自动记录、统计制表和监视报警,然后再通过 D/A 转换器和驱动机构进行调节和控制。微型计算机用于过程控制的情况很普遍,例如高炉炉温的自动控制、化工厂液体流量的自动调节、电力系统自动装置的继电保护和自动化生产线的控制等等。所谓仪器仪表智能化,实际上是要把微处理器、存储器和其他集成电路芯片作为元器件安装在仪器仪表中,使仪器仪表按照人的意愿工作。仪器仪表智能化不仅可以使它们体积小、质量轻和精度高,而且可以使仪器仪表的功能齐全。例如电子工业中用的逻辑分析仪、医用 CT 扫描仪和医用红外热像仪等等,都是深受用户欢迎的智能化仪器设备。

5. 军事领域中的应用

微型计算机在军事领域中的应用虽然鲜为人知,但却是十分广泛的,而且是越来越广泛。在军事上,微型计算机通常可以用来帮助指挥和协调作战、进行军事通信、搜集情报、信息管理,也可以直接用在坦克、火炮、军舰、潜艇、军用飞机、巡航导弹等中。

6. 多媒体系统和信息高速公路

多媒体系统是一种集声音、动画、文字和图像等多种媒体于同一载体或平台的系统,以和外部世界进行多功能和多用途的信息交流。多媒体技术广泛用于工业生产、教育培训、医疗卫生、商业广告和娱乐生活等方面。

7. 家用电器和家庭自动化

微处理器在家用电器中的应用很普遍,最常见的有微电脑洗衣机、微电脑冰箱、微电脑空调、微电脑音响系统和微电脑电视机等等。此外,个人微型计算机、微电脑计时装置和微电脑报警系统等已经进入越来越多的家庭。微电脑盲人阅读机也为盲人提供了极大的方便。

8. 人工智能和大数据分析

人工智能和大数据分析是相辅相成的,它企图了解智能的实质,并生产出一种新的能以与人类智能相似的方式做出反应的智能机器。人工智能不是人的智能,但能像人那样思考,也可能超过人的智能。该领域的研究包括机器人、语言识别、图像识别、自然语言处理和专家系统等。

2.3.2　现代微型计算机技术的发展

随着微电子技术和计算机技术的发展,一些新思想和新技术被陆续应用于微型计算机领域。下面将介绍微处理器发展过程中的一些关键技术。

1. 多级流水线结构

为了提高微型计算机的工作速度,将某些功能部件分离,使一些大的顺序操作分解为由不同功能部件分别完成、在时间上可以重叠的子操作,这种技术被称为“流水线技术”。在一般的微处理器中,在一个总线周期或一个机器周期执行完以前,地址总线上的地址是不能更新的。在多级流水线结构情况下,如 80286 以上的总线周期中,当前一个指令周期正执行命令时,下一条指令的地址已被送到地址线,这样从宏观上来看两条指令执行在时间上是重叠的。这种流水线结构可大大提高微处理器的处理速度。多级流水线结构工作原理如图2.13所示。

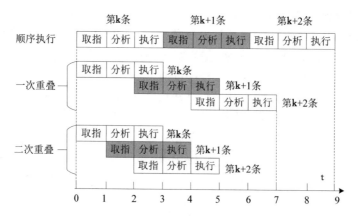

图 2.13　多级流水线结构工作原理

2. 芯片上存储管理技术

芯片上存储管理技术是把存储器管理部件与微处理器集成在一个芯片上,如把数据高速缓存、指令高速缓存与 MMU(存储器管理单元)结合在一起,这样可以减少 CPU 的执行时间,减轻总线的负担。例如,摩托罗拉的 MC 68030 将 256 个字节的指令高速缓存及 256 个字节的数据高速缓存与 MMU 做在一起构成 Cache/Memory Unit。

3. 虚拟存储技术

虚拟存储是一种存储管理技术,目的是扩大面向用户的内存容量。在一般情况下,系统除配备一定的主存外,还配备有较大容量的辅助存储器,二者相比,前者速度快,但价格高、容量小,后者速度慢,但容量大。所以,大量的程序和数据平时是存放在辅助存储器中的,到用时才调入内存。当程序规模较大而内存数量相对不足时,编程者就需要做出安排,分批将程序调入内存,也就是说,需要不断用新的程序段来覆盖内存中暂时不用的老程序段。所谓"虚拟存储"技术,就是采用软、硬件相结合的方法,由系统自动进行这项调度。对于用户来说,这意味着他们可放心使用更大的虚拟内存,而不必过问物理内存的大小,并可得到与物理内存相似的工作速度。

4. 并行处理的哈佛结构

为了进一步提高系统的工作速度和工作能力,一些系统采用了多处理器结构。所谓多处理器结构是指一个系统中同时有几个部件可以接受指令并进行指令的译码操作。为了克服 CPU 数据总线宽度的限制,尤其是在单处理器情况下进一步提高微处理器的处理速度,采用高度并行处理技术——改进的哈佛结构已成为引人注目的趋势。改进后的哈佛结构的基本特性是采用多个内部数据/地址总线;将数据和指令缓存的存取分开,使 MMU 和转换后缓冲存储器(TLB)与 CPU 实现并行操作。

5. RISC 结构

所谓 RISC 结构就是简化指令集的微处理器结构。其指导思想是在微处理器芯片中,将那些不常用的由硬件实现的复杂指令改由软件来实现,而硬件只支持常用的简单指令。这种方法可以大大减轻硬件的复杂程度,并显著地减少处理器芯片的逻辑门个数,从而提高处理器的总性能。这种结构更适合于当前微处理器芯片新半导体材料的开发和应用。

6. 整片集成技术

目前高档微处理器已基本转向 CMOS 的超大规模集成电路工艺,集成度已突破上亿个晶体管大关。一个令人瞩目的动向是新一代的微处理器芯片已将更多的功能部件集成在一起,并做在一个芯片上。目前在一个 CPU 的芯片上已实现了芯片上的存储管理、高速缓存、浮点协处理器部件、通信 I/O 接口、时钟定时器等。同时,单芯片多处理器并行处理技术也已出现并广泛应用。

目前,微型计算机仍继续向着微型化的方向发展,同时也在向着网络化和智能化方向发展。随着微电子技术的发展,微处理器的集成度越来越高,芯片功能越来越强,从而使微型计算机的体积进一步减小,质量进一步减轻,而功能则在不断地增强。另外,从微型计算机系统角度来看,采用多机系统结构、增强图形处理能力、提高网络通信性能等方面都是当今微型计算机系统所追求的目标。

2.4　单片微型计算机简介

通用微型计算机系统的发展主要围绕数据处理功能、计算速度和精度的进一步提高。但在控制领域中的数据类型及处理相对简单,对系统的嵌入式应用要求相对较高的情况下,单片微型计算机的出现和发展就成了一种必然。

2.4.1　单片微型计算机的概念及发展过程

单片微型计算机(single chip microcomputer,SCM),简称单片机或 MCU(micro controller unit),是指把中央处理器(CPU)、随机存取存储器(RAM)、只读存储器(ROM)、I/O 接口(I/O)、定时/计数器等主要计算机功能部件都集成在一块集成电路芯片上的微型计算机。它具有集成度高、体积小、功能强、使用灵活、价格低和稳定可靠等优点,广泛应用于工业控制、智能化仪表、数据采集与处理、通信、智能机器人和家用电器等各个领域。

单片机最早出现于 20 世纪 70 年代,先后经历了 4 位机、8 位机、16 位机和 32 位机等几个有代表性的发展阶段。

1. 4 位单片机

1975 年,美国德州仪器公司首次推出 4 位单片机 TMS-1000,之后其他公司相继推出 4 位单片机,如 Sharp 的 SM 系列、东芝的 TLCS 系列、NEC 的 Ucom75XX 系列等。4 位单片机主要用于控制洗衣机、微波炉等家用电器及高档电子玩具。

2. 8 位单片机

1976 年,美国 Intel 公司首先推出 MCS-48 系列 8 位单片机,使单片机的发展进入了一个新的阶段。MCS-48 系列单片机内部集成了 8 位 CPU、多个并行 I/O 接口、8 位定时/计数器、小容量的 RAM 和 ROM 等,没有串行通信接口,操作简单。

1980 年,Intel 公司推出了 MCS-51 系列 8 位高档单片机,这就是当前大名鼎鼎的"51单片机"的祖先。MCS-51 系列单片机性能比 MCS-48 系列单片机有明显提高,内部增加了串行通信接口,具备多级中断处理系统,定时/计数器由 8 位扩展为 16 位,扩大了 RAM 和 ROM 的容量。MCS-51 系列 8 位单片机因为性能可靠、简单实用、性价比高而深受欢迎,被誉为"最经典的单片机"。各高校单片机教材都是以 MCS-51 系列 8 位单片机为内容教授单片机课程。

其他公司的 8 位单片机主要有 Motorola 的 6801 系列,Zilog 的 Z8 系列,NEC 的 uPD78XX 系列等。8 位单片机由于功能强、价格低廉、品种齐全,被广泛用于工业控制、智能接口、仪器仪表等各个领域。特别是高档 8 位单片机,是现在使用的主要单片机机型。

3. 16 位单片机

1983 年以后,随着集成电路集成度的提高,出现了 16 位单片机。16 位单片机把单片机性能又推向了一个新的阶段。它内部集成多个 CPU、多个并行接口、多个串行接口等,有的还集成高速 I/O 接口、脉冲宽度调制输出、特殊用途的监视定时器等电路,如 Intel 的 MCS-96 系列、TI 的 HPCI6040 系列和 NEC 的 783XX 系列。16 位单片机往往用于高速复杂的控制系统。

4. 32 位单片机

近年来各个计算机厂家已经推出更高性能的 32 位单片机,如 Atmel 的 AVR32,ARM 系列的 7、9、10 处理器和 Microchip 的 DSPIC 系列等。很多公司都有基于 ARM 的单片机产品,目前主流 32 位单片机基本被 ARM 平台占据,原因是开发方便,工具齐全。

2.4.2　增强型 8051 单片机概述

8051 系列单片机是由 Intel 公司推出的 MCS-51 系列单片机的典型代表,后来 Intel 公司将 MCS-51 系列单片机中的 8051 内核使用权授权给其他 IC 制造商,如 Philips、NEC、Atmel、AMD、Dallas、Siemens、Fujutsu、OKI、华邦、LG 等。这些公司在保持与 8051 单片机兼容的基础上增加了许多新的功能,扩展了外围电路,如模数转换(A/D)、脉宽调制(PWM)、高速 I/O 控制(HSL/HSO)、串行扩展总线(I²C)、看门狗(WDT)和 Flash ROM 等。在提高单片机速度的同时,降低了产品价格,这些不同型号的单片机因均是在 8051 的内核基础上进行了改进,使得单片机的性能有了进一步提升,因此也被称为"增强型 8051 单片机"。增强型 8051 单片机的广泛应用使得 8051 内核成为事实上的 MCU 芯片标准。

以下是几种常见的增强型 8051 单片机介绍。

1. STC 单片机

STC 系列单片机主要是基于 8051 内核,是新一代增强型单片机。其指令代码完全兼容传统 8051,但速度比传统 8051 单片机快 8~12 倍,此外,还带有 ADC、4 路 PWM、双串行口等外围电路,具有全球唯一 ID 号,具有加密性好和抗干扰能力强等优点。

2. PIC 单片机

Microchip 的 PIC 系列单片机的特点是体积小、功耗低、精简指令集、抗干扰性好、可靠性高、有较强的模拟接口、代码保密性好、兼容大多数的 Flash ROM 程序存储器芯片。

3. AVR 单片机

Atmel 的 AVR 系列单片机与 8051 单片机相兼容,其中 AT90 系列是增强型 RISC 内含 Flash ROM 单片机,使用了哈佛结构。AVR 单片机具有可随时编程、更新换代方便的特点,是目前世界上一种独具特色而性能卓越的单片机,在通信设备自动化、工业控制和仪器仪表中有着广泛的应用。

4. TI 单片机

德州仪器公司提供了 TMS370 和 MSP430 两大系列通用单片机。TMS370 系列单片机是 8 位 CMOS 单片机,具有多种存储模式、多种外围接口模式,适用于复杂的实时控制场合;MSP430 系列单片机是一种超低功耗、功能集成度较高的 16 位低功耗单片机,特别适用于要求功耗低的场合。

5. NXP 单片机

恩智浦半导体公司(NXP)主要定位于汽车电子领域,其 LPC 系列和 Kinetis 系列单片机目前在高校有着比较广泛的应用,典型的 MC9S12 单片机总线速率 8~25 MHz,且各种接口丰富;K60 单片机为 ARM Cortex-M4 内核,频率高达 180 MHz,主要用于工业自动化环境中的精确的、实时的控制。

6. Philips 单片机

Philips 公司的 51LPC 系列单片机嵌入了掉电检测、模拟以及片内 RC 振荡器等功能,主要应用于高集成度、低成本、低功耗的设计中。

7. EMC 单片机

台湾义隆单片机有很大一部分与 PIC 8 位单片机兼容,且相兼容产品的资源相对比 PIC 的多,价格低,但抗干扰能力较差。

8. Sonix 单片机

台湾松翰单片机大多为 8 位机,有一部分与 PIC 8 位单片机兼容,系统时钟丰富,内有 PWM、ADC 等,价格低且抗干扰能力较好,但 RAM 空间小。

2.4.3　嵌入式处理器家族介绍

嵌入式处理器是嵌入式系统的核心部分,影响整个嵌入式系统的性能。嵌入式处理器通常被认为是嵌入式系统中运算和控制核心器件的总称。目前,世界上具有嵌入式功能特点的处理器已经超过千种,体系结构包括嵌入式微处理器、微控制器、DSP、FPGA 和片上系统等 30 多个系列,其速度越来越快,性能越来越强,价格也越来越低。

嵌入式微处理器诞生于 20 世纪 70 年代末,其间经历了 SCM、MCU、网络化、软件硬化四个发展阶段。

1. SCM 阶段

SCM(single chip microcomputer,单片微型计算机)阶段主要是单片微型计算机的体系结构探索阶段。Z80 等系列单片机的成功,走出了 SCM 与通用计算机不同的发展道路。

2. MCU 阶段

MCU(嵌入式微控制器)在芯片上集成了多种外围和接口电路,主要特点是体积的微型化和实时控制的智能化。51 系列单片机是这类产品的典型代表。

3. 网络化阶段

随着互联网的高速发展,嵌入式处理器也集成了网络通信模块,以适应物联网发展对处理器的新需求。此外,许多处理器还集成了无线通信模块。

4. 软件硬化阶段

软件硬化主要是指将原来软件实现的功能逐渐由专业硬件来实现,由于要求实时处理的多媒体等大型文件越来越多,如 MP3 播放器、MP4 播放器、GPS 导航仪等,仅仅采用软件的方式已远远不能满足这些市场发展的实际需要。同时,半导体设计和加工技术的提高,极大地降低了嵌入式微处理器芯片的设计难度,促进了软件硬化的发展。

与通用微处理器相比,嵌入式微处理器具有支持多任务、存储区保护、扩展性强和功耗低等特点。其主要分类包括嵌入式微处理器、嵌入式微控制器、嵌入式 DSP 处理器和嵌入式片上系统等。

（1）嵌入式微处理器

嵌入式微处理器（micro processor unit，MPU）是由通用计算机中的 CPU 演变而来的。它的特征是具有 32 位以上的处理器和较高的性能，与计算机处理器相比，只保留和嵌入式应用紧密相关的功能硬件，以最低的功耗和资源实现嵌入式应用的特殊要求。MPU 具有体积小、质量轻、成本低、可靠性高的优点，典型产品如 Power PC 等。

（2）嵌入式微控制器

嵌入式微控制器（micro controller unit，MCU）的典型代表是单片机，内部集成了 ROM/EPROM、RAM、总线、定时/计数器、看门狗、I/O、串行口、脉宽调制输出、A/D、D/A、Flash RAM、EEPROM 等各种功能。其最大的特点是单片化，减小了体积，降低了功耗和成本，提高了可靠性。

（3）嵌入式 DSP 处理器

嵌入式 DSP 处理器（embedded digital signal processor，EDSP）是专门用于信号处理的处理器，其在系统结构和指令算法方面进行了特殊设计，具有很高的编译效率和指令的执行速度。在数字滤波、FFT、谱分析等各种仪器上，DSP 获得了大规模的应用，典型产品如 TI 的 TMS320C2000/C5000 系列。

（4）嵌入式片上系统

嵌入式片上系统（system on chip，SoC）的最大特点是实现了软硬件无缝结合，直接在处理器片内嵌入操作系统的代码模块，通过运用 VHDL 等硬件描述语言即可实现一个复杂的系统。其主要优点是系统简洁，体积和功耗小，可靠性和生产效率高，比较典型的 SoC 产品如 ARM 处理器以及 Echelon 和 Motorola 联合研制的 Neuron 芯片等。

本 章 小 结

本章主要介绍了微型计算机系统的组成结构，包括微处理器、微型计算机和微型计算机系统三者之间的区别和联系，阐述了微型计算机系统构成的硬件结构和软件构成，软、硬件之间的相辅相成、互为依存的关系是整个微型计算机系统正常工作的基础；介绍了微型计算机的工作过程，从微型计算机系统的内部结构上详细分析了微型计算机系统内部各部件通过相互配合来完成任务的过程；对微型计算机的应用、单片微型计算机的概念和增强型 8051 单片机做了介绍，这也是后续章节讨论的重点。

习题与思考题

一、填空题

1. 微型计算机由 CPU、_____、_____、I/O 接口以及连接它们的总线组成。

2. 微型计算机的 CPU 通过地址总线、数据总线和控制总线与外围电路进行信息传递，其中，地址总线的作用是 _____，其数量决定 _____；数据总线的作用是 _____，其数量决定 _____；控制总线的作用是 _____。

3. 计算机系统的体系结构主要有 _____ 和 _____ 两种。

4. 微处理器的字长指的是 _____，16 位 CPU 是指 _____ 总线的位数是

16 位。

5. 微机系统执行指令的过程包括取指令、_____、执行指令三个步骤。

二、选择题

1. 微型计算机系统的组成包括硬件和(　　)两部分。

A. 运算器　　　　　　B. 软件　　　　　　C. 操作系统　　　　　　D. I/O 接口

2. 以下存储器中,断电后数据不会消失的是(　　)。

A. RAM　　　　　　B. Flash ROM　　　C. SDRAM　　　　　D. 内存

3. 8 位数据总线的 CPU 一次交换数据的能力为(　　)。

A. 1 位　　　　　　B. 4 位　　　　　　C. 8 位　　　　　　D. 16 位

4. 当 CPU 具有 16 位地址总线时,能够访问的最大存储单元个数为(　　)。

A. 8 字节　　　　　B. 16 字节　　　　C. 256 字节　　　D. 64 KB

三、简答题

1. 什么叫微处理器的字长? 有何意义?

2. 微型计算机的硬件结构由哪几部分构成? 各有什么作用?

3. 什么是总线? 微型计算机系统总线从功能上分为哪几类? 各起什么作用?

4. 简述微型计算机系统软、硬件的组成结构。

5. 微型计算机体系结构有几种? 有何区别?

6. 简述微型计算机的应用领域。

7. 什么叫单片机、8051 增强型单片机和嵌入式处理器? 三者有何区别?

第3章 单片微型计算机的结构及原理

【本章要点】

本章主要讲述了单片机的硬件结构、存储结构、I/O 结构、工作方式以及最小应用系统，介绍了单片机各个引脚的功能和最小系统的构成及三总线结构，其中数据存储器的使用、I/O 口的使用是学习的重点。通过本章的学习，可从整体上对单片机的结构和工作原理有一个全面的认识。

本章的主要内容有：

- 单片机的基本结构。
- 单片机的存储器构成。
- 单片机的 4 个并行接口的原理。
- 单片机的最小系统的构成及三总线结构。

3.1 STC15 系列单片机的内部结构

单片微型计算机（简称单片机）在一片芯片上集成了微型计算机的功能结构，有些不仅集成了 CPU、存储程序和数据的存储器、I/O 接口、定时/计数器等常规资源，而且集成了工业测控系统中常用的模拟量模块，如 ADC 等。

8051 内核是 Intel 8051 系列单片机的基本标准，许多参考书上将这种单片机称为 MCS-51 系列单片机。MCS-51 系列单片机的典型产品为 8051，它包括 4 KB ROM、128 字节 RAM、2 个 16 位定时/计数器、4 个 8 位 I/O 口和 1 个串行口。20 世纪 80 年代，Intel 将 8051 内核转让或出售给几家著名的集成电路厂商，从此 8051 单片机就变成众多制造厂家支持的大家族。如常用的宏晶科技公司的 STC 系列，STC 系列单片机是增强型 8051 内核单片机，相对传统的 8051 内核单片机，它们的基本结构是相同的，并且其指令系统完全兼容标准的 8051 单片机。

下面以增强型 8051 内核单片机 STC15W4K32S4 为例，说明单片机的内部结构。STC15W4K32S4 单片机的资源配置如下：

- 增强型 8051 内核，单时钟机器周期，速度比传统 8051 内核单片机快 8～12 倍；
- 宽电压：2.5～5.5 V；
- 32 KB Flash 程序存储器；
- 26 KB 数据 Flash（EEPROM）；
- 4096 字节 SRAM；
- 7 个定时器，包括 5 个 16 位可自动重装定时/计数器和 2 个 CCP 可编程定时器；

- 4 个全双工异步串行口(串行口 1、串行口 2、串行口 3、串行口 4);
- 内置高精度 R/C 时钟,±1% 温漂,可以省去外部晶振电路;
- 6 路可编程时钟输出功能(T_0、T_1、T_2、T_3、T_4 以及主时钟输出);
- 内部高可靠复位,ISP 编程时 16 级复位门槛电压可选,可彻底省掉外围复位电路;
- 8 通道高速 10 位 ADC,8 路 PWM 可作 8 路 D/A 使用;
- 6 通道 15 位带死区控制高精度 PWM;
- 低功耗设计:低速模式、空闲模式、掉电模式;
- 硬件看门狗(WDT);
- 1 组高速 SPI 串行通信接口;
- 最多 62 根 I/O 口线;
- 支持多种掉电唤醒模式;
- 支持程序加密后传输;
- 支持 RS485 下载。

STC15W4K32S4 单片机的内部结构如图 3.1 所示。

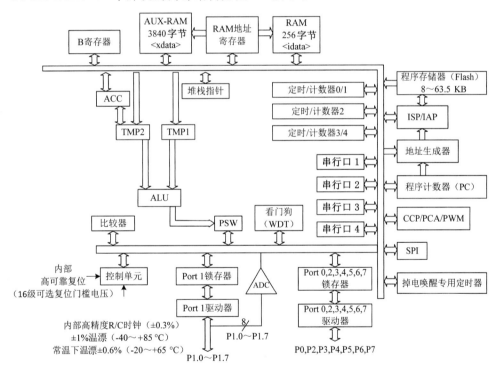

图 3.1　STC15W4K32S4 单片机的内部结构框图

3.2　单片机的主要功能部件

STC15W4K32S4 单片机中除了包括中央处理器(CPU)、程序存储器(Flash)、数据存储器(SRAM)、全双工异步串行口、I/O 口、定时/计数器、中断系统、特殊功能寄存器等传统

8051 单片机的八大功能部件外,还对其他所需功能进行了丰富和增强,并将控制应用所必需的功能部件都集成到一块集成电路芯片上,从而形成一个真正的高性能片上系统。

下面开始介绍 STC15W4K 系列单片机的内部功能部件。

1. CPU

STC15W4K 系列单片机的 CPU 是 8 位微处理器,主要由运算器和控制器组成,它可工作在 1T 机器周期,工作频率为 5~30 MHz,速度比普通 8051 单片机快 8~12 倍。CPU 是单片机的核心部件,决定单片机的性能,它的作用是读入并分析每条指令,根据各指令控制单片机的各功能部件执行指定的运算或操作。

2. 程序存储器

STC15W4K 系列单片机片内程序存储器根据所选型号不同,配置了 8~63.5 KB 的 Flash 程序存储器。程序存储器主要用于存储用户的应用程序和一些原始数据或表格,可以通过 STC-ISP 下载方式下载程序或表格数据,擦写次数达 10 万次以上。该方式使存储器编程和修改操作趋于简单,改进了传统单片机程序存储器编程复杂的状况。此外,还可以根据用户需求在片外扩展最大 64 KB 的程序存储器。

3. 数据存储器

STC15W4K32S4 单片机具有 4 KB 的 SRAM 数据存储器,包含 256 字节的 RAM 和 3840 字节的 XRAM,用于保存单片机运行期间的工作变量、中间结果或最终结果等。单片机片内数据存储器采用高速 SRAM 的形式集成在单片机内部,提高了单片机的运行速度,降低了系统功耗。支持片外扩展数据存储器,方法是通过 P0、P2 口在片外进行并行存储器扩展,最大可扩展寻址范围为 64 KB。

4. 可编程 I/O 口

STC15W4K32S4 单片机包含 4~8 个 8 位可编程 I/O 口,分别是 P0、P1、P2、P3、P4、P5、P6 和 P7 口。单片机的输入或输出信息、对外部信号的检测、对对象的控制或数据传输、通信等都是通过 I/O 口来实现的。

5. 串行口

STC15W4K32S4 单片机包含 4 个全双工异步串行口(UART),它具有 4 种工作模式,能实现单片机与外部设备之间的串行数据传输。串行口可用于 ISP 下载程序、串行通信、多处理器通信和扩展并行 I/O 口,还可把多个单片机相互连接构成多机测控或通信系统,使单片机的功能更强大,应用更广泛。

6. 定时/计数器

STC15W4K32S4 单片机有 5 个 16 位可重载定时/计数器,其中 T0/T1 与传统 8051 单片机兼容,T2 定时器既可以 16 位重装也可以通过软件编程输出 T2CLKO。新增 T3/T4 均为 16 位可以自动重装定时器,并同时支持可编程时钟输出功能,方便单片机根据定时或计数结果对外部设备实行控制。

7. 中断系统

STC15W4K32S4 单片机具有 21 个中断源,2 级中断优先级,可接收外部中断请求、定时/计数器中断请求、串行口中断请求和其他中断请求,用于对紧急事件的实时控制、故障自动处理、单片机与外部设备之间的数据传输及人机对话等。

8. 特殊功能寄存器 SFR

STC15W4K32S4 单片机片内有 81 个 SFR,还有 33 个 XSFR 寄存器,用于控制和管理片内算术逻辑部件、并行 I/O 口、串行接口、定时/计数器、中断系统、ADC、CCP 等功能模块的工作。它实际上是一些控制寄存器和状态寄存器,是一个具有特殊功能的 RAM 区。

9. 高速 ADC

STC15W4K32S4 单片机片内包含一个 8 通道 10 位 ADC 模数转换器,转换速度为 30 万次/秒,完全可以满足中低速的数据采集要求,减少对外部 AD 电路的依赖,对降低开发成本和减小产品体积很有帮助。

10. 同步串行通信口 SPI

STC15W4K32S4 单片机片内包含 1 个高速、全双工、同步串行通信口 SPI,采用四线制总线接口。SPI 接口总线最早由 Motorola 定义使用,可以使 MCU 与各种外部设备之间以串行通信方式进行信息交换,并提供方便的数据通信协议。

11. 带死区控制的 PWM

STC15W4K32S4 单片机片内包含 6 通道带死区的 PWM 输出。在电力电子中,通常需要用到整流桥和逆变桥,每个桥臂上有两个电力电子器件,比如 MOS 管或 IGBT,这两个器件不能同时导通,否则就会出现负荷过大或短路的情况。为了防止上下两个器件同时导通,需要使用带死区控制的 PWM 信号。

12. 可编程计数器阵列/捕获/比较单元 CCP

STC15W4K32S4 单片机包含 2 个可编程计数器阵列/捕获/比较单元 CCP,可实现软件计数器、外部脉冲上/下沿信号捕获、高速方波信号输出和脉宽调制波形输出等功能。

13. 看门狗和内部上电复位电路

STC15W4K32S4 单片机片内包含 1 个硬件看门狗电路,可通过软件编程设置,时刻监控系统 CPU 是否"死机",一旦发现系统死锁,则立即对 CPU 进行硬件复位重启,使 CPU 摆脱死锁状态。此外,单片机内部还有 1 个 16 级门槛电压可选的上电复位电路,在编程下载时,通过 STC-ISP 程序下载软件选择复位门槛,设置内部复位,省去了外部复位接口电路。

14. 内部 R/C 时钟

STC15W4K32S4 单片机片内包含一个高精度 R/C 时钟振荡器,时钟频率范围为 5～30 MHz,精度为 ±0.3%,在 −40～+85 ℃ 时温漂为 ±1%;在 −20～+65 ℃ 时温漂为 ±0.6%。若选择使用内部时钟,可以在编程下载程序到单片机时,通过 STC-ISP 程序下载软件选择时钟频率。程序下载成功后,单片机系统的工作时钟也同时确定,省去了外部时钟电路。

15. 可编程时钟输出功能

STC15W4K32S4 单片机具备信号源功能,对外提供 6 路高频时钟信号,可对内部系统时钟进行可编程分频输出,在 5 V 供电时输出时钟频率≤13.5 MHz,在 3.3 V 供电时输出时钟频率≤8 MHz。

16. 比较器

STC15W4K32S4 单片机片内包含 1 路比较器,可当 1 路 ADC 使用,在很多要求极限检测和报警的场合非常有用。比如温度极限报警,往往需要先比较被测信号电压,再与参考电压比较产生逻辑电平 0/1,最后得出结论并做出相应的处理,这种片内比较器便于检测电路的设计。

17. 在系统可编程/在应用可编程 ISP/IAP

STC15W4K32S4 单片机通过专用的串行编程接口对片内 Flash 存储器进行编程,无须额外的编程器或仿真器。通过 ISP/IAP 亦可直接对单片机在线下载程序或者擦除程序,支持在线硬件仿真调试,使用起来非常方便。

STC15W4K32S4 单片机电源可工作在 2.5～5.5 V,典型值有 3.3 V 单片机和 5 V 单片机。芯片的封装形式多样,有 SKDIP28、PDIP40、SOP28、QFN48 和 LQFP64L 等,最多有64 个引脚,芯片引脚中除 Vcc 和 Gnd 外,其他引脚均可作为普通 I/O 口使用。

3.3 单片机的引脚功能

STC15W4K 系列单片机有多种型号,但其芯片引脚相互兼容,下面分别以 PDIP 封装和 LQFP 封装的 STC15W4K32S4 为例介绍单片机引脚封装图,如图 3.2 和图 3.3 所示。

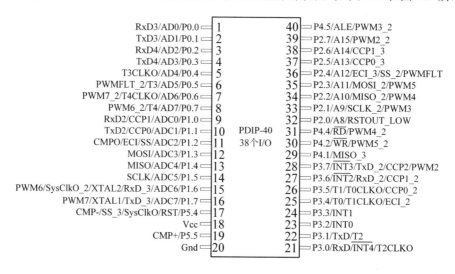

图 3.2　STC15W4K32S4 单片机 PDIP 封装引脚图

PDIP40 封装的 STC15W4K32S4 单片机和 LQFP44 封装相比,除了没有 P4.0、P4.3、P4.6、P4.7 引脚外,其他资源完全相同。由于 PDIP 封装的单片机比较容易焊接,初学者一般选用 PDIP 封装的单片机进行学习。

STC15W4K32S4 单片机的引脚中,除电源和地外,其余都可以作为 I/O 口使用,而且每个 I/O 都具有复用功能,即每个口线除了具有普通 I/O 功能外,还具有第二和第三等功能。以下是 PDIP40 封装的芯片引脚功能。

1. 电源引脚

(1) Vcc:电源正极,正常工作时接＋3.3 V 或＋5 V,正常工作电压可在 2.5～5.5 V之间。

（2）Gnd:接地端。

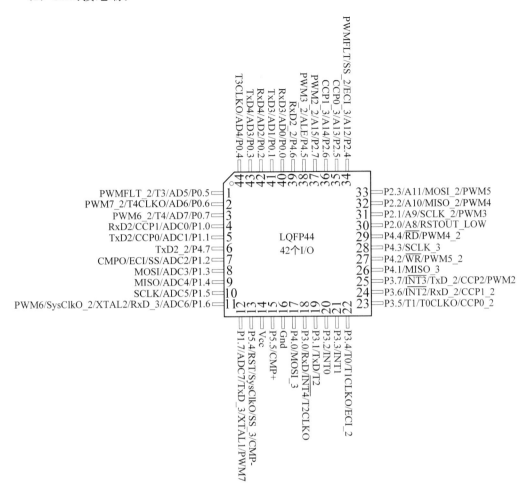

图 3.3　STC15W4K32S4 单片机 LQFP 封装引脚图

2. 时钟引脚

STC15 系列单片机的 XTAL1（与 P1.7 复用）和 XTAL2（与 P1.6 复用）引脚具有时钟功能。在上电复位后，所有 I/O 口均为准双向口/弱上拉模式。但是，由于 P1.7 和 P1.6 引脚可作为外部晶振或时钟电路的输入引脚 XTAL1 和 XTAL2，当 P1.7、P1.6 作外部晶振或时钟电路引脚时，上电复位后，这两位处于高阻输入状态。其中 XTAL1 引脚内部是一个反相放大器的输入端，这个反相放大器构成了片内振荡电路；XTAL2 引脚与片内振荡器的反相放大器输出端相连。因此，当使用外部时钟时，XTAL1 和 XTAL2 引脚需要分别接外部石英晶体的一端，就可为单片机提供工作时钟。

3. 控制端

（1）RST（与 P5.4/SysClkO/SS_3/CMP－复用）：单片机的 RST 既可作普通 I/O 口使用，也可作复位引脚。出厂默认为普通 I/O 模式，用户可以在 STC-ISP 程序中进行设置。若用户将 RST 设置为普通 I/O 口，则上电后工作在准双向口/弱上拉模式。每次上电时，单片机会自动判断上一次用户对 RST 的设置并继续加载上次的工作模式，即若上次 RST

设置为普通 I/O 口,则单片机重启后的模式为准双向口;若上次将 RST 设置为复位引脚,则上电后仍为复位引脚。

单片机的复位端高电平有效,在此引脚上出现 2 个机器周期的高电平就可实现复位操作,使单片机复位到初始状态。当单片机正常工作时,此引脚应为低电平($\leqslant 0.5$ V)。

(2) ALE(address latch enable,与 P4.5/PWM3_2 复用):ALE 为地址锁存允许信号输出引脚。当访问外部存储器时,该信号用于对 P0 口输出的低 8 位地址信号进行锁存。

标准 8051 单片机的 ALE 引脚在不访问外部存储器时以 1/6 振荡频率周期性地输出正脉冲信号,因此可用作对外输出时钟或定时信号,也可用示波器观察 ALE 信号来初步判断单片机的好坏。STC15W4K32S4 单片机对系统时钟进行该信号输出,以清除对其他引脚的干扰。

(3) $\overline{RD}$(与 P4.4/PWM4_2 复用)和 $\overline{WR}$(与 P4.2/PWM5_2 复用):外部存储器或端口读/写控制引脚,用于扩展片外存储器或 I/O 口时,读出或写入相应的数据,控制片内和片外数据传输。

(4) RSTOUT_LOW(与 P2.0/A8 复用):该引脚在单片机上电复位后的输出状态受工作电压影响,当单片机的工作电压高于门槛电压(+3 V 电源时为 1.8 V,+5 V 电源时为 3.2 V)时,其输出电平状态由用户通过 STC-ISP 设置并在下次启动时保持该状态。当单片机检测到工作电压低于门槛电压时,上电复位后 RSTOUT_LOW 引脚默认输出低电平。

4. 并行 I/O 口

STC15W4K 系列单片机芯片有 28 引脚、32 引脚、40 引脚、44 引脚、48 引脚及 64 引脚封装形式。以 40 引脚芯片为例,其中有 38 个引脚可作为 I/O 口使用,并定义为 P0、P1、P2、P3、P4、P5 口,64 引脚的芯片共有 62 个 I/O 口线。每个 I/O 口都具有多种复合功能,即每个口线除具有基本 I/O 功能外,还具有第二、第三和第四等功能。所有 I/O 口线都可以由软件设置为 4 种工作模式,每个 I/O 口线最大驱动能力为 20 mA,但整个芯片的最大电流有限制,40 引脚及以上的芯片最大电流$\leqslant$120 mA,40 引脚以下芯片的最大电流$\leqslant$90 mA。

每个 I/O 口都定义了名称和相应的位名称,例如位名称为 P0.0~P0.7 统称为 P0 口,P1.0~P1.7 统称为 P1 口,以此类推。

此外,40 引脚及以上单片机具有并行三总线传输功能,在访问外部存储器时,P0 口用作地址/数据复用口,分时提供低 8 位地址总线和 8 位数据总线;P2 口提供高 8 位地址总线;P4 口的 P4.4、P4.2 作为读/写控制信号,P4.5 提供地址锁存信号。由于单片机最大有 8 条数据总线和 16 条地址总线,因此外部寻址范围最大为 64 KB。当不扩展外部存储器或 I/O 口时,它们均可作准双向 8 位 I/O 口使用。40 引脚以下单片机芯片没有并行三总线传输功能,不能对外扩展并行存储器或 I/O 口。

3.4 单片机的内部存储器

3.4.1 存储器结构

STC15W4K32S4 单片机的存储器结构的主要特点是程序存储器和数据存储器的寻址空间是分开的,片内集成有 4 个物理上相互独立的存储器空间:程序 Flash 存储器、数据 Flash 存储器(可以作为 EEROM 使用)、内部数据存储器和扩展数据存储器。从寻址空间分布情况上又可分为程序存储器、内部数据存储器和外部数据存储器 3 种;从功能作用上可划分为程序存储器、内部数据存储器、特殊功能寄存器、位地址空间存储器和外部数据存储器 5 种。

STC 单片机种类繁多,虽然不同型号的单片机配置了不同的存储器,但由于其地址总线最多只有 16 位,故其片内、片外程序存储器和数据存储器的最大总容量均为 64 KB。STC15W4K32S4 单片机存储器系统的空间结构如图 3.4 所示。

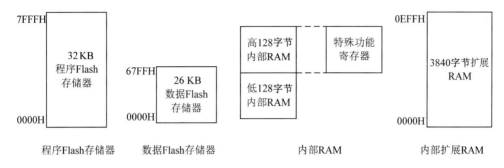

图 3.4　STC15W4K32S4 单片机存储器系统的空间结构

3.4.2　程序存储器

程序存储器用于存放用户程序、数据和表格等信息。以 STC15W4K 系列单片机为例,其内部集成了 8~61 KB 的程序 Flash 存储器,STC15W4K 系列各型号单片机的程序 Flash 存储器的地址如表 3.1 所列。

表 3.1　STC15W4K 系列各型号单片机的程序 Flash 存储器地址

单片机型号	程序 Flash 存储器地址
STC15W4K08S4	0000H~1FFFH(8 KB)
STC15W4K16S4	0000H~3FFFH(16 KB)
STC15W4K24S4	0000H~5FFFH(24 KB)
STC15W4K32S4	0000H~7FFFH(32 KB)
STC15W4K40S4	0000H~9FFFH(40 KB)
STC15W4K48S4	0000H~BFFFH(48 KB)
STC15W4K56S4	0000H~DFFFH(56 KB)
STC15W4K60S4	0000H~EFFFH(60 KB)
STC15W4K61S4	0000H~F3FFH(61 KB)

单片机工作时从程序存储器中取出一条指令执行,为了有序地执行程序,设置了一个 16 位专用寄存器(PC 程序计数器),用来存储将要执行的指令地址。指令的可寻址地址空间为 64 KB,程序存储器从 0000H 开始编址,最大地址可至 FFFFH。程序存储器使用时应注意以下三点:

(1) STC15W4K 系列单片机的程序存储器使用 Flash ROM,其容量比较大且 MCU 只能访问片内的程序存储器,不支持扩展片外程序存储器。

(2) IAP15W4K 系列单片机的程序 Flash 存储器空间主要存放用户的应用程序,但多余的空间也可用作 EEPROM 数据存储器（即 data flash），通过 IAP 在线应用可编程功能实现对程序存储器空间的数据存储。

（3）中断向量地址。STC15W4K 系列单片机最多有 21 个中断向量地址，规定在程序存储器 0000H～00BBH 地址之间有 21 个特殊地址被固定用于 21 个中断源的中断服务程序入口地址。单片机复位后程序存储器 PC 的内容为 0000H，即系统从 0000H 开始读取指令执行程序，为了避免错误地进入中断向量地址，通常在 0000H 地址处放置一条绝对跳转指令，以便转移到主程序的入口地址开始执行程序。

在程序 Flash 存储器中有些特殊单元，在应用中应加以注意：

- 0000H　单片机复位后，PC 值为 0000H，单片机从 0000H 单元开始执行程序；
- 0003H　外部中断 0 中断服务程序入口地址；
- 000BH　定时/计数器 0 中断服务程序入口地址；
- 0013H　外部中断 1 中断服务程序入口地址；
- 001BH　定时/计数器 1 中断服务程序入口地址；
- 0023H　串行口 1 中断服务程序入口地址；

......

- 00BBH　PWM 异常检测中断服务程序入口地址。

中断发生并得到响应后，单片机会自动转到相应的中断入口地址去执行程序。由于相邻中断入口地址的间隔区间（8 个字节）有限，一般情况下无法保存完整的中断服务程序。因此，一般中断响应的地址区域只存放一条无条件转移指令，指向中断服务程序，这样中断响应后，CPU 执行这条转移指令，便转向去执行中断服务程序了。

程序 Flash 存储器可在线反复编程擦写 10 万次以上，使用灵活方便。

3.4.3　数据存储器

STC15W4K32S4 单片机内部集成了 4096 字节 SRAM 数据存储器，其在物理和逻辑上都分为两个地址空间：256 字节的内部数据存储区基本 RAM 和 3840 字节的内部扩展数据存储区 XRAM。此外，40 引脚及以上的单片机还可以在片外扩展 64 KB 的外部数据存储器。

1. 内部数据存储区基本 RAM

STC15W4K32S4 单片机内集成了 256 字节的基本 RAM，可用来存放程序执行的中间结果和过程数据。基本 RAM 的地址范围为 00H～FFH，共 256 个单元，分为两个部分。

（1）低 128 字节 RAM

低 128 字节 RAM 地址范围为 00H～7FH，也称通用 RAM 区，可分为工作寄存器组区、位寻址区、用户 RAM 区和堆栈区，如图 3.5 所示。

① 工作寄存器组区

工作寄存器组区共 32 个单元（00H～1FH），分为 4 组，每组包含 8 个 8 位的工作寄存器，编号均为 R0～R7，称为一个寄存器组。对于不同的寄存器组，虽然工作寄存器的名字相同，但对应的地址不同。程序运行时，只能有一个工作寄存器组为当前工作寄存器组，使用 PSW 寄存器中的 RS1 和 RS0 组合决定当前使用的工作寄存器组，如表 3.2 所列。可以通过位操作指令直接修改 RS1 和 RS0 的内容来选择不同的工作寄存器组。

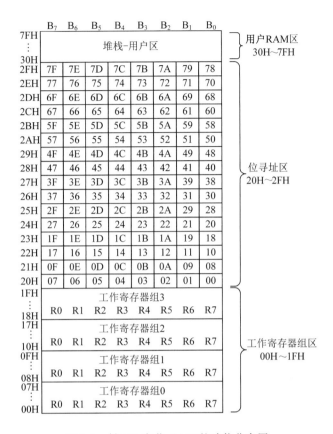

图 3.5　低 128 字节 RAM 的功能分布图

表 3.2　工作寄存器组的选择

RS1	RS0	工作寄存器组	工作寄存器地址
0	0	0	R0~R7 对应地址 00H~07H
0	1	1	R0~R7 对应地址 08H~0FH
1	0	2	R0~R7 对应地址 10H~17H
1	1	3	R0~R7 对应地址 18H~1FH

② 位寻址区

位寻址区的地址为 20H~2FH,共 16 个字节单元,这些单元既可以像普通 RAM 单元一样按字节存取,也可以对单元中的任何一位单独存取,称为位寻址区。128 位所对应的地址范围为 00H~7FH。由于内部 RAM 低 128 字节的地址也是 00H~7FH,从形式上看,两者的地址是一样的,实际上却有本质的区别:位地址指向的是一个位,而字节地址指向的是一个字节单元,在程序中使用不同的指令区分。

③ 用户 RAM 区和堆栈区

基本 RAM 中的 30H~7FH 单元是用户 RAM 区和堆栈区。STC15W4K32S4 单片机有一个 8 位的堆栈指针 SP,用于指向堆栈区。堆栈区只能设置在内部数据存储区。当有子程序调用和中断请求时,返回地址等信息被自动保存在堆栈内。单片机复位以后,堆栈指针

SP 为 07H,指向了工作寄存器组 0 中的 R7,使得堆栈事实上由 08H 单元开始,考虑到 08H~1FH 单元分别属于工作寄存器组 1~3,若在程序设计中用到这些工作寄存器,用户初始化程序应改变 SP 的初值,一般设置在 80H 以后的单元开始。STC15 系列单片机的堆栈是向上生成的,即将数据压入堆栈后,SP 内容增大。

（2）高 128 字节 RAM

高 128 字节 RAM 的地址范围为 80H~FFH,属普通存储区域,但高 128 字节 RAM 地址与特殊功能寄存器区的地址是相同的,属于地址空间重叠,物理上相互独立的两部分。为了区分这两个不同的存储区域,访问时规定了不同的寻址方式:高 128 字节只能采用寄存器间接寻址方式访问,特殊功能寄存器只能采用直接寻址方式访问。由于堆栈操作也是间接寻址方式,故高 128 字节 RAM 亦可作为堆栈区。

2. 内部扩展 RAM

STC15W4K32S4 单片机片内除了集成 256 字节的 RAM 外,还集成了 3840 字节的扩展 RAM,共有 4096 字节,其地址范围是 0000H~0EFFH。访问内部扩展 RAM 的方法和传统 8051 单片机访问外部扩展 RAM 的方法相同,但是不影响 P0 口(数据总线和高 8 位地址总线)、P2 口(低 8 位地址总线)、$\overline{WR}$/P4.2、$\overline{RD}$/P4.4 和 ALE/P4.5 这些引脚的使用,需要注意的是扩展 RAM 与片外 RAM 不能同时使用。在汇编语言中内部扩展 RAM 通过 MOVX 指令访问,即使用"MOVX @DPTR"或者"MOVX @Ri"指令访问,在 C 语言中使用 xdata 声明存储类型即可,如"unsigned char xdata i=0;"。

单片机内部扩展 RAM 是否可以访问受辅助寄存器 AUXR(地址为 8EH)中的 EXTRAM 位控制。辅助寄存器的各位定义如下:

名称	地址	D7	D6	D5	D4	D3	D2	D1	D0
AUXR	8EH	T0x12	T1x12	UART_M0x6	T2R	T2_C/$\overline{T}$	T2x12	EXTRAM	S1ST2

EXTRAM:用于设置内部扩展 RAM 是否允许使用。EXTRAM=0,内部扩展 RAM 可以存取,STC15W4K32S4 单片机在 0000H~0EFFH 使用"MOVX A,@DPTR"和"MOVX @DPTR,A"指令访问,超过 0F00H 的地址空间总是访问外部数据存储器,MOVX @Ri 只能访问 00H 到 FFH 单元。STC15W4K32S4 单片机片内扩展 RAM 与片外可扩展 RAM 的关系如图 3.6 所示。

当 EXTRAM=1 时,允许外部数据存储器存取,禁止访问内部扩展 RAM,此时 MOVX @DPTR/MOVX @Ri 的使用方法与普通 51 单片机相同。

3. 片外可扩展 RAM

STC15W4K 系列单片机的内部 RAM 容量有限,当内部 RAM 不够用时,可以选择内部 RAM 容量更大的单片机或内部集成了 Data Flash 的单片机。当系统需要海量存储器时,就必须扩展外部数据存储器。

扩展外部数据存储器分为并行扩展和串行扩展两种方式。并行方式扩展时需要使用 P0(地址总线低 8 位/数据总线)、P2(地址总线高 8 位)、P4.2($\overline{WR}$)、P4.4($\overline{RD}$)和 P4.5(ALE),最大可扩展 64 KB 的外部数据存储器。串行方式扩展时需要使用的 I/O 口线少,接口电路简单,可扩展的容量也比并行方式大,但数据读/写速度比并行方式慢。

对外部并行数据存储器的访问用 MOVX 指令,采用间接寻址方式,由 R0、R1 和 DPTR

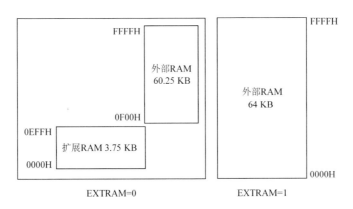

图 3.6　STC15W4K32S4 单片机片内扩展 RAM 与片外可扩展 RAM 的关系

作为间接寻址寄存器。对外部串行数据存储器的访问采用 I²C 或 SPI 总线方式。

3.4.4　特殊功能寄存器

单片机 CPU 是通过特殊功能寄存器(SFR)对各种功能模块进行管理和控制的。控制寄存器和状态寄存器是一个特殊功能的 RAM 区,内部的功能性锁存器、定时器、串行口数据缓冲器、控制寄存器和状态寄存器都是以特殊功能寄存器(或称为专用功能寄存器)形式存在的,专门用于控制和管理算术逻辑部件、并行 I/O 口锁存器、串行口数据缓冲器、定时/计数器、CCP、ADC 和中断系统等功能模块的工作。

STC15W4K 系列单片机的特殊功能寄存器与高 128 字节 RAM 区共用相同的地址范围,都使用 80H~FFH,使用直接寻址指令访问的是特殊功能寄存器,使用间接寻址指令访问的则是普通的 RAM 单元。STC15W4K32S4 单片机的特殊功能寄存器及其复位时的值(简称复位值)如表 3.3 所列。

表 3.3　STC15W4K32S4 单片机特殊功能寄存器字节地址与位地址表

地址	可位寻址	不可位寻址						
	+0	+1	+2	+3	+4	+5	+6	+7
F8H	P7 11111111	CH 00000000	CCAP0H 00000000	CCAP1H 00000000	CCAP2H 00000000			
F0H	B 00000000	PWMCFG 00000000	PCA_PWM0 00xxxx00	PCA_PWM1 00xxxx00	PCA_PWM2 00xxxx00	PWMCR 00000000	PWMIF x0000000	PWMFDCR xx000000
E8H	P6 11111111	CL 00000000	CCAP0L 00000000	CCAP1L 00000000	CCAP2L 00000000			
E0H	ACC 00000000	P7M1 00000000	P7M0 00000000					
D8H	CCON 00xx0000	CMOD 0xxxx000	CCAPM0 x0000000	CCAPM1 x0000000	CCAPM2 x0000000			
D0H	PSW 000000x0	T4T3M 00000000	T4H RL_TH4 00000000	T4L RL_TL4 00000000	T3H RL_TH3 00000000	T3L RL_TL3 00000000	T2H RL_TH2 00000000	T2L RL_TL2 00000000

表 3.3(续)

地址	可位寻址 +0	不可位寻址 +1	+2	+3	+4	+5	+6	+7
C8H	P5 11111111	P5M1 xxxx0000	P5M0 xxxx0000	P6M1 00000000	P6M0 00000000	SPSTAT 00xxxxxx	SPCTL 00000000	SPDAT 00000000
C0H	P4 11111111	WDT_CONTR 0x000000	IAP_DATA 11111111	IAP_ADDRH 00000000	IAP_ADDRL 00000000	IAP_CMD xxxxxx00	IAP_TRIG xxxxxxxx	IAP_CONTR 00000000
B8H	IP x0x00000	SADEN	P_SW2 xxxxx000		ADC_CONTR 00000000	ADC_RES 00000000	ADC_RESL 00000000	
B0H	P3 11111111	P3M1 00000000	P3M0 00000000	P4M1 00000000	P4M0 00000000	IP2 xxx00000	IP2H xxxxxx00	IPH 00000000
A8H	IE 00000000	SADDR	WKTCL WKTCL_CNT 01111111	WKTCH WKTCH_CNT 01111111	S3CON 00000000	S3BUF xxxxxxxx		IE2 x0000000
A0H	P2 11111111	BUS_SPEED xxxxxx10	AUXR1 P_SW1 01000000					
98H	SCON 00000000	SBUF xxxxxxxx	S2CON 01000000	S2BUF xxxxxxxx		P1ASF 00000000		
90H	P1 11111111	P1M1 00000000	P1M0 00000000	P0M1 00000000	P0M0 00000000	P2M1 00000000	P2M0 00000000	CLK_DIV PCON2
88H	TCON 00000000	TMOD 00000000	TL0 RL_TL0 00000000	TL1 RL_TL1 00000000	TH0 RL_TH0 00000000	TH1 RL_TH1 00000000	AUXR 00000001	INT_CLKO AUXR2 00000000
80H	P0 11111111	SP 00000111	DPL 00000000	DPH 00000000	S4CON 00000000	S4BUF xxxxxxxx		PCON 00110000

注:"x"表示该位的值不确定;带阴影的特殊功能寄存器与传统 8051 单片机兼容。

特殊功能寄存器大体上分为两类:一类与芯片的引脚有关,如 P0～P5,每个 I/O 口引脚实际上由 6 个锁存器加上相应的输出驱动器和输入缓冲器构成并行接口;另一类用于芯片内部功能的控制或状态信息,如定时器、串行口、PWM 模块、ADC 控制、中断屏蔽和优先级、看门狗控制、电源控制、累加器 A、PSW、DPTR 和 ISP/IAP 相关的寄存器。STC15W4K32S4 的特殊功能寄存器如表 3.4 所列。

表 3.4　STC15W4K32S4 的特殊功能寄存器表

地址	寄存器	说明
80H	P0	P0 口寄存器
81H	SP	堆栈指针
82H	DPL	数据指针 DPTR 低字节

表 3.4(续)

地址	寄存器	说明
83H	DPH	数据指针 DPTR 高字节
87H	PCON	电源控制寄存器
88H	TCON	定时/计数器控制寄存器
89H	TMOD	定时/计数器工作方式寄存器
8AH	TL0/RL_TL0	定时/计数器 0 初值寄存器低 8 位/重装低字节
8BH	TL1/RL_TL1	定时/计数器 1 初值寄存器低 8 位/重装低字节
8CH	TH0/RL_TH0	定时/计数器 0 初值寄存器高 8 位/重装高字节
8DH	TH1/RL_TH1	定时/计数器 1 初值寄存器高 8 位/重装高字节
8EH	AUXR	辅助寄存器
8FH	INT_CLKO/AUXR2	外部中断允许和时钟输出寄存器
90H	P1	P1 口寄存器
91H	P1M1	P1 口模式配置寄存器 1
92H	P1M0	P1 口模式配置寄存器 0
93H	P0M1	P0 口模式配置寄存器 1
94H	P0M0	P0 口模式配置寄存器 0
95H	P2M1	P2 口模式配置寄存器 1
96H	P2M0	P2 口模式配置寄存器 0
97H	CLK_DIV/PCON2	时钟分频控制寄存器
98H	SCON	串行口 1 控制寄存器
99H	SBUF	串行口 1 数据缓冲器
9AH	S2CON	串行口 2 控制寄存器
9BH	S2BUF	串行口 2 数据缓冲器
9DH	P1ASF	P1 口模拟功能配置寄存器
A0H	P2	P2 口寄存器
A1H	BUS_SPEED	总线速度控制寄存器
A2H	AUXR1/P_SW1	辅助寄存器 1
A8H	IE	中断允许寄存器
A9H	SADDR	从机地址控制寄存器
AAH	WKTCL/WKTCL_CNT	掉电唤醒专用定时器控制寄存器低 8 位
ABH	WKTCH/WKTCH_CNT	掉电唤醒专用定时器控制寄存器高 8 位
AFH	IE2	中断允许寄存器 2
B0H	P3	P3 口寄存器
B1H	P3M1	P3 口模式配置寄存器 1
B2H	P3M0	P3 口模式配置寄存器 0
B3H	P4M1	P4 口模式配置寄存器 1
B4H	P4M0	P4 口模式配置寄存器 0

表 3.4(续)

地址	寄存器	说明
B5H	IP2	中断优先级寄存器 2
B8H	IP	中断优先级寄存器
B9H	SADEN	从机地址掩码寄存器
BAH	P_SW2	外部设备功能切换控制寄存器
BCH	ADC_CONTR	A/D 转换控制寄存器
BDH	ADC_RESH	A/D 转换结果高 8 位寄存器
BEH	ADC_RESL	A/D 转换结果低 8 位寄存器
C0H	P4	P4 口寄存器
C1H	WDT_CONTR	看门狗定时器控制寄存器
C2H	IAP_DATA	ISP/IAP 数据寄存器
C3H	IAP_ADDRH	ISP/IAP 地址寄存器高 8 位
C4H	IAP_ADDRL	ISP/IAP 地址寄存器低 8 位
C5H	IAP_CMD	ISP/IAP 命令寄存器
C6H	IAP_TRIG	ISP/IAP 命令触发寄存器
C7H	IAP_CONTR	ISP/IAP 控制寄存器
C8H	P5	P5 口寄存器
C9H	P5M1	P5 口模式配置寄存器 1
CAH	P5M0	P5 口模式配置寄存器 0
CBH	P6M1	P6 口模式配置寄存器 1
CCH	P6M0	P6 口模式配置寄存器 0
CDH	SPSTAT	SPI 状态寄存器
CEH	SPCTL	SPI 控制寄存器
CFH	SPDAT	SPI 数据寄存器
D0H	PSW	程序状态字寄存器
D6H	T2H/RL_TH2	定时器 2 初值寄存器高 8 位/重装高 8 位
D7H	T2L/RL_TL2	定时器 2 初值寄存器低 8 位/重装低 8 位
D8H	CCON	PCA 控制寄存器
D9H	CMOD	PCA 模式寄存器
DAH	CCAPM0	PCA 模块 0 的工作模式寄存器
DBH	CCAPM1	PCA 模块 1 的工作模式寄存器
DCH	CCAPM2	PCA 模块 2 的工作模式寄存器
E0H	ACC	累加器
E9H	CL	PCA 计数低 8 位
EAH	CCAP0L	PCA 模块 0 的捕捉/比较寄存器低 8 位
EBH	CCAP1L	PCA 模块 1 的捕捉/比较寄存器低 8 位
ECH	CCAP2L	PCA 模块 2 的捕捉/比较寄存器低 8 位

表 3.4(续)

地址	寄存器	说明
F0H	B	B 寄存器
F2H	PCA_PWM0	PCA 模块 0 PWM 寄存器
F3H	PCA_PWM1	PCA 模块 1 PWM 寄存器
F4H	PCA_PWM2	PCA 模块 2 PWM 寄存器
F8H	P7	P7 口寄存器
F9H	CH	PCA 计数器高 8 位
FAH	CCAP0H	PCA 模块 0 的捕捉/比较寄存器高 8 位
FBH	CCAP1H	PCA 模块 1 的捕捉/比较寄存器高 8 位
FCH	CCAP2H	PCA 模块 2 的捕捉/比较寄存器高 8 位

下面简单介绍一下普通 8051 单片机常用的寄存器。

1. 程序计数器(PC)

程序计数器 PC 在物理上是独立的,不属于 SFR 之列。PC 字长 16 位,是专门用来控制指令执行顺序的寄存器。单片机上电或复位后,(PC)＝0000H,强制单片机从程序区的零地址单元开始执行程序。

2. 累加器(ACC)

累加器 ACC 是 8051 单片机内部最常用的寄存器,也可写作 A,常用于存放算数或逻辑运算的操作数及运算结果。

3. 寄存器 B

寄存器 B 在乘法和除法运算中须与累加器 A 配合使用。指令"MUL AB"把累加器 A 和寄存器 B 中的 8 位二进制数相乘,所得的 16 位乘积的低字节存放在 A 中,高字节存放在 B 中。指令"DIV AB"用 B 除以 A,整数商存放在 A 中,余数存放在 B 中。寄存器 B 还可以用作通用暂存寄存器。

4. 程序状态字(PSW)寄存器

程序状态字(PSW)寄存器的相应位含义如下:

名称	地址	D7	D6	D5	D4	D3	D2	D1	D0
PSW	D0H	CY	AC	F0	RS1	RS0	OV	×	P

CY:进位标志位。执行加/减法指令时,如果结果的最高位 D7 出现进/借位,则 CY 置"1",否则清零。执行乘法运算后,CY 清零。

AC:辅助进位标志位。当执行加/减法指令时,如果结果中低 4 位数向高 4 位数(或者说 D3 位向 D4 位)产生进/借位,则 AC 置"1",否则清零。设置辅助进位标志 AC 的目的是便于 BCD 码加法、减法运算的调整。

F0:用户标志 0。该位是由用户定义的一个状态标志,可以用软件来使它置"1"或清零,也可以由软件测试 F0 控制程序的流向。

RS1、RS0:工作寄存器组选择控制位,用于选择当前的工作寄存器组。

OV:溢出标志位,指示运算过程中是否发生了溢出。有溢出时,(OV)=1;无溢出时,(OV)=0。

D1:保留位。

P:奇偶标志位。如果累加器 ACC 中 1 的个数为偶数,则 P 为 0,否则 P 为 1。在具有奇偶校验的串行数据通信中,可以根据 P 值设置奇偶校验位。

5.堆栈指针(SP)

堆栈指针是一个 8 位专用寄存器。它指示出堆栈顶部在内部 RAM 中的位置。系统复位后,SP 初始化值为 07H,使得进入堆栈的第一个数据事实上由 08H 单元开始,在程序设计中为避免破坏工作寄存器的值,常把 SP 值改变为 80H 或更大的值。STC15 系列单片机的堆栈是向上生长的,即将数据压入堆栈后,SP 内容增大。

6.数据指针(DPTR)

数据指针(DPTR)是一个 16 位专用寄存器,由低 8 位 DPL(地址 82H)和高 8 位 DPH(地址 83H)组成。DPTR 是传统 8051 单片机中唯一可以直接进行 16 位操作的寄存器,也可分别对 DPL 和 DPH 按字节进行操作。

如果用户所使用的 STC15 系列单片机无外部数据总线,那么该单片机只设计了一个 16 位的数据指针。相反,如果用户所使用的 STC15 系列单片机有外部数据总线,那么该单片机设计了两个 16 位的数据指针 DPTR0 和 DPTR1,这两个数据指针共用同一个地址空间,可通过设置 AUXR1/P_SW1(地址 A2H)寄存器的 DPS 位来选择具体被使用的数据指针。寄存器 AUXR1/P_SW1 的相应位含义如下:

名称	地址	D7	D6	D5	D4	D3	D2	D1	D0
P_SW1	A2H	S1_S1	S1_S0	CCP_S1	CCP_S0	SPI_S1	SPI_S0	0	DPS

DPS:DPTR 寄存器选择位。0:DPTR0 被选中;1:DPTR1 被选中。

AUXR1 特殊功能寄存器中的 DPS 位不可直接访问,对 AUXR1 寄存器使用 INC 指令,DPS 位便会反转,由 0 变成 1 或由 1 变成 0,从而可实现双数据指针的快速切换。

3.5 单片机的I/O结构

3.5.1 单片机的I/O工作方式

STC15W4K 系列单片机的每个 I/O 端口的功能有所不同,电路结构也不完全一样,但工作原理基本相似,都可设置成准双向口、推挽输出、高阻输入或开漏工作模式。每个端口的工作模式由 PnM1 与 PnM0 两个寄存器的相应位来控制,例如,P0M1 和 P0M0 用于配置 P0 口的工作模式,这两个寄存器的两个相同位序号组合用于设定 I/O 口线的工作模式,四种编码组合对应四种工作模式,例如 P0M1.0 与 P0M0.0 设定 P0.0 引脚的工作模式,相应的 P0M1.1 与 P0M0.1 两位设定 P0.1 引脚的工作模式,以此类推。同理,P1 口也对应两个工作模式配置寄存器 P1M1 和 P1M0,工作模式配置方法相同,P2~P7 也是如此。为了方便表述,这里用 Px、PxM1 和 PxM0 表示端口和端口模式配置寄存器,其中 x 取 0~7 间整数。端口工作模式配置如表 3.5 所列。

表 3.5　I/O 口工作模式的设置

模式	PxM1	PxM0	I/O 口工作模式
0	0	0	准双向 I/O 口模式:传统 8051 模式,弱上拉,灌电流≤20 mA,上拉电流 150~270 μA
1	0	1	推挽输出:强上拉输出,最大电流 20 mA,要外接限电流电阻
2	1	0	仅为输入(高阻)
3	1	1	开漏:内部上拉电阻断开,要外接上拉电阻才可以拉高。常用于 5 V 器件与 3 V 器件的电平切换

3.5.2　单片机的 I/O 工作原理

STC15W4K 系列单片机的所有端口都有四种工作模式(见表 3.5),各个端口处于同一种工作模式时的内部结构基本相同。下面介绍各工作模式下通用 I/O 端口的结构组成和工作原理。

1. 准双向口工作模式

准双向口工作模式也称弱上拉模式,是默认的端口工作模式,其输入输出功能不需重新配置。这是因为当端口输出为"1"时驱动能力很弱,允许外部装置将其拉低。当引脚输出为低电平时,它的驱动能力很强,可吸收相当大的电流。准双向口模式下 I/O 口的电路结构如图 3.7 所示。

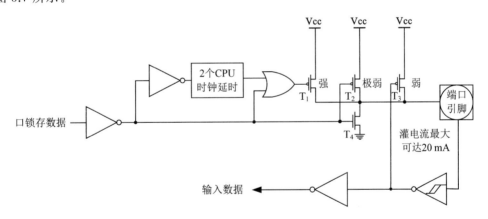

图 3.7　准双向口模式 I/O 口电路结构图

准双向口模式下每个引脚有 3 个上拉场效应管 T_1、T_2 和 T_3 以适应不同的需要。其中,T_1 称为"强上拉",上拉电流最大可达 20 mA;T_2 称为"极弱上拉",上拉电流约 18 μA;T_3 称为"弱上拉",上拉电流约 250 μA。当引脚输出低电平时,灌电流最大可达 20 mA。

当口锁存数据为"1"时,T_2 导通。当端口引脚悬空时,这个极弱的上拉源产生的弱上拉电流将引脚输出为高电平。

当口锁存数据为"1"且引脚本身也为"1"时,T_2、T_3 导通,T_3 提供基本驱动电流使准双向口输出为"1"。如果在一个引脚输出为"1",由外部装置下拉到低电平时,T_3 断开,而 T_2 维持导通状态,将引脚强拉为低电平的外部装置必须有足够的灌电流使引脚上的电压降到门槛电压以下。

当口锁存数据由"0"到"1"跳变时,T_1 用来加快准双向口由"0"到"1"的转换,在该种情况下,T_1 导通约两个时钟周期使引脚输出能够快速地上拉为高电平。

当从端口引脚输入数据时,应使 T_4 一直处于截止状态,如果在输入数据前口锁存器为"0",则 T_4 是导通的,这样会造成引脚上的电位始终被钳位于低电平,使输入高电平无法正常读入,因此在从端口引脚读入数据前,必须先将端口锁存器置"1",使 T_4 截止。

准双向口在结构上带有一个施密特触发输入以及一个干扰抑制电路。

2. 推挽输出工作模式

推挽输出工作模式的电路结构如图 3.8 所示。推挽输出模式下,端口引脚输出的下拉结构与开漏输出以及准双向口的下拉结构是一致的,不同的是当口锁存器为"1"时提供持续的强上拉,在输出高电平时的拉电流最大可达 20 mA,若输出低电平,则灌电流最大可达 20 mA。推挽输出模式一般用于需要更大驱动电流的情况。

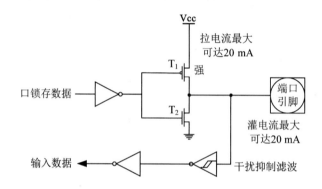

图 3.8 推挽输出模式 I/O 口电路结构图

在从端口引脚输入数据时,必须先将端口锁存器置"1",使 T_2 截止。

3. 仅为输入(高阻)工作模式

仅为输入(高阻)工作模式的电路结构如图 3.9 所示。仅为输入模式下,可以直接从端口引脚读入数据,而不需要提前将端口锁存器置"1"。

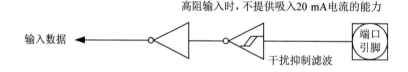

图 3.9 仅为输入(高阻)模式 I/O 口电路结构图

STC15W4K32S4 单片机增强型 PWM 输出引脚分别为 PWM2/P3.7、PWM3/P2.1、PWM4/P2.2、PWM5/P2.3、PWM6/P1.6、PWM7/P1.7,每路 PWM 的输出都可使用特殊功能位 CnPINSEL 独立地切换到第二组 PWM2_2/P2.7、PWM3_2/P4.5、PWM4_2/P4.4、PWM5_2/P4.2、PWM6_2/P0.7、PWM7_2/P0.6,所有这些与 PWM 相关的引脚,在上电后均为高阻输入态,必须在使用前将这些引脚设置为双向口或强推挽模式才可正常工作。

4. 开漏输出工作模式

开漏输出工作模式的 I/O 电路结构如图 3.10 所示。开漏模式下既可读取外部状态也可对外输出。如要正确读取外部状态或对外输出高电平,需外加上拉电阻。

当口锁存数据为"0"时,T 关闭。若要输出高电平,必须有外接上拉电阻,一般通过电阻外接 Vcc。带有外部上拉的开漏模式的下拉结构与准双向口模式的下拉结构相同。开漏端口带有一个施密特触发输入以及一个干扰抑制电路。这种工作模式下输出低电平时,灌电流最大也可达到 20 mA。

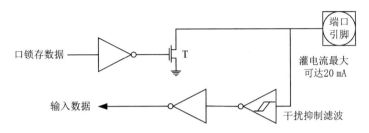

图 3.10　开漏输出工作模式 I/O 口电路结构图

3.6　单片机的最小系统

3.6.1　单片机的复位

复位是单片机的初始化工作,复位后 CPU 及单片机内的其他功能部件都处在一个确定的初始状态,并从这个初始状态开始工作。复位又分为冷启动复位和热启动复位两种,它们的区别见表 3.6。

表 3.6　冷启动复位和热启动复位的区别

复位种类	复位源	复位后程序启动区域
冷启动复位	掉电或上电硬复位	从系统 ISP 监控程序区开始执行程序;若检测不到合法的 ISP 下载指令流,将会软复位到用户程序区执行用户程序
热启动复位	从 RST 引脚产生的硬复位	从系统 ISP 监控程序区开始执行程序;若检测不到合法的 ISP 下载指令流,将会软复位到用户程序区执行用户程序
	内部看门狗复位	若 SWBS=1,复位到系统 ISP 监控程序区;若 SWBS=0,复位到用户程序区 0000H 处
	通过对 IAP_CONTR 操作产生的软复位	若 SWBS=1,复位到系统 ISP 监控程序区;若 SWBS=0,复位到用户程序区 0000H 处

STC15W4K32S4 单片机具有多种复位模式:掉电复位/上电复位、外部 RST 引脚复位、内部低压检测复位、看门狗复位、程序地址非法复位、软件复位和 MAX810 专用复位电路复位。

1. 掉电复位/上电复位

当电源电压 Vcc 低于掉电复位/上电复位检测门槛电压时,所有的逻辑电路都会复位。当内部 Vcc 上升至上电复位检测门槛电压以上后,延迟 32768 个时钟,掉电复位/上电复位结束。复位状态结束后,单片机将特殊功能寄存器 IAP_CONTR 中的 SWBS/IAP_CONTR.6 位置"1",同时从系统 ISP 监控程序区启动。掉电复位/上电复位是冷启动复位之一。对于 5 V 单片机,它的掉电复位/上电复位检测门槛电压为 3.2 V;对于 3.3 V 单片机,它的掉电复位/上电复位检测门槛电压为 1.8 V。

2. 外部 RST 引脚复位

STC15W4K 系列单片机的复位管脚在 RST/P5.4 口。外部 RST 引脚复位就是从外部向 RST 引脚施加一定宽度的复位脉冲,从而实现单片机的复位。P5.4/RST 管脚出厂时默认被设置为普通 I/O 口,要将其设置为复位脚,可在 STC-ISP 烧录程序时设置,如图 3.11 所示。将 RST 复位脚拉高并维持至少 24 个时钟加 20 μs 后,单片机会进入复位状态,将 RST 复位脚拉回低电平后,单片机结束复位状态并将特殊功能寄存器 IAP_CONTR 中的 SWBS/IAP_CONTR.6 位设置为"1",同时从系统 ISP 监控程序区启动。

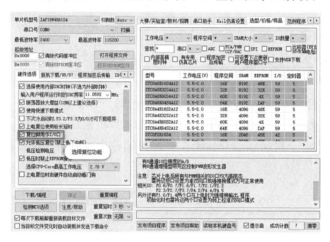

图 3.11　复位引脚的选择

3. 内部低压检测复位

除了上电复位检测门槛电压外,STC15W4K 系列单片机还有一组更可靠的内部低压检测门槛电压。当电源电压 Vcc 低于内部低压检测(LVD)门槛电压且在 STC-ISP 编程中允许低压检测复位时,可产生复位,相当于将低压检测门槛电压设置为复位门槛电压。STC15W4K 系列单片机内置了 8 级可选的内部低压检测门槛电压。

在内部低压检测复位中,PCON.5/LVDF 位是低压检测标志位,同时也是低压检测中断申请标志位。在正常和空闲工作状态时,如果内部工作电压低于低压检测门槛电压,该位自动置"1",与低压检测中断是否被允许无关。如果允许中断,则可以自动触发中断,进入中断服务程序。该位需要用软件手动清零。

4. 看门狗复位

为了防止系统在异常情况下受到干扰,CPU 程序跑飞,导致系统长时间异常工作,通常引入看门狗定时器,如果 CPU 不在规定的时间内按要求访问看门狗,就认为 CPU 处于异常状态,看门狗电路就会发出复位信号,强行将 CPU 复位,使系统重新从头开始按顺序执行用户程序,这是提高系统可靠性的重要措施。

STC15W4K32S4 单片机内部集成了看门狗定时器(watch dog timer, WDT), 通过设置和使用 WDT 控制寄存器 WDT_CONTR 来使用看门狗功能。WDT_CONTR 各位的定义如下:

名称	地址	D7	D6	D5	D4	D3	D2	D1	D0
WDT_CONTR	C1H	WDT_FLAG	×	EN_WDT	CLR_WDT	IDLE_WDT	PS2	PS1	PS0

(1) WDT_FLAG: 看门狗溢出标志位, 定时溢出时该位由硬件置"1", 需要用软件将其清零。

(2) EN_WDT: 看门狗允许标志位, 该位为"1"时, 看门狗启动。

(3) CLR_WDT: 看门狗清零位, 设置为"1"时, 看门狗重新计数, 硬件自动将该位清零。

(4) IDLE_WDT: 看门狗空闲模式位, 设置为"1"时, WDT 在空闲模式下照常计数; 设置为"0"时, 看门狗在空闲模式下不计数。

(5) PS2、PS1、PS0: 看门狗定时器预分频系数控制位。

WDT 溢出时间的计算方法:

$$WDT\ 溢出时间 = \frac{12 \times 预分频系数 \times 32768}{时钟频率}$$

例如, 时钟频率为 12 MHz, 预分频系数为 8, 则 WDT 的溢出时间为 262.144 ms。

常见的预分频系数设置和 WDT 溢出时间关系如表 3.7 所列。

表 3.7　预分频系数和 WDT 溢出时间关系表

PS2	PS1	PS0	预分频系数	WDT 溢出时间 (11.0592 MHz)	WDT 溢出时间 (12 MHz)
0	0	0	2	71.1 ms	65.6 ms
0	0	1	4	142.2 ms	131.0 ms
0	1	0	8	284.4 ms	262.1 ms
0	1	1	16	568.8 ms	524.2 ms
1	0	0	32	1.1377 s	1.0485 s
1	0	1	64	2.2755 s	2.0971 s
1	1	0	128	4.5511 s	4.1943 s
1	1	1	256	9.1022 s	8.3886 s

5. 程序地址非法复位

如果程序指针 PC 指向的地址超过了有效程序空间的大小, 就会引起程序地址非法复位。程序地址非法复位状态结束后, 不影响特殊功能寄存器 IAP_CONTR 中 SWBS/IAP_CONTR.6 位的值, 单片机将根据复位前 SWBS/IAP_CONTR.6 的值选择是从用户应用程序区启动, 还是从系统 ISP 监控程序区启动。如果复位前该位的值为"0", 则单片机从用户应用程序区启动, 反之则从系统 ISP 监控程序区启动。

6. 软件复位

用户应用程序在运行过程当中, 有时需要实现单片机系统软复位, 传统的 8051 单片机由于硬件上未支持此功能, 用户必须用软件模拟实现。STC15W4K 系列增强型 8051 单片机增加了 ISP/IAP 特殊功能寄存器 IAP_CONTR,实现了软件复位功能,用户只需设置 IAP_CONTR 中的两位 SWBS 和 SWRST 就可以实现系统复位了。

ISP/IAP 特殊功能寄存器 IAP_CONTR 各位的定义如下:

名称	地址	D7	D6	D5	D4	D3	D2	D1	D0
IAP_CONTR	C7H	IAP_EN	SWBS	SWRST	CMD_FAIL	×	WT2	WT1	WT0

(1) SWBS:软件复位启动区选择位。若 SWBS＝0,从用户程序区启动;若 SWBS＝1,从 ISP 监控程序区启动。

(2) SWRST:软件复位控制位。若 SWRST＝0,不操作;若 SWRST＝1,产生软件复位。

若要切换到用户程序区起始处开始执行程序,执行"MOV IAP_CONTR,♯20H"指令;若要切换到 ISP 监控程序区起始处开始执行程序,执行"MOV IAP_CONTR,♯60H"指令。

7. MAX810 专用复位电路复位

STC15W4K 系列单片机内部集成了 MAX810 专用复位电路。若 MAX810 专用复位电路在 STC-ISP 中设置为允许,则掉电复位/上电复位后将产生约 180 ms 复位延时,复位才被解除。

3.6.2 单片机的晶振电路

STC15W4K 系列单片机除了可以使用外部晶振电路提供时钟信号外,还可以选择使用内部高精度 RC 振荡器时钟源,如图 3.12(a)所示。单片机内部有一个由反向放大器构成的振荡电路,芯片引脚中的 XTAL1 和 XTAL2 分别为振荡电路的输入端和输出端,只需在这两个引脚上跨接一个石英晶体振荡器(简称晶振)和两个微调电容就构成了振荡器电路,如图 3.12(b)所示。图中晶振和电容组成并联谐振回路,晶振频率可以在 5～35 MHz 之间选择。晶振的频率越高,则系统的时钟频率也就越高,单片机的运行速度也就越快。但是,高速运行的单片机对存储器的速度和印制电路板的要求也高。两个电容的值在 5～47 pF 之间选择,典型值为 30 pF 或 47 pF。

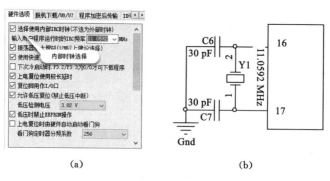

(a) (b)

图 3.12 STC15W4K 系列单片机的晶振电路

注意:STC15 系列单片机会自动检测外部是否存在晶振电路,如果电路中已经存在外部晶振,则不要使用内部晶振;在外部晶振已经连接的情况下,如果选择使用内部晶振,则单片机将以 24 MHz 的默认速度运行,即在具有外部晶振的情况下使用内部晶振时,用户设置的频率无效。

3.6.3　单片机的三种总线

1. 单片机三总线的构造

STC15W4K32S4 单片机的三总线分别由 P0 口、P2 口和 P4 口控制信号线构成,其中 P0 口为地址/数据复用总线,通过外部增加的地址锁存器来实现分时复用;P2 口作为高 8 位地址总线。当单片机访问外部存储器或 I/O 设备时,先从 P0、P2 口输出 16 位地址信息,其中由 P0 口输出的低 8 位地址在 ALE 地址锁存信号的配合下保存到地址锁存器中,高 8 位地址保存在 P2 口中;然后在 $\overline{RD}$ 和 $\overline{WR}$ 信号的作用下完成数据的读/写操作,数据通过 P0 口数据总线完成输入输出。STC15W4K32S4 单片机的三总线构造如图 3.13 所示。

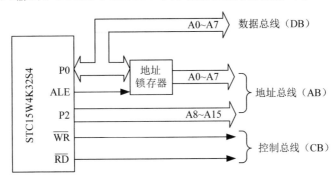

图 3.13　单片机系统的三总线构造

2. 单片机三总线的作用

单片机在扩展外部并行接口电路时需要使用并行的三总线结构,用来访问和控制扩展的外部器件。三总线的作用如下:

（1）数据总线(data bus,DB)

数据总线用于在单片机与扩展的外部器件之间传输数据,是数据传输的通道,总线位数为 8 位。数据总线使用了单片机的 P0 端口,可以双向传输数据,每次可以传输 1 字节的数据。

（2）地址总线(address bus,AB)

地址总线用于单片机向外发出地址信号,选择要访问的外部扩展器件或存储单元,即指明要操作访问的对象。地址总线是单向总线,只能由单片机向外发出。地址总线的位数决定了可直接访问的外部扩展器件端口或存储单元的数量。从理论上计算,若地址总线为 n 位,则可以访问 2^n 个地址单元。STC15W4K32S4 单片机的地址总线由 P0 口和 P2 口组成,最大提供 16 位地址,因此外部最多可扩展 64 KB 个端口或存储单元。

（3）控制总线(control bus,CB)

控制总线实际上是一组控制信号线,可以由单片机产生并发出,也可以由外部器件产生并传送给单片机,每个控制信号都是单向传送。单片机扩展时常用的控制信号如下:

ALE:P4.5/PWM3_2 复用脚,P4.5 为地址锁存信号,以实现对低 8 位地址信号的锁存。

$\overline{RD}$:P4.4/PWM4_2 复用脚,P4.4 为读控制信号,以实现对片外数据存储器或端口进行读信息到数据总线上。

$\overline{WR}$:P4.2/PWM5_2 复用脚,P4.2 为写控制信号,以实现对片外数据存储器或端口进行写入数据到数据总线上。

3.7 单片机应用系统的典型构成

1. 典型的单片机应用系统

典型的单片机应用系统主要由单片机基本部分、控制输入部分和控制输出部分组成。

2. 单片机基本部分

单片机基本部分由单片机及其扩展的外部设备及芯片,如键盘、显示器、打印机、数据存储器、程序存储器、数字 I/O 等组成。

3. 控制输入部分

这是"被测"的部分,被测的信号类型主要有数字量、模拟量和开关量。模拟量输入检测主要包括信号调理电路和 A/D 转换器。A/D 转换器中又包括多路切换、采样保持、A/D 转换电路,目前都集成在 A/D 转换器芯片中,或直接集成在单片机内部。

连接传感器与 A/D 转换器的桥梁是信号调理电路,传感器输出的模拟信号要经过信号调理电路进行放大、滤波、隔离、量程调整等,变换成适合的电压信号,再由 A/D 转换电路进一步变换为数字量。

4. 控制输出部分

这部分是应用系统"控制"的部分,包括数字量、开关量控制信号的输出和模拟量控制信号(常用于伺服控制)的输出。

典型的单片机应用系统框图如图 3.14 所示。

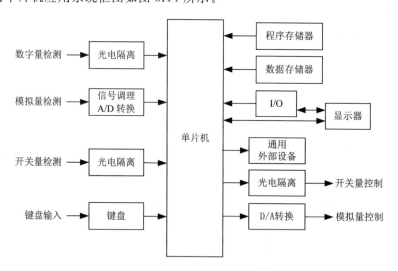

图 3.14 单片机典型应用系统框图

本 章 小 结

本章讲述了 STC15W4K 系列单片机的功能特点、体系结构、内部功能部件、I/O 口结构和基本工作原理;重点应掌握单片机芯片引脚、存储器结构、地址空间分配和 I/O 口使用方法;掌握堆栈的概念、特殊功能寄存器的功能作用、I/O 口的工作模式、负载能力和系统时钟、机器周期的计算以及时钟电路、复位电路、看门狗的工作模式。本章主要是学习单片机的基础知识,读者应充分重视和理解这些内容。

习题与思考题

一、填空题

1. 单片机的基本结构一般包括 CPU、_____、I/O、_____、定时器和_____等部分。

2. STC15W4K32S4 单片机内部有 _____ 个独立的存储器空间,分别是_____、_____、_____和_____四个部分。

3. 单片机基本 RAM 中 80H~FFH 为普通 RAM 与特殊功能寄存器的地址重合区域,访问基本 RAM 的方法是_____,访问特殊功能寄存器的方法是_____。

4. STC15W4K 系列单片机的 I/O 口线共有 _____ 种工作方式,分别是_____、_____、_____和_____。

5. 单片机的复位分为 _____ 和 _____ 两种方式,其中上电复位后程序从_____ 开始执行。

二、选择题

1. STC15W4K 系列单片机复位后,PC 的值为( )。
A. 当前正在执行指令的地址　　　B. 前一条指令的地址
C. 下一条指令的地址　　　　　　D. 控制器中指令寄存器的地址

2. 当 RS1 和 RS0 分别取值为 0、1 时,当前单片机的工作寄存器组是( )。
A. 第 0 组　　　B. 第 1 组　　　C. 第 2 组　　　D. 第 3 组

3. STC15W4K32S4 单片机的 PDIP40 封装中,可以作为普通 I/O 使用的有( )个。
A. 32　　　　　B. 38　　　　　C. 40　　　　　D. 36

4. 以下不属于程序状态字 PSW 中的标志位的是( )。
A. CY　　　　　B. OV　　　　　C. AC　　　　　D. PF

5. 堆栈指针 SP 在单片机复位后的初值为( )。
A. 80H　　　　　B. 70H　　　　　C. 07H　　　　　D. FFH

三、简答题

1. 什么是单片机? 常见单片机有哪些?

2. STC15W4K32S4 单片机的存储器分为哪几个空间? 中断服务程序的入口地址分别是什么? 32 个通用寄存器各对应哪些 RAM 单元?

3. 简述 STC15W4K32S4 单片机的存储结构。说明程序 Flash 与数据 Flash 的工作特性。数据 Flash 与真正的 EEPROM 存储器有什么区别?

4. 简述特殊功能寄存器与一般数据存储器之间的区别。

5. 简述基本 RAM 低 128 字节的工作特性。当前工作寄存器组的组别是如何选择的?

6. 特殊功能寄存器的地址与高 128 字节的地址是重叠的,在寻址时如何区分?

7. 简述程序状态字 PSW 特殊功能寄存器各位的含义。

8. 简述 STC15W4K32S4 单片机的各个数字 I/O 口的工作模式及结构。

9. 如何设置 STC15W4K32S4 单片机 I/O 口的工作模式？若设置 P1.7 为强推挽输出，P1.6 为开漏，P1.5 为弱上拉，P1.4、P1.3、P1.2、P1.1 和 P1.0 为高阻输入，应如何设置相关寄存器？

10. STC15W4K32S4 单片机有哪几种复位模式？复位模式与复位标志有何关系？如何根据复位标志判断复位的类型？

11. 简述 STC15W4K32S4 单片机复位后，程序计数器 PC、主要特殊功能寄存器以及片内 RAM 的工作状态。

12. STC15W4K32S4 单片机时钟源如何选择？系统时钟和主时钟有什么区别？

13. 简述 STC15W4K32S4 单片机的典型应用系统构成。

第 4 章　指令系统和汇编语言

【本章要点】

本章主要讲述单片机的寻址方式、指令系统和汇编语言的编程方法,包括基本指令、机器语言和汇编语言的基本格式,基本指令的使用方法。其中,数据传送类指令 29 条、算术运算类指令 24 条、逻辑操作类指令 24 条、位操作指令 17 条和控制转移指令 17 条;单片机的 7 种寻址方式和 111 条基本指令的使用方法应当作为学习的重点。

本章的主要内容有:

- 单片机的 7 种寻址方式。
- STC15W4K 系列单片机的指令系统。
- 汇编语言的编程方法介绍。

4.1　STC15 单片机的指令概述

指令是计算机完成某种操作的命令,程序是以完成一定任务为目的的有序指令的组合。单片机所支持的所有指令的合集称为指令系统。单片机的编程有三种不同层次的语言可供选择,即机器语言、汇编语言和高级语言。

机器语言是用二进制编码表示的指令,是 CPU 唯一能够直接识别和执行的程序形式。机器语言难编写、难读懂、难查错、难交流,因此编写、调试程序时都不宜采用这种形式的语言。汇编语言是一种用于可编程器件的低级语言,亦称为符号语言;用助记符代替机器指令的操作码,用地址符号或标号代替指令或操作数的地址;与机器语言程序相比,编写、阅读和修改都比较方便,不易出错。高级语言具有通用性强、数据结构丰富的特点,用户不需要了解计算机内部的结构和原理,程序易读、易编写、结构比较简单,目前被大量应用于科学计算和事务处理。

4.1.1　指令格式

一条完整的汇编语言指令通常由标号、操作码、操作数及指令的注释几个部分构成。指令格式如下:

[标号:]<操作码>[目的操作数,源操作数][;注释]

在一条完整的指令中,方括号内的内容为可选项,尖括号中的内容必须有,它是整个指令的核心,不可缺少。例如:"START:MOV P1,♯0FFH;P1 置 1"。

1. 标号

该指令所在的地址是一种符号地址,可以根据需要而设置。标号一般由不超过 31 个字符的字符串命名,包括字母、数字和下划线字符"_",其中首字符必须是字母,标号后跟分隔符":"。

2. 操作码

指令的助记符,规定了指令所能完成的操作功能。操作码与操作数之间要有一个或多个空格。

3. 操作数

指出了指令的操作对象。操作数可以是一个具体的数据,也可以是存放数据的单元地址,还可以是符号常量或符号地址等。在一条指令中可能有多个操作数,操作数与操作数之间用",”分隔。

4. 注释

为了方便阅读而添加的解释性说明文字,不生成代码,对程序的执行没有影响,注释用";”与指令的其他部分分开。

4.1.2 指令的机器码格式

汇编语言编译成用机器语言表达的机器指令后存放在 Flash ROM 中。机器指令通常由操作码和操作数两部分构成。操作码用来规定指令执行的操作功能,操作数是指参与操作的数据。

STC15W4K 系列单片机的指令系统与传统 8051 的指令系统完全兼容,机器指令按指令字节数分为三种格式:单字节指令、双字节指令和三字节指令。

1. 单字节指令

单字节指令有两种编码格式:8 位编码仅为操作码格式和 8 位编码含有操作码和寄存器编码格式,如表 4.1(a)所列。如果指令中仅有 8 位操作码,则指令的操作数隐含在其中。例如:指令"DEC A"的机器编码为 14H,其功能是累计器 A 的值减 1。另一类指令中包含操作码和寄存器编码,其中,高 5 位为操作码,低 3 位为操作数对应的编码。例如:指令"INC R1"的机器编码为 09H,其中高 5 位 00001B 为寄存器内容加 1 的操作码,低 3 位 001B 为寄存器 R1 对应的编码。

表 4.1 机器指令的编码格式表

指令格式	机器编码							
(a) 单字节指令	位号	D7	D6	D5	D4	D3	D2	D1	D0
	字节	操作码							
	位号	D7	D6	D5	D4	D3	D2	D1	D0
	字节	操作码					寄存器编码		
(b) 双字节指令	位号	D7	D6	D5	D4	D3	D2	D1	D0
	字节 1	操作码							
	字节 2	数据或数据单元地址							

表 4.1(续)

指令格式	机器编码							
	位号	D7	D6	D5	D4	D3	D2	D1	D0
(c) 三字节指令	字节 1	操作码							
	字节 2	数据或数据单元地址							
	字节 3	数据或数据单元地址							

2. 双字节指令

双字节指令为 16 位编码,字节 1 表示操作码,字节 2 为参与操作的操作数或数据所在地址,如表 4.1(b)所列。例如:指令"MOV A,♯60H"的机器编码为 01110100 01100000B,其中高字节 01110100B 表示将立即数传送到累加器 A 功能的操作码,低字节 01100000B 为对应的立即数 60H。

3. 三字节指令

三字节指令为 24 位编码,字节 1 表示操作码,后两字节为参与操作的操作数或数据所在地址,如表 4.1(c)所列。例如:指令"MOV 10H,♯60H"的机器编码为 01110101 00010000 01100000B,其中字节 1 的内容 01110101B 表示将立即数传送到直接地址单元的操作码,字节 2 的内容 00010000B 表示为目标操作数对应的存放地址(10H),字节 3 的内容 01100000B 为对应的立即数 60H。

4.1.3 指令中的常用符号

在对单片机指令的功能描述中,经常出现各种符号缩写,其含义如表 4.2 所列。

表 4.2 单片机指令中的常用符号及含义

符 号	含 义
♯data	8 位立即数,即 8 位常数,取值范围为 ♯00H～♯0FFH
♯data16	16 位立即数,即 16 位常数,取值范围为 ♯0000H～♯0FFFFH
direct	片内 RAM 和特殊功能寄存器的 8 位直接地址
Rn	n=0～7,表示当前选中的工作寄存器组 R0～R7
Ri	i=0,1,可用作间接寻址的寄存器,只能取 R0 或 R1
addr16	16 位目的地址,只限于在 LCALL 和 LJMP 指令中使用
addr11	11 位目的地址,只限于在 ACALL 和 AJMP 指令中使用
rel	8 位带符号偏移量,范围为 −128～+127,SJMP 和条件转移指令使用
DPTR	16 位数据指针,用于访问 16 位的程序存储器或数据存储器
bit	片内 RAM(包括部分特殊功能寄存器)中的直接寻址位
@	间接地址寄存器或变址寄存器的前缀
(X)	由 X 寄存器寻址的存储单元的内容
A	累加器 ACC,物理上与 A 相同,分别用于不同寻址方式
B	寄存器 B

表 4.2(续)

符　号	含　义
CY	进(借)位标志
→	表示数据传送的方向
direct1←(direct2)	直接地址 direct2 单元的内容传送到 direct1 单元中
Ri←(A)	累加器 A 的内容传送给 Ri 寄存器
(Ri)←(A)	累加器 A 的内容传送到 Ri 的内容为地址的存储单元中

4.2　STC15 单片机的寻址方式

　　指令中的操作数具有多种表现形式,可以直接出现在指令中,也可以出现在寄存器或者存储器单元中。寻址方式就是指在执行一条指令的过程中寻找操作数的方式。STC15W4K 系列单片机的寻址方式与传统 8051 单片机的寻址方式一致,包含两大类:一是操作数寻址,二是指令寻址。一般来说,在研究寻址方式上更多地是指操作数寻址,而且如有两个操作数时,默认所指是源操作数的寻址方式。STC15W4K 系列单片机的寻址方式共有以下 7 种:立即数寻址、直接寻址、寄存器寻址、寄存器间接寻址、变址寻址、相对寻址、位寻址。寻址方式与寻址空间的对应关系如表 4.3 所列。

表 4.3　寻址方式与对应的操作数位置

序号	寻址方式		操作数所在位置
1	操作数寻址	立即数寻址	程序存储器
2		直接寻址	基本 RAM 和位地址空间
3		寄存器寻址	工作寄存器 R0~R7,A,B
4		寄存器间接寻址	基本 RAM、扩展 RAM 或片外 RAM
5		变址寻址	程序存储器
6		位寻址	基本 RAM 区位地址空间及部分特殊功能寄存器
7	指令寻址		程序存储器,分为直接寻址、相对寻址与变址寻址

4.2.1　立即数寻址

　　立即数寻址就是操作数在指令中直接给出的寻址方式。通常把出现在指令中的操作数称为立即数,为了与直接寻址指令中的直接地址相区别,指令中需要在立即数前面添加"♯"标志。

　　【例 4.1】　执行指令"MOV A,♯30H"后累加器 A 的值是多少?

　　解:指令的执行过程如图 4.1 所示,结果为(A)=30H。

　　汇编指令"MOV A,♯30H"编译成机器码后为"74H,30H",其中 30H 就是立即数。该指令的功能是将 30H 这个数送入累加器 A 中,执行完这条指令后累加器 A 中的值为 30H,即(A)=30H。立即数寻址所对应的操作数存储位置为程序 ROM 空间。

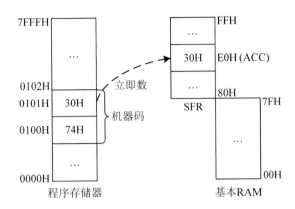

图 4.1　"MOV A,♯30H"指令执行示意图

4.2.2　直接寻址

直接寻址是指在指令中直接给出操作数的存放地址,或直接给出特殊功能寄存器的地址或符号地址。此时,指令的操作数部分就是操作数的地址。

【例 4.2】　已知基本 RAM 单元(30H)=58H,执行指令"MOV A,30H"后,累加器 A 中的值是多少?

解:指令执行过程如图 4.2 所示,结果为(A)=58H。

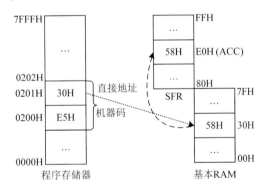

图 4.2　"MOV A,30H"指令执行示意图

指令"MOV A,30H"的机器码为"E5H,30H",其中 30H 就是直接地址,该指令的功能是把 RAM 地址为 30H 单元的操作数 58H 传送给累加器 A,(A)=58H。

直接寻址方式可访问以下存储空间:

(1)基本 RAM 低 128 个字节(00H~7FH)单元,在指令中以直接地址给出。

(2)特殊功能寄存器(80H~FFH)。可以用直接地址或符号地址给出,如"MOV A,90H"中,90H 是特殊功能寄存器 P1 的直接地址;也可以采用特殊功能寄存器的符号名称来表示,如"MOV A,P1"中,P1 是特殊功能寄存器的符号名称,也是符号地址,在指令中它与地址"90H"是等同的。实际操作中后一种方式更常被采用。

(3)位地址空间(20H.0~20H.7)以及特殊功能寄存器中的可寻址位。

4.2.3　寄存器寻址

寄存器寻址就是指令中以寄存器的内容作为操作数的寻址方式。指令中以寄存器符号名称来表示寄存器,含有寄存器寻址的指令编译成机器码后隐含有该寄存器的编码(注意该编码不是寄存器的地址)。

说明:本章所有的通用工作寄存器组均默认为 0 组通用寄存器。

【例 4.3】 如(R0)=60H,则执行"MOV A,R0"指令后,累加器 A 中的值是多少?

解:指令执行过程如图 4.3 所示,结果为(A)=60H。

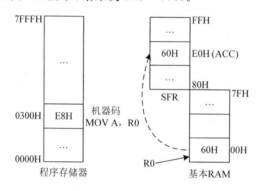

图 4.3 "MOV A,R0"指令执行示意图

指令的机器码为 E8H=11101000B,二进制的后 3 位 000 就是隐含的 R0 寄存器的编码。由于寄存器在 CPU 内部,所以采用寄存器寻址可以获得较高的运算速度。能实现这种寻址方式的寄存器有:

(1) 工作寄存器 R0~R7(4 组工作寄存器均可)。

(2) 累加器 A(注:使用 A 为寄存器寻址,使用 ACC 为直接寻址)。

(3) 寄存器 B(注:以 AB 寄存器成对的形式出现)。

(4) 数据指针 DPTR。

4.2.4 寄存器间接寻址

指令中的寄存器内容是操作数的地址,从该地址中取出的内容才是操作数,这种寻址方式称为寄存器间接寻址。为了区别寄存器寻址和寄存器间接寻址,用寄存器名称前加"@"标志来表示寄存器间接寻址。

【例 4.4】 (R0)=60H,(60H)=32H,则执行"MOV A,@R0"指令后,累加器 A 和 R0的值各是多少?

解:指令执行过程如图 4.4 所示,结果为(A)=32H,(R0)=60H。

R0 寄存器的内容是操作数的地址,即操作数在 60H 单元,基本 RAM 区 60H 单元的内容 32H 送入 A 中,结果为(A)=32H。

单片机规定只能用寄存器 R0、R1、DPTR 作为间接寻址的寄存器,间接寻址可以访问的存储空间为:

(1) 基本 RAM 的低 128 个字节采用 R0、R1 作为间址寄存器,在指令中表现为@R0、@R1 的形式。

(2) 外部 RAM 的寄存器间接寻址有两种形式:一是采用 R0、R1 作为间址寄存器,指令中表现为@R0、@R1 的形式,可寻址外部 RAM 的低 256 个单元,即可访问地址范围为0000H~00FFH 的单元;二是采用 16 位的 DPTR 作为间址寄存器,指令中表现为@DPTR

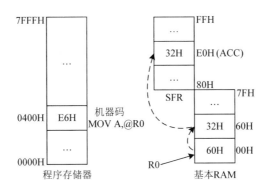

图 4.4 "MOV A,@R0"指令执行示意图

的形式,可寻址外部 RAM 的整个 64 K 个地址单元,地址范围为 0000H～FFFFH 的单元。

4.2.5 变址寻址

变址寻址是以 DPTR 或 PC 作为基址寄存器,以累加器 A 作为变址寄存器,并以两者内容相加形成的 16 位地址作为操作数地址。变址寻址用于以下两种情况:

(1) 对程序 ROM 区的数据进行寻址,如:

MOV A,@A+DPTR ;A←((A)+(DPTR))

MOV A,@A+PC ;A←((A)+(PC))

第一条指令的功能是将累加器 A 的内容与数据指针 DPTR 的内容相加形成操作数的地址,把该地址中的内容送入累加器 A 中,如图 4.5 所示。第二条指令的功能是将累加器 A 的内容与程序计数器 PC 的当前值相加形成操作数的存放地址,把该地址中的内容送入累加器 A 中。这两条指令常用于访问程序存储器,且都为单字节指令。

(2) 用于跳转指令,如"JMP @A+DPTR"。其功能是将累加器 A 的内容与数据指针 DPTR 的内容相加形成指令跳转的目标地址,从而使程序转移到该地址运行。

【例 4.5】 若(A)=03H,(DPH)=20H,(DPL)=00H,即(DPTR)=2000H,程序 ROM 中(2003H)=66H。执行指令"MOVC A,@A+DPTR"后,累加器 A 的值是多少?

解:指令执行过程如图 4.5 所示,(A)=66H。

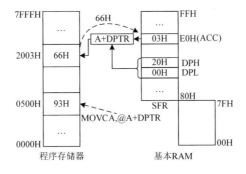

图 4.5 "MOVC A,@A+DPTR"指令执行示意图

该指令中累加器 A 的值和 DPTR 的值相加所得 2003H 为操作数的地址,该地址中的数据 66H 才是实际操作对象,该指令将 66H 存入累加器 A。

4.2.6　位寻址

STC15W4K 系列单片机对位单元进行存取,对位地址中的内容进行操作的寻址方式称为位寻址。指令中的操作数直接以位地址的方式出现在指令中。

【例 4.6】　位地址为 07H 单元中的值为 1,CY＝0,执行"MOV C,07H"指令后,CY 的值是多少?

解: 指令执行过程如图 4.6 所示,(CY)＝1。该指令的功能是把位地址 07H 中的值传送到 CY 中。

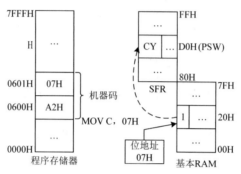

图 4.6　"MOV C,07H"指令执行示意图

STC15 系列单片机内部 RAM 有两个区域可以位寻址:一个是字节地址为 20H～2FH 单元的 128 位,另一个是地址能被 8 整除的特殊功能寄存器的相应位。

4.2.7　相对寻址

相对寻址只在相对转移指令中使用,指令中给出的操作数是相对地址偏移量 rel。实际地址为 PC 与 rel 相加,并将其结果作为新的转移地址送入 PC 中。由于目的操作数地址是相对 PC 基址而言,故这种寻址方式称为相对寻址。rel 是一个带符号的 8 位二进制数,取值范围是－128～＋127,即相对寻址的跳转范围为当前 PC 值的 8 位二进制数范围。

【例 4.7】　设指令"SJMP 54H"存放在程序 ROM 区中以 2000H 为起始单元,执行指令后程序将跳转到何处执行?

解: 这是无条件相对转移指令,是双字节指令,指令代码为"80H、54H",其中 80H 是该指令的操作码,54H 是偏移量。由于 PC 总是指向下一条即将执行的指令,即(PC)＝2002H,所以转移地址为 2002H＋54H＝2056H,执行示意图如图 4.7 所示。

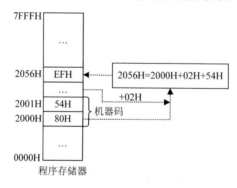

图 4.7　"SJMP 54H"指令执行示意图

4.3　STC15 单片机的指令系统

指令是 CPU 按照人们的意图来完成某种操作的命令,CPU 所能执行的全部指令集合称为这个 CPU 的指令系统。STC15W4K 系列单片机的指令系统与传统 8051 单片机完全兼容。42 种助记符代表了 33 种操作,而指令助记符与操作数寻址方式的组合共构造出 111 条指令。其中,数据传送类指令 29 条,算术运算类指令 24 条,逻辑操作类指令 24 条,控制转移类指令 17 条,位操作类指令 17 条。

4.3.1　数据传送类指令

数据传送类指令是最常用、最基本的一类指令。数据传送类指令的功能是把源操作数传送到目的操作数,指令执行后,源操作数不变,目的操作数中原来的值被替换。这类指令主要用于数据的传送、保存及交换等场合,数据传送类指令共有 29 条。

1. 内部 RAM 传送指令

内部 RAM 传送类指令的助记符为"MOV",如表 4.4 所列,包括累加器、寄存器、特殊功能寄存器、RAM 单元之间的相互数据传送等共 16 条指令。

表 4.4　内部 RAM 传送指令

序号	指令分类	指令形式	功能说明	字节数
1	A 为目的操作数	MOV A,Rn	寄存器内容送入 A	1
2		MOV A,direct	direct 单元内容送入 A	2
3		MOV A,@Ri	Ri 指向单元内容送入 A	1
4		MOV A,#data	data 立即数送入 A	2
5	Rn 为目的操作数	MOV Rn,A	A 内容送入寄存器 Rn	1
6		MOV Rn,direct	direct 单元内容送入 Rn	2
7		MOV Rn,#data	data 立即数送入 Rn	2
8	direct 为目的操作数	MOV direct,A	A 的内容送入 direct 单元	2
9		MOV direct,Rn	Rn 的内容送入 direct 单元	2
10		MOV direct1,direct2	direct2 单元内容送入 direct1 单元	3
11		MOV direct,@Ri	Ri 指向单元内容送入 direct 单元	2
12		MOV direct,#data	data 立即数送入 direct 单元	3
13	@Ri 为目的操作数	MOV @Ri,A	A 内容送入 Ri 指向单元	1
14		MOV @Ri,direct	direct 单元内容送入 Ri 指向单元	2
15		MOV @Ri,#data	data 立即数送入 Ri 指向单元	2
16	16 位传送	MOV DPTR,#data16	16 位立即数送入数据指针	3

【例 4.8】　设(20H)＝66H,(30H)＝85H,写出下列指令执行后的执行结果。

解:MOV A,#20H　　　;(A)＝20H
　　MOV R0,A　　　　;(R0)＝20H
　　MOV R1,#60H　　　;(R1)＝60H

```
MOV 30H,@R0          ;(30H)=66H
MOV @R1,30H          ;(60H)=66H
```

注:所有数据传送指令都不影响标志位。这里所说的标志位是指 CY、AC 和 OV,涉及累加器 A 的操作将影响奇偶标志位 P。

2. 扩展 RAM 传送指令

扩展 RAM 传送指令的助记符为"MOVX",主要用于数据在累加器 A 和扩展 RAM 区之间的传递,共有 4 条指令,如表 4.5 所列。

表 4.5 扩展 RAM 传送指令

序号	指令分类	指令形式	功能说明	字节数
17	读入扩展 RAM 数据	MOVX A,@Ri	Ri 指向的扩展 RAM 单元内容送入 A	1
18		MOVX A,@DPTR	DPTR 指向的扩展 RAM 单元内容送入 A	1
19	写入扩展 RAM 数据	MOVX @Ri,A	A 内容送入寄存器 Ri 指向的扩展 RAM 单元	1
20		MOVX @DPTR,A	A 内容送入 DPTR 指向的扩展 RAM 单元	1

【例 4.9】 试编程将扩展 RAM 的 2000H 单元内容送入片内 RAM 的 20H 单元中。

解:扩展 RAM 与片内 RAM 之间不能直接传送,需通过累加器 A;另外,当片外 RAM 地址值大于 0FFH 时,不能用 R0 和 R1 作为间址寄存器,需用 DPTR 作为间址寄存器。编程如下:

```
MOV DPTR,♯2000H      ;源数据地址送入 DPTR
MOVX A,@DPTR         ;从扩展 RAM 中取数送入 A
MOV R0,♯20H          ;设定 R0 指向片内 RAM 的 20H 单元
MOV @R0,A            ;A 中内容送入片内 RAM 的 20H 单元
```

注:片外扩展 I/O 接口进行数据的读、写没有专门的指令,只能与扩展 RAM 共用这 4 条指令。

3. 程序存储器访问指令

通常程序 ROM 用来存放单片机的程序代码,但其内部也可以用来存放固定不变的数据,如表格数据等。读取程序 ROM 中常数的指令助记符是"MOVC",能够将程序存储器表格中的数据或字段代码送到累加器 A 中,如表 4.6 所列。

表 4.6 程序存储器访问指令

序号	指令分类	指令形式	功能说明	字节数
21	DPTR 为基址	MOVC A,@A+DPTR	(A+DPTR)为地址的单元内容送入 A	1
22	PC 为基址	MOVC A,@A+PC	(A+PC)为地址的单元内容送入 A	1

【例 4.10】 若在程序 ROM 中 2000H 单元开始存放(0~9)的平方值 0,1,4,9,…,

81,要求根据累加器 A 中的值(0~9),来查找所对应的平方值,并将结果放入 60H 单元中。

解:① 用 DPTR 作为基址寄存器:

MOV A,♯3	;假设要查找"3"的平方值
MOV DPTR,♯2000H	;表格首地址送 DPTR
MOVC A,@A+DPTR	;根据表格首地址及 A 确定地址,取数送入 A
MOV 60H,A	;保存结果到 60H 单元

...

2000H:DB 0,1,4,9,16,25,36,…,81;平方表

② 用 PC 作为基址寄存器,在 MOVC 指令之前应先用一条加法指令进行地址调整:

ADD A,♯data	;(A)+data 作为地址调整,本条指令占 2 字节
MOVC A,@A+PC	;(A)+data+(PC)确定查表地址,取数送 A
	;本条指令占 1 字节
MOV 60H,A	;存结果,本条指令占 2 字节
RET	;本条指令占 1 字节

2000H:DB 0,1,4,9,16,25,36,…,81;平方表

注:执行该查表指令时,PC 当前值不是表格首地址 2000H,两者之间存在地址差,因此需进行地址调整,使其能指向表格首地址。由于 PC 的内容不能随意改变,所以只能借助于 A 来进行调整。故在 MOVC 指令之前,先执行对 A 的加法操作,其中♯data 的值是由 MOVC 的下一条指令与表格首地址之间的字节数来确定。本例中,查表指令与表格首地址之间只有两条指令,即"MOV 60H,A"和"RET",两者共占 3 个字节,因此本题中 data=03H。

4. 数据交换指令

数据交换指令共有 5 条,可完成累加器 A 和内部 RAM 单元之间的字节或半字节交换,如表 4.7 所列,其助记符为"XCH""XCHD"和"SWAP"。

表 4.7　数据交换指令

序号	指令分类	指令形式	功能说明	字节数
23	字节交换	XCH A,Rn	交换 A 与 Rn 的值	1
24		XCH A,direct	direct 单元内容与 A 值交换	2
25		XCH A,@Ri	交换 A 与 Ri 指向单元内容	1
26	半字节交换	XCHD A,@Ri	交换 A 的低 4 位与 Ri 指向单元的低 4 位	1
27		SWAP A	A 内容低 4 位与高 4 位交换	1

【例 4.11】　已知(A)=45H,(R0)=20H,(30H)=58H,(20H)=6FH,试分别求解下面指令(各自独立)的执行结果。

① XCH A,R0	;(A)↔(R0)
② XCH A,30H	;(A)↔(30H)
③ XCH A,@R0	;(A)↔((R0))

④ XCHD A,@R0　　　;$(A)_{3\sim0} \leftrightarrow ((R0))_{3\sim0}$

解: 每条指令执行结果为:

① (A)＝20H,(R0)＝45H;

② (A)＝58H,(30H)＝45H;

③ (A)＝6FH,(R0)＝20H,(20H)＝45H;

④ (A)＝4FH,(R0)＝20H,(20H)＝65H。

5. 堆栈操作指令

堆栈操作指令有两条,助记符为"PUSH"和"POP",一般用于数据暂存、现场数据或断点地址的保护,如表 4.8 所列。

表 4.8　堆栈操作指令

序号	指令分类	指令形式	功能说明	字节数
28	入栈操作	PUSH direct	将 direct 单元内容压入堆栈 SP 指向单元	2
29	出栈操作	POP direct	SP 指向单元内容出栈送入 direct 单元中	2

入栈指令"PUSH direct"的功能是先将栈顶指针 SP 的内容加 1,使栈区向上生长出一个空单元,然后将 direct 单元的内容送入栈顶空单元。指令中如用到累加器 A,必须使用符号地址 ACC 的形式或写出直接地址 E0H,不能写成 A 的形式。出栈指令"POP direct"的功能是将 SP 所指向的栈顶单元的内容送入 direct 地址单元,然后将指针 SP 的内容减 1,使之指向新的栈顶单元。

【**例 4.12**】　如图 4.8(a)所示,已知(SP)＝41H,(41H)＝22H,且(A)＝18H,执行"PUSH ACC"指令后,试回答:① 执行指令之前栈顶单元的地址是多少? ② 指令执行后栈顶单元的地址是多少? ③ 执行指令后(SP)、(42H)的值是多少?

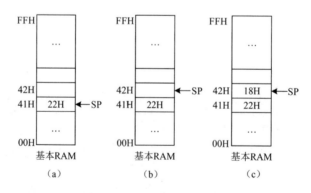

图 4.8　入栈指令执行过程

(a) 栈顶初始位置;(b) SP+1 指向新位置;(c) 入栈后栈顶位置

解: 指令执行过程如图 4.8(b)和(c)所示。

① 指令执行前栈顶单元的地址就是 SP 的值,即(SP)＝41H,((SP))＝22H;

② 指令执行后栈顶单元的地址为 42H,即(SP)＝42H;

③ 执行指令后(SP)＝42H,(42H)＝18H。

【**例 4.13**】　如图 4.9(a)所示,已知(SP)＝41H,(41H)＝22H,执行"POP 5FH"指令后,

试回答:① 执行指令前栈顶单元的地址是多少? ② 指令执行后栈顶单元的地址是多少? ③ 执行指令后(SP)、(5FH)的值是多少?

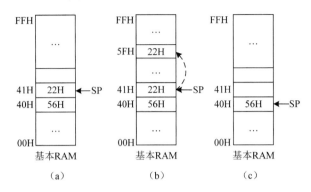

图 4.9　出栈指令执行过程

(a) 栈顶初始位置;(b) SP 指向内容出栈;(c) 出栈后栈顶位置

解:指令执行过程如图 4.9(b)和(c)所示。

① 指令执行前栈顶单元的地址就是 SP 的值,即(SP)=41H;

② 指令执行后栈顶单元的地址为 40H,即(SP)=40H;

③ 指令执行后(SP)=40H,(5FH)=22H。

注:堆栈操作指令的操作数只能采用直接寻址方式,不能用累加器 A 或工作寄存器 Rn 作为操作数。

4.3.2　算术运算类指令

STC15W4K 系列单片机的算术运算类指令共有 24 条,可以完成加、减、乘、除等各种操作,全部指令均是 8 位数运算指令,如表 4.9 所列。算术运算的大部分指令均以累加器 A 作为源操作数之一,并且运算结果存放在累加器 A 中。

表 4.9　算术运算类指令

序号	指令分类	指令形式	功能说明	字节数
1	不带进位的加法	ADD A,Rn	A 和 Rn 的和值送入 A	1
2		ADD A,direct	A 和 direct 单元的和值送入 A	2
3		ADD A,@Ri	A 和 Ri 指向单元的和值送入 A	1
4		ADD A,#data	A 和 data 立即数的和值送入 A	2
5	带进位的加法	ADDC A,Rn	A、Rn 及 CY 三者和值送入 A	1
6		ADDC A,direct	A,direct 单元及 CY 和值送入 A	2
7		ADDC A,@Ri	A,Ri 指向单元及 CY 和值送入 A	1
8		ADDC A,#data	A,data 常数及 CY 相加送入 A	2
9	减法指令	SUBB A,Rn	A 减去 Rn 的值送入 A	1
10		SUBB A,direct	A 减去 direct 单元的值送入 A	2
11		SUBB A,@Ri	A 减去 Ri 指向单元的值送入 A	1
12		SUBB A,#data	A 减去 data 常数的值送入 A	2

表 4.9(续)

序号	指令分类	指令形式	功能说明	字节数
13	乘法指令	MUL AB	A 乘以 B,积高 8 位存入 B,低 8 位存入 A	1
14	除法指令	DIV AB	A 除以 B,商存入 A,余数存入 B	1
15		INC A	A 内容加 1 送入 A	1
16		INC Rn	Rn 的内容加 1 送入 Rn	1
17	加 1 指令	INC direct	direct 单元内容加 1 送入 direct 单元	2
18		INC @Ri	Ri 指向单元加 1 送入 Ri 指向单元	1
19		INC DPTR	DPTR 加 1 送入 DPTR	1
20		DEC A	A 内容减 1 送入 A	1
21		DEC Rn	Rn 内容减 1 送入 Rn	1
22	减 1 指令	DEC direct	direct 单元内容减 1 送入 direct 单元	2
23		DEC @Ri	Ri 指向内容减 1 送入 Ri 指向单元	1
24	十进制调整	DA A	累加器 A 十进制调整(BCD)	1

1. 加法指令

加法指令共包括不带进位的加法指令 ADD、带进位的加法指令 ADDC、加 1 指令 INC 和十进制调整指令 DA 四种。

(1) 不带进位的加法指令

```
ADD A,♯data        ;A←(A)+data
ADD A,direct       ;A←(A)+(direct)
ADD A,Rn           ;A←(A)+(Rn)
ADD A,@Ri          ;A←(A)+((Ri))
```

这组指令的功能是把源操作数的内容与累加器 A 的内容相加,其结果存放在 A 中。源操作数的寻址方式分别为立即寻址、直接寻址、寄存器寻址和寄存器间接寻址。运算结果对程序状态字 PSW 中的 CY、AC、OV 和 P 各标志位的影响情况如下:

进位标志 CY:在加法运算中,如果结果的 D7 位向上有进位,则 CY=1;否则,CY=0。由无符号二进制数的运算法则可知,应将 CY 作为和的最高位的进位结果;带符号数运算时不需要考虑 CY 的值。

辅助进位标志 AC:在加法运算中,如果结果的 D3 位向上有进位,则 AC=1;否则,AC=0。表示相加的两个数的低 4 位的和大于 16。

溢出标志 OV:在加法运算中,如果 D7、D6 位只有一个向上有进位时,OV=1;如果 D7、D6 位同时有进位或同时无进位时,OV=0。由二进制补码的表达范围和运算法则可以推导得出,若出现 D7、D6 位只有一个向上有进位时,一定是计算结果超出了补码的表示范围,即对于带符号数的加法 OV=1,表示运算结果是错误的。因此该标志位只在带符号数进行运算时才有意义。

奇偶标志 P:当累加器 A 中"1"的个数为奇数时,P=1;当累加器 A 中"1"的个数为偶数时,P=0。

【例 4.14】 设有两个无符号数分别存放于累加器 A 和内部 RAM 30H 单元,其中

（A）＝94H，（30H）＝8DH，试分析执行指令"ADD A,30H"后两个数的和值及各标志位的值。

解：不带进位的加法指令操作如下：

```
    1001 0100      ←(A)=94H
 +  1000 1101      ←(30H)=8DH
    0010 0001
```

依据二进制加法的法则可得指令执行结果为：（A）＝21H。

PSW 标志位的值：（CY）＝1，（AC）＝1，（OV）＝1，（P）＝0。

分析：由于参加运算的两个数都是无符号数（范围为 0～255），因此和的十六进制表达形式为 121H，二进制的表达形式为 100100001B，共 9 位二进制数，（CY）＝1，（A）＝21H；无符号运算不需要观察 OV 的值。

（2）带进位的加法指令

ADDC A,♯data　　　　;A←(A)＋ data ＋(CY)

ADDC A,direct　　　　;A←(A)＋(direct)＋(CY)

ADDC A,Rn　　　　　 ;A←(A)＋(Rn)＋(CY)

ADDC A,@Ri　　　　　;A←(A)＋((Ri))＋(CY)

这组指令的功能是把源操作数与累加器 A 相加，再加上进位标志 CY 的值，其结果存放在 A 中。源操作数的寻址方式分别为立即寻址、直接寻址、寄存器寻址和寄存器间接寻址。运算结果对 PSW 标志位的影响与 ADD 指令相同。

需要说明的是，这里所加的进位标志 CY 的值是在该指令执行之前已经存在的进位标志值，而不是执行该指令过程中产生的进位标志值。例如：若这组指令执行之前（CY）＝0，则执行结果与不带进位的加法结果相同。

【例 4.15】　设有两个无符号数分别存放于累加器 A 和内部寄存器 R1 中，其中（A）＝0AEH，（R1）＝81H，（CY）＝1，试求执行指令"ADDC A,R1"的结果。

解：带进位的加法指令操作如下：

```
      1010 1110    ←(A)
   +  1000 0001    ←(R1)
   +          1    ←(CY)
    1 0011 0000
```

指令执行结果为：（A）＝30H，对 PSW 标志位的影响规则可得：（CY）＝1，（OV）＝1，（AC）＝1，（P）＝0。

带进位加法指令主要用于多字节数据的加法运算。因低位字节相加时可能产生进位，而在进行高位字节相加时，要考虑低位字节向高位字节的进位，因此必须使用带进位的加法指令。

【例 4.16】　设有两个无符号 16 位二进制数，分别存放在 30H、31H 单元和 40H、41H 单元中（低 8 位在低地址处），写出两个 16 位数的加法程序，将和值存入 50H、51H 单元（设和不超过 16 位）。

解：由于单片机不存在 16 位数的加法指令，所以只能先对低 8 位相加，然后对高 8 位相加，在高 8 位相加时考虑加上低 8 位相加产生的进位，参考程序如下：

```
MOV A,30H        ;取被加数的低字节送入 A 中
ADD A,40H        ;两个低字节数相加
MOV 50H,A        ;将低 8 位和值送入 50H 单元
MOV A,31H        ;取被加数的高字节送入 A 中
ADDC A,41H       ;高字节相加并加上低位的进位
MOV 51H,A        ;结果送 51H 单元
```

（3）加 1 指令

```
INC A            ;A←(A)+1
INC direct       ;direct←(direct)+1
INC Rn           ;Rn←(Rn)+1
INC @Ri          ;(Ri)←(Ri)+1
INC DPTR         ;DPTR←(DPTR)+1
```

这组指令的功能是将操作数的内容加 1，除"INC A"指令影响 P 标志外，其余指令均不影响 PSW 标志位。加 1 指令常用来修改操作数的地址，以便于使用间接寻址方式。

【例 4.17】 若已知(A)=20H,(30H)=36H,(R7)=58H,(R0)=50H,(50H)=08H,(DPTR)=2000H,试分别计算下列每条指令的结果：

```
① INC A          ;A←(A)+1
② INC 30H        ;30H←(30H)+1
③ INC R7         ;R7←(R7)+1
④ INC @R0        ;(R0)←((R0))+1
⑤ INC DPTR       ;DPTR←(DPTR)+1
```

解：指令执行结果为：① (A)=21H;② (30H)=37H;③ (R7)=59H;④ (R0)=50H,(50H)=09H;⑤ (DPTR)=2001H。

（4）十进制调整指令

十进制数在单片机中是以 BCD 码的形式进行运算的，由于单片机没有单独的 BCD 码运算指令，要进行 BCD 码加法运算，也要用加法指令 ADD 或 ADDC。为了实现 BCD 码的"逢 10 进位"法则，需要在 ADD 或 ADDC 指令后对运算结果进行调整，以修正结果差异。

指令"DA A"是对压缩 BCD 码(一个字节存放 2 位 BCD 码)的加法结果进行修正，该指令只影响进位标志 CY。十进制调整指令的调整步骤如下：

① 累加器低 4 位大于 9 或辅助进位 AC=1,则进行低 4 位加 6 修正；

② 累加器高 4 位大于 9 或进位 CY=1,则进行高 4 位加 6 修正。

【例 4.18】 试编写程序，实现两个十进制数 56、67 的 BCD 码加法，并将结果存入 30H 单元中。

解：

```
MOV A,#56H       ;56 的 BCD 码数送入 A 中
ADD A,#67H       ;A 与 67 的 BCD 码相加,结果(A)=0BDH
DA A             ;对结果进行十进制调整,(A)=23H,(CY)=1
MOV 30H,A        ;A 的和存入 30H 单元
```

注：如果前面没有进行加法运算，不能直接使用 DA 指令把累加器 A 中的数转换为 BCD。此外，如果先前执行的是减法运算，DA 指令也不会有预期的效果。

2. 减法指令

减法指令分为带借位的减法指令 SUBB 和减 1 指令 DEC 两类。

(1) 带借位的减法指令

SUBB A,♯data   ;A←(A)−data−(CY)

SUBB A,direct   ;A←(A)−(direct)−(CY)

SUBB A,Rn   ;A←(A)−(Rn)−(CY)

SUBB A,@Ri   ;A←(A)−((Ri))−(CY)

这组指令的功能是将累加器 A 中的数减去源操作数和上一次减法指令所产生的借位位 CY，其结果存放在累加器 A 中。源操作数的寻址方式分别为立即寻址、直接寻址、寄存器寻址和寄存器间接寻址。运算结果对程序状态字 PSW 中各标志位的影响情况如下：

CY：在减法运算中，如果 D7 位向上有借位，则 CY=1；否则，CY=0。

AC：在减法运算中，如果 D3 位向上有借位，则 AC=1；否则，AC=0。

OV：在减法运算中，如果 D7、D6 位只有一个向上有借位时，OV=1；如果 D7、D6 位同时有借位或者同时无借位时，OV=0。

P：当累加器 A 中"1"的个数为奇数时，P=1；为偶数时，P=0。

【例 4.19】 设(A)=0DBH,(R4)=73H,(CY)=1,试分析执行指令"SUBB A,R4"后的值和各标志位的状态。

解：

```
    1101 1011    ←(DBH)
  − 0111 0011    ←(73H)
  −         1    ←CY
    ─────────────
    0110 0111
```

结果为：(A)=67H,(CY)=0,(AC)=0,(OV)=1。

注：在此例中，若 DBH 和 73H 是两个无符号数，则结果 67H 是正确的；反之，若为两个带符号数，则由于产生溢出(OV=1)，使得结果是错误的，因为负数减正数其结果不可能是正数，OV=1 就指出了这一错误。

减法运算只有带借位的减法指令，而没有不带借位的减法指令。若要进行不带借位的减法运算，应该先用指令将 CY 清零，然后再执行 SUBB 指令。

(2) 减 1 指令

DEC A   ;A←(A)−1

DEC direct   ;direct←(direct)−1

DEC Rn   ;Rn←(Rn)−1

DEC @Ri   ;(Ri)←((Ri))−1

这组指令的功能是将操作数的内容减 1，除"DEC A"指令影响 P 标志外，其余指令均不影响 PSW 标志位。

【例 4.20】 若已知(A)=20H,(30H)=36H,(R7)=58H,(R0)=50H,(50H)=08H,

试分别计算下列指令的结果：

① DEC A   ;A←(A)－1

② DEC 30H   ;30H←(30H)－1

③ DEC R7   ;R7←(R7)－1

④ DEC @R0   ;(R0)←((R0))－1

解：指令执行后：①(A)＝1FH；②(30H)＝35H；③(R7)＝57H；④(R0)＝50H,则(50H)＝07H。

3. 乘除指令

STC15W4K 系列单片机有乘、除法指令各一条,它们都是一字节指令,执行需 4 个机器周期的时间。

(1) 乘法指令

MUL AB   ;BA←(A)×(B)

这条指令的功能是把累加器 A 和寄存器 B 中的两个 8 位无符号数相乘,所得 16 位乘积的低 8 位放在 A 中,高 8 位放在 B 中。

乘法指令影响 3 个标志位：若乘积小于 FFH(即 B 的内容为零),则 OV＝0,否则 OV＝1；CY 总是被清零；奇偶标志 P 仍按累加器 A 中 1 的个数的奇偶性来确定,1 的个数是奇数则 P＝1,反之 P＝0。

【例 4.21】 已知(A)＝80H,(B)＝32H,试求执行指令 MUL AB 的结果：

解：由于(A)×(B)＝1900H,所以(A)＝00H,(B)＝19H,OV＝1,CY＝0,P＝0。

(2) 除法指令

DIV AB   ;A←(A)/(B)之商,B←(A)/(B)之余数

这条指令的功能是对两个 8 位无符号数进行除法运算。其中被除数存放在累加器 A 中,除数存放在寄存器 B 中,指令执行后,商存于累加器 A 中,余数存于寄存器 B 中。

除法指令也影响 3 个标志位：除数为零(B＝0)时,OV＝1,表示除法没有意义；若除数不为零,则 OV＝0,表示除法正常进行。CY 总是被清零。奇偶标志 P 仍按累加器 A 中 1 的个数的奇偶性来确定。

【例 4.22】 已知(A)＝87H(135D),(B)＝0CH(12D),试求执行指令“DIV AB”后的结果。

解：指令执行结果为(A)＝0BH；(B)＝03H；OV＝0；CY＝0；P＝1。

算术运算类指令大多影响程序状态字 PSW 中的标志位,算术运算令对标志位的影响如表 4.10 所列。

表 4.10　算术运算指令对标志位的影响

标志/指令	ADD、ADDC、SUBB	DA	MUL	DIV
CY	√	√	0	0
AC	√	×	×	×
OV	√	×	√	√
P	√	×	√	√

4.3.3　逻辑操作类指令

逻辑操作类指令的特点是按位进行。逻辑运算包括与、或、异或 3 类,每类都有 6 条指令,此外还有移位指令及对累加器 A 操作指令等,一共 24 条,如表 4.11 所列。

表 4.11　逻辑操作类指令

序号	指令分类	指令形式	功能说明	字节数
1	逻辑与	ANL A,Rn	A 和 Rn 按位与值送入 A	1
2		ANL A,direct	A 和 direct 单元按位与值送入 A	2
3		ANL A,@Ri	A 和 Ri 指向单元按位与值送入 A	1
4		ANL A,♯data	A 和 data 立即数按位与值送入 A	2
5		ANL direct,A	direct 单元与 A 按位与值送入 direct 单元	2
6		ANL direct,♯data	direct 单元和 data 立即数按位与值送入 direct 单元	3
7	逻辑或	ORL A,Rn	A 和 Rn 按位或值送入 A	1
8		ORL A,direct	A 和 direct 单元按位或值送入 A	2
9		ORL A,@Ri	A 和 Ri 指向单元按位或值送入 A	1
10		ORL A,♯data	A 和 data 立即数按位或值送入 A	2
11		ORL direct,A	direct 单元与 A 按位或值送入 direct 单元	2
12		ORL direct,♯data	direct 单元和 data 立即数按位或值送入 direct 单元	3
13	逻辑异或	XRL A,Rn	A 和 Rn 按位异或值送入 A	1
14		XRL A,direct	A 和 direct 单元按位异或值送入 A	2
15		XRL A,@Ri	A 和 Ri 指向单元按位异或值送入 A	1
16		XRL A,♯data	A 和 data 立即数按位异或值送入 A	2
17		XRL direct,A	direct 单元与 A 按位异或值送入 direct 单元	2
18		XRL direct,♯data	direct 单元和 data 立即数按位异或值送入 direct 单元	3
19	清零	CLR A	A 的内容清零	1
20	取反	CPL A	A 的内容取反	1
21	循环左移	RL A	A 的内容循环左移 1 位	1
22		RLC A	A 的内容及 CY 循环左移 1 位	1
23	循环右移	RR A	A 的内容循环右移 1 位	1
24		RRC A	A 的内容及 CY 循环右移 1 位	1

1. 逻辑与运算指令

ANL A,Rn　　　　　　　　;A←(A)∧(Rn)

ANL A,direct　　　　　　 ;A←(A)∧(direct)

ANL A,@Ri　　　　　　　 ;A←(A)∧((Ri))

ANL A,♯data　　　　　　 ;A←(A)∧data

ANL direct,A　　　　　　 ;direct←(direct)∧(A)

ANL direct,♯data　　　　;direct←(direct)∧ data

该组指令中前 4 条指令是将累加器 A 的内容和源操作数按位相与,并将结果存放在 A

中;后 2 条指令是将直接地址单元中的内容和源操作数按位相与,结果存入直接地址所指定的单元中。

逻辑与运算指令常用于将某些位清零,也称为"屏蔽",方法是将要屏蔽的位同"0"相与,要保留的位同"1"相与。

2. 逻辑或运算指令

ORL A,Rn   ;A←(A)∨(Rn)
ORL A,direct   ;A←(A)∨(direct)
ORL A,@Ri   ;A←(A)∨((Ri))
ORL A,#data   ;A←(A)∨data
ORL direct,A   ;direct←(direct)∨(A)
ORL direct,#data   ;direct←(direct)∨ data

该组指令中前 4 条指令是将累加器 A 的内容与源操作数内容按位相或,结果存放在 A 中。后 2 条指令是将直接地址单元中的内容与源操作数内容按位相或,结果存入直接地址所指定的单元中。

逻辑或运算常用于将某些位置位,也称为"置位",方法是将要置位的位同"1"相或,要保留的位同"0"相或。

【例 4.23】 将累加器 A 的低 4 位送到特殊功能寄存器 P1 的低 4 位,而 P1 的高 4 位保持不变。

解:该操作不能简单用 MOV 指令实现,但可以借助与、或逻辑运算实现,方法如下:

ANL A,#0FH   ;A 的高 4 位清零,低 4 位不变
ANL P1,#0F0H   ;P1 的低 4 位清零,高 4 位不变
ORL P1,A   ;A 的低 4 位送入 P1 的低 4 位

3. 逻辑异或运算指令

XRL A,Rn   ;A←(A)⊕(Rn)
XRL A,direct   ;A←(A)⊕(direct)
XRL A,@Ri   ;A←(A)⊕((Ri))
XRL A,#data   ;A←(A)⊕data
XRL direct,A   ;direct←(direct)⊕(A)
XRL direct,#data   ;direct←(direct)⊕ data

该组指令中前 4 条指令是将累加器 A 的内容和源操作数按位异或运算,并将结果存放在 A 中。后 2 条指令是将直接地址单元的内容和源操作数按位异或运算,结果存入直接地址所指定的单元中。

逻辑异或运算常用于将某些位取反,方法是将需要求反的位同"1"相异或,要保留原值的位同"0"相异或。

【例 4.24】 试编程使内部 RAM 区 30H 单元中的低 2 位清零,高 2 位置 1,其余 4 位取反。

解:

ANL 30H,#0FCH   ;30H 单元中低 2 位清零
ORL 30H,#0C0H   ;30H 单元中高 2 位置 1

XRL 30H，#3CH　　　;30H 单元中间 4 位取反

4. 累加器清零、取反指令

（1）累加器清零指令

CLR A　　　　　　　;A←0

（2）累加器按位取反指令

CPL A　　　　　　　;A←$\overline{A}$

这两条指令的功能是把累加器 A 的值清零或按位取反。清零和取反指令只有累加器 A 才有，它们都是单字节指令。

STC15W4K 系列单片机只有对 A 的取反指令，没有求补指令。若要进行求补运算可按"求反加 1"来进行。

以上所有的逻辑运算指令，对 CY、AC 和 OV 标志都没有影响，只在涉及累加器 A 时，才会影响奇偶标志 P。

5. 循环移位指令

STC15W4K 系列单片机的移位指令只能对累加器 A 进行移位，共有循环左移、循环右移、带进位的循环左移和带进位的循环右移 4 种。

RL A　　　;$A_{i+1}←A_i$，$A_0←A_7$

RR A　　　;$A_{i+1}→A_i$，$A_0→A_7$

RLC A　　;$CY←A_7$，$A_{i+1}←A_i$，$A_0←CY$

RRC A　　;$CY→A_7$，$A_{i+1}→A_i$，$A_0→CY$

前两条指令的功能分别是将累加器 A 的内容循环左移或右移一位，执行后不影响 PSW 中的标志位；后两条指令的功能分别是将累加器 A 的内容和进位 CY 一起循环左移或右移一位，执行后影响 PSW 中的进位 CY 和奇偶标志位 P。以上移位指令可用图形表示，如图 4.10 所示。

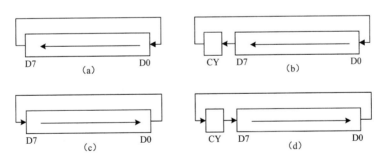

图 4.10　循环移位指令示意图

(a) RL A；(b) RLC A；(c) RR A；(d) RRC A

【例 4.25】　已知(A)＝38H,(CY)＝1,试分析以下指令的顺序执行结果：

RL A

RLC A

RR A

RRC A

解：

RL A	;A 的内容循环左移一位,结果(A)=70H;
RLC A	;A 的内容带 CY 循环左移一位,结果(A)=E1H,(CY)=0;
RR A	;A 的内容循环右移一位,结果(A)=F0H;
RRC A	;A 的内容带 CY 循环右移一位,结果(A)=78H,(CY)=0。

4.3.4 控制转移类指令

通常情况下,程序是按顺序执行的,这是由 PC 自动递增实现的。有时因任务需求而改变程序的执行顺序,这时就需要改变程序计数器 PC 中的值,使程序转向到新位置开始执行,称为程序转移。控制转移类指令都能改变程序计数器 PC 的内容。

STC15W4K 系列单片机有丰富的控制转移类指令,包括无条件转移指令、条件转移指令和子程序调用及返回指令,这类指令一般不影响标志位。

1. 无条件转移指令

STC15W4K 系列单片机有 5 条无条件转移指令,提供了不同的转移范围和方式,可使程序无条件地转移到目标地址。无条件转移指令如表 4.12 所列。

表 4.12 无条件转移指令

序号	指令分类	指令形式	功能说明	字节数
1	绝对(短)转移	AJMP addr11	目标地址为 PC+2 的高 5 位与 addr11 合并后的 16 位地址	2
2	长转移	LJMP addr16	转移到目标地址 addr16	3
3	相对转移	SJMP rel	目标地址为 PC+2 与 rel 的和值	2
4	相对 DPTR 转移	JMP @A+DPTR	目标地址为 A+DPTR 的值	1
5	空操作	NOP	目标地址为下一指令首地址	1

（1）绝对转移指令

AJMP addr11   ;PC←(PC)+2,$PC_{10\sim0}$←addr11

这是一条两字节指令,其在程序 ROM 中存放的格式为:

位号	D7	D6	D5	D4	D3	D2	D1	D0
字节 1	a_{10}	a_9	a_8	0	0	0	0	1
字节 2	a_7	a_6	a_5	a_4	a_3	a_2	a_1	a_0

指令中提供了 11 位目的地址 addr11,其中 $a_7 \sim a_0$ 在第二字节,$a_{10} \sim a_8$ 则占据第一字节的高 3 位,而 00001B 是这条指令特有的操作码,占据第一字节的低 5 位,addr11 的地址范围为 $2^{11} = 2$ KB。

绝对转移指令的执行分为两步:

第一步,取指令。此时 PC 自身加 2 指向下一条指令的起始地址(称为 PC 当前值)。

第二步,用指令中给出的 11 位地址替换 PC 当前值的低 11 位,PC 高 5 位保持不变,形成新的 PC 地址,即转移的目标地址。

【例 4.26】 分析下面绝对转移指令的执行情况。

1234H:AJMP 0781H

解:指令执行前,(PC)=1234H;取出该指令后,(PC)=(PC)+2=1236H,指令执行过程就是用指令给出的 11 位地址 11110000001B 替换 PC 当前值 1236H 的低 11 位,即新的 PC 值为 1781H,执行结果就是程序将转移到 1781H 处执行。

注:只有转移的目标地址距离当前位置在 2 KB 范围之内时,才可使用 AJMP 指令,超出 2 KB 范围应使用长转移指令 LJMP。

(2) 长转移指令

LJMP addr16　　　　　;PC←addr16

该指令在操作数位置上提供了 16 位目的地址 addr16,其功能是把指令中给出的 16 位目的地址 addr16 送入程序计数器 PC 中,使程序无条件转移到 addr16 处执行。16 位地址可以寻址 64 KB,所以用这条指令可转移到 64 KB 程序存储器的任何位置,故称为"长转移"。长转移指令是三字节指令,依次是操作码、高 8 位地址和低 8 位地址。

【例 4.27】 分析下面长转移指令的执行情况。

1234H:LJMP 0781H

解:执行完该指令后,CPU 转向执行首地址是 0781H 的指令。

(3) 相对转移指令

SJMP rel　　　　　　;PC←(PC)+2, PC←(PC)+rel

相对转移指令也称"短转移",是无条件相对转移指令,该指令为双字节,rel 是相对转移的偏移量,指令的执行分两步完成:

第一步,取指令。此时 PC 自动加 2 形成 PC 的当前值。

第二步,将 PC 当前值与偏移量 rel 相加形成新的目的地址,即:目的地址=(相对转移指令的首地址)+2+rel。rel 是一个带符号的相对偏移量,其范围为 $-128 \sim +127$(负数表示向后转移,正数表示向前转移)。

该指令的优点:指令给出的是相对转移地址,不具体指出地址值。因此,当程序地址发生变化时,只要相对地址不发生变化,该指令就不需要做任何改动。

【例 4.28】 分析下面相对转移指令的执行情况。

1234H:SJMP 72H

解:在指令执行前,(PC)=1234H,取出该指令后(PC)=(PC)+2=1236H,新的转移地址为 PC+72H,即 12A8H。

(4) 相对 DPTR 转移指令

JMP @A+DPTR　　　　;PC←(A)+(DPTR)

相对 DPTR 转移指令,也称"散转移",采用的是变址寻址方式,该指令的功能是把累加器 A 中的 8 位无符号数与数据指针 DPTR 中的 16 位地址相加,所得的和作为目的地址送入 PC。指令执行后不改变 A 和 DPTR 中的内容,也不影响任何标志位。

　　该指令的特点是转移地址可以在程序运行中加以改变。例如,在 DPTR 中装入多分支转移指令表的首地址,由累加器 A 中的内容来动态选择应转向的程序分支,实现由一条指令完成多分支转移的功能。

　　【例 4.29】 设 A 中存有用户从键盘输入的键值 0～3,要求按下不同的键值,分别对应产生方波、三角波、锯齿波、正弦波,各对应按键的处理程序分别存放在 KPRG0、KPRG1、KPRG2、KPRG3 为起始地址的单元处。试编写程序,根据用户输入的按键转入相应的处理程序。

　　解:

```
MOV DPTR,＃JPTAB        ;转移指令表首地址送入 DPTR
RL A                   ;键值×2,因 AJMP 指令占 2 个字节
JMP @A＋DPTR           ;JPTAB＋2×键值,将和送入 PC
                       ;程序转向新的目的地址执行
JPTAB:
AJMP KPRG0
AJMP KPRG1
AJMP KPRG2
AJMP KPRG3
KPRG0:
   ⋮                   ;方波程序(省略)
KPRG1:
   ⋮                   ;三角波程序(省略)
KPRG2:
   ⋮                   ;锯齿波程序(省略)
KPRG3:
   ⋮                   ;正弦波程序(省略)
```

　　(5) 空操作指令

```
NOP            ;PC ←(PC)＋1
```

　　空操作指令为单字节指令,CPU 不做任何操作,但会消耗一个时钟周期,常用于延时程序或者程序等待过程。

　　2. 条件转移指令

　　条件转移指令是指当某种条件满足时,才实现程序转移;而当条件不满足时,程序就按顺序往下执行。条件转移指令的共同特点:① 所有条件转移指令都属于相对转移指令,转移范围相同,都在以 PC 当前值为基准的 256 B 范围内(−128～＋127);② 计算转移地址的方法相同,即转移地址＝PC 当前值＋rel;③ 该指令不影响标志位。条件转移指令共有 8 条,如表 4.13 所列。

表 4.13　条件转移指令

序号	指令分类	指令形式	功能说明	字节数
1	累加器判 0 转移	JZ rel	A 为 0 转移	2
2		JNZ rel	A 为非 0 转移	2
3	比较不相等转移	CJNE A,direct,rel	A 与 direct 单元内容不等转移	3
4		CJNE A,♯data,rel	A 与 data 常数内容不等转移	3
5		CJNE Rn,♯data,rel	Rn 与 data 常数内容不等转移	3
6		CJNE @Ri,♯data,rel	Ri 指向单元与 data 常数内容不等转移	3
7	减 1 非 0 转移	DJNZ Rn,rel	Rn 减 1 非 0 转移	2
8		DJNZ direct,rel	direct 单元内容减 1 非 0 转移	3

（1）累加器 A 判 0 转移指令

JZ rel　　　　　　　;若(A)＝0,则转移至 PC←(PC)＋2＋rel

　　　　　　　　　　;若(A)≠0,按顺序执行,PC←(PC)＋2

JNZ rel　　　　　　 ;若(A)≠0,则转移至 PC←(PC)＋2＋rel

　　　　　　　　　　;若(A)＝0,按顺序执行,PC←(PC)＋2

该组是以累加器 A 的内容是否为 0 作为判断条件的转移指令。JZ 指令在累加器 (A)＝0时转移;否则就按顺序执行。JNZ 指令的操作正好与之相反。

这两条指令都是两字节的相对转移指令,rel 为相对偏移量。与短转移指令中的 rel 一样,在编写源程序时,经常用标号来代替,只在编译成机器码时,才由编译器计算出 8 位实际地址。

【例 4.30】　若累加器 A 中的值为 02H,分析如下指令的执行情况:

JZ L1

DEC A

JNZ L2

解:

JZ L1　　　　　　　 ;(A)≠0,则程序顺序向下执行,并不转移

DEC A　　　　　　　 ;(A)＝01H

JNZ L2　　　　　　　;(A)≠0,则程序转移到标号为 L2 对应的程序执行

（2）比较转移指令

比较转移指令共有 4 条,其差别只在于操作数的寻址方式不同。

CJNE A,direct,rel

CJNE A,♯data,rel

CJNE Rn,♯data,rel

CJNE @Ri,♯data,rel

比较转移指令有 3 个操作数:第一个是目的操作数,第二个是源操作数,第三个是偏移量。该类指令具备比较和判断双重功能,执行步骤如下:

第一步:第一个操作数内容减去第二个操作数,并影响 PSW 标志位;

第二步:若目的操作数＞源操作数,则 PC←(PC)＋3＋rel,CY←0;若目的操作数＜

源操作数,则 PC←(PC)+3+rel,CY←1;若目的操作数=源操作数,则 PC←(PC)+3,CY←0。

【例 4.31】 若(A)=22H,试分析执行"2000H:CJNE A,25H,06H"指令后,程序将转向的目的地址。

解:该指令转向的目标地址为 2000H+3+06=2009H。

学习 CJNE 指令时应注意以下几点:

① 比较转移指令都是三字节指令,因此 PC 当前值=(PC)+3,转移的目的地址应是 PC 加 3 以后再加偏移量 rel。

② 比较操作实际就是做减法操作,只是不保存减法所得到的差值,但比较的结果反映在标志位 CY 上。

(3) 减 1 条件转移指令

DJNZ Rn,rel   ;Rn←(Rn)-1

      ;若(Rn)≠0,则转移至 PC←(PC)+2+rel

      ;若(Rn)=0,按顺序执行

DJNZ direct,rel direct←(direct)-1

      ;若(direct)≠0,则转移至 PC←(PC)+3+rel

      ;若(direct)=0,按顺序执行

这是一组把减 1 与条件转移两种功能结合在一起的指令。其执行过程是先将操作数(Rn 或 direct)的内容减 1,并保存结果,如果减 1 以后操作数不为零,则进行转移;否则,则程序按顺序执行,该组指令不影响标志位。

【例 4.32】 试编写程序,将内部 RAM 中 30H 为起始地址的 10 个单元中的数据求和,并将结果送入 50H 单元,假设和不大于 255。

解:对一组连续存放的数据进行操作时,一般都采用间接寻址,使用 INC 指令修改地址,可使编程简单,利用减 1 条件转移指令,控制数据的个数。

```
      MOV R0,#30H         ;数据块首地址送入间址寄存器 R0
      MOV R7,#0AH         ;计数器 R7 送入计数初值
      CLR A               ;累加器 A 用于存放和值,先清零
LOOP:ADD A,@ R0          ;加一个数
      INC R0              ;地址加1,指向下一个地址单元
      DJNZ R7,LOOP        ;计数值减 1 不为零循环
      MOV 50H,A           ;累加和送入指定单元
      SJMP $              ;程序循环等待
```

3. 子程序调用及返回指令

在程序设计中,常常出现在多个地方都需要运行相同功能的程序的现象,如果重复编写该程序段,会使程序变得冗长杂乱。对此,可以采用子程序,即把具有一定功能的程序段编写成子程序,通过主程序调用来使用它,这样不但减少了编程工作量,而且也缩短了程序的总长度。子程序调用及返回指令如表 4.14 所列。

表 4.14　子程序调用及返回指令

序号	指令分类	指令形式	功能说明	字节数
1	子程序调用	ACALL addr11	调用目标地址为 PC+2 的高 5 位与 addr11 合并后的 16 位地址	2
2		LCALL addr16	调用目标地址为 addr16 子程序	3
3	子程序返回	RET	返回子程序调用指令的下一条指令处	1
4	中断返回	RETI	返回到中断断点处	1

调用子程序的程序称为主程序,主程序和子程序之间的调用关系可用图 4.11 表示。

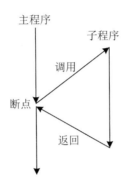

图 4.11　子程序调用及返回示意图

(1) 子程序调用指令

STC15W4 系列单片机共有两条子程序调用指令:

ACALL addr11　　　;PC←(PC)+2
　　　　　　　　　;SP←(SP)+1,(SP)←(PC)$_{7\sim0}$
　　　　　　　　　;SP←(SP)+1,(SP)←(PC)$_{15\sim8}$
　　　　　　　　　;(PC)$_{10\sim0}$←addr11
LCALL addr16　　　;PC←(PC)+3
　　　　　　　　　;SP←(SP)+1,(SP)←(PC)$_{7\sim0}$
　　　　　　　　　;SP←(SP)+1,(SP)←(PC)$_{15\sim8}$
　　　　　　　　　;PC←addr16

ACALL 指令称为绝对调用子程序指令,是两字节指令。其指令格式为:

位号	D7	D6	D5	D4	D3	D2	D1	D0
字节 1	a_{10}	a_9	a_8	1	0	0	0	1
字节 2	a_7	a_6	a_5	a_4	a_3	a_2	a_1	a_0

ACALL 指令的操作数部分提供了子程序的低 11 位入口地址,其中 $a_7\sim a_0$ 在第二字节,$a_{10}\sim a_8$ 则占据第一字节的高 3 位,而 10001B 是这条指令特有的操作码,占据第一字节的低 5 位。绝对调用指令的执行过程是:先将 PC 加 2,指向下条指令地址,然后将断点

地址压入堆栈,再把指令中提供的子程序低 11 位入口地址装入 PC 的低 11 位上,PC 的高 5 位保持不变,使程序转移到对应的子程序入口处,子程序距离当前位置在 2 KB 地址范围内。

LCALL 指令称为长调用指令,是三字节指令。该指令的操作数部分给出了子程序的 16 位地址。该指令的执行过程是:先将 PC 加 3,指向下条指令地址,然后将断点地址压入堆栈,再把指令中的 16 位子程序入口地址装入 PC,以使程序转到子程序入口处。长调用指令可调用存放在 64 KB 程序存储器中任意位置的子程序,即地址范围为 64 KB。

(2) 返回指令

STC15W4 系列单片机的返回指令也有两条:

RET	;$PC_{15\sim8} \leftarrow ((SP)), SP \leftarrow (SP)-1$
	;$PC_{7\sim0} \leftarrow ((SP)), SP \leftarrow (SP)-1$
RETI	;$PC_{15\sim8} \leftarrow ((SP)), SP \leftarrow (SP)-1$
	;$PC_{7\sim0} \leftarrow ((SP)), SP \leftarrow (SP)-1$

RET 指令被称为子程序返回指令,放在子程序的末尾。其功能是从堆栈中自动取出断点地址送入程序计数器 PC,使程序返回主程序断点处继续向下执行。

RETI 指令是中断返回指令,放在中断服务子程序的末尾。其功能也是从堆栈中自动取出断点地址送入程序计数器 PC,使程序返回主程序断点处继续向下执行,同时还清除中断响应时被置位的中断状态寄存器标志位,表示本次中断服务已经结束,可以接受新的中断请求。

注:① RET 和 RETI 不能互换使用;② 在子程序或中断服务子程序中,PUSH 指令和 POP 指令必须成对使用,否则,不能正确返回主程序断点位置。

4.3.5 位操作指令

STC15W4 系列单片机拥有强大的布尔变量处理功能。布尔变量即开关变量,是以"位"(bit)为单位来进行运算和操作的,也称为"位变量"。单片机在硬件上有一个位微处理器,它以进位标志 CY 作为位累加器,以内部 RAM 位寻址区作为位存储器;在软件上单片机有一个专门处理布尔变量的指令子集,可以完成布尔变量的传送、逻辑运算、控制转移等操作,这些指令通常称之为位操作指令,共有 17 条,如表 4.15 所列。

表 4.15 位操作指令

序号	指令分类	指令形式	功能说明	字节数
1	位清 0	CLR C	CY 值清零	1
2		CLR bit	bit 值清零	2
3	位置 1	SETB C	CY 值置 1	1
4		SETB bit	bit 值置 1	2
5	位取反	CPL C	CY 值取反	1
6		CPL bit	bit 值取反	2
7	位逻辑与	ANL C,bit	CY 与 bit 值相与结果送入 CY	2
8		ANL C,/bit	CY 与 bit 取反后相与结果送入 CY	2

表 4.15(续)

序号	指令分类	指令形式	功能说明	字节数
9	位逻辑或	ORL C,bit	CY 与 bit 值相或结果送入 CY	2
10		ORL C,/bit	CY 与 bit 取反后相或结果送入 CY	2
11	位传送	MOV C,bit	bit 值送入 CY	2
12		MOV bit,C	CY 值送入 bit	2
13	判 CY 转移	JC rel	CY 为 1 转移	2
14		JNC rel	CY 为 0 转移	2
15	判 bit 转移	JB bit,rel	bit 值为 1 转移	3
16		JNB bit,rel	bit 值为 0 转移	3
17		JBC bit,rel	bit 值为 1 转移,同时 bit 清 0	3

位操作类指令的操作对象主要有两类:一是内部 RAM 中的位寻址区,即字节地址为 20H~2FH 中的 128 位(位地址 00H~7FH);二是特殊功能寄存器中可以进行位寻址的位。

1. 位修改指令

CLR C   ;CY←0
CLR bit   ;bit←0
SETB C   ;CY←1
SETB bit   ;bit←1

位修改指令主要包括清零和置位指令,其功能是对 CY 及可寻址位进行清零或置位操作,不影响其他标志。

2. 位逻辑运算指令

位逻辑运算包括与、或、非 3 种,共 6 条指令:

ANL C,bit   ;CY←(CY)∧(bit)
ANL C,/bit   ;CY←(CY)∧($\overline{bit}$)
ORL C,bit   ;CY←(CY)∨(bit)
ORL C,/bit   ;CY←(CY)∨($\overline{bit}$)
CPL C   ;CY←($\overline{CY}$)
CPL bit   ;bit←($\overline{bit}$)

前 4 条指令的功能是将位累加器 CY 的内容与位地址中的内容(或取反后的内容)进行逻辑与、或操作,结果送入 CY 中。后 2 条指令的功能是把位累加器 CY 或位地址中的内容取反。

【例 4.33】 已知位地址(40H)=1,执行"ANL C,/40H"指令后 CY、(40H)的值是多少?

解:CY=0,(40H)=1。

3. 位数据传送指令

MOV C,bit   ;CY←(bit)
MOV bit,C   ;bit←(CY)

这两条指令的功能是在指定的位单元和位累加器 CY 之间进行数据传送,不影响其他标志位。注意两个可寻址位之间没有直接的传送指令,若要完成这种传送,可以通过 CY 作为中间值来进行。

【例 4.34】 将位单元 40H 的内容传送到位单元 20H 处。

解:通过 CY 来进行传送,参考代码如下:

MOV C,40H   ;位单元 40H 的值送 CY

MOV 20H,C   ;CY 的值送位单元 20H

4. 位控制转移指令

位控制转移指令都是条件转移指令,它以 CY 或位地址 bit 的内容作为转移的判断条件。

(1) 以 CY 为条件的转移指令

JC rel   ;若(CY)=1,则转移,PC←(PC)+2+rel

      ;若(CY)≠1,按顺序执行,PC←(PC)+2

JNC rel   ;若(CY)=0,则转移,PC←(PC)+2+rel

      ;若(CY)≠0,按顺序执行,PC←(PC)+2

这两条指令的功能是 CY 为 1 或为 0 则转移,否则按顺序执行,指令均为双字节指令。

(2) 以位状态为条件的转移指令

JB bit,rel   ;若(bit)=1,则转移,PC←(PC)+3+rel

      ;若(bit)≠1,按顺序执行,PC←(PC)+3

JNB bit,rel   ;若(bit)=0,则转移,PC←(PC)+3+rel

      ;若(bit)≠0,按顺序执行,PC←(PC)+3

JBC bit,rel   ;若(bit)=1,则转移,PC←(PC)+3+rel,同时 bit←0

      ;若(bit)≠1,按顺序执行,PC←(PC)+3

这组指令的功能是直接寻址位 bit 为 1 或为 0 则转移,否则按顺序执行,指令均为三字节指令,所以 PC 要加 3。

JB 和 JBC 指令的区别:两者转移的条件相同,所不同的是 JBC 指令在转移的同时,还能将直接寻址位清零,即一条 JBC 指令相当于两条指令的功能。

【例 4.35】 试分析执行完以下程序段,程序将转至何处?

ANL P1,#00H

JB P1.6,LOOP1

JNB P1.0,LOOP2

LOOP1:

   ...

LOOP2:

   ...

解:

由于 ANL P1,#00H   ;(P1)=00H

JB P1.6,LOOP1   ;因 P1.6=0,程序按顺序往下执行

JNB P1.0,LOOP2   ;因 P1.0=0,程序发生转移,转至 LOOP2

所以,上述程序将转至标号 LOOP2 处继续执行。

注:上述指令均属位操作指令,以 CY 作为累加器,指令中的地址都是位地址,而不是存储单元的地址。

4.4　汇编语言和程序设计

单片机的汇编语言程序是单片机支持的、能完成指定功能的指令序列,构成汇编程序的基本单位是汇编语句。汇编语言是单片机提供给用户最快、最有效的语言,是利用单片机所有硬件特性并能直接控制硬件的编程语言。由于汇编语言是面向机器硬件的语言,因此要使用汇编语言进行程序设计,就必须熟悉 STC15W4K 系列单片机的硬件结构、指令系统和寻址方式等。

4.4.1　源程序的汇编

用汇编语言编写成的程序称为汇编语言程序,或称源程序。将源程序翻译成机器代码的过程称为"汇编",翻译后的代码程序称为目标程序。汇编过程可分为人工汇编和机器汇编两类。

1. 人工汇编

将源程序由人工查表方式翻译成目标代码,然后把目标代码写入单片机中进行调试运行,这种通过人工查表翻译指令的方式称为"人工汇编"。人工汇编都是按绝对地址定位,在遇到相对转移指令时,其偏移量要根据当前指令地址与转移的目标地址来计算,偏移量用补码表示。通常只有小程序或者受条件限制时才采用人工汇编,在实际的程序设计中,都采用机器汇编来自动完成。

2. 机器汇编

机器汇编是将源程序输入计算机后,由汇编程序编译成机器代码。因此,机器汇编实际上是通过执行汇编程序来对源程序进行自动汇编的。在分析现有产品 ROM/EPROM 中的程序时,有时要将机器代码翻译成汇编语言源程序,这个过程称为"反汇编"。

4.4.2　汇编语言的伪指令

汇编语言的伪指令是用来控制汇编程序正确完成汇编工作的说明性语句,例如对符号或标号赋值。伪指令和基本指令是完全不同的,伪指令最终并不产生机器代码,虽然在源程序中出现,它只在汇编时起控制作用。

伪指令具有控制汇编程序 I/O、定义数据和符号、条件汇编以及分配存储空间等功能。常用的伪指令有 9 种,不同的伪指令功能有所不同,但基本用法是相似的。

1. 起始地址设置伪指令 ORG

格式:ORG 16 位地址

例如:ORG 1000H

START:MOV R0,#30H

规定了 START 所在的地址为 1000H,该指令就从 1000H 开始存储。在一个源程序中可以多次使用 ORG 指令,以规定不同程序段的起始位置,但所规定的地址应该从小到大,不能交叉也不能重叠。

例如:

ORG 1000H

    ⋮

ORG 1500H

    ⋮

ORG 2000H

    ⋮

起始地址设置伪指令的功能是规定目标程序的起始地址,如果不用 ORG 设定,则汇编后得到的目标程序默认将从 0000H 地址开始。

2. 源程序结束伪指令 END

格式:[标号:] END [mm]

END 是汇编语言源程序的结束标志,用于终止源程序的汇编工作,出现 END 指令时,说明把源程序翻译成指令代码的工作到此为止。因此,在整个源程序中只能有一条 END 命令,且位于源程序的最后。如果 END 指令出现在源程序中间,则编译器将不会汇编其后面的程序。

其中"mm"是程序起始地址,标号和 mm 是可选项。

3. 等值伪指令 EQU

EQU 是将一个数或者特定的汇编符号赋予规定的字符名称,用于给标号赋值。

格式:字符名称 EQU 数或汇编符号

用 EQU 指令赋值以后的字符名称可作为数据地址、代码地址、位地址或者一个立即数来使用。

例如:

TEMP EQU R2	;TEMP 等值为汇编符号 R2
X EQU 10H	;X 等值为数值 10H
Y EQU 1020H	;Y 等值为数值 1020H
MOV A,TEMP	;A←(R2)
MOV A,X	;A←(10H)
MOV DPTR,♯Y	;给 DPTR 赋值 1020H
LCALL Y	;把 1020H 作为子程序入口地址

4. 数据地址赋值伪指令 DATA

DATA 命令将数据地址或代码地址赋予规定的字符名称。

格式:字符名称 DATA 表达式

DATA 伪指令的功能与 EQU 有些相似,它们有以下区别:

(1) EQU 伪指令必须先定义后使用,而 DATA 伪指令则无此限制,即 DATA 用来定义变量,而 EQU 用来定义常量。

(2) 用 EQU 伪指令可以把一个汇编符号赋给一个字符名称,而 DATA 伪指令则不能。

(3) DATA 伪指令可将一个表达式的值赋给一个字符变量,所定义的字符变量也可以出现在表达式中,而 EQU 定义的字符则不能。

5. 字节定义伪指令 DB

DB 伪指令是从指定的地址单元开始,定义若干单字节内存单元的内容。

格式:[标号:] DB 8 位二进制数表

注意:数据表中各字节数据用逗号分隔,如果是字符数据还需要用单引号标注起来,数据可以是二进制、十六进制和 ASCII 码。DB 指令在汇编语言程序中可以多次使用。

例如:

ORG 1000H

DB 09,32H,0F2H,'A'

DB "123CE"

汇编后:

(1000H)=09H,(1001H)=32H,(1002H)=0F2H,(1003H)=41H,(1004H)=31H,(1005H)=32H,(1006H)=33H,(1007H)=43H,(1008H)=45H。

6. 数据字定义伪指令 DW

格式:[标号:] DW 16 位二进制数表

DW 伪指令用于从指定的地址开始,在程序存储器的连续单元中定义 16 位的数据字。一个 16 位的数据要占存储器的两个字节,其中高 8 位数存入低地址字节,低 8 位数存入高地址字节,若不足 16 位,则高位字节存入 0。

例如:ORG 2030H

TAB:DW 1066H,6080H,100,32H

汇编后:

(2030H)=10H,(2031H)=66H,(2032H)=60H,(2033H)=80H,(2034H)=00H,(2035H)=64H,(2036H)=00H,(2037H)=32H。

7. 外部 RAM 地址定义伪指令 XDATA

XDATA 伪指令用于将一个外部 RAM 的地址赋给指定的符号名。

格式:符号名 XDATA 表达式

其中,表达式须是一个简单表达式,且其值在 0000H~FFFFH 之间。

例如:MYDAT XDATA 0600H。

8. 位定义伪指令 BIT

格式:字符名称 BIT 位地址

例如:

FLAG BIT 20H　　　　　　　;定义位地址 20H 单元赋值给 FLAG

KEY BIT P1.0　　　　　　　;定义 P1.0 赋给 KEY,即 KEY 当作 P1.0 使用

9. 文件包含伪指令 INCLUDE

文件包含伪指令 INCLUDE 用于将寄存器定义头文件(一般扩展名为.INC)包含到当前的文件中,与 C 语言中的 #include 语句类似,格式为:

$ INCLUDE (文件名)

例如:为了编程方便,用户将 STC15W4K32S4 单片机的寄存器定义保存在 STC15W4K32S4.INC 文件中,使用时只需将该文件包含在用户程序中即可:

$ INCLUDE (STC15W4K32S4.INC)

使用上述命令后,在用户程序中就可以直接使用所有特殊功能寄存器的名称了。

例如:MOV P0,#01010101B

4.4.3　汇编语言的程序设计

使用汇编语言进行程序设计的过程与高级语言相似。对于比较复杂的问题可以先根据题目的要求做出流程图,然后再根据流程图来编写程序;对于比较简单的问题则可以直接编程。汇编语言程序共有 4 种基本结构:顺序结构、分支结构、循环结构和子程序结构。

1. 顺序程序设计

顺序结构程序是一种最简单、最基本的程序,也称为简单程序,它是一种无分支的直线形程序,按照程序编写的顺序依次执行。编写这类程序主要应注意正确地选择指令,提高程序的执行效率。

【例 4.36】　设有一个两位十进制数,其十位数以 ASCII 码的形式存放在片内 RAM 的 31H 单元,32H 单元存放该数的个位 ASCII 码。编写程序将该数据转换成压缩 BCD 码存放在 30H 单元。

解:由于 ASCII 码 30H~39H 对应 BCD 码的 0~9,所以只要保留 ASCII 码的低 4 位,高 4 位清零即可。流程图如图 4.12 所示。

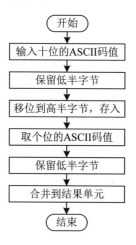

图 4.12　例 4.36 流程图

参考程序如下:

```
        ORG 0040H
START:MOV A,31H           ;取十位数 ASCII 码
        ANL A,♯0FH        ;保留低半字节
        SWAP A            ;移至高半字节
        MOV 20H,A         ;存于 20H 单元
        MOV A,32H         ;取个位数 ASCII 码
        ANL A,♯0FH        ;保留低半字节
        ORL 20H,A         ;合并到结果单元
        SJMP $
        END
```

2. 分支程序设计

在很多实际问题中,都需要根据不同的情况进行不同的处理。这种思想体现在程序设计中,就是根据不同条件而转到不同的程序段去执行,这就构成了分支程序。

编写分支程序的关键是如何判断分支的条件。在 STC15W4 系列单片机中可以直接用来判断分支条件的指令并不多,只有累加器为零转移、比较条件转移和位条件转移指令。分支程序设计的技巧,就在于正确而巧妙地使用这些指令。

分支程序的结构有两种,即单分支和多分支。

(1) 单分支选择结构

程序的执行仅有两种可能,两者选一,称为单分支选择结构,它在程序设计中的应用极为普遍。

【**例 4.37**】　设累加器 A 中为单字节有符号数,求它的二进制补码。

解:正数补码是其本身,负数补码是其反码加 1。因此,程序应首先判断数据的符号,对负数进行求补。程序框图如图 4.13 所示。

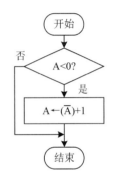

图 4.13　例 4.37 流程图

参考程序片段如下:

```
CMPT:JNB ACC.7,RETU    ;(A)>0,无须转换
     MOV C,ACC.7       ;符号位保存
     CPL A             ;A←(Ā)
     ADD A,#1          ;A←(A)+1
     MOV ACC.7,C       ;符号位存在 A 的最高位
RETU:REI
```

(2) 多分支选择结构

当程序的执行部分有两个以上的流向时,为多分支选择结构。单片机指令系统提供了两种多分支选择指令:

① 间接转移指令:JMP @A+DPTR

② 比较转移指令:CJNE A,direct,rel

CJNE A,#data,rel

CJNE Rn,#data,rel

CJNE Ri,#data,rel

间接转移指令"JMP @A+DPTR"由数据指针 DPTR 决定多分支转移程序的首地址,由累加器 A 的内容动态地选择对应的分支程序。4 条比较转移指令 CJNE 能对两个单元内容进行比较,当不相等时,程序实现相对转移;若两者相等,则程序按顺序执行。

【**例 4.38**】　已知 40H 单元内有一自变量 X,以补码的形式存放,按如下条件编写程序求 Y 的值,并存入 41H 单元。

$$Y = \begin{cases} 1 & (X > 0) \\ 0 & (X = 0) \\ -1 & (X < 0) \end{cases}$$

解:这是条件转移问题,流程如图 4.14 所示。

参考程序如下:

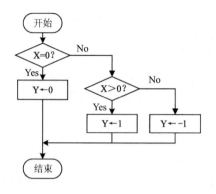

图 4.14　例 4.38 流程图

```
        ORG 2000H
XY：    MOV A,40H           ;A←(40H)
        JZ DONE             ;X=0,转 DONE
        JNB ACC.7,POS       ;X>0,转 POS
        MOV A,＃0FFH        ;X<0,A←(−1)的补码
        SJMP DONE           ;转 DONE
POS：   MOV A,＃01H         ;A←(＋1)
DONE：  MOV 41H,A           ;存 Y 值
        RET
```

分支程序的设计相比顺序结构难度要大,编写时要先画出程序流程图,然后再根据流程图进行程序的编写。

3.循环程序设计

在程序中会遇到需多次重复执行某段程序的情况,这时可把该段程序设计为循环程序。例如:求 100 个数的累加和问题,可以只用一条加法指令使其循环执行 100 次。

循环程序一般由四部分组成:

(1)循环初始化:设置循环程序开始的状态,如循环次数、地址指针及工作单元清零等。

(2)循环体:循环的工作部分,完成主要的计算或操作任务,是重复执行的程序段。

(3)循环控制:修改循环变量和控制变量,判断循环条件是否满足,如符合结束条件,则跳出循环体。

(4)循环结束:循环结束后的结果处理工作。

循环程序结构框图有两种,如图 4.15 所示。图 4.15(a)的结构是"先执行后判断",适用于循环次数已知的情况。这种结构的特点是先进入循环,执行循环处理部分,然后根据循环次数判断是否结束循环。图 4.15(b)的结构是"先判断后执行",适用于循环次数未知的情况。这种结构的特点是将循环控制部分放在循环程序的入口处,先根据循环控制条件判断是否退出循环。

【例 4.39】　编程实现将扩展 RAM 首地址为 2000H 的 32 个字节数据传送到基本 RAM 区 40H 开始的单元中。

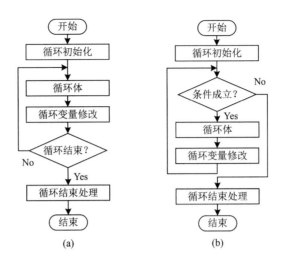

图 4.15　循环程序结构框图

解：因为循环次数是已知的，可以采用图 4.15(a)的结构，参考程序如下：

```
              ORG 0100H
              MOV DPTR,♯2000H        ;源操作数首地址指针
              MOV R0,♯40H            ;目的地址指针
              MOV R1,♯20H            ;操作数个数
    LOOP：   MOVX A,@DPTR           ;传送数据
              MOV @R0,A              ;送入目的地址
              INC DPTR              ;指向下一个被操作数
              INC R0                ;指向下一个目的地址
              DJNZ R1,LOOP          ;R1 减 1 不为 0 则继续,否则结束
              SJMP  $
              END
```

4. 子程序设计

在实际应用中,常会遇到一些通用性问题,如数值计算问题等,这些内容可能要在同一个程序中被执行多次,这些程序段在每次执行时会有多个数值发生变化,不能使用一般的循环结构来实现,这时可以将其设计成通用的子程序模块,在需要时由主程序调用,执行完成后返回调用该子程序的主程序。

(1)子程序的调用和返回

主程序调用子程序使用 ACALL 或 LCALL 指令,子程序返回主程序时使用 RET 指令,因此,子程序的最后一条指令一定是返回指令 RET,这是判断程序是否为子程序的标志。

子程序在调用时要注意两点:一是现场的保护和恢复;二是主程序与子程序间的参数传递规则。

(2)现场保护与恢复

在主程序调用子程序之前,通常是处于任务运行过程中,一些寄存器如 R0～R7、累加

器 A 和数据指针 DPTR 等可能存储有重要数据,用户希望这些数据在子程序调用结束后不会被改变,但是子程序在执行过程中也有可能使用这些通用寄存器,为了避免该种问题,通常需要在子程序调用前对这些通用寄存器进行保护,通常是压入堆栈,称为现场保护。在子程序执行完成、返回主程序前,会完成恢复工作,即把堆栈中的数据按顺序弹回原来位置。

（3）参数传递

主程序和子程序之间的参数传递主要有三种:一是通过通用寄存器和累加器传递;二是通过存储器和数据指针传递;三是利用堆栈传递。

【例 4.40】 设单片机的系统时钟频率为 12 MHz,P2.0 引脚连接一个 LED 发光二极管,低电平点亮,试编写程序实现 LED 每 30 ms 闪烁一次。

解: 可以将 30 ms 设计为延时子程序,在主程序中循环调用。参考程序如下:

```
            ORG 0100H
START:
            SETB P2.0              ;设置 P2.0 为高电平
LOOP:       ACALL DELAY           ;调用子程序 DELAY
            CPL P2.0              ;P2.0 取反
            SJMP LOOP             ;循环执行 LOOP
            ORG 0400H
DELAY:                            ;DELAY 子程序
            MOV R1,♯250          ;2T,1/6 us
DLY1:       MOV R2,♯240          ;2T,1/6 us
DLY2:       NOP                  ;1T,1/12 us
            NOP                  ;1T,1/12 us
            DJNZ R2,DLY2         ;4T,1/3 us
            DJNZ R1,DLY1         ;4T,1/3 us
            RET                  ;4T,1/3 us
```

注:因程序中无法识别"μs",故用"us"。全书程序同。

延时子程序时间为 50 ms,由两个嵌套循环组成,内层循环为 DLY2,外层循环为 DLY1,其中,DLY2 每执行一次循环,需要时钟周期为 1T+1T+4T=6T,即 0.5 μs,DLY2 共循环 240 次,即为一次 DLY1 循环,占用时间为 240×0.5 μs=120 μs;DLY1 共有 250 次循环,所以,延时子程序总时间为 240×0.5 μs×250=30 ms。

4.4.4 Keil μVision 集成开发环境简介

程序的集成开发环境(integrated developing environment,简称 IDE)是用于程序开发的应用程序,一般包括代码编辑器、编译器、调试器和图形用户界面等工具,是集成了代码编写、分析、编译和调试功能等一体化的开发软件。

Keil μVision 集成开发环境(以下简称 Keil)是 Keil 公司开发的 Windows 平台下专用于单片机和 ARM 处理器的集成开发工具,包括项目管理、源程序编辑、编译、链接和调试等功能模块,同时支持 C51 语言和汇编语言的编程开发,内置的 dScope51 多窗口仿真器模块还可以实现在无单片机硬件的条件下对应用程序进行调试,有利于提高开发效率。

Keil μVision5 的主界面如图 4.16 所示,用户在此环境下可以进行汇编语言的编辑、编译和调试等工作,详细的编程步骤将在后续章节中详细叙述。

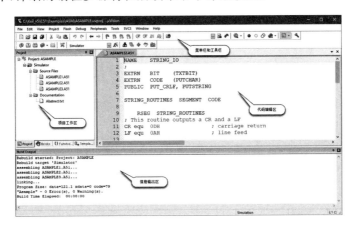

图 4.16　Keil μVision5 的主界面

4.4.5　Keil μVision 汇编语言编程步骤

使用汇编语言设计一个程序大致上可分为以下几个步骤:

(1)分析题意。解决问题之前,首先要明确要解决的问题和要达到的目的、技术指标等。

(2)确定算法。根据实际问题的要求找出规律性,最后确定所采用的方法,这就是一般所说的算法,算法是进行程序设计的依据。

(3)画出流程图。用图解来描述和说明解题步骤能直观清晰地体现程序的设计思路。

(4)分配内存工作单元,确定程序与数据区存放地址。

(5)编写源程序。流程图设计后,程序设计思路比较清楚,接下来的任务就是选用合适的汇编语言指令来实现流程图中的每一步,编制出一个有序的指令流,这就是源程序设计。

(6)程序优化。程序优化的目的在于缩短程序的长度,加快运算速度和节省存储单元。恰当地使用循环程序和子程序结构可以达到这一目的。

(7)上机调试、修改和最后确定源程序。

下面通过一个实例,详细介绍在 Keil 中汇编语言的编辑、编译、连接和调试开发过程。

【例 4.41】　假设单片机晶振频率为 12 MHz,编写程序实现以下两个功能:

① 将基本 RAM 区 40H～4FH 共 16 个字节单元填充为 88H;

② 在 P1.0 引脚输出 20 ms 的方波信号。

解:(1)启动 Keil 并新建一个项目

双击桌面图标 🎮 启动 Keil μVision5,进入如图 4.16 所示的主界面;依次点击菜单栏"Project"→"New μVision Project",如图 4.17 所示。

在弹出的对话框中,选择新建项目所要保存的路径和文件名。文件路径最好保存到非系统盘,例如 D 盘或 E 盘,新建文件夹为"E:\led",新建项目名为"ex441",单击"保存"按键即可,Keil μVision5 的项目文件扩展名为.uvproj,以后可以通过直接双击该文件打开项目。

单击"保存"按钮后,弹出如图 4.18 所示的 Select Device for Target 对话框,提示为项目

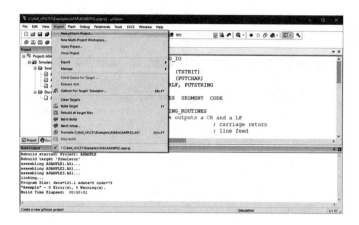

图 4.17 新建工程

选择单片机。首先找到单片机芯片的厂家,然后单击前面的"＋"号,则会展开所有 Keil 支持的该厂家的芯片,可以选择相应的单片机型号。如果在所有厂家和列表中找不到所用的单片机,则说明 Keil 暂时不支持该款单片机,可以选择最相近的其他型号来进行开发,例如,传统 8051 单片机,可以选择"Intel"的"8051AH";STC15W4K32S4 单片机可以选择"Microchip"公司的"AT89C51"。如果要使用 STC15W4K 系列单片机的特有特殊功能寄存器,则需要自定义 STC15.INC 文件,并将该文件包含到源程序文件中。

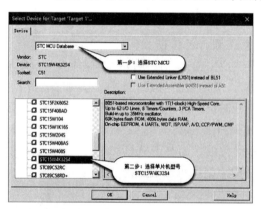

图 4.18 Select Device for Target 对话框

单击"OK"按钮,程序会询问是否将标准 51 初始化程序(STARTUP.A51)加入到项目中,如图 4.19 所示。如果选择"是"按钮,程序会自动复制标准 51 初始化程序到项目所在目录并加装到项目中,一般情况下选择"否"即可。

图 4.19 添加标准启动代码提示框

（2）新建源程序文件并添加到项目

单击工具栏的 ▯ 按钮或者选择通过菜单栏"File"→"New"来打开一个新的编辑窗口，等待用户输入源程序。为了能高亮显示汇编语言的关键字，可以先保存一下源程序文件，依次选择"File"→"Save"菜单项，并以 led.asm 作为文件名进行保存。

注意：保存时要填写文件全名"led.asm"，如果是汇编语言源程序，文件扩展名是.ASM；如果是 C51 源程序，则扩展名为.C。

在编辑窗口中输入以下程序代码：

```
                ORG 0000H
                LJMP MAIN
                ORG 0100H
    MAIN：      MOV SP,#80H          ;设置堆栈指针
                MOV R0,#40H          ;初始地址
                MOV R1,#10H
                MOV A,#88H
    LOP1：      MOV @R0,A             ;将 40H～4FH 内容置为 88H
                INC R0
                DJNZ R1,LOP1
                SETB P1.0
    LOP2：      CPL P1.0             ;输出方波信号
                LCALL DELAY
                LJMP LOP2
    DELAY：                          ;DELAY 子程序
                MOV R1,#200          ;2T,1/6 us
    DLY1：      MOV R2,#200          ;2T,1/6 us
    DLY2：      NOP                  ;1T,1/12 us
                NOP                  ;1T,1/12 us
                DJNZ R2,DLY2         ;4T,1/3 us
                DJNZ R1,DLY1         ;4T,1/3 us
                RET                  ;4T,1/3 us
                END
```

源文件编辑完成后，需要将它加入到工程中，具体方法为在"Project"窗口中，单击"Target 1"前的"＋"展开，在"Source Group1"文件夹上单击右键，弹出右键快捷菜单，如图 4.20（a）所示，选择 E:\LED 文件夹，选择"led.asm"文件，单击"Add"按钮添加文件到工程中，如图 4.20（b）所示。添加文件后，对话框不会自动关闭，而是继续等待用户添加其他文件。如果没有其他文件需要添加，可以直接单击"Close"按钮关闭添加文件对话框。

（3）编译项目并生成 HEX 文件

编译项目前，需要对编译选项进行环境设置，依次选择菜单"Project"→"Options for Target"，弹出 Options for Target 对话框（也可以直接在项目工作区中右键单击"Target

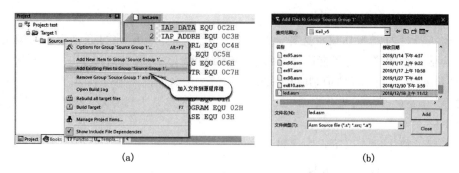

(a)　　　　　　　　　　　　　　　　　(b)

图 4.20　添加源程序文件到项目中

1",并选择"Options for Target"选项),如图 4.21 所示,在 Target 选项卡中,修改所选用的
单片机的晶振频率等信息。

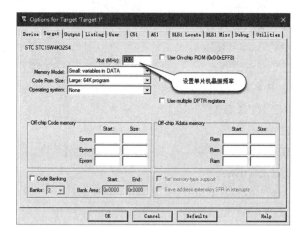

图 4.21　Options for Target 对话框

然后切换到 Output 选项卡,选中"Create HEX File"选项,如图 4.22 所示,此项设置用
于在编译时生成 HEX 文件,方便下一步向单片机写入程序。

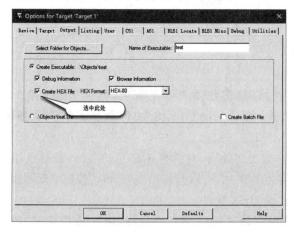

图 4.22　Output 选项卡

编译选项设定完成后,下一步要对项目进行编译,具体方法是单击工具栏的"Build"图标或选择菜单命令"Project"→"Build target"启动编译和连接程序,编译系统会尝试对当前的源代码进行编译并生成二进制代码,如果遇到程序错误,Keil 会在"Build Output"的窗口中显示错误或者警告信息,用户可以通过双击错误信息来打开对应的文件,并定位到语法错误处进行修改,然后重新编译,重复该过程直到程序完全通过,提示信息为"0 Error(s),0 Warning(s)",如图 4.23 所示。

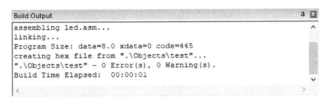

图 4.23　编译成功提示信息

(4) 仿真调试

程序编译成功后,就可以进行仿真调试了。程序调试主要用于发现存在的逻辑错误,有软件仿真和在线仿真两种方式,软件仿真是对真实系统的模拟调试,软件调试成功后,基本不需要修改就可以直接应用到单片机中。下面以软件仿真为例,介绍程序的调试方法。

在"Options for Target"对话框中,选择"Use Simulator"进行软件模拟调试,其他采用默认值,如图 4.24 所示。

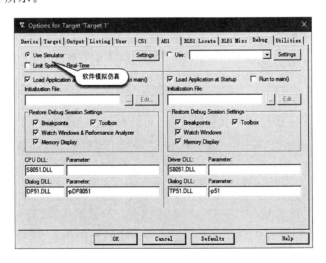

图 4.24　Options for Target 对话框的 Debug 页面

选择命令菜单"Debug"→"Start/Stop DEBUG Session"或单击工具栏 图标,Keil 将进入软件仿真模式。软件模拟仿真模式下的主要命令:

· Go(F5):全速执行程序。

· Step(F11):单步执行程序,如果遇到子程序调用,则进入子程序内部继续单步。

· Step Over(F10)：单步跳过，单步执行程序，遇到子程序调用，直接返回子程序结果，不会进入子程序内部。

· Step Out(ctrl＋F11)：从子程序中跳出。

· Run to Cursor Line(ctrl＋F10)：当前程序运行到光标所在行。

· Insert/Remove Breakpoint(F9)：在当前行插入/删除断点，程序遇到断点处会自动暂停，方便用户查看程序运行中的中间结果。

查看程序的执行结果：

① P1 口输出结果：在软件仿真（Debug）模式下依次选择菜单命令"Peripherals"→"I/O-Ports"→"Port 1"，调出 P1 口控制窗，选择菜单"Debug"→"Run"或者直接点击工具栏🔳图标，全速运行程序，观察 P1 口的状态变化，相应的位为"√"表示该位输出高电平，为空白表示输出低电平，左侧的值则会显示整个 P1 的状态值，如图 4.25（a）所示。本例中的代码会从P1.0输出一个方波，用户会看到 P1.0 位有高低电平的变化，以此来验证程序功能的正确性。

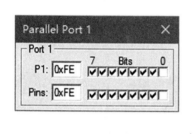

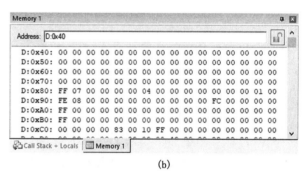

(a)　　　　　　　　　　　　　　(b)

图 4.25　P1 口控制窗和存储器查看器

② 存储器结果：在 Debug 模式下，依次选择菜单项"View"→"Memory Window"→"Memory 1"或者直接点击快捷工具栏▦图标，打开存储器查看窗口，如图 4.25(b)所示。

默认情况下，或者在"Address"编辑框中输入"C：0"后回车，在窗口显示程序存储器的内容，从地址"0x0000"及 0000H 处开始显示；如果用户要查看内部 RAM 单元的内容，则可以在"Address"编辑框中输入"D：0"后确认，则从 00H 开始显示内部 RAM 单元的值。本例中要查看内部 RAM 区 40H～4FH 共 16 个单元的内容，可以直接在地址栏编辑框中输入"D：0x40"，如果在程序运行后，40H～4FH 单元的内容为 88H，则说明程序执行正确。

（5）下载程序到单片机

程序经过软件仿真调试后，就可以下载到单片机的 Flash Rom 中观察实际执行结果了，具体方法是使用 STC-ISP 软件把程序编译后生成的.HEX 文件通过在线编程方式下载到单片机，具体方法请参阅本书"4.5 STC 系列单片机的在线编程"。用示波器查看 P1.0 引脚的方波输出，如图 4.26 所示。

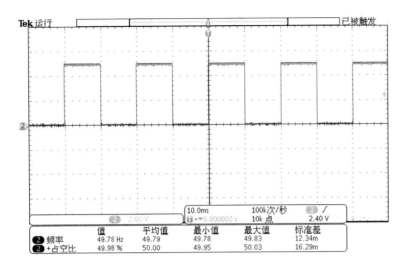

图 4.26　单片机 P1.0 引脚输出的方波

4.5　STC 系列单片机的在线编程

4.5.1　ISP 的工作原理

STC15W4 系列单片机内部固化有 ISP 系统引导固件(程序),通过它可以把用户程序下载到单片机中。单片机出厂时已完全加密,单片机上电复位时运行 STC-ISP 系统引导程序,如 P3.0/RxD 引脚检测到合法的下载命令流,就下载程序到用户程序区并执行,如果检测不到下载命令,则复位到用户程序区,运行上次的用户程序。STC-ISP 系统引导程序的工作流程如图 4.27 所示。

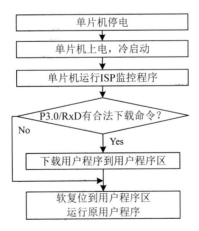

图 4.27　单片机的 ISP 系统引导程序工作流程

STC-ISP 使用注意事项:

(1) 如果单片机的 P3.0 和 P3.1 已连接到 RS485 电路,下载程序时,需要将其断开,并且建议在下载选项中选择"下次冷启动时需 P3.2/P3.3＝0/0 才可以下载程序"。

（2）要使用 STC-ISP 功能，必须先发送下载命令流，然后给单片机上电复位。

（3）单片机运行 ISP 程序时，检测有无合法下载命令流，大约需要几十至几百毫秒，如无合法下载命令流，则立即转到用户程序区运行。

（4）如果已设置"下次冷启动时需 P3.2/P3.3＝0/0 才可以下载程序"选项，冷启动后，如果 P3.2 和 P3.3 不同时为 0，则直接运行用户程序，只会占时 50 μs，可忽略不计。

4.5.2 ISP 与单片机的通信

STC-ISP 应用程序使用串行通信方式实现上位机与单片机的数据传递，单片机的下载电路共有三种方式：

（1）RS232 转串行口电路。使用 MAX232、STC232 和 SP232 等转换芯片来实现上位机的 COM 口与单片机串行口 TTL 逻辑之间的信号转换。此种方法需要使用上位机的 COM 接口。

（2）USB 转串行口电路。使用 PL2303 或 CH340T 等转换芯片来实现上位机 USB 接口与单片机的串行口 TTL 电平的转换，如图 4.28 所示。此种方法需要使用上位机的 USB 接口并安装虚拟串行口的驱动程序。

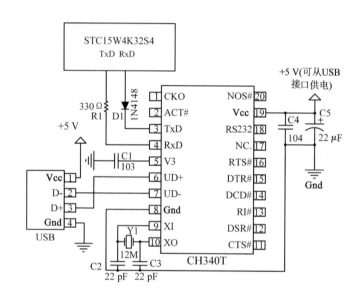

图 4.28　USB 转串行口电路

（3）USB 直接下载电路。大部分的 STC15W4K 系列单片机支持程序的直接下载，具体方法是单片机的 P3.0/P3.1 直接连接上位机 USB 接口的 D－/D＋。此种方法需要使用上位机的 USB 接口。

4.5.3 使用 ISP 工具下载程序到单片机

STC15W4 系列单片机的 ISP 软件可从宏晶科技官网（www.stcmcu.com）下载，运行下载程序（如 STC-ISP-V6.86Q.EXE）后弹出如图 4.29 所示的界面。

下载程序的步骤如下：

（1）选择单片机型号。必须与所使用单片机的型号一致。

（2）选择串行口和波特率。根据计算机所使用的串行口号确定，若计算机没有 RS232

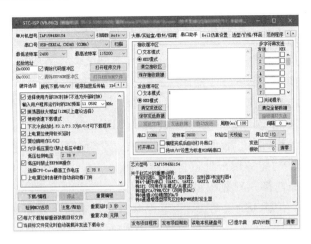

图 4.29　ISP 下载软件主界面

串行口,可以使用 USB 转串行口电路,在正确安装虚拟串行口驱动程序后,系统会自动分配给 USB 一个串行口号,在 PC 机的设备管理器中可以查看(鼠标右键单击"我的电脑",在弹出菜单中选择"属性"→"设备管理器",单击"端口"左侧的"+"),如图 4.30 所示。如果 ISP 软件能自动扫描到,则直接选择即可。如果在"设备管理器"和 ISP 软件中均未出现串行口信息,请确认单片机和 PC 机的连接线和驱动程序是否正确安装。

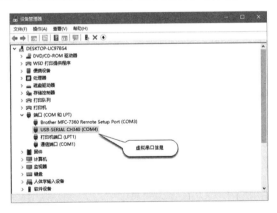

图 4.30　虚拟串行口信息

　　串行口确定后,根据需要选择通信的速度,在"最低波特率"和"最高波特率"中分别选择合适的速度,一般情况下采用默认速度即可。如遇下载不成功等情况,可以尝试降低最高波特率后再次下载。

　　(3)打开文件。打开要下载到单片机中的程序文件,即经过编译而生成的机器代码文件,文件扩展名为".BIN"或".HEX",本例中文件为"ex441.hex"。

　　(4)设置功能选项。

　　① 选择系统时钟:可选外部时钟或者内部 IRC 时钟和频率。

　　② 勾选"振荡器放大增益(12M 以上建议选择)"。

　　③ 勾选"使用快速下载模式"。

④ 勾选"上电复位使用较长延时"。

⑤ 勾选"复位脚用作 I/O 口"。

⑥ 勾选"允许低压复位",并选择低压检测电压。

⑦ 勾选"低压时禁止 EEPROM 操作"。

⑧ 勾选"空闲状态时停止看门狗计数"。

⑨ 根据需要,勾选"下次下载用户程序时刷除 EEPROM 区"。

（5）单击"下载/编程"按钮后,再给单片机上电。当程序下载完毕后,单片机自动运行用户程序。"重复编程"功能适用于批量生产时使用。

① 勾选"每次下载前都重新装载目标文件"。该选项选中后,再次下载相同文件名的程序时,可忽略打开文件步骤,ISP 会在下载/编程命令后自动重载程序文件。

② 如果勾选"当目标文件变化时自动装载并发送下载命令",只要重新编译,系统会自动重载程序文件,并启动下载过程。该选项非常适合程序的调试。

STC15W4K 系列单片机的 ISP 软件除用于下载用户程序外,还可用作串行口调试工具,实现 PC 机和单片机串行口之间数据的发送和接收,这在串行口编程调试时是非常方便的。

本章小结

指令系统是单片机处理器所能支持的所有指令的集合,体现了单片机的性能。指令由操作码和操作数两部分组成,操作码规定要执行的操作,操作数则用于提供操作所需的数据和地址。指令中的操作数可能位于不同的地方,寻找操作数的方法称为寻址方式,包括源操作数寻址和目的操作数寻址,寻址方式通常指的是源操作数寻址。

STC15W4K 系列单片机共有 7 种寻址方式:立即寻址、直接寻址、寄存器寻址、寄存器间接寻址、变址寻址、位寻址和相对寻址。

STC15W4K 系列单片机的指令系统与传统的 8051 单片机完全兼容,共有 111 条指令,分为数据传送类指令、算术运算类指令、逻辑运算及移位指令、控制转移类指令和位操作指令;共有 42 种助记符和 33 种功能。

STC15W4K 系列单片机的编程语言有两种:汇编语言和 C51 语言。汇编语言的程序结构包括顺序结构、分支结构、循环结构和子程序结构四种;一个完整的汇编语言源程序包括基本指令和伪指令,伪指令只在编译过程中起控制作用,汇编时不生成机器代码,主要有 ORG、EQU、DATA、DB、DW、BIT 和 END 等。

程序的编辑、编译与下载过程是单片机开发的基本流程,Keil μVision 软件是集编辑、编译、连接和调试于一体的集成化开发环境。STC15W4K 系列单片机使用 ISP 在线下载,计算机和单片机之间通过串行接口进行通信,STC-ISP 软件具有丰富的下载设置,可以满足大多数的要求。

习题与思考题

一、填空题

1. 单片机的指令是_____,指令系统是_____。

2. 单片机的指令格式组成包括_____和_____两部分。

3. 寻址方式指的是_____，STC15W4K 系列单片机的寻址方式共有_____种。

4. 单片机汇编语言伪指令的特点是_____。

5. 单片机的应用开发过程一般分为编辑、_____、连接、_____和下载程序五个步骤。

二、选择题

1. 以下不是汇编语言的特点的是(　　)。

A. 效率高　　　　B. 速度快　　　　C. 存储空间小　　　　D. 数据类型丰富

2. 一条基本指令中必不可少的部分是(　　)。

A. 标号　　　　B. 操作数　　　　C. 操作码　　　　D. 注释

3. 设(R0)＝22H,则指令"MOV 40H,@R0"中的源操作数位于(　　)。

A. 22H　　　　B. 40H　　　　C. R0　　　　D. 62H

4. 源程序在编译后能够生成机器代码的部分是(　　)。

A. 标号　　　　B. 伪指令　　　　C. 注释　　　　D. 位操作

5. 以下不是汇编语言的程序结构的是(　　)。

A. 顺序结构　　　　B. 循环结构　　　　C. 嵌套结构　　　　D. 子程序

6. 下列指令依次执行后,A 的内容是(　　)。

XRL A,A

INC A

ADDC A,♯0A6H

DA A

A. A7H　　　　B. 07H　　　　C. 107H　　　　D. 00H

7. 指令"DJNZ R0,LOOP"的循环执行条件是(　　)。

A. R0≠0 且 R0－1＝0　　　　B. R0≠0 或 CY＝1

C. R0≠0 且 R0＋1＝0　　　　D. R0≠0 且 R0－1≠0

三、简答题

1. 什么是寻址方式? STC15W4K 系列单片机的寻址方式有哪几种?

2. 简述指令"MOV A,R0"和"MOV A,@R0"的区别。

3. 简述单片机的基本指令格式和各组成部分的作用。

4. 简述使用 Keil μVision 进行应用开发的步骤。

5. 分析下列指令的源操作数和目的操作数的寻址方式,并填写在空格内。

指令	源操作数寻址方式	目的操作数寻址方式
(1) MOV A,♯30H	_____	_____
(2) MOV R0,40H	_____	_____
(3) ADD A,@R0	_____	_____
(4) ANL A,B	_____	_____

(5) MOV 30H,A　　　　＿＿＿＿＿＿＿＿＿＿　　　　＿＿＿＿＿＿＿＿＿＿

(6) SETB C　　　　＿＿＿＿＿＿＿＿＿＿　　　　＿＿＿＿＿＿＿＿＿＿

6. 设内部基本 RAM 区(30H)＝5AH,(5AH)＝40H,(40H)＝10H,P1 口输入数据为 7FH,求执行下列指令后,R0、R1、A、B、P1、30H、40H 及 5AH 各单元的内容。

MOV R0,♯30H

MOV A,@R0

MOV R1,A

MOV B,R1

MOV @R1,P1

MOV A,P1

MOV 40H,♯20H

MOV 30H,40H

7. 设 ACC＝12H,B＝64H,SP＝60H,基本 RAM 中(30H)＝78H,试分析下列程序段执行后,ACC、B、30H 和 SP 中的内容分别为多少,并画出堆栈示意图。

PUSH ACC

PUSH B

PUSH 30H

POP ACC

POP B

POP 30H

8. 分析下列各条指令依次执行后的结果。

指令	执行结果
MOV 20H,♯25H	;＿＿＿＿＿＿＿＿＿＿
MOV A,♯43H	;＿＿＿＿＿＿＿＿＿＿
MOV R0,♯20H	;＿＿＿＿＿＿＿＿＿＿
MOV R2,♯4BH	;＿＿＿＿＿＿＿＿＿＿
ANL A,R2	;＿＿＿＿＿＿＿＿＿＿
ORL A,@R0	;＿＿＿＿＿＿＿＿＿＿
SWAP A	;＿＿＿＿＿＿＿＿＿＿
CPL A	;＿＿＿＿＿＿＿＿＿＿
XRL A,♯0F0H	;＿＿＿＿＿＿＿＿＿＿
ORL 20H,A	;＿＿＿＿＿＿＿＿＿＿

9. 下列指令分别执行后,PC 的值为多少?

(1) 2000H:LJMP 3000H　;(PC)＝＿＿＿＿＿＿＿＿＿＿

(2) 1000H:SJMP 20H　;(PC)=_____

10.简述转移指令和子程序调用指令的异同。

11.阅读程序,回答问题。

　　　　BUF1 DB 00H,01H,02H,03H,04H,05H,06H,07H

　　　　BUF2 DB 'A','B','C','D','E','F','G','H'

　　　　MOV R0,♯BUF1

　　　　MOV R1,♯BUF2

　　　　MOV R2,♯08H

LOOP：MOV A,@R0

　　　　MOV @R1,A

　　　　INC R0

　　　　INC R1

　　　　DJNZ R2,LOOP

(1) 该程序段完成了什么工作?

(2) 循环体被执行了多少次?

(3) 如果去掉指令"INC R0",程序运行结果是什么?

(4) 如果不小心将标号 LOOP 错放在了指令"MOV R2,♯08H"前,程序运行情况如何?

第 5 章 单片机的 C 语言程序设计

【本章要点】

本章主要讲述单片机 C 语言程序设计,包括单片机 C51 语言与标准 C 语言语法的区别、C51 语言的标识符与关键字、C51 语言的数据结构类型、C51 语言的预处理命令和 C51 语言的函数等内容,对汇编语言和 C 语言编程的特点做了对比,并以实例方式介绍了单片机 C 语言的编程步骤和硬件仿真调试方法。

本章的主要内容有:

- 单片机 C51 语言的特点。
- 单片机 C51 语言的编程方法。
- 单片机的硬件仿真步骤。

5.1 单片机 C51 程序设计基础

C 语言是一种介于高级语言和低级语言之间的通用的计算机语言,一方面,它可以直接对硬件编程,具有低级语言的特点;另一方面,它数据类型丰富、表达能力强、使用灵活方便、可移植性好,具有高级语言的特点。因此,C 语言既可用来开发底层的系统软件,也可用于编写上层的应用程序。

5.1.1 C51 与标准 C 语言的区别

C51 是在 ANSI C(American national standards institute,简称标准 C)基础上针对 51 单片机进行开发的编程语言,C51 的基本语法和编程结构与 ANSI C 相同,但对 ANSI C 进行了功能扩展。

1. C51 与标准 C 语言的区别

(1) C51 中定义的库函数和标准 C 语言定义的库函数不同。标准 C 语言的库函数是按通用微型计算机来定义的,而 C51 中的库函数是按 MCS-51 单片机来定义的。

(2) C51 中的数据类型与标准 C 语言的数据类型也有一定的区别,在 C51 中增加了几种针对 MCS-51 单片机特有的数据类型。

(3) C51 变量的存储模式与标准 C 语言中的有所不同,C51 中变量的存储模式是与 MCS-51 单片机的存储器紧密相关的。

(4) C51 的输入输出与标准 C 语言的处理不同,C51 中的输入输出是通过 MCS-51 串行口来完成的,输入输出指令执行前必须要对串行口进行初始化。

(5) C51 与标准 C 语言在函数使用方面也有一定的区别,如在 C51 中有专门的中断服务函数。

2. C51 的常用功能

C51 是针对单片机的编程语言,在逻辑运算和位运算上使用频繁。

(1) 逻辑运算符

C51 的常用逻辑运算符共有逻辑与(&&)、逻辑或(||)和逻辑非(!)三种。由这三种逻辑运算符构成的表达式称为逻辑表达式,其返回值为 0 表示"假",即逻辑不成立,返回值为 1 表示成立。这三种运算符的使用方法与标准 C 语言相同,在此不再赘述。

(2) 位运算符

C51 常用的位运算符包括按位与(&)、按位或(|)、按位异或(^)、取反(~)、左移(<<)和右移(>>)。同逻辑运算不同的是,位运算的返回值不是"真"或"假",而是两操作数的按位计算值。

例如:

unsigned char dat=0x55;

则有:

dat&0x0f=01010101B & 00001111B=00000101B,即按位与可实现某些位清零;

dat|0x80=01010101B|10000000B=11010101B,即按位或可实现某些位置 1;

dat^0x55=01010101B^01010101B=00000000B,即按位异或可实现某些位取反;

~dat=~(01010101B)=10101010B;

dat<<1 =(01010101B)<<1=10101010B,即向左移位,右边自动补 0;

dat>>2 =(01010101B)>>2=00010101B,即向右移位,左边自动补 0。

5.1.2　C51 的标识符与关键字

1. 标识符

标识符用于标识程序中某个对象的名字,这些对象可以是变量、常量、函数、数据类型及语句等。标识符命名规则与 ANSI C 中标识符的命名规则相同,即一个标识符必须由字母、数字和下划线组成,且首字符必须是字母或下划线;标识符不要超过 31 个有效字符,字母的大小写是严格区分的。

2. 关键字

关键字是 C51 用于说明数据类型、语句功能等专门用途的标识符,又称保留字,如 int、auto、while 等。ANSI C 的关键字共有 32 个,分别用于数据类型定义、结构控制和存储类别声明等。ANSI C 的关键字如表 5.1 所列。

表 5.1　ANSI C 的关键字

关键字	说明	关键字	说明
auto	局部动态变量(默认)	int	基本整型数据
break	退出最内层循环	long	长整型数据
case	switch 选择项	register	使用 CPU 内部寄存器的变量
char	单字节整数或字符型	return	函数返回
const	数据常量	short	短整型数据
continue	转向下一次循环	signed	有符号数据

表 5.1(续)

关键字	说明	关键字	说明
default	switch 中失败选择项	sizeof	计算字节数
do	构成 do…while 循环	static	静态变量
double	双精度浮点数	struct	结构体类型数据
else	构成 if…else 选择结构	switch	构成 switch 选择结构
enum	枚举类型定义	typedef	重新进行数据类型定义
extern	其他程序中的全局变量	union	联合数据结构类型
float	单精度浮点数	unsigned	无符号数据
for	构成 for 循环结构	void	无类型数据
goto	构成 goto 转移结构	volatile	该变量在执行中可以被隐含改变
if	构成 if…else 选择结构	while	构成 while 循环

Keil C51 编译器除了支持 ANSI C 的关键字外,结合 51 单片机的特点另外扩展了 20 个关键字,如表 5.2 所列。

表 5.2　Keil C51 扩展关键字

关键字	用途	作用
_at_	地址定位	位变量进行存储器绝对地址定位
data	存储器类型声明	直接寻址的内部数据存储器
bdata	存储器类型声明	可位寻址的内部数据存储器
idata	存储器类型声明	间接寻址的内部数据存储器
pdata	存储器类型声明	分页寻址的内部数据存储器
xdata	存储器类型声明	外部数据存储器
code	存储器类型声明	程序存储器
bit	位变量声明	声明一个可位寻址变量或位类型的函数
sbit	位变量声明	声明一个可位寻址变量
sfr	特殊功能寄存器声明	声明一个 8 位特殊功能寄存器
sfr16	特殊功能寄存器声明	声明一个 16 位特殊功能寄存器
small	存储器模式	指定使用内部数据存储器空间
compact	存储器模式	指定使用外部分页寻址的数据存储器空间
large	存储器模式	指定使用外部数据存储器空间
interrupt	中断函数声明	定义一个中断服务函数
using	寄存器组选择	选择函数使用的工作寄存器组
reentrant	再入函数说明	定义一个再入函数
alien	(PL/M-51)函数外部声明	C51 编译器与 PL/M-51 编译器兼容
task	声明任务函数	定义一个函数为实时任务
priority	声明任务优先级	RTX51 的任务优先级

5.1.3 C51 的数据结构类型

在标准 C 语言中基本的数据类型为 char(字符型)、int(整型)、long(长整型)、float(浮点型),而在 Keil C51 编译器中 int 和 short 相同,float 和 double 相同。C51 支持的数据类型如表 5.3 所列。

表 5.3 Keil C51 支持的数据类型

数据类型	关键字	长度	值域	说明
字符型	unsigned char	单字节	0～255	
	signed char	单字节	−128～+127	默认
整型	unsigned int	双字节	0～65535	
	signed int	双字节	−32768～+32767	默认
长整型	unsigned long	4 字节	0～4294967295	
	signed long	4 字节	−2147483648～+2147483647	默认
浮点型	float	4 字节	±1.175494E−38～±3.402823E+38	
指针型	*	1～3 字节	对象的地址	
位标量	bit	位	0 或 1	
特殊功能寄存器	sfr	单字节	0～255	
16 位特殊功能寄存器	sfr16	双字节	0～65535	
可寻址位	sbit	位	0 或 1	

1. 数据类型介绍

(1) 字符型(char)

字符型数据的长度是一个字节,通常用于定义处理字符数据的变量或常量,分为无符号字符型(unsigned char)和有符号字符型(signed char),默认值为 signed char 类型。

signed char 型用字节中最高位来表示数据的符号,“0”表示正数,“1”表示负数,均采用补码表示,所能表示的数值范围是 −128～+127。unsigned char 常用于处理 ASCII 字符或用于处理小于或等于 255 的整数,其字节中所有的位均用来表示数值大小,可以表示的数值范围是 0～255,非常适合 51 单片机使用。

(2) 整型(int)

整型数据的长度为两个字节,分有符号整型数(signed int)和无符号整型数(unsigned int),默认值为 signed int 类型。signed int 表示的数值范围是 −32768～+32767,字节中最高位表示数据的符号,“0”表示正数,“1”表示负数,采用补码表示。unsigned int 表示的数值范围是 0～65535。

(3) 长整型(long)

长整型数据的长度为 4 个字节,分有符号长整型(signed long)和无符号长整型(unsigned long),默认值为 signed long 类型。signed long 表示的数值范围是 −2147483648～+2147483647,字节中最高位表示数据的符号,“0”表示正数,“1”表示负数。unsigned long 表示的数值范围是 0～4294967295。

(4) 浮点型(float)

浮点型为符合 IEEE-754 标准的单精度浮点型数据,占用 4 个字节,其数值表示范围为 ±1.175494E－38～±3.402823E＋38。

（5）指针型（＊）

指针型数据本身就是一个变量,在这个变量中存放指向另一个数据的地址。这个指针变量要占据一定的内存单元,对不同的处理器长度也不尽相同,在 C51 中它的长度一般为 1～3 个字节。指针变量的数据类型指的是其指向数据的类型,例如"char ＊ p",则 p 是一个字符型指针变量。

（6）位标量（bit）

位标量是 C51 编译器的一种扩展数据类型,利用它可定义一个位标量,但不能定义位指针,也不能定义位数组。它的值是 0 或 1,类似一些高级语言中的 Boolean 类型中的 True 和 False,与单片机有关的位操作必须为片内 RAM 的位寻址区。

（7）特殊功能寄存器（sfr）

特殊功能寄存器也是一种扩展数据类型,占用一个字节,值域为 0～255。用户可以访问单片机内部的所有特殊功能寄存器。例如,"sfr P1＝0x90;"定义 P1 标识符代表单片机 P1 口的片内寄存器地址为 0x90 的单元,然后可以用"P1＝0xff;"语句实现对 P1 口的所有引脚置高电平。

（8）16 位特殊功能寄存器（sfr16）

sfr16 占用两个字节单元,值域为 0～65535。sfr16 和 sfr 一样用于定义特殊功能寄存器,所不同的是它用于定义 16 位的寄存器。

（9）可寻址位（sbit）

sbit 是 C51 中的一种扩展数据类型,利用它可以访问内部 RAM 区特殊功能寄存器中的可寻址位。例如:

sfr P0＝0x80;

因语句中 P0 口对应的寄存器是可位寻址的,故可进一步定义 P0_1 为 P0 中的 P0.1 引脚:

bit P0_1 ＝P0^1;

这样在后续的程序中就可以用 P0_1 实现对 P0 口的引脚 1 进行读写操作了。

注意:

① 在上述数据类型中,只有 bit 与 unsigned char 两种类型可以直接转换成机器指令。其他数据类型需经过 C51 编译器的进一步处理,特别是浮点数,处理起来更加复杂,会明显增加程序的执行时间。因此应该避免使用复杂的数据类型。

② 不同数据类型直接的转换。在表达式或变量的赋值过程中,如遇两侧类型不一致的情况,按照标准 C 语言的规则,数据类型将会自动按照优先级进行隐式转换,转换的方法为:

bit→char→int→long→float→signed→unsigned

即不同类型的数据同时运算,系统先将低优先级的数据转换为高优先级类型,再进行运算,结果保存为高优先级数据类型。

2. 变量的定义

在使用一个变量前,必须先对该变量进行定义,变量的定义包含了其数据类型、存储类型和定位信息,编译器根据这些信息为变量分配相应的存储单元。

C51 中变量的定义格式为:

[存储种类] 数据类型 [存储器类型] 变量名 [绝对定位]

例如:

auto unsigned char idata ADCdat _at_ 0x40;　/ * 指定变量 ADCdat 在 RAM 区 40H 单元 * /

(1) 变量的存储种类分为 auto(自动)、static(静态)、register(寄存器)和 extern(外部)4 种,默认存储型为 auto,其作用和 ANSI C 语言相同。

(2) 数据类型为 C51 所支持的所有数据类型。

(3) 存储器类型是 Keil 编译器根据编译模式 small、compact 和 large 的设置确定存储器的存储区域,C51 编译器支持 6 种存储器类型,如表 5.4 所列。

表 5.4　**Keil C51 编译器支持的存储器类型**

存储器类型	说明
code	变量存储在程序存储区,使用 MOVC A,@A+DPTR 指令进行访问
data	变量存储在基本 RAM 区低 128 字节,使用直接寻址方式
idata	变量存储在基本 RAM 区 256 字节,使用间接寻址方式
bdata	变量存储在位寻址区 20H～2FH,使用位寻址或字节访问
xdata	变量存储在外部 XRAM 区 64 KB,使用 MOVX @DPTR 指令访问
pdata	变量存储在外部 XRAM 区页空间 256 字节,使用 MOVX @Ri 指令访问

(4) 绝对定位是通过_at_关键字指定变量的存储位置,在使用时需要注意以下两点:

① 绝对变量不能用_at_指定;

② bit 类型变量不能使用_at_指定。

3. 特殊功能寄存器变量的定义

传统 8051 单片机的特殊功能寄存器有 21 个,STC15 系列单片机的特殊功能寄存器数量达到了 100 个,它们都位于基本 RAM 区的高 128 字节,分别用来控制 I/O 口、定时器、中断、串行口、ADC 和看门狗等功能,C51 扩展了关键字 sfr 和 sfr16,用来对这些特殊功能寄存器进行定义。

(1) 8 位特殊功能寄存器的定义

使用 sfr 来对 8 位特殊功能寄存器进行定义,格式如下:

sfr 特殊功能寄存器名＝特殊功能寄存器地址

例如:

sfr P0＝0x80;　　/ * 定义特殊功能寄存器 P0 的地址为 80H * /

注意:

① 不同于一般的变量,上述例子是对寄存器的定义,而不是赋值,在使用寄存器变量前还需对寄存器进行赋值,例如,P0＝0xFF;表示将地址为 80H 的单元赋值为 0FFH。

② Keil 已对大多数的特殊功能寄存器进行了定义,并把这些放入对应的头文件中,例如传统 8051 单片机的特殊功能寄存器定义在头文件"reg51.h"中,用户只需在编辑源程序时包含此头文件即可。但对于 STC15 系列单片机,新增的特殊功能寄存器需要添加

定义。

（2）16 位特殊功能寄存器的定义

同 8 位特殊功能寄存器的定义类似，16 位特殊功能寄存器的定义使用 sfr16 关键字，例如：

sfr16 DPTR＝0x82；　　　/＊定义 DPTR 的地址为 DPL＝82H，DPH＝83H＊/

4. 特殊功能位变量的定义

特殊功能位变量指的是特殊功能寄存器中可位寻址的位变量，使用 sbit 关键字来对这些特殊功能位进行定义，主要有三种方法。

（1）sbit 变量名＝位地址

这种方法把位的绝对地址赋值给位变量，特殊功能位的地址位于 80H～FFH 之间，例如：

sbit P11＝0x91；　　　　/＊定义位变量 P11，其地址为 91H＊/

sbit CY＝0xD7；　　　　/＊定义位变量 CY，其地址为 D7H＊/

sbit EA＝0xAF；　　　　/＊定义位变量 EA，其地址为 AFH＊/

（2）sbit 变量名＝特殊功能寄存器名^位位置

该方法是利用特殊功能寄存器的名字和某位在寄存器的位置来进行变量定义的，其中，位置的范围为 0～7，例如：

sbit P11＝P1^1；

sbit CY＝PSW^7；

sbit EA＝IE^7；

（3）sbit 变量名＝特殊功能寄存器地址^位位置

该方法使用特殊功能寄存器的地址和某位在寄存器中的位置来进行定义，特殊功能寄存器的地址取值为 80H～FFH，位置范围为 0～7，例如：

sbit P11＝0x90^1；

sbit CY＝0xD0^7；

sbit EA＝0xA8^7；

注意：特殊功能位变量定义必须是可以位寻址的寄存器，即寄存器地址能被 8 整除的 80H～FFH 之间的特殊功能寄存器，对于不支持位寻址的寄存器，不能使用特殊功能位定义。

5. 外部扩展 I/O 的访问

如果单片机外接其他硬件设备，可以对外部设备端口采用自定义指针或预定义指针的方法进行访问。

（1）使用自定义指针

由于单片机的片外 RAM 与片外 I/O 统一编址，故可以使用 xdata 类型的指针来访问外部 I/O 端口。例如，单片机外部扩展并行接口 8255A 的地址分别为 PA 口 0640H、PB 口 0641H、PC 口 0642H 和控制口 0643H，则对 8255A 进行数据操作的程序如下：

char xdata ＊com8255；　　　/＊定义指针变量，指向外部 RAM 或外部 I/O＊/

char xdata ＊PA＝0x0640；　　/＊定义指针 PA 指向 8255A 的 PA 口＊/

char xdata ＊PB＝0x0641；　　/＊定义指针 PB 指向 8255A 的 PB 口＊/

char dat；

```
com8255＝0x0643；              /＊指针变量指向 8255A 的控制口 ＊/
＊com8255＝0x81；             /＊向 8255A 的控制口写入控制字 81H ＊/
dat＝＊PA；                   /＊从 PA 口读入数据到 dat ＊/
＊PB＝dat；                   /＊把数据 dat 从 PB 口输出 ＊/
```

（2）使用 C51 的预定义指针

为了方便地访问外部 RAM 和外部 I/O 资源，C51 在"absacc.h"头文件中预定义了数据指针，利用这些预定义指针可以方便地实现对外部 I/O 端口的访问。

```
＃define CBYTE ((unsigned char volatile code ＊) 0)
＃define DBYTE ((unsigned char volatile data ＊) 0)
＃define PBYTE ((unsigned char volatile pdata ＊) 0)
＃define XBYTE ((unsigned char volatile xdata ＊) 0)
```

例如：

```
＃include ＜absacc.h＞
＃define COM XBYTE [0x0643]
＃define PA XBYTE [0x0640]
＃define PB XBYTE [0x0641]
void main( )
{
    char dat;
    COM＝0x81；
    while(1)
    {
        dat＝PA；
        PB＝dat；
    }
}
```

5.1.4　C51 的函数

1. 定义函数

C 语言是结构化程序设计语言，以函数为基本组成单位，一个完整的 C 程序由主函数和其他函数组成。其他函数分为以下 3 类：

（1）标准库函数。即系统提供的函数，使用前需要在程序中包含对应的头文件。

（2）普通自定义函数。用户自己根据需要编写的函数，可带有参数。

（3）中断服务函数。C51 编译器中扩展的用于中断处理的服务函数。

C 语言就是函数定义和调用的语言。程序中只能有一个主函数，在主函数中调用其他函数，程序自主函数的第一个语句开始执行，到主函数的最后一个语句结束。其他函数可以根据需要完成不同的功能，如系统初始化、扫描键盘、输出显示、中断服务等。

普通自定义函数的一般形式如下：

函数类型 函数名(形式参数表)[存储模式][工作寄存器区]

```
{
    局部变量定义;
    函数体;
    return(返回参数表);
}
```

其中,函数类型、函数名和形式参数表的用法与 ANSI C 语法相同,存储模式为可选项,用户可以使用 small、compact 和 large 指明函数所使用的存储模式。三种存储模式的功能介绍如下:

• small:在该模式中所有变量都默认位于单片机内部数据存储器,这和使用 data 指定存储器类型的方式一样,如果将变量都配置在内部数据存储器内,small 模式是最佳选择。该模式的优点是访问速度快;缺点是空间有限,只适用于小程序。

• compact:所有变量均位于外部 RAM 区的一页内(256 字节),这和使用 pdata 指定存储器类型一样。该模式在空间上比 small 大,速度上介于 small 和 large 之间,是一种中间状态。

• large:所有变量放在多达 64 KB 的外部 RAM 区,这和使用 xdata 指定存储器类型一样,使用数据指针 DPTR 进行寻址。该模式的数据访问比 small 和 compact 产生更多的代码。优点是空间大,可存变量多;缺点是速度较慢。

设置存储模式的步骤为依次选择菜单栏"Project"→"Options for Target"→"Target",如图 5.1 所示。

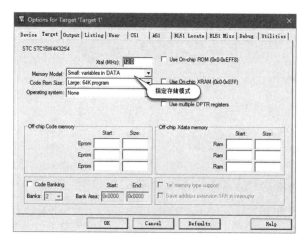

图 5.1　指定存储模式设置

工作寄存器区的选择项使用方法是关键字 using 后跟一个 0～3 之间的数值,对应工作寄存器的 0～3 区。例如,在下面的函数定义中使用了工作寄存器 1 区:

```
unsigned char GetKey(void) small using 1
{
    … /*用户代码区*/
}
```

中断服务函数的特殊性主要有两点:一个是中断服务函数不需要提前声明;二是用户不能直接调用中断服务函数,它是在中断发生时,由系统自动调用的。中断服务函数定义的一般形式为：

函数类型 函数名(void)[存储模式] interrupt n [工作寄存器区]

{

　　　　局部变量定义；

　　　　函数体；

}

中断服务函数通过使用 interrupt 关键字和中断号 n(0～31)来声明,编译器从 8n+3 处取出中断服务程序入口地址并赋值给 PC,进而转入执行中断服务程序。STC15W4K 系列单片机的中断号与中断服务程序入口地址如表 5.5 所列。

表 5.5　STC15W4K 系列单片机的中断号与中断服务程序入口地址

中断源	中断号	入口地址	中断源	中断号	入口地址
外部中断 0	0	0003H	PCA 中断	7	003BH
定时器 0 溢出中断	1	000BH	串行口 2 中断	8	0043H
外部中断 1	2	0013H	SPI 中断	9	004BH
定时器 1 溢出中断	3	001BH	外部中断 2	10	0053H
串行口 1 中断	4	0023H	外部中断 3	11	005BH
ADC 中断	5	002BH	定时器 2 溢出中断	12	0063H
低电压检测中断	6	0033H	外部中断 4	16	0083H

例如,外部中断 0 的中断服务程序可以声明如下：

void INT0_ISR(void) interrupt 0 using 1

{

　　　　…/*中断服务程序代码*/

}

中断服务函数的编写注意事项：

① 中断服务函数不支持参数传递,也没有返回值。

② 中断服务函数不能直接被显式调用。

③ 中断服务函数中如果调用其他函数,被调用函数所使用的寄存器组必须与中断服务函数一致,否则会产生不正确的结果。

2. 调用函数

(1) 调用函数的条件

一个函数调用另一个函数必须具备如下条件：

① 被调用的函数必须是已经存在的函数,主函数和中断服务函数不能被用户调用。

② 如果是系统函数,则需在程序首部用预编译命令 include 进行头文件包含。例如：
#include <math.h>。

③ 对于自定义函数,被调用函数的定义需在调用函数之前,如果被调用函数在调用函数之后定义,则需要在调用函数前对被调用函数进行声明,格式如下：

函数类型 被调用函数名(形式参数表)；

(2) 函数调用方法

① 函数作为语句。把函数作为一个语句,函数无返回值,只是完成某种操作。例如:

Init();   / * 调初始化函数 * /

KeyScan();   / * 调键盘扫描函数 * /

② 函数作为表达式。函数可以出现在一个表达式中。例如:

sum＝c＋add(a,b);   / * 和值等于 c 加上函数 add 返回值 * /

③ 函数作为参数。被调用的函数作为另外一个函数的参数。例如:

sum＝add(c,add(a,b))   / * 将 add 的返回值作为参数 * /

3. 函数变量的作用域

按照变量的有效作用范围可分为局部变量和全局变量。

在函数内部定义的变量称为局部变量。局部变量仅在被定义的函数模块内部起作用。在所有函数模块中起作用的变量称为全局变量或外部变量。全局变量定义在主函数外的程序首部,其作用范围为定义位置开始到程序结束。如果在一个程序模块文件中引用另一个程序模块文件中定义的变量,则需要用 extern 进行说明。

(1) 如果全局变量与某一函数中的局部变量同名,则优先使用局部变量。

(2) 全局变量一旦定义,就占用固定的存储空间,也就是说在程序运行中,这些存储空间不能释放以供他用。

(3) 全局变量在函数模块外定义,这不利于函数移植,容易增加调试难度,应尽量少用全局变量。

(4) 全局变量的特点是多个函数共同使用,因此必须注意各函数操作的顺序性。

4. 函数的递归调用与重入函数

重入函数是在函数体内调用其自身的一种函数。重入函数的定义格式为:

函数类型 函数名(形式参数表) [reentrant]

其中,reentrant 是 C51 编译器中的扩展关键字,专门用于定义重入函数。任何函数都可以调用重入函数,与一般函数调用过程不同,C51 为重入函数生成一个模拟堆栈区,并通过这个模拟堆栈区实现参数传递与局部变量存放。

C51 对重入函数有如下规定:

(1) 在重入函数中不能传递位类型的参数,也不能定义局部位标量,不能包含位操作,以及涉及位寻址区。

(2) C51 编译器为重入函数分配模拟堆栈区,称为重入栈。重入函数的局部变量与参数放在重入栈中。

一个函数直接或间接调用其本身的过程称为函数的递归调用。重入函数可以实现递归调用。例如,阶乘的计算就用到了重入函数,计算阶乘的参考程序如下:

```
long fac(int n) reentrant
{
    If(n<1)
        return (1);
    else
        return (n * fac(n-1));
}
```

5.1.5　C51 的预处理命令

C 语言的预处理命令以♯开头,如宏定义♯define、文件包含♯include 和条件编译等,每一条预处理命令必须有它自己的一行。预处理命令有利于程序的模块化设计,方便程序的阅读、修改和移植。

1. 宏定义

define 命令又称为宏定义命令,用来定义标识符和对应的字符串,这些字符串将会替代源文件中对应的标识符。宏定义分为不带参数的宏定义和带参数的宏定义。

(1) 不带参数的宏定义格式如下:

♯**define 标识符 字符串**　　　　　　　　/ * 注意没有分号 * /

例如:

♯define PI 3.14159　　　　　　　　　/ * 用 PI 表示 3.14159 * /

当需要修改宏所代表的字符串时,只需修改宏定义即可,无须修改所有程序中的使用位置。一个宏定义内部支持使用其他宏定义。例如:

♯define ONE 1

♯define TWO ONE＋ONE

(2) 带参数的宏定义格式如下:

♯**define 标识符(参数表) 字符串**

例如:

♯define S(r) 3.14 * r * r

调用时,需要用实参替代形参;

int area;

area＝S(5);　　　　　　　　　　　/ * 相当于 area＝3.14 * 5 * 5; * /

【例 5.1】　写出以下宏执行后的结果:

♯define MULTI(x,y) (x * y)

int mul;

mul＝MULTI(5,6);

解:宏调用 mul＝MULTI(5,6),展开后为 mul＝(5 * 6),即 mul＝30。

注意事项:

宏定义在使用时需要注意以下几个问题:

① 宏名一般用大写字母来命名,便于与变量名的区分。

② 预编译处理过程中,使用字符串直接替换宏名称,不做语法检查。

③ 宏定义的有效范围从宏定义位置开始到文件结束。如果要终止宏定义,可以使用♯undef命令。

2. 文件包含

♯include 语句可以在一个源文件中包含其他文件内容,称为文件包含。其一般格式如下:

♯**include ＜文件名＞**

或:

♯**include "文件名"**

其中,尖括号表示被包含文件的搜索方式由编译器控制,通常只搜索库函数头文件所在目录,例如"C:\Keil_v5\C51\INC"。双引号则表示首先搜索当前工作目录,若找不到,则搜索库函数头文件所在目录。例如,51 单片机的文件包含命令为:

＃include ＜reg51.h＞

注意：一个＃include 命令只能包含一个文件,文件包含支持嵌套,但要防止重复包含。

3. 条件编译

条件编译允许对源程序有选择地进行编译,即根据条件选择所编译的程序段。条件编译共有三种形式,下面分别介绍。

(1) 形式 1

＃**ifdef 标识符**

　　程序段 1

＃**else**

　　程序段 2

＃**endif**

它的作用是如果标识符已经被＃define 命令定义过,则对程序段 1 进行编译,否则对程序段 2 进行编译,＃else 部分视具体情况可以省略。

(2) 形式 2

＃**ifndef 标识符**

　　程序段 1

＃**else**

　　程序段 2

＃**endif**

形式 2 的判断条件与形式 1 完全相反,即如果未定义标识符,则对程序段 1 进行编译,否则对程序段 2 进行编译。

(3) 形式 3

＃**if 表达式**

　　程序段 1

＃**else**

　　程序段 2

＃**endif**

它的功能是当"表达式"值为真时,编译程序段 1,否则编译程序段 2。

5.2　STC15 单片机的 C 程序设计举例

一个完整的 C 语言源程序文件包含预处理命令、数据定义和结构控制等部分,以函数为基本单位进行模块化设计,C 语言对系统硬件资源的控制比汇编语言简单,且易于阅读和修改,是目前进行单片机开发的主流设计语言。

5.2.1　STC15 单片机的 C51 程序框架

C51 源程序的基本组成主要包括四部分：

① 预处理部分；

② 全局变量定义与函数声明；

③ 主函数；

④ 子函数与中断服务函数。

1. 预处理

所谓编译预处理，是编译器在对 C 语言源程序进行正常编译之前，先对一些特殊的预处理命令做解释，产生一个新的源程序。编译预处理主要是为程序调试、程序移植提供便利，包括宏定义、文件包含和条件编译三种。

在预处理命令中，文件包含相对来说比较常用，通常会将单片机硬件资源定义的头文件包含到当前的源程序中，例如，♯include ＜reg51.h＞；此外，还包括 Keil 提供的许多库函数，这些内部库函数的声明都在对应的头文件中，如果使用了内部的库函数，主要先使用文件包含命令将对应的头文件包含进来。Keil C51 中常用库函数对应的头文件如表 5.6 所列。

表 5.6　Keil C51 常用库函数对应的头文件

头文件名称	函数类型	头文件名称	函数类型
ctype.h	字符转换库函数	absacc.h	绝对地址访问函数
stdio.h	输入输出库函数	intrins.h	本征库函数
string.h	字符串处理库函数	stdarg.h	可变参数库函数
stdlib.h	类型转换及内存分配函数	setjmp.h	全程跳转库函数
math.h	数学库函数		

2. 程序框架

下面以 STC15W4K32S4 为例，说明 C51 程序的基本框架。

```
#include ＜stc15.h＞          /*包含头文件*/
void main()                   /*主函数*/
{
    …      /*用户代码*/
    while(1)                   /*程序主循环,要保证程序不能退出主函数*/
    {
        …     /*循环代码或空语句*/
    }
}
void INT0_ISR(void) interrupt 0      /*外部中断0的中断服务函数*/
{
        …    /*根据需要编写代码*/
}
```

在上述的基本框架中，根据用户的需求可能还会出现除主函数之外的其他函数，中断服务函数也是根据具体要求进行编写。

【**例 5.2**】　设单片机 P2 口连接 8 个 LED 发光二极管，低电平点亮。试编程实现 P2.0 引脚的 LED 灯闪烁。

解: 参考 C 程序如下:

```
#include <stc15.h>                  /*包含 STC15W4K32S4 头文件*/
sbit LED=P2^0;                      /*定义 P2.0 引脚*/
/* * * * * * * * * * * * * * *主函数* * * * * * * * * * * * * * */
void main( )
{
    void delay(void);              /*声明延时函数 delay()*/
    LED=1;
    while(1)
    {
        LED=0;
        delay( );
    }
}
/* * * * * * * * * * * * *延时子函数* * * * * * * * * * * * * */
void delay(void)                   /*延时子函数定义*/
{
    unsigned char i,j;
    for(i=255;i>0;i——)
        for(j=255;j>0;j——)
        {;}
}
```

【例 5.3】 设单片机 P2 口连接 8 只 LED 灯,低电平驱动点亮;按键 K1 和 K2 分别连接到 P3.2 和 P3.3 引脚,低电平有效,如图 5.2 所示。试编程实现两个按键控制 8 只 LED 灯。

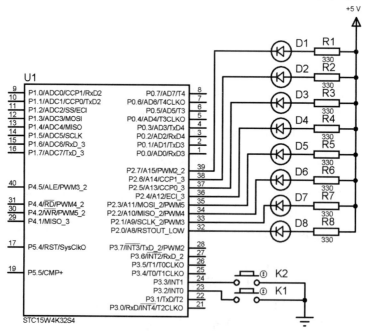

图 5.2 例 5.3 连接图

（1）按下 K1，点亮 P2.0～P2.3 的 LED 灯，再次按下 K1，P2.0～P2.3 的 LED 灯熄灭。

（2）按下 K2，点亮 P2.4～P2.7 的 LED 灯，再次按下 K2，P2.4～P2.7 的 LED 灯熄灭。

解：由于 P2.1/PWM3、P2.2/PWM4、P2.3/PWM5 和 P2.7/PWM2_2 四个引脚默认为高阻输入模式，必须先将其设置为准双向口（弱上拉）模式，才能输出信号。

参考程序如下：

```
#include <stc15.h>
sbit K1=P3^2;                      /*定义输入引脚*/
sbit K2=P3^3;
/* * * * * * * * * * * * * * 主函数 * * * * * * * * * * * * * */
void main(  )
{
    P2M1=0x00;
    P2M0=0x00;                     /*设置 P2 口工作在准双向口模式*/
    P3=0xff;                       /*读入 P3 前先置为高电平*/
    while(1)
    {
        if(K1 == 0) {P2=0xf0;}
        else if(K2 == 0) {P2=0x0f;}
    }
}
```

5.2.2　Keil μVision 的 C51 调试过程

使用 Keil μVision 进行 C 语言的开发过程与汇编语言类似，也包括编辑、编译、连接和调试四个步骤，详情参阅 4.4.5。由于 STC15 系列单片机支持在线编程（ISP）程序存储器 Flash ROM 和软件模拟调试的技术，因此可以在没有硬件仿真器的情况下完成单片机应用系统的开发。但由于软件仿真不能精确再现硬件的状态，STC 单片机还支持硬件仿真器调试，下面简单介绍 STC 硬件仿真器的设置。

1. 硬件环境

目前的硬件仿真分为单 CPU 仿真和双 CPU 仿真。双 CPU 仿真中有监控 CPU 和仿真 CPU 两个芯片，仿真 CPU 运行用户程序，监控 CPU 则负责 Keil 和仿真 CPU 之间的通信和运行监控；单 CPU 仿真是把硬件仿真器功能集成到了单片机内部，需要占用单片机的部分硬件资源来实现仿真效果。

STC15W4K32S4 单片机的单 CPU 仿真需要带有硬件仿真功能的芯片 IAP15W4K58S4 或 IAP15W4K61S4，IAP 芯片除了内部自带硬件仿真器外，其他功能同 STC 型号相同。

基于 IAP15W4K61S4 的单 CPU 仿真器监控程序占用的硬件资源如下：

（1）Flash ROM：6 KB（0DC00H～0F3FFH）。

（2）基本 RAM（data，idata）：0 字节。

（3）XRAM（xdata）：768 字节（0400H～06FFH）。

（4）I/O 口：P3.0 和 P3.1。

用户在程序中，不能访问程序存储器中地址为 0DC00H～0F3FFH 之间的 6 KB 代码空间；用户不能修改 XRAM 区地址为 0400H～06FFH 之间的 768 字节的值；用户不能向 P3.0 和 P3.1 写数据，也不能使用与 P3.0 和 P3.1 相关的中断和功能，包括 INT4 中断、定时器 2 的时钟输出、定时器 2 的外部计数；如需使用串行口功能，建议将串行口 1 切换到 P3.6/P3.7 或者 P1.6/P1.7 进行使用。

2. 软件环境

（1）设置 Keil μVision 支持 STC 单片机和仿真器

Keil μVision5 集成环境默认不支持 STC 系列单片机的开发和仿真，需要使用 STC-ISP 软件将 STC 单片机的文件定义和仿真器驱动程序添加到 Keil 中，方法如下：首先打开 STC-ISP 软件（不同版本可能略有差异，以 V6.86Q 为例），选择“Keil 仿真设置”页面，点击“添加型号和头文件到 Keil 中/添加 STC 仿真器驱动到 Keil 中”，在出现的目录选择窗口中，定位到 Keil 的安装目录（一般可能为“C:\Keil_v5\”），“确定”后出现“STC MCU 型号添加成功”的提示信息，表示安装成功。该按钮主要完成以下三个功能：

① 添加 STC 的 MCU 型号数据库到 Keil 中；

② 安装 STC 的 Monitor51 仿真驱动 STCMON51.DLL；

③ 复制 STC 单片机的头文件到 Keil 的目录。

仿真驱动程序与头文件的安装目录如图 5.3 所示。

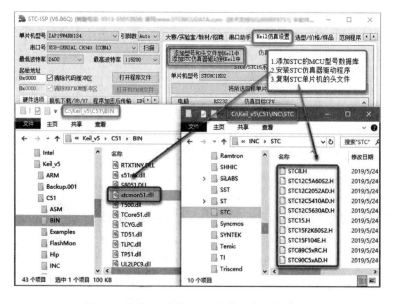

图 5.3　安装 Keil 的 STC 支持文件和仿真器

当 Keil μVision 支持 STC 单片机后，就可以在新建工程中选择相应的 STC 单片机型号进行应用开发和仿真了。

需要说明的是，该项工作只需要在尚未支持 STC 单片机的 Keil μVision 环境中进行设置，一旦设置成功，以后无须重复该项过程。

（2）创建仿真芯片

将 IAP15W4K61S4 或者 IAP15W4K58S4 芯片连接到 PC 机串行口，打开 STC-ISP 软件，进入"Keil 仿真设置"页面，选择正确的单片机型号，点击"将所选目标单片机设置为仿真芯片"按钮，如图 5.4 所示，程序下载完成后，单片机便具有了硬件仿真功能，且硬件仿真程序在用户再次下载其他程序前一直存在。

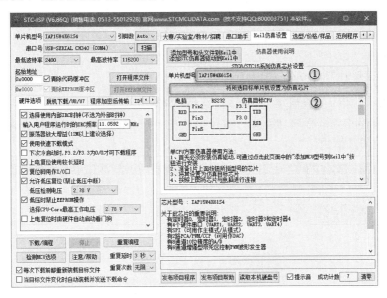

图 5.4　创建仿真芯片

（3）设置 Keil μVision 硬件仿真环境

Keil 中对硬件仿真的设置主要有选择 Keil 硬件仿真器、设置串行口和通信波特率等选项，具体方法为依次选择"Project"→"Options for Target"→"Debug"，在"Debug"选项卡中分别进行如图 5.5 所示设置。

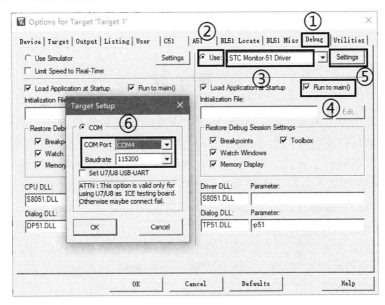

图 5.5　STC 硬件仿真器 Keil 设置

① 选择"Debug"选项卡；
② 选择使用硬件仿真器；
③ 选择使用"STC Moniter-51 Driver"仿真器驱动；
④ 选择使用"Run to Main()"选项，设置仿真自动从主函数开始；
⑤ 进入串行口设置对话框，弹出"Target Setup"进行串行口设置；
⑥ 根据实际情况选择使用的串行口和通信波特率。

3. 仿真调试

依次单击菜单栏"Debug"→"Start/Stop Debug Session"进入仿真界面，也可以通过单击工具栏中的 @ 按钮或快捷键 Ctrl＋F5 实现，如图 5.6 所示。程序调试的操作与软件调试相同，如果要停止调试程序回到文件编辑模式中，可以再次点击工具栏的调试按钮，就可以关闭 Keil 的调试模式。

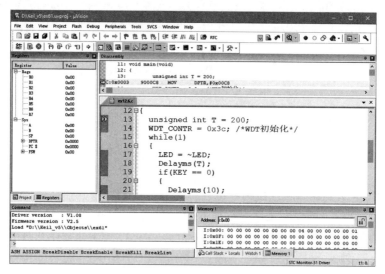

图 5.6　STC 单片机的硬件调试模式

本 章 小 结

本章的主要内容是单片机的 C51 程序设计语言的特点和使用方法。单片机的 C51 语言针对单片机硬件资源做了优化，同标准 C 语法在结构上存在差异，扩展了 20 个关键字用于特殊功能寄存器和位变量等定义，增加了一种中断服务函数用于中断系统的处理。

Keil μVision 集成开发环境同时支持单片机的汇编语言和 C 语言编程，编程步骤包括源程序编辑、编译、连接和调试四个步骤，一个完整的 C51 源程序文件包含预处理命令、主函数、自定义函数和中断函数等组成部分。

STC15 系列单片机支持单 CPU 硬件仿真功能，用户需要先在 Keil μVision 中进行设置，并下载仿真监控程序到单片机，才能使用硬件仿真功能，该功能对单片机的硬件资源的使用有限制要求。

习题与思考题

一、选择题

1. 单片机 C51 中特有的函数类型是(　　)。

A. 主函数　　　　　B. 自定义函数　　　　　C. 中断函数　　　　　D. 库函数

2. C51 关键字 sbit 用于定义(　　)。

A. 位变量　　　　　B. 特殊功能寄存器　　　C. 寄存器　　　　　　D. 特殊功能位

3. 以下不是 C51 编译器所支持的存储器类型的是(　　)。

A. code　　　　　　B. xdata　　　　　　　　C. register　　　　　D. idata

二、简答题

1. C51 语言与标准 C 语言的区别是什么?

2. 举例说明全局变量与局部变量的异同。

3. 简述 C51 中断函数的定义方法。

4. 简述使用 Keil μVision 进行 C 语言应用设计的步骤。

5. 简述 C51 常用的预处理命令及其作用。

三、程序设计题

1. 设 P2.0 连接一个 LED 灯,低电平驱动,试编写程序,实现 P2.0 的 LED 灯闪烁。

2. 设 P3.2 连接按键 KEY,P2 口连接 8 个 LED 灯,试编写程序,实现按键控制流水灯功能。

(1) 按下 KEY 一次,P2 口流水灯开启,再次按下 KEY,流水灯暂停,可以重复这一过程。

(2) 分别用 C 语言和汇编语言实现题目要求。

第 6 章　单片机存储器的应用

【本章要点】

本章主要讲述单片机存储器在物理上的 4 个相互独立的存储器空间：程序存储器（程序 Flash）、片内基本 RAM、片内扩展 RAM 与 EEPROM（数据 Flash）等的存储特性与应用。

本章的主要内容有：

- 单片机的程序存储器的应用。
- 单片机的基本 RAM 及扩展 RAM 的应用。
- 单片机的 EEPROM 的应用。

6.1　STC15W4K 系列单片机的程序存储器

程序存储器（Flash ROM）的主要作用是存放用户程序，使单片机按用户程序预定的流程与规则运行，直至完成用户指定的任务。除此以外，程序存储器通常还用来存放一些常数或表格数据（如 π 值、数码显示的字形数据等），供用户程序使用。这些常数和程序一样通过 ISP 下载程序写入程序存储器。在程序运行过程中，程序存储器的内容只能读取，而不能写入。程序存储器中的常数或表格数据，只能采用"MOVC A，@A＋DPTR"或"MOVC A，@A＋PC"指令进行读取。若采用 C51 语言编程，需将存放在程序存储器中的数据存储类型定义为"code"。下面以 8 只 LED 灯的显示控制为例，说明程序存储器的应用编程。

【例 6.1】　设 P2 口已连接 8 只 LED 灯，低电平驱动。从 P2 口顺序输出"E7H、DBH、BDH、7EH、3EH、18H、00H、FFH"等 8 组数据，周而复始。

解：首先将这 8 组数据存放在程序存储器中，用汇编语言编程时，采用"DB"伪指令对这 8 组数据进行存储定义；用 C51 语言编程时，采用数组并定义为"code"存储类型。由于 P2.1/PWM3、P2.2/PWM4、P2.3/PWM5 和 P2.7/PWM2_2 四个引脚默认为高阻输入模式，必须先将其设置为准双向口（弱上拉）模式，才能输出信号。

汇编语言参考程序如下：

```
P2M1 EQU 95H
P2M0 EQU 96H                      ;定义 P2 口设置寄存器
    ORG 0000H
    LJMP MAIN
    ORG 0100H
```

```
MAIN:
      MOV P2M1,#00H
      MOV P2M0,#00H                ;定义 P2 口为准双向口模式
      MOV DPTR,#ADDR              ;DPTR 指向数据存放首址
      MOV R3,#08H                 ;顺序输出显示数据次数,分为 8 次传送
LOOP:CLR A                        ;A 清零,DPTR 直接指向数据所在地址处
      MOVC A,@A+DPTR             ;取数
      MOV P2,A                    ;送 P2 口显示
      INC DPTR                    ;DPTR 指向下一个数据
      LCALL DELAY                 ;调延时子程序
      DJNZ R3,LOOP                ;8 次循环若未结束,继续下一个数据
      SJMP MAIN                   ;若 8 次循环结束重新开始
DELAY:                           ;延时子程序
      MOV R1,#250
LOP1:MOV R2,#250
LOP2:NOP
      DJNZ R2,LOP2
      DJNZ R1,LOP1
      RET                         ;子程序必须由 RET 指令结束
ADDR:
      DB 0E7H,0DBH,0BDH,7EH,3EH,18H,00H,0FFH    ;定义存储字节数据
END
```

C51 参考程序如下:

```
#include <stc15.h>
unsigned char code dat[8]={0xe7,0xdb,0xbd,0x7e,0x3e,0x18,0x00,0xff};
/* * * * * * * * * * * * * * *延时函数* * * * * * * * * * * */
void delay(void)
{
    unsigned char i,j;
    for(i=255;i>0;i--)
        for(j=255;j>0;j--)
        {;}
}
/* * * * * * * * * * * * * * *主函数* * * * * * * * * * * * * * * */
void main(   )
{
```

```
unsigned char i;
P2M1＝0x00；
P2M0＝0x00；                /＊设置 P2 口为准双向口模式＊/
while(1)
{
    for(i＝0;i＜8;i＋＋)    /＊每组循环 8 次＊/
    {
        P2＝dat[i]；
        delay( )；
    }
}
}
```

6.2 STC15W4K 系列单片机的基本 RAM

STC15W4K32S4 单片机内部基本 RAM 包括低 128 字节、高 128 字节和特殊功能寄存器区，是单片机最基本的片内存储器，程序运行期间的数据变量、堆栈及临时结果等都存放在这里，是最贴近 CPU 的快速存储器区域。

STC15W4K32S4 单片机内部基本 RAM 的访问主要采用直接寻址、寄存器间接寻址和位寻址法。其中，00H～1FH 为工作寄存器区（R0～R7）；20H～2FH 具有位寻址能力，将 16 个字节的 128 位编址为 00H～7FH；30H～6FH 一般作为用户数据区，用于存放变量等数据；70H～7FH 一般作为堆栈区，存放断点地址、现场保护或暂存数据。

1. 低 128 字节 RAM

（1）直接寻址

可以直接使用存储单元的地址来访问其中的数据。

【例 6.2】 编程将片内 RAM 中 30H 单元的数据存放到 40H 单元。

解：汇编语言参考程序如下：

MOV 40H,30H

使用直接寻址，把 30H 单元的数据读出直接存放到 40H 单元，即（30H)→40H 或者使用 A 作中间变量来传送数据：

MOV A,30H   ;先读出 30H 单元数据存放到累加器 A

MOV 40H,A   ;再把 A 的数据传送到 40H 单元

在 C51 编程中，若采用直接寻址访问低 128 字节 RAM，则变量的数据类型定义为"data"；若采用寄存器间接寻址访问低 128 字节 RAM，则变量的数据类型定义为"idata"。

C51 语言参考程序如下：

```
#include <stc15.h>
unsigned char data x _at_ 0x30;        /*定义变量 x 指向 30H 单元*/
unsigned char data y _at_ 0x40;        /*定义变量 y 指向 40H 单元*/
void main(   )
{
    y=x;                               /*实现(30H)→40H*/
    while(1)
    { ; }
}
```

（2）寄存器寻址

工作寄存器为 R0～R7，分为四组；通过 PSW 中的 RS1 和 RS0 选择所使用的寄存器组，复位后默认（PSW）＝00H。

|　　MOV R0,#30H | ;使用 0 组寄存器,给 R0(00H)送入立即数 30H |
|　　MOV R6,30H | ;使用 0 组寄存器,实现 R6(06H)←(30H) |

同样，若需要使用第 1 组工作寄存器，则：

　　SETB RS0

　　CLR RS1　　　　　　　　;置 RS1＝0,RS0＝1,使用 1 组工作寄存器

　　MOV R2,50H　　　　　　;读出 50H 单元数据送入 R2(0AH),即 R2←(50H)

　　或者：

　　ANL PSW,#11100111B　　;置 RS1＝0,RS0＝0

　　ORL PSW,#00001000B　　;置 RS1＝0,RS0＝1

　　MOV R2,50H　　　　　　;使用 1 组寄存器,实现 R2←(50H)

　　或者：

　　MOV PSW,#08

　　MOV R2,#50H　　　　　;使用 1 组寄存器,实现 R2←50H

（3）寄存器间接寻址

片内基本 RAM 区只能使用 R0 和 R1 寄存器作间接寻址。

【例 6.3】　编程使用寄存器间接寻址将片内 30H 单元的数据读出存放到 40H 单元。

解：汇编语言参考程序为：

　　MOV R0,#30H　　　　　;R0 作为指针,指向 30H 单元地址

　　MOV R1,#40H　　　　　;R1 作为指针,指向 40H 单元地址

　　MOV A,@R0　　　　　　;用 R0 作间接寻址,读出 30H 的数据存放到 A,即 A←(R0)

　　MOV @R1,A　　　　　　;用 R1 作间接寻址,把 A 的数据送到 40H,即(R1)←A

若要使用 C51 语言的间接寻址访问基本 RAM，需要将变量的存储类型定义为"idata"。

（4）堆栈操作

单片机复位后，SP＝07H。由于 00H～1FH 分配给了工作寄存器使用，通常在编写程序时，重新设置堆栈指针到高位地址。

　　MOV SP,#6FH　　;SP＝6FH,堆栈区从 70H 开始

　　PUSH 30H　　　　;将 30H 单元的数据入栈存到 70H 单元,即(SP)←(30H)

PUSH A   ;将 A 中数据入栈存到 71H 单元,即 SP←(A)

POP 30H   ;将栈区 71H 单元的数据弹出到 30H 单元,即 30H←(SP)

POP A   ;将栈区 70H 单元的数据弹出到 A 中,即 A←(SP)

通过设置堆栈指针寄存器 SP,可以任意改变堆栈使用的地址空间。

2. 高 128 字节 RAM 和特殊功能寄存器

高 128 字节 RAM 和特殊功能寄存器的地址同是 80H~FFH。特殊功能寄存器使用直接寻址方式访问,高 128 字节的 RAM 则使用寄存器间接寻址访问。

【例 6.4】 编程分别对高 128 字节 RAM 区的 80H 单元和特殊功能寄存器 80H 单元(P0)写入数据 0FH。

解:采用汇编语言编程,参考程序如下:

(1) 对高 128 字节 RAM 区的 80H 单元编程。

MOV R0,#80H

MOV @R0,#0FH

(2) 对特殊功能寄存器 80H 单元编程。

MOV 80H,#0FH

或:

MOV P0,#0FH

使用 C51 编程的参考程序如下:

```
sfr P0=0x80;
unsigned char idata x _at_ 0x80;
void main(   )
{
    x=0x0f;
    P0=0x0f;
    while(1)
    {;}
}
```

C51 的仿真结果如图 6.1 所示,查看内部 RAM 间接寻址区的方法为在"Memory"监视窗中输入"I:0x80",特殊功能寄存器 P0 的查看方法为菜单项"Peripherals"→"I/O-Ports"→"Port0"。

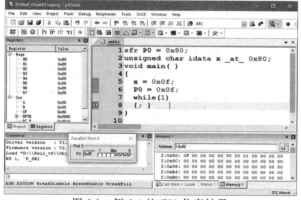

图 6.1　例 6.4 的 C51 仿真结果

6.3　STC15W4K 系列单片机的扩展 RAM

STC15W4K32S4 单片机内部包含有 4 KB 数据存储器,除了 256 字节的基本 RAM 外, 还有 3840 字节的扩展 RAM 单元,地址范围为 0000H～0EFFH,下面介绍这段区域的访问方法。

1. 内部扩展 RAM 访问的允许

由于内部扩展 RAM 与外部扩展 RAM 地址重叠,寻址方式也相同,容易造成读/写错误。为了防止访问冲突,单片机设计了一个辅助寄存器 AUXR 来加以控制和区分。单片机内部/外部扩展 RAM 的访问受辅助寄存器 AUXR(地址为 8EH)中的 EXTRAM 位控制。辅助寄存器的各位定义如下:

名称	地址	D7	D6	D5	D4	D3	D2	D1	D0	复位值
AUXR	8EH	T0x12	T1x12	UART_M0x6	T2R	T2_C/$\overline{T}$	T2x12	EXTRAM	S1ST2	01H

EXTRAM 位控制内部扩展 RAM 和外部扩展 RAM 的访问。

EXTRAM=0:允许访问内部扩展 RAM。STC15W4K32S4 单片机使用 MOVX @DPTR 指令访问,超过 0F00H(含 F00H 单元)的地址空间总是访问外部数据存储器,MOVX @Ri 只能访问 00H～FFH 之间的单元。

EXTRAM=1:允许访问外部扩展 RAM,禁止访问内部扩展 RAM,此时 MOVX @DPTR/MOVX @Ri 的使用同普通 8051 单片机。

在 C51 语言中,使用 xdata 来声明存储类型为扩展 RAM 区,例如:

unsigned char xdata dat=0x30;

当 dat 的存储位置超出片内地址时,将会自动指向片外 RAM 区。

【例 6.5】　编程将片内 RAM 地址 0100H 单元的数据复制到片内 0200H 单元中。

解:部分参考汇编程序如下:

```
AUXR EQU 8EH          ;宏定义
ANL AUXR,0FDH         ;置 EXTRAM=0,允许访问内部扩展内存
MOV DPTR,♯0100H
MOVX A,@DPTR          ;读取片内扩展 RAM 地址 0100H 单元的内容
MOV DPTR,♯0200H
MOVX @DPTR,A          ;将 A 中的数据写到片内 RAM 地址 0200H 单元中
```

因为内部扩展 RAM 地址最大为 0EFFH,所以当寄存器指针 DPTR 指向的地址大于 0EFFH 时,系统会自动访问外部扩展 RAM。

C 语言实现代码如下:

```
# include <absacc.h>
# define dat1 XBYTE[0x0100]
```

```
#define dat2 XBYTE[0x0200]
void main()
{
    dat1=0x88;
    dat2=dat1;
    while(1)
     {;}
}
```

2. 双数据指针 DPTR 的使用

STC15 单片机对于无外部数据/地址总线的芯片,数据指针只有一个 DPTR 寄存器。STC15W4K32S4 单片机在物理上设置了两个 16 位数据指针 DPTR0 和 DPTR1,它们是逻辑地址相同但物理空间不同的两个单元,即这两个数据指针使用同一个地址,可通过设置辅助寄存器 AUXR1(P_SW1)的 DPS 位来选择。

AUXR1(P_SW1)辅助寄存器的地址为 0A2H,各位格式如下:

名称	地址	D7	D6	D5	D4	D3	D2	D1	D0	复位值
P_SW1	A2H	S1_S1	S1_S0	CCP_S1	CCP_S0	SPI_S1	SPI_S0	0	DPS	00H

DPS:数据寄存器位。DPS=0,选择 DPTR0;DPS=1,选择 DPTR1。

AUXR1(P_SW1)寄存器不可位寻址,但 DPS 位为 AUXR1 的最低位,所以可通过对 AUXR1 加 1 操作来改变 DPS 的值,当 DPS 为 0 时加 1,即变为 1;当 DPS 为 1 时加 1,就变为 0。实现指令为 INC AUXR1。

【例 6.6】 内部数据存储器的诊断编程应用。数据存储器每个字节的每一位都应该可以任意读/写,诊断的方法就是对每一位进行写"0"和写"1"的操作,并读取结果,验证是否写入成功。数据存储器的诊断有破坏性诊断与非破坏性诊断两种,非破坏性诊断可以在完成诊断任务的同时不破坏原有数据,以便随时进行。下面对内部扩展 RAM 的 0000H~0EFFH 地址空间进行非破坏性诊断。

解: 参考汇编语言如下:

```
AUXR EQU 8EH              ;宏定义
AUXR1 EQU 0A2H           ;宏定义
        ORG 0000H
        LJMP MAIN
        ORG 0100H
MAIN:
        ANL AUXR,#0FDH      ;EXTRAM=0,允许访问内部扩展 RAM
        MOV AUXR1,#00      ;DPS=0,选择 DPTR0
```

```
TESTRAM:
        MOV DPTR,#0000H        ;内部扩展 RAM 的起始地址
        MOV R2,#10H            ;将 4 KB 分为 16 页,每页 256 字节
TESTPAGE:
        SETB F0                ;诊断一页,出错标志初始化
TESTBYTE:
        MOVX A,@DPTR           ;读取一个字节数据
        MOV B,A                ;保存副本
        CPL A                  ;取反
        MOVX @DPTR,A           ;写回 RAM
        MOVX A,@DPTR           ;再次读取
        CPL A                  ;取反
        CJNE A,B,TESTERR       ;校对是否有误
        MOVX @DPTR,A           ;恢复原数据
        MOVX A,@DPTR           ;第三次读取
        CJNE A,B,TESTERR       ;若恢复出错则转向 TESTRAM6
        INC DPTR               ;指向下一单元
        MOV A,DPL
        JNZ TESTBYTE           ;全页完否
        CLR F0                 ;本页通过
TESTERR:
        JB F0,TESTOK           ;出错,结束检测
        DJNZ R2,TESTPAGE       ;是否诊断完 16 页?
TESTOK:
        RET                    ;诊断结束
END
```

参考 C 语言代码如下:

```
sfr PSW=0xD0;
sbit F0=PSW^5;                          /*定义 F0 标志位*/
void main( )
{
    unsigned char page,dat1,dat2;
    int cnt;                            /*定义每页为 256 字节数据*/
    unsigned char xdata * pt;           /* pt 指向扩展 RAM 单元*/
    pt=0x0000;
    for(page=0;page<16;page++)          /*共有 16 页*/
```

```
{
    F0=1;
    for(cnt=0;cnt<=255;cnt++)                    /* 每页有 256 字节 */
        {
            F0=1;
            dat1=*pt;                            /* 读出、取反并写回 */
            *pt=~dat1;
            dat2=*pt;                            /* 再次读出比较 */
            if(dat1! =~dat2) break;
            *pt=~dat2;                           /* 再次写回 */
            if(dat1! =*pt) break;                /* 检查写回结果 */
            pt++;
        }
    if(cnt<256) break;                           /* 本页是否完成 */
    F0=0;
}
while(1)
{;}
}
```

实际上,单片机上电复位后,系统默认 EXTRAM =0,DPS =0。上述程序执行后,若 F0=0 则通过检测;若 F0=1 则说明存储器有问题,可能内部单元已损坏。

利用双数据指针,可以加速程序的执行,缩减程序的大小。例如,通过用一个数据指针作为"源指针",另一个作为"目的指针",能很好地处理数据块的通用操作。以下代码段中使用了双指针在源地址和目的地址之间进行快速切换。

```
        AUXR1 EQU 0A2H
        MOV DPTR,#SOURCE         ;用 DPTR 做源地址指针
        INC AUXR1                ;切换数据指针
        MOV DPTR,#DEST           ;用 DPTR 做目的地址指针
LOOP:
        INC AUXR1                ;切换数据指针
        MOVX A,@DPTR             ;从源地址处取数据到 A
        INC DPTR                 ;源地址加 1
        INC AUXR1                ;切换数据指针
        MOV @DPTR,A              ;向目的地址写入数据
        INC DPTR                 ;目的地址加 1
        JNZ LOOP                 ;操作是否完成
```

6.4　STC15 单片机的 EEPROM

STC15W4K32S4 单片机内部的 EEPROM 是在数据 Flash 区通过 IAP(in applicating programing,在应用编程)技术实现的,擦写次数可达 10 万次以上。程序在 ISP(in system programing,在系统编程)操作期间可对数据 Flash 单元进行字节读、写和扇区擦除三种操作。STC15W4K32S4 单片机内部 EEPROM 共有 26 KB,ISP/IAP 进行操作时的地址范围为 0000H～67FFH,按扇区划分,每个扇区 512 字节,共有 52 个扇区。EEPROM 的擦除必须按扇区进行,第 1 扇区的地址为 0000H～01FFH,第 2 扇区为 0200H～03FFH,以此类推。如果需要对扇区内的某一个单元进行数据修改,必须先将该扇区整个擦除,然后再对该地址单元进行字节写入。

EEPROM 除了支持 ISP/IAP 技术进行操作外,还可以使用 MOVC 指令进行读取,但此时的地址范围为 8000H～E7FFH,即从程序存储器 Flash ROM 之后的下一个地址开始。

1. ISP/IAP 特殊功能寄存器

STC15W4K32S4 单片机内部的 EEPROM 均使用了数据 Flash,在使用前必须首先启用 ISP/IAP 功能。与 ISP/IAP 功能操作有关的特殊功能寄存器共有 6 个,名称和功能如表 6.1 所列。

表 6.1　与 ISP/IAP 相关的特殊功能寄存器

名称	D7	D6	D5	D4	D3	D2	D1	D0	复位值
IAP_DATA	数据寄存器								11111111
IAP_ADDRH	地址寄存器高 8 位								00000000
IAP_ADDRL	地址寄存器低 8 位								00000000
IAP_CMD	×	×	×	×	×	×	MS1	MS0	xxxxxx00
IAP_TRIG	命令触发寄存器,只能写入 5A 或 A5								xxxxxxxx
IAP_CONTR	IAPEN	SWBS	SWRST	CMD_FAIL	×	WT2	WT1	WT0	0000x000

表 6.1 中特殊功能寄存器的地址为从 IAP_DATA(C2H)～IAP_CONTR(C7H),各寄存器的功能如下:

(1) IAP_DATA:ISP/IAP 操作时的数据寄存器。它是从 Data Flash 区中读/写数据的数据缓冲寄存器。

(2) IAP_ADDRH、IAP_ADDRL:ISP/IAP 操作的地址寄存器。在 ISP/IAP 进行读、写、擦除操作中分别存放数据单元地址的高 8 位和低 8 位。

(3) IAP_CMD:ISP/IAP 操作的命令寄存器,用于设置 ISP/IAP 操作的命令,其中高 6 位保留未用,低 2 位作为命令/操作模式选择位,所设置的命令需在命令触发寄存器触发后才能生效,三种操作命令如表 6.2 所列。

表 6.2　IAP_CMD 寄存器的命令模式

MS1	MS0	命令/操作模式
0	0	待机模式,无 ISP 操作
0	1	对数据 Flash(EEPROM)区进行字节读
1	0	对数据 Flash(EEPROM)区进行字节写
1	1	对数据 Flash(EEPROM)区进行扇区擦除

（4）IAP_TRIG:ISP/IAP 操作命令触发寄存器。当 IAP_EN＝1 时,对 IAP_TRIG 寄存器先写入 5AH,再写入 A5H 后,ISP/IAP 的读、写和擦除命令才能生效。

（5）IAP_CONTR:ISP/IAP 控制寄存器。其中 D3 位无效,其余各位功能如下:

① IAPEN:ISP/IAP 功能控制位。IAPEN＝0,禁止使用 ISP/IAP 功能对 EEPROM 进行擦除;IAPEN＝1,允许使用 ISP/IAP 对 EEPROM 区进行读、写、擦除操作。

② SWBS、SWRST:软件复位控制选择位。该两位的组合可以实现系统复位后从用户程序区或 ISP 监控程序区启动,具体请参阅单片机的复位章节。

③ CMD_FAIL：ISP/IAP 操作命令触发失败标志位。如果 IAP 地址（由 IAP 地址寄存器 IAP_ADDRH 和 IAP_ADDRL 的值决定）指向了非法地址或无效地址,在发送了 ISP/IAP 命令,并对 IAP_TRIG 发送 5AH/A5H 时会引起触发失败,此时 CMD_FAIL 被置 1,触发失败后,该位需要软件清零。

④ WT2、WT1、WT0 是等待时间选择位,用于设置 CPU 等待多少个工作时钟。 ISP/IAP 操作等待时间设置见表 6.3。

表 6.3　ISP/IAP 操作的等待时间设置

WT2	WT1	WT0	CPU 等待时间			
			读操作	写操作/55 μs	扇区擦除/21 ms	系统时钟频率/MHz
1	1	1	2 个时钟	55 个时钟	21012 个时钟	$f_{SYS} \leqslant 1$
1	1	0	2 个时钟	110 个时钟	42024 个时钟	$f_{SYS} \leqslant 2$
1	0	1	2 个时钟	165 个时钟	63036 个时钟	$f_{SYS} \leqslant 3$
1	0	0	2 个时钟	330 个时钟	126072 个时钟	$f_{SYS} \leqslant 6$
0	1	1	2 个时钟	660 个时钟	252144 个时钟	$f_{SYS} \leqslant 12$
0	1	0	2 个时钟	1100 个时钟	420240 个时钟	$f_{SYS} \leqslant 20$
0	0	1	2 个时钟	1320 个时钟	504288 个时钟	$f_{SYS} \leqslant 24$
0	0	0	2 个时钟	1760 个时钟	672384 个时钟	$f_{SYS} \leqslant 30$

2. ISP/IAP 编程应用

下面以 STC15W4K32S4 单片机为例,介绍片内 Data Flash(EEPROM)的编程使用。

（1）ISP/IAP 特殊功能寄存器地址声明

IAP_DATA EQU 0C2H

IAP_ADDRH EQU 0C3H

IAP_ADDRL EQU 0C4H

IAP_CMD EQU 0C5H

IAP_TRIG EQU 0C6H

IAP_CONTR EQU 0C7H

（2）定义 ISP/IAP 命令及等待时间

BYTE_READ EQU 01H	;定义字节读命令代码
BYTE_PROG EQU 02H	;定义字节编程命令代码
SEC_ERASE EQU 03H	;定义扇区擦除命令代码
WAIT_TIME EQU 03H	;设置等待时间,12 MHz 以下为 3

（3）字节数据读出

MOV IAP _ADDRH,＃BYTE_ADDR_H	;置读出单元高 8 位地址
MOV IAP_ ADDRL,＃BYTE_ADDR_L	;置读出单元低 8 位地址
MOV IAP_CONTR,＃WAIT_TIME	;选择等待时间
ORL IAP_CONTR,＃80H	;打开 IAP 功能,允许 ISP/IAP 操作
MOV IAP_CMD,＃BYTE_READ	;设置字节读命令模式
MOV IAP_TRIG,＃5AH	
MOV IAP_TRIG,＃A5H	;触发启动读操作

（4）字节编程

MOV IAP_ADDRH,＃BYTE_ADDR_H	;置编程单元高 8 位地址
MOV IAP_ADDRL,＃BYTE_ADDR_L	;置编程单元低 8 位地址
MOV IAP_DATA,＃ONE_DATA	;编程的值送入 ISP_DATA 寄存器
MOV IAP_CONTR,＃WAIT_TIME	;设置等待时间
ORL IAP_CONTR,＃80H	;打开 IAP 功能,允许 ISP/IAP 操作
MOV IAP_CMD,＃BYTE_PROG	;置 IAP/ISP 字节编程命令
MOV IAP_TRIG,＃5AH	
MOV IAP_TRIG,＃0A5H	;触发启动编程操作

（5）扇区擦除

MOV IAP_ADDRH,＃SEC_ADDR_H	;置单元地址高 8 位
MOV IAP_ADDRL,＃SEC_ADDR_L	;置单元地址低 8 位
MOV IAP_CONTR,＃WAIT_TIME	;选择等待时间
ORL IAP_CONTR,＃80H	;打开 IAP 功能,允许 ISP/IAP 操作
MOV IAP_CMD,＃SEC_ERASE	;置 IAP/ISP 扇区擦除命令
MOV IAP_TRIG,＃5AH	
MOV IAP_TRIG,＃0A5H	;触发启动扇区擦除操作

注意:IAP 指令完成后,地址不会自动加 1,需要手动改变其值以指向下一个单元;每次对 Data Flash 操作时,都要先送 5AH,后送 0A5H 到 ISP/IAP 触发寄存器,用于触发

ISP/IAP命令的执行,CPU 在等待 ISP/IAP 操作完成后,才会继续执行下面的指令;对扇区擦除时,输入该扇区内的任意地址均可,而且只有扇区擦除,没有单字节擦除操作;当进行字节编程时,该字节必须是 0FFH,否则必须先将整个扇区擦除,才能进行字节编程;扇区擦除后的全部字节内容为 0FFH。

【例 6.7】 设 P2 口已经连接 8 个 LED 灯,低电平驱动,编写 EEPROM 测试程序,用 LED 灯的状态显示 EEPROM 的操作过程。

(1) 程序开始执行时,点亮 P2.0 对应的 LED 灯;

(2) 扇区擦除、校验成功后,点亮 P2.1 对应的 LED 灯,失败点亮 P2.7 对应的 LED 灯;

(3) 字节编程成功后,点亮 P2.2 对应的 LED 灯,失败点亮 P2.7 对应的 LED 灯;

(4) 编程校验成功后,点亮 P2.3 对应的 LED 灯,失败点亮 P2.7 对应的 LED 灯。

解: 设晶振频率为 11.0592 MHz,则根据表 6.3,等待时间可以取 WT2、WT1 和 WT0 为 "011",即 IAP_CONTR 寄存器内容设置为 83H。由于 P2.1/PWM3、P2.2/PWM4、P2.3/PWM5 和 P2.7/PWM2_2 四个引脚默认为高阻输入模式,必须先将其设置为准双向口(弱上拉)模式,才能输出信号。

汇编语言参考程序如下:

```
;声明 ISP/IAP 操作有关的特殊功能寄存器地址
IAP_DATA EQU 0C2H
IAP_ADDRH EQU 0C3H
IAP_ADDRL EQU 0C4H
IAP_CMD EQU 0C5H
IAP_TRIG EQU 0C6H
IAP_CONTR EQU 0C7H
;定义 ISP/IAP 操作的命令
CMD_IDLE EQU 00H              ;无效命令
CMD_READ EQU 01H             ;字节读命令
CMD_PROGRAM EQU 02H          ;字节编程命令
CMD_ERASE EQU 03H            ;扇区擦除命令
;定义 ISP/IAP 操作等待时间
ENABLE_IAP EQU 83H           ;系统时钟为 11.0592 MHz
IAP_ADDRESS EQU 0400H        ;测试扇区为第三扇区首地址
;定义 P2 口模式设置寄存器
P2M1 EQU 95H
P2M0 EQU 96H
    ORG 0000H
    LJMP MAIN
    ORG 0100H
```

```
MAIN:
    MOV P2M1,＃00H
    MOV P2M0,＃00H                ;设置 P2 口为准双向口模式
    MOV P2,＃0FEH                 ;测试开始,点亮 P2.0 对应的 LED 灯
    LCALL DELAY                   ;调用延时子程序
    MOV DPTR,＃IAP_ADDRESS        ;设置擦除首地址
    LCALL IAP_ERASE              ;调用擦除子程序
;依次读出数据,验证擦除是否成功
    MOV DPTR,＃IAP_ADDRESS        ;设置地址指针指向第三扇区首地址
    MOV R0,＃0
    MOV R1,＃2
CHK_ERASE:
    LCALL IAP_READ
    CJNE A,＃0FFH,ERROR           ;若擦除不成功,则转向 ERROR
    INC DPTR
    DJNZ R0,CHK_ERASE
    DJNZ R1,CHK_ERASE
    MOV P2,＃0FCH                 ;擦除成功,则增加点亮 P2.1 对应的 LED 灯
    LCALL DELAY
;对第三扇区进行字节编程,写入 88H
    MOV DPTR,＃IAP_ADDRESS
    MOV R0,＃0
    MOV R1,＃2
    MOV R2,＃88H
NEXT:
    MOV A,R2
    LCALL IAP_PROGRAM            ;调用字节编程子程序
    INC DPTR
    DJNZ R0,NEXT
    DJNZ R1,NEXT
    MOV P2,＃0F8H                 ;编程成功,则增加点亮 P2.2 对应的 LED 灯
    LCALL DELAY
;依次读出数据,验证字节编程是否成功
    MOV DPTR,＃IAP_ADDRESS
    MOV R0,＃0
    MOV R1,＃2
```

```
CHK_WRT:
    LCALL IAP_READ
    CJNE A,#88H,ERROR              ;校验不成功,转向 ERROR 子程序
    INC DPTR
    DJNZ R0,CHK_WRT
    DJNZ R1,CHK_WRT
    MOV P2,#0F0H                   ;校验成功,增加点亮 P2.3 对应的 LED 灯
    SJMP $
;ERROR 子程序,点亮 P2.7 对应的 LED 灯
ERROR:
    MOV P2,#07FH
    SJMP $
;字节读子程序
IAP_READ:
    MOV IAP_CONTR,#ENABLE_IAP      ;启用 IAP,设置等待时间
    MOV IAP_ADDRH,DPH             ;设置目标单元地址高 8 位
    MOV IAP_ADDRL,DPL             ;设置目标单元地址低 8 位
    MOV IAP_CMD,#CMD_READ         ;送入命令模式为字节读
    MOV IAP_TRIG,#5AH             ;送 5AH 到触发寄存器
    MOV IAP_TRIG,#0A5H            ;送 A5H 到触发寄存器启动命令
    NOP
    MOV A,IAP_DATA               ;读出数据保存到 A
    LCALL IAP_END                ;关闭 IAP 操作
    RET
;字节编程子程序
IAP_PROGRAM:
    MOV IAP_CONTR,#ENABLE_IAP      ;启用 IAP,设置等待时间
    MOV IAP_ADDRH,DPH             ;设置目标单元地址高 8 位
    MOV IAP_ADDRL,DPL             ;设置目标单元地址低 8 位
    MOV IAP_DATA,A               ;字节数据送入寄存器 A
    MOV IAP_CMD,#CMD_PROGRAM      ;送入命令模式为字节编程
    MOV IAP_TRIG,#5AH            ;送 5AH 到触发寄存器
    MOV IAP_TRIG,#0A5H           ;送 A5H 到触发寄存器启动命令
    NOP
    LCALL IAP_END                ;关闭 IAP 操作
    RET
```

```
;扇区擦除子程序
IAP_ERASE:
    MOV IAP_CONTR,♯ENABLE_IAP          ;启用 IAP,设置等待时间
    MOV IAP_ADDRH,DPH                  ;设置目标单元地址高 8 位
    MOV IAP_ADDRL,DPL                  ;设置目标单元地址低 8 位
    MOV IAP_CMD,♯CMD_ERASE             ;送入命令模式为扇区擦除
    MOV IAP_TRIG,♯5AH                  ;送 5AH 到触发寄存器
    MOV IAP_TRIG,♯0A5H                 ;送 A5H 到触发寄存器启动命令
    NOP
    LCALL IAP_END                      ;关闭 IAP 操作
    RET
;关闭 ISP/IAP 操作,防止误操作
IAP_END:
    MOV IAP_CONTR,♯0                   ;关闭 IAP 功能
    MOV IAP_CMD,♯0                     ;清除命令寄存器
    MOV IAP_TRIG,♯0                    ;清除触发寄存器
    MOV IAP_ADDRH,♯0FFH                ;将地址设置到非 IAP 区域
    MOV IAP_ADDRL,♯0FFH
    RET
;延时子程序
DELAY:
    CLR A
    MOV R0,A
    MOV R1,A
    MOV R2,♯20H
DLY:
    DJNZ R0,DLY
    DJNZ R1,DLY
    DJNZ R2,DLY
    RET
END
```

C 语言参考程序如下：

```
#include <stc15.h>
#include <intrins.h>
/ * * * * * * * * * * * * * * 宏定义 * * * * * * * * * * * * * * * * * * * /
#define uint unsigned int
#define uchar unsigned char
/ * * * * * * * * * * * IAP 操作命令模式 * * * * * * * * * * * * * /
#define CMD_IDLE 0
#define CMD_READ 1
#define CMD_PROGRAM 2
#define CMD_ERASE 3
#define ENABLE_IAP 0x83
#define IAP_ADDRESS 0x0400
/ * * * * * * * * * * * * * 函数声明 * * * * * * * * * * * * * * * * * /
void IapIdle();
uchar ReadByte(uint addr);
void WriteByte(uint addr,uchar dat);
void EraseSector(uint addr);
/ * * * * * * * * * * * * * 主函数 * * * * * * * * * * * * * * * * * * /
void main( )
{
    uint i;
    uchar dat;
    bit error=0;
    P2M1=0x00;
    P2M0=0x00;                          / * 设置 P2 口为准双向口模式 * /
    P2=0xfe;                            / * 点亮 P2.0 对应 LED 灯 * /
    EraseSector(IAP_ADDRESS);           / * 调用扇区擦除函数 * /
    for(i=0;i<512;i++)
    {
        dat=ReadByte(IAP_ADDRESS+i);
        if(dat ! = 0xff) error=1;       / * 如果擦除校验失败,error=1 * /
    }
    if(! error)                         / * 如果擦除校验成功,点亮 P2.1 灯 * /
    {
        P2=0xfc;
        error=0;
    }
    else P2=0x7f;                       / * 如果擦除校验失败,点亮 P2.7 灯 * /
```

```
    for(i=0;i<512;i++)                    /* 对扇区进行字节编程 */
        WriteByte(IAP_ADDRESS+i,0x88);
    P2=0xf8;                              /* 字节编程结束,点亮 P2.2 灯 */
    for(=0;i<512;i++)
    {
        dat=ReadByte(IAP_ADDRESS+i);
        if(dat != 0x88) error=1;
    }
    if(! error) P2=0xf0;                  /* 字节校验成功,点亮 P2.3 灯 */
    else P2=0x7f;                         /* 字节校验失败,点亮 P2.7 灯 */
    while(1);
}
/************* IAP 关闭函数 ****************/
void IapIdle( )
{
    IAP_CONTR=0;                          /* 关闭 IAP 功能 */
    IAP_CMD=0;                            /* 清除命令寄存器 */
    IAP_TRIG=0;                           /* 清除触发寄存器 */
    IAP_ADDRH=0x80;                       /* 将地址设置到非 IAP 区域 */
    IAP_ADDRL=0;
}
/************* 字节读函数 ****************/
uchar ReadByte(uint addr)
{
    uchar dat;
    IAP_CONTR=ENABLE_IAP;                 /* 使能 IAP */
    IAP_CMD=CMD_READ;                     /* 设置 IAP 命令读 */
    IAP_ADDRL=addr;                       /* 设置 IAP 低 8 位地址 */
    IAP_ADDRH=addr >> 8;                  /* 设置 IAP 高 8 位地址 */
    IAP_TRIG=0x5a;                        /* 写触发命令(0x5a) */
    IAP_TRIG=0xa5;                        /* 写触发命令(0xa5) */
    _nop_();                              /* 等待 ISP/IAP 操作完成 */
    _nop_();
    _nop_();
    dat=IAP_DATA;                         /* 读 EEPROM 数据给 dat */
    IapIdle();                            /* 关闭 IAP 功能 */
```

```
    return dat;                          /*返回值*/
}
/* * * * * * * * * * * * *字节编程函数* * * * * * * * * * * * */
void WriteByte(uint addr, uchar dat)
{
    IAP_CONTR=ENABLE_IAP;                /*使能 IAP*/
    IAP_CMD=CMD_PROGRAM;                 /*设置 IAP 命令字节编程*/
    IAP_ADDRL=addr;                      /*设置 IAP 低 8 位地址*/
    IAP_ADDRH=addr >> 8;                 /*设置 IAP 高 8 位地址*/
    IAP_DATA=dat;                        /*写 EEPROM 数据*/
    IAP_TRIG=0x5a;                       /*写触发命令(0x5a)*/
    IAP_TRIG=0xa5;                       /*写触发命令(0xa5)*/
    _nop_();                             /*等待 ISP/IAP 操作完成*/
    _nop_();
    _nop_();
    IapIdle();                           /*关闭 IAP 操作*/
}
/* * * * * * * * * * * * *扇区擦除函数* * * * * * * * * * * * */
void EraseSector(uint addr)
{
    IAP_CONTR=ENABLE_IAP;                /*使能 IAP*/
    IAP_CMD=CMD_ERASE;                   /*设置 IAP 命令扇区擦除*/
    IAP_ADDRL=addr;                      /*设置 IAP 低地址*/
    IAP_ADDRH=addr >> 8;                 /*设置 IAP 高地址*/
    IAP_TRIG=0x5a;                       /*写触发命令(0x5a)*/
    IAP_TRIG=0xa5;                       /*写触发命令(0xa5)*/
    _nop_();                             /*等待 ISP/IAP 操作完成*/
    _nop_();
    _nop_();
    IapIdle();                           /*关闭 IAP 功能*/
}
```

3. STC15W4K32S4 单片机 EEPROM 使用注意事项

(1) ISP/IAP 操作时的电压要求

当 VCC 低于检测门槛电压时,禁止 ISP/IAP 的各种操作,此时,单片机对相应的 ISP/IAP指令不响应,但会对 ISP/IAP 寄存器进行操作。工作电压为 3.3 V 的单片机在低于门槛电压时也同样禁止 ISP/IAP 操作。

由于 STC15W4K32S4 单片机为宽电压版本,其工作电压为 2.5～5.5 V,如果电源上电缓慢,可能会由于程序已经开始运行,而此时电源还没达到操作 EEPROM 的最小电压要求,导致 IAP 命令执行无效,故用户最好选择较高的复位门槛电压。

如果用户需要比较宽的工作电压范围,而选择了低复位门槛电压,则在对 EEPROM 操作前,应先检测低电压标志 LVDF:若 LVDF=1,说明电压曾经低于门槛电压,先将其清零,稍候再读取 LVDF 位;若 LVDF=0,说明工作电压高于有效的门槛电压,则此时可以进行 EEPROM 操作。若此时 LVDF 仍为 1,则需重复上述过程,直到 LVDF=0 才能进行 EEP-ROM 操作。LVDF 位在特殊功能寄存器 PCON 的格式如下:

名称	地址	D7	D6	D5	D4	D3	D2	D1	D0	复位值
PCON	87H	SMOD	SMOD0	LVDF	POF	GF1	GF0	PD	IDL	30H

PCON 不可位寻址,不能直接使用 LVDF 进行判断,可对 PCON 整体操作。例如:

MOV A,PCON

ANL A,♯00100000B　　　　　　;若 LVDF=1,则 A≠0;若 LVDF=0,则 A=0

JZ LDF　　　　　　　　　　　　;通过判断零标志跳转 LDF 执行

(2) 数据 Flash 应用技巧

对 EEPROM 的数据修改需要读出保护,原因是即使只修改该扇区内的一个字节,也需要先将整个扇区擦除,然后再写入内容,原有的内容需要先读出并存放在单片机内部的 RAM 单元中加以保护。因此,同一次修改的数据放在同一扇区内,不是同一次修改的数据放在不同的扇区,这样就不需要读出保护,在扇区中使用的字节数越少越方便。

如果一个扇区中只使用了 1 个字节,则数据 Flash 为真正的 EEPROM。STC 单片机的数据 Flash 比外部的 EEPROM 操作要快得多,读 1 个字节只需 2 个时钟周期,编程 1 个字节用时 55 μs,擦除 1 个扇区只需要 21 ms。

本 章 小 结

STC15W4K 系列单片机的存储器分为物理上的 4 个相互独立的存储空间:程序存储器(程序 Flash)、片内基本 RAM、片内扩展 RAM 和 EEPROM(数据 Flash,与程序 Flash 共用一个存储空间)。

程序存储器主要有两个用途:一是存储单片机的程序代码,二是用来存放一些固定不变的常数或表格数据,这些数据在程序运行期间只能被读出,不能被修改,如七段数码管的字形码等。在汇编语言中通常采用伪指令 DB 或 DW 进行固定数值常量的定义,在 C 语言中则采用存储类型关键字对存储数据加以限定,如"unsigned char code i=0xc0;"等。在汇编语言和 C 语言中分别采用专用查表指令和数组引用的方法获取数据。

片内基本 RAM 区分为低 128 字节、高 128 字节和 128 字节特殊功能寄存器区。其中高 128 字节和特殊功能寄存器的地址是重叠的,特殊功能寄存器采用直接寻址访问,高 128 字节 RAM 采用寄存器间接寻址进行访问。低 128 字节的访问方式比较灵活,可以采用直接寻址或寄存器间接寻址进行访问,其中 00H~1FH 区间的 32 字节是通用寄存器区,20H~2FH 区间的 128 位每一位都具有位寻址能力。

STC15W4K32S4 单片机共有 3840 字节的片内扩展 RAM 单元,片内扩展 RAM 相当于将传统 8051 单片机的片外数据存储器移到了片内,其访问指令是 MOVX 指令。

STC15W4K32S4 单片机的内部 EEPROM 是在数据 Flash 区通过 IAP 技术实现的,擦写次数可达到 10000 次以上,共有字节读、字节写与扇区擦除三种操作命令,在使用时要注意对任何一个字节的修改,都需要先擦除整个扇区内容,然后重新写入编程数据,若扇区中存在原有数据,需要在擦除前读出到基本 RAM 保存,以免造成数据丢失。

习题与思考题

一、填空题

1. STC15W4K 系列单片机的存储器分为_____个相互独立的存储空间,其中用户程序保存在_____中。

2. 在 C 语言中,将变量保存到外部 RAM 区的属性关键字是_____。

3. 内部扩展 RAM 的允许控制的特殊功能寄存器是_____。

4. STC15W4K 系列单片机的 ISP/IAP 操作命令共有_____个。

5. STC15W4K 系列单片机的片内基本 RAM 高 128 字节与特殊功能寄存器地址重叠,访问片内基本 RAM 高 128 字节的方法是_____,访问特殊功能寄存器的方法是_____。

二、选择题

1. 以下地址或寄存器不能进行位寻址的是( )。

A. 20H   B. 80H   C. 2FH   D. P0

2. 以下说法正确的是( )。

A. 基本 RAM 区的高 128 字节与特殊功能寄存器是重合的

B. 对 EEPROM 的单个字节编程需要先擦除整个所在扇区

C. STC15 系列单片机可以同时使用片内扩展 RAM 和片外 RAM

D. 只要在单片机正常工作时均可对 EEPROM 进行读写操作

3. 若有 C 语句"unsigned char bdata x=0x80;",则变量 x 所在的存储器是( )。

A. 基本 RAM 区   B. 位寻址区   C. 外部 RAM 区   D. 特殊功能寄存器

4. 控制寄存器 IAP_CONTR 中 CMD_FAIL 的作用是( )。

A. 禁止 IAP 读取   B. 禁止 IAP 编程

C. IAP 操作失败   D. IAP 未执行

5. STC15 单片机双数据指针 DPTR 的切换控制标志为( )。

A. DPTR0   B. DPTR1   C. DPS   D. EXTRAM

三、简答题

1. STC15W4K32S4 单片机与传统 51 单片机有哪些区别?

2. STC 单片机片内的 EEPROM 和 Data Flash 存储器有什么区别?

3. STC15W4K32S4 单片机片内 EEPROM 的访问有什么特点?

4. 在程序存储器中,定义存储共阴极数码管的字形数据:3FH、06H、5BH、4FH、66H、6DH、7DH、07H、7FH、6FH,欲将这些字形数据存储到 EEPROM 区 0400H~0409H 单元中,简述编程步骤。

四、编程题

1. 编程将 STC15 单片机内部扩展 RAM 区的 100H 地址开始的 10 个单元内容复制并

存储到 200H 开始的地址单元。

2. 编程将基本 RAM 地址 30H～3FH 内容传送到扩展 RAM 的 100H 地址开始存放。

3. 编程将 EEPROM 区 0400H 单元中的数据存储到片内扩展 RAM 区 0200H 单元中, 并送 P2 口输出。

4. 编程读取 EEPROM 区 0401H 单元数据。若数据中"1"的个数为偶数,点亮 P2.7 控制的 LED 灯,否则点亮 P2.6 控制的 LED 灯。

5. 编程检测 STC15W4K32S4 单片机的 EEPROM 第 6 扇区是否有损坏,若扇区能正常读写操作,用 P2.0 控制 LED 灯亮;如果有字节单元损坏,用 P2.7 控制 LED 灯亮。

第7章 单片机的中断系统

【本章要点】

中断是微机系统的重要组成部分,其主要功能是增强单片机响应的实时性。单片机的内部功能模块和外部设备均可以利用中断方式实现与 CPU 之间的数据传递,与查询方式相比,中断方式可以提高效率。STC15W4K 系列单片机共有 21 个中断源,多于传统 51 单片机的 5 个中断源。中断系统的工作过程包括中断请求、中断响应、中断服务和中断返回 4 个阶段。本章主要讲述单片机中断系统的概念、结构和工作原理,并通过实际的例程介绍中断系统的使用方法和步骤。

本章的主要内容有:

· 中断的概念和原理。

· 单片机的中断系统及管理。

· 单片机中断的应用。

7.1 中断系统概述

中断的概念是伴随着微机系统的发展而提出的,是微机系统的重要组成部分,提高了微机系统的执行效率;中断的出现使得计算机的发展和应用向前更进了一步,中断功能的强弱已经成为衡量一台计算机功能完善与否的重要指标。

7.1.1 中断系统的基本概念

1. 中断

什么是中断?以一个生活例子来说明:你正在家里看书,突然电话铃声响了(中断请求),你在书的当前位置放个书签(返回地址),以便回来能继续阅读,然后放下书本,去接电话(中断响应),在电话中告诉对方应该如何处理(中断处理),最后放下电话,回来继续看书(中断返回),这就是生活中的"中断"现象。中断的表现就是正常的工作过程被外部"突发"事件打断了,需要暂停当前的工作去处理这个"突发"事件,处理结束后返回到正常状态继续工作。

在微机系统内,中断则是指计算机在程序执行过程中,外部或内部事件需要 CPU 进行立即处理,CPU 暂时停止正在执行的程序,转向去执行事件处理子程序,处理完成后,CPU 再返回先前被迫暂停的程序继续执行,这一过程称为微机系统的中断。向 CPU 提出中断的请求源称为中断源,CPU 响应请求的过程称为中断响应,执行的中断处理子程序称为中断服务程序,CPU 处理完成返回原程序的过程称为中断返回。

一个完整的中断过程包括 4 个步骤:中断请求、中断响应、中断服务与中断返回,如图 7.1(a)所示。

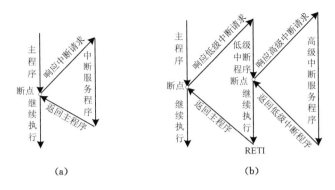

图 7.1　中断响应过程示意图

2. 中断源

中断源是向 CPU 提出中断的请求源,也是引起 CPU 中断的根源或原因,中断源向 CPU 提出的处理要求,称为中断请求或者中断申请。

3. 中断优先级

当同时有多个中断源请求中断时,就存在 CPU 的中断响应的先后问题,哪个中断请求会被第一个响应,这取决于每个中断源的优先次序,该次序是由中断系统提前确定的,称为中断优先级,中断优先级高的中断请求优先响应。

4. 中断嵌套

当 CPU 正在处理一个中断源的请求时(执行相应的中断服务程序),发生了另外一个优先级比它还高的中断源请求,如果 CPU 能暂停对原中断源的服务程序,转而去处理优先级更高的中断源请求,处理完成后,再返回原低级中断服务程序,这个过程称为中断嵌套,这样的中断系统称为多级中断系统,没有中断嵌套功能的中断系统称为单级中断系统。即中断优先级高的中断请求可以中断 CPU 正在处理的优先级低的中断服务程序,待完成了中断优先级高的中断服务程序之后,再返回继续执行被打断的低优先级的中断服务程序,如图 7.1(b)所示。

7.1.2　中断系统的组成

STC15W4K32S4 单片机共有 21 个中断源、2 个中断优先级,可以实现两级中断嵌套,片内有关的特殊功能寄存器为中断允许控制寄存器 IE、IE2、INT_CLKO 和中断优先级控制寄存器 IP、IP2。STC15W4K32S4 单片机的中断系统如图 7.2 所示。

1. 中断源

STC15W4K32S4 单片机提供了 21 个中断请求源,它们分别是:外部中断0(INT0)、定时器 0 中断、外部中断 1(INT1)、定时器 1 中断、串行口 1 中断、A/D 转换中断、低压检测(LVD)中断、CCP/PWM/PCA 中断、串行口 2 中断、SPI 中断、外部中断 2($\overline{\text{INT2}}$)、外部中断 3($\overline{\text{INT3}}$)、定时器 2 中断、外部中断 4($\overline{\text{INT4}}$)、串行口 3 中断、串行口 4 中断、定时器 3 中

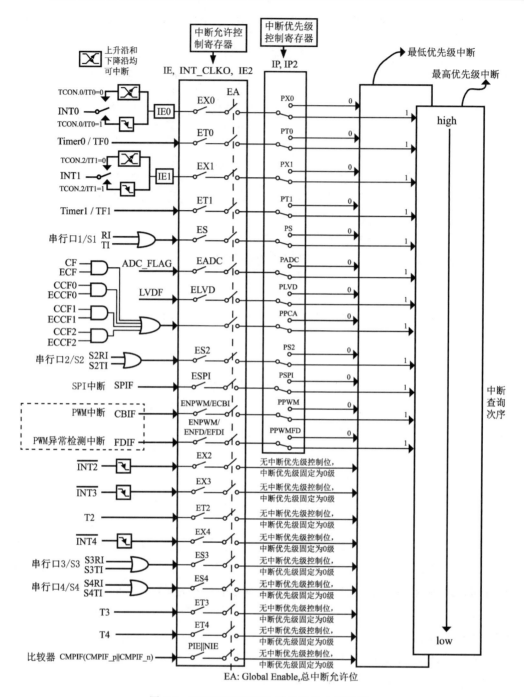

图 7.2　STC15W4K32S4 单片机的中断系统

断、定时器 4 中断、比较器中断、PWM 中断及 PWM 异常检测中断。

（1）外部中断 0（INT0）：中断请求信号由 P3.2 引脚输入，通过 IT0 来设置中断请求的触发方式。IT0＝1 时，外部中断 0 为下降沿触发；IT0＝0 时，上升沿或下降沿均可触发外部中断 0。一旦外部中断请求被响应，中断标志位 IE0 会自动被清零。外部中断 0（INT0）

还可以用于将单片机从掉电模式唤醒。

（2）外部中断 1(INT1)：中断请求信号由 P3.3 引脚输入，通过 IT1 来设置中断请求的触发方式。IT1＝1 时，外部中断 1 为下降沿触发；当 IT1＝0 时，上升沿或下降沿均可触发外部中断 1。一旦外部中断请求被响应，中断标志位 IE1 会自动被清零。外部中断 1(INT1)亦可用于将单片机从掉电模式唤醒。

（3）定时器 0 中断：当定时/计数器 T0 计数产生溢出时，定时/计数器 T0 溢出标志位TF0 置位，向 CPU 发出中断请求，若此时定时器 T0 的中断允许被打开，则进入定时器中断服务程序，同时清除定时器 T0 的溢出标志位 TF0。

（4）定时器 1 中断：当定时/计数器 T1 计数产生溢出时，定时/计数器 T1 溢出标志位TF1 置位，向 CPU 发出中断请求，若此时定时器 T1 的中断允许被打开，则进入定时器中断服务程序，同时清除定时器 T1 的溢出标志位 TF1。

（5）串行口 1 中断：当串行口 1 接收完一帧数据时 RI 置位或者发送完一帧数据时 TI置位，向 CPU 申请中断，如果串行口 1 中断被打开，则 CPU 响应中断转向执行中断服务程序，TI 或 RI 的值需用软件清除。

（6）A/D 转换中断：当 A/D 转换完成，则置位 ADC_FLAG/ADC_CONTR.4，向 CPU申请中断，该位需用软件清除。

（7）低电压检测中断：当检测到电源为低电压时，则置位 LVDF/PCON.5；在上电复位或电压波动时，低电压检测电路会检测到低电压，置位 LVDF，向 CPU 申请中断。电压恢复正常后，LVDF＝1，若需要使用 LVDF，则先对其软件清零。

（8）PCA/CCP 中断：PCA/CCP 中断的中断请求信号由 CF、CCF0、CCF1、CCF2 标志共同形成，CF、CCF0、CCF1、CCF2 中任何一个标志为 1，都可以触发此中断。

（9）串行口 2 中断：当串行口 2 接收完一帧数据时置位 S2RI 或者发送完一帧数据时置位 S2TI，向 CPU 请求中断，如果串行口 2 中断被打开，则 CPU 响应中断转向执行中断服务程序，中断响应后，S2TI 或 S2RI 需由软件清零。

（10）SPI 中断：当同步串行口 SPI 传输完成时，SPIF/SPSTAT.7 被置位，如果 SPI 中断被打开，则向 CPU 请求中断，单片机转去执行该 SPI 中断服务程序。中断响应完成后，SPIF 需通过软件清零。

（11）外部中断 2：下降沿触发，一旦输入信号有效，则向 CPU 申请中断，外部中断2($\overline{\text{INT2}}$)的中断请求标志位被隐藏起来了，对用户不可见。当相应的中断服务程序被响应后或 EX2＝0，这些中断请求标志位会立即自动地被清零。中断优先级固定为 0 级(最低级)。

（12）外部中断 3：下降沿触发，一旦输入信号有效，则向 CPU 申请中断，外部中断3($\overline{\text{INT3}}$)的中断请求标志位被隐藏起来了，对用户不可见。当相应的中断服务程序被响应后或 EX3＝0，这些中断请求标志位会立即自动地被清零。中断优先级固定为 0 级(最低级)。

（13）定时器 2 中断：当定时/计数器 T2 计数产生溢出时，向 CPU 申请中断，定时器 2 的中断请求标志位被隐藏起来了，对用户不可见。当相应的中断服务程序被响应后或 ET2＝0，该中断请求标志位会立即自动地被清零。中断优先级固定为 0 级(最低级)。

（14）外部中断 4：下降沿触发，一旦输入信号有效，则向 CPU 申请中断，外部中断 4（$\overline{INT4}$）的中断请求标志位被隐藏起来了，对用户不可见。当相应的中断服务程序被响应后或 EX4＝0，这些中断请求标志位会立即自动地被清零。中断优先级固定为 0 级（最低级）。

（15）串行口 3 中断：当串行口 3 接收完一帧数据时置位 S3RI 或者发送完一帧数据时置位 S3TI，向 CPU 请求中断，如果串行口 3 中断被打开，则 CPU 响应中断转向执行中断服务程序，中断响应后，S3TI 或 S3RI 需由软件清零。

（16）串行口 4 中断：当串行口 4 接收完一帧数据时置位 S4RI 或者发送完一帧数据时置位 S4TI，向 CPU 请求中断，如果串行口 4 中断被打开，则 CPU 响应中断转向执行中断服务程序，中断响应后，S4TI 或 S4RI 需由软件清零。

（17）定时器 3 中断：当定时/计数器 T3 计数产生溢出时，向 CPU 申请中断，定时器 3 的中断请求标志位被隐藏起来了，对用户不可见。当相应的中断服务程序被响应后或 ET3＝0，该中断请求标志位会立即自动地被清零。中断优先级固定为 0 级（最低级）。

（18）定时器 4 中断：当定时/计数器 T4 计数产生溢出时，向 CPU 申请中断，定时器 4 的中断请求标志位被隐藏起来了，对用户不可见。当相应的中断服务程序被响应后或 ET4＝0，该中断请求标志位会立即自动地被清零。中断优先级固定为 0 级（最低级）。

（19）比较器中断：比较器中断标志位 CMPIF＝(CMPIF_p ‖ CMPIF_n)，其中 CMPIF_p 是内建的标志比较器上升沿中断的寄存器，CMPIF_n 是内建的标志比较器下降沿中断的寄存器。当 CPU 去读取 CMPIF 的数值时会读到(CMPIF_p ‖ CMPIF_n)；当 CPU 对 CMPIF 写"0"后 CMPIF_p 及 CMPIF_n 会被自动设置为"0"。因此，当比较器的比较结果由低变高时，内建的标志比较器上升沿中断的寄存器 CMPIF_p 会被设置成"1"，即比较器中断标志位 CMPIF 也会被设置成"1"，如果比较器上升沿中断已被允许，即 PIE(CMPCR 1.5)已被设置成"1"，则向 CPU 请求中断，单片机转去执行该比较器上升中断服务程序；同理，当比较器的比较结果由高变低时，那么内建的标志比较器下降沿中断的寄存器 CMPIF_n 会被设置成"1"，即比较器中断标志位 CMPIF 也会被设置成"1"，如果比较器下降沿中断已被允许，即 NIE(CMPCR1.4)已被设置成"1"，则向 CPU 请求中断，单片机转去执行该比较器下降中断服务程序。中断响应完成后，比较器中断标志位 CMPIF 不会自动被清零，用户需通过软件向其写入"0"清零它。

（20）PWM 中断：当 PWM 引脚输入信号有效时，CBIF 标志位置位，向 CPU 请求中断，若 ENPWM/ECBI＝1，则 CPU 响应中断转而执行服务程序，中断服务结束后 CBIF 标志位不会自动清零，需要用户软件清零。

（21）PWM 异常检测中断：当 PWM 异常检测引脚输入信号有效时，FDIF 标志位置位，向 CPU 请求中断，若 ENFD/EFDI＝1，则 CPU 响应中断转而执行服务程序，中断服务结束后 FDIF 标志位不会自动清零，需要用户软件清零。

各个中断触发行为总结如表 7.1 所列。

表 7.1　STC15W4K32S4 中断触发表

中断源	中断源触发行为
外部中断 0	IT0＝1,下降沿;IT0＝0,上升沿和下降沿均可
定时器 0 中断	定时器 0 计数溢出
外部中断 1	IT1＝1,下降沿;IT1＝0,上升沿和下降沿均可
定时器 1 中断	定时器 1 计数溢出
串行口 1 中断	串行口 1 发送或接收完成
A/D 转换中断	A/D 转换完成
LVD 中断	电源电压下降到低于 LVD 检测电压
串行口 2 中断	串行口 2 发送或接收完成
SPI 中断	SPI 数据传输完成
外部中断 2	下降沿
外部中断 3	下降沿
定时器 2 中断	定时器 2 计数溢出
外部中断 4	下降沿
串行口 3 中断	串行口 3 发送或接收完成
串行口 4 中断	串行口 4 发送或接收完成
定时器 3 中断	定时器 3 计数溢出
定时器 4 中断	定时器 4 计数溢出
比较器中断	比较器比较结果由 low 变成 high 或由 high 变成 low

2. 中断请求标志位

STC15W4K32S4 单片机的 21 个中断源的中断请求标志位分别位于特殊功能寄存器 TCON、SCON、PCON、S2CON、ADC_CONTR、SPSTAT、CCON、PWMIF 和 PWMFDCR 中,详见表 7.2。其中外部中断 2、外部中断 3、外部中断 4、定时器 2、定时器 3 和定时器 4 的中断请求标志被隐藏了,对用户是不可见的。

表 7.2　STC15W4K32S4 单片机的 21 个中断源的中断请求标志位

名称	地址	D7	D6	D5	D4	D3	D2	D1	D0	复位值
TCON	88H	TF1	TR1	TF0	TR0	IE1	IT1	IE0	IT0	00000000
SCON	98H	SM0/FE	SM1	SM2	REN	TB8	RB8	TI	RI	00000000
S2CON	9AH	S2SM0	×	S2SM2	S2REN	S2TB8	S2RB8	S2TI	S2RI	01000000
PCON	87H	SMOD	SMOD0	LVDF	POF	GF1	GF0	PD	IDL	00000000
ADC_CONTR	BCH	ADC_POWER	SPEED1	SPEED0	ADC_FLAG	ADC_START	CHS2	CHS1	CHS0	00000000
SPSTAT	CDH	SPIF	WCOL	×	×	×	×	×	×	00xxxxxx
CCON	D8H	CF	CR	×	×	CCF3	CCF2	CCF1	CCF0	00xx0000
PWMIF	F6H	×	CBIF	C7IF	C6IF	C5IF	C4IF	C3IF	C2IF	x0000000
PWMFDCR	F7H	×	×	ENFD	FLTFLIO	EFDI	FDCMP	FDIO	FDIF	xx000000

下面重点介绍与 51 单片机兼容的 5 个中断源,即外部中断 0、外部中断 1、定时器 T0 中断、定时器 T1 中断和串行口 1 中断的有关标志位,其他中断源的标志位将在后续章节中陆续介绍。

(1)定时器 T0 和 T1 的控制寄存器 TCON

TCON 为定时/计数器 T0、T1 的控制寄存器,同时也锁存 T0、T1 溢出中断源和外部请求中断源等,其地址为 88H,可以位寻址,TCON 格式如下:

名称	地址	D7	D6	D5	D4	D3	D2	D1	D0	复位值
TCON	88H	TF1	TR1	TF0	TR0	IE1	IT1	IE0	IT0	00000000

① TF1:T1 溢出中断标志。T1 被允许计数以后,从初值开始加 1 计数。当产生溢出时,TF1 由硬件置"1",向 CPU 请求中断,一直保持到 CPU 响应中断时,才由硬件清零,也可由查询软件清零。

② TR1:定时器 1 的运行控制位,TR1=1 时,启动定时器 T1。

③ TF0:T0 溢出中断标志。T0 被允许计数以后,从初值开始加 1 计数。当产生溢出时,TF0 由硬件置"1",向 CPU 请求中断,一直保持到 CPU 响应该中断时,才由硬件清零,也可由查询软件清零。

④ TR0:定时器 T0 的运行控制位,TR0=1 时,启动定时器 T0。

⑤ IE1:外部中断 1(INT1/P3.3)中断请求标志。IE1=1 时,外部中断向 CPU 请求中断,当 CPU 响应该中断时由硬件将 IE1 清零。

⑥ IT1:外部中断 1 中断源类型选择位。IT1=0,INT1/P3.3 引脚上的上升沿或下降沿信号均可触发外部中断 1;IT1=1,外部中断 1 为下降沿触发方式。

⑦ IE0:外部中断 0(INT0/P3.2)中断请求标志。IE0=1,外部中断 0 向 CPU 请求中断,当 CPU 响应外部中断时由硬件将 IE0 清零。

⑧ IT0:外部中断 0 中断源类型选择位。IT0=0,INT0/P3.2 引脚上的上升沿或下降沿均可触发外部中断 0;IT0=1,外部中断 0 为下降沿触发方式。

(2)串行口 1 控制寄存器 SCON

串行口 1 控制寄存器中的低 2 位 TI 和 RI 分别锁存串行口的发送中断请求标志和接收中断请求标志,其地址为 98H,可以位寻址,SCON 格式如下:

名称	地址	D7	D6	D5	D4	D3	D2	D1	D0	复位值
SCON	98H	SM0/FE	SM1	SM2	REN	TB8	RB8	TI	RI	00000000

① RI:串行口 1 接收中断标志。若串行口 1 允许接收且以方式 0 工作,则每当接收到第 8 位数据时置"1";当串行口 1 以方式 1、2、3 工作且 SM2=0 时,则每当接收到停止位的中间时置"1";当串行口 1 以方式 2 或方式 3 工作且 SM2=1 时,则仅当接收到的第 9 位数据 RB8 为 1 后,同时还要接收到停止位的中间时置"1"。RI 为 1 表示串行口 1 正向 CPU 申请中断(接收中断),RI 必须由用户的中断服务程序清零。

② TI:串行口 1 发送中断标志。若串行口 1 以方式 0 发送时,每当发送完 8 位数据,由硬件置"1";若串行口 1 以方式 1、2 或 3 发送时,在发送停止位开始时置"1"。TI 为 1 表示串行口 1 正在向 CPU 申请中断(发送中断)。值得注意的是,CPU 响应发送中断请求,转向执行中断服务程序时并不将 TI 清零,TI 必须由用户在中断服务程序中清零。

SCON 寄存器的其他位与中断无关,在此不作介绍。

3. 中断允许控制

用户可以用关总中断允许位(EA/IE.7)或相应中断的允许位屏蔽相应的中断请求,也可以打开相应的中断允许位来使 CPU 响应相应的中断申请;每一个中断源可以用软件独立地控制为开中断或关中断状态。部分中断的优先级别均可用软件设置。高优先级的中断请求可以打断低优先级的中断过程;反之,低优先级的中断请求不可以打断高优先级的中断过程。当两个相同优先级的中断同时产生时,将由自然优先级(查询次序)来决定系统先响应哪个中断。

STC15W4K32S4 单片机的中断允许控制寄存器主要由 IE、IE2、INT_CLKO、CMOD、CCAPM0、CCAPM1、CCAPM2、CMPCR1 和 PWMCR 等构成,用于控制 CPU 对各中断源的开放或屏蔽,如表 7.3 所列。

表 7.3　STC15W4K32S4 单片机的中断允许控制位

名称	地址	D7	D6	D5	D4	D3	D2	D1	D0	复位值
IE	A8H	EA	ELVD	EADC	ES	ET1	EX1	ET0	EX0	00000000
IE2	AFH	×	ET4	ET3	ES4	ES3	ET2	ESPI	ES2	x0000000
INT_CLKO	8FH	×	EX4	EX3	EX2	MCKO_S2	T2CLKO	T1CLKO	T0CLKO	x0000000
CMOD	D9H	CIDL	×	×	×	CPS2	CPS1	CPS0	ECF	0xxx0000
CCAPM0	DAH	×	ECOM0	CAPP0	CAPN0	MAT0	TOG0	PWM0	ECCF0	x0000000
CCAPM1	DBH	×	ECOM1	CAPP1	CAPN1	MAT1	TOG1	PWM1	ECCF1	x0000000
CCAPM2	DCH	×	ECOM2	CAPP2	CAPN2	MAT2	TOG2	PWM2	ECCF2	x0000000
CMPCR1	E6H	CMPEN	CMPIF	PIE	NIE	PIS	NIS	CMPOE	CMPRES	00000000
PWMCR	F5H	ENPWM	ECBI	ENC7O	ENC6O	ENC5O	ENC4O	ENC3O	ENC2O	00000000

(1) EA:CPU 的总中断允许控制位。EA=1,CPU 开放中断;EA=0,CPU 屏蔽所有的中断申请。EA 的作用是使中断允许形成多级控制,即各中断源首先受 EA 控制,其次还受各中断源自己的中断允许控制位控制。

(2) ELVD:低压检测中断允许位。ELVD=1,允许低压检测中断;ELVD=0,禁止低压检测中断。

(3) EADC:A/D 转换中断允许位。EADC=1,允许 A/D 转换中断;EADC=0,禁止 A/D 转换中断。

(4) ES:串行口 1 的中断允许位。ES=1,允许串行口 1 中断;ES=0,禁止串行口 1 中断。

(5) ET1:定时/计数器 T1 的溢出中断允许位。ET1=1,允许 T1 中断;ET1=0,禁止

T1 中断。

（6）EX1：外部中断 1 的中断允许位。EX1＝1，允许外部中断 1 中断；EX1＝0，禁止外部中断 1 中断。

（7）ET0：T0 的溢出中断允许位。ET0＝1，允许 T0 中断；ET0＝0，禁止 T0 中断。

（8）EX0：外部中断 0 的中断允许位。EX0＝1，允许外部中断；EX0＝0，禁止外部中断。

（9）ET4：定时器 4 的中断允许位。ET4＝1，允许定时器 4 产生中断；ET4＝0，禁止定时器 4 产生中断。

（10）ET3：定时器 3 的中断允许位。ET3＝1，允许定时器 3 产生中断；ET3＝0，禁止定时器 3 产生中断。

（11）ES4：串行口 4 的中断允许位。ES4＝1，允许串行口 4 中断；ES4＝0，禁止串行口 4 中断。

（12）ES3：串行口 3 的中断允许位。ES3＝1，允许串行口 3 中断；ES3＝0，禁止串行口 3 中断。

（13）ET2：定时器 2 的中断允许位。ET2＝1，允许定时器 2 产生中断；ET2＝0，禁止定时器 2 产生中断。

（14）ESPI：SPI 的中断允许位。ESPI＝1，允许 SPI 中断；ESPI＝0，禁止 SPI 中断。

（15）ES2：串行口 2 的中断允许位。ES2＝1，允许串行口 2 中断；ES2＝0，禁止串行口 2 中断。

（16）EX4：外部中断 4（$\overline{INT4}$）的中断允许位。EX4＝1，允许中断；EX4＝0，禁止中断。外部中断 4 只能下降沿触发。

（17）EX3：外部中断 3（$\overline{INT3}$）的中断允许位。EX3＝1，允许中断；EX3＝0，禁止中断。外部中断 3 也只能下降沿触发。

（18）EX2：外部中断 2（$\overline{INT2}$）的中断允许位。EX2＝1，允许中断；EX2＝0，禁止中断。外部中断 2 同样只能下降沿触发。

4．中断的优先控制

传统 8051 单片机具有两个中断优先级，即高优先级和低优先级，可以实现两级中断嵌套。STC15W4K 系列单片机通过设置特殊功能寄存器（IP 和 IP2）中的相应位，可将部分中断设置为两个优先级。除外部中断 2（$\overline{INT2}$）、外部中断 3（$\overline{INT3}$）、定时器 T2 中断、外部中断 4（$\overline{INT4}$）、串行口 3 中断、串行口 4 中断、定时器 3 中断、定时器 4 中断及比较器中断固定是最低优先级中断外，其他的中断源都具有 2 个中断优先级，可实现 2 级中断服务程序嵌套。

正在执行的低优先级中断能被高优先级中断所中断，但不能被另一个低优先级中断所中断，一直执行到结束，遇到返回指令 RETI，返回主程序后再执行一条指令才能响应新的中断申请。以上所述可归纳为下面两条基本规则：

（1）低优先级中断可被高优先级中断所中断，反之不能。

（2）任何一种中断（不管是高级还是低级），一旦得到响应，不会再被它的同级中断所中断。

STC15W4K32S4 单片机内部的中断优先级控制寄存器详见表 7.4。

表 7.4　STC15W4K32S4 单片机的中断优先级控制寄存器

名称	地址	D7	D6	D5	D4	D3	D2	D1	D0	复位值
IP	B8H	PPCA	PLVD	PADC	PS	PT1	PX1	PT0	PX0	00000000
IP2	B5H	×	×	×	PX4	PPWMFD	PPWM	PSPI	PS2	xxx00000

（1）PPCA：PCA 中断优先级控制位。当 PPCA＝0 时，PCA 中断为最低优先级中断（优先级 0）；当 PPCA＝1 时，PCA 中断为最高优先级中断（优先级 1）。

（2）PLVD：低压检测中断优先级控制位。当 PLVD＝0 时，低压检测中断为最低优先级中断（优先级 0）；当 PLVD＝1 时，低压检测中断为最高优先级中断（优先级 1）。

（3）PADC：A/D 转换中断优先级控制位。当 PADC＝0 时，A/D 转换中断为最低优先级中断（优先级 0）；当 PADC＝1 时，A/D 转换中断为最高优先级中断（优先级 1）。

（4）PS：串行口 1 中断优先级控制位。当 PS＝0 时，串行口 1 中断为最低优先级中断（优先级 0）；当 PS＝1 时，串行口 1 中断为最高优先级中断（优先级 1）。

（5）PT1：定时器 1 中断优先级控制位。当 PT1＝0 时，定时器 1 中断为最低优先级中断（优先级 0）；当 PT1＝1 时，定时器 1 中断为最高优先级中断（优先级 1）。

（6）PX1：外部中断 1 优先级控制位。当 PX1＝0 时，外部中断 1 为最低优先级中断（优先级 0）；当 PX1＝1 时，外部中断 1 为最高优先级中断（优先级 1）。

（7）PT0：定时器 0 中断优先级控制位。当 PT0＝0 时，定时器 0 中断为最低优先级中断（优先级 0）；当 PT0＝1 时，定时器 0 中断为最高优先级中断（优先级 1）。

（8）PX0：外部中断 0 优先级控制位。当 PX0＝0 时，外部中断 0 为最低优先级中断（优先级 0）；当 PX0＝1 时，外部中断 0 为最高优先级中断（优先级 1）。

（9）PX4：外部中断 4 优先级控制位。当 PX4＝0 时，外部中断 4 为最低优先级中断（优先级 0）；当 PX4＝1 时，外部中断 4 为最高优先级中断（优先级 1）。

（10）PPWMFD：PWM 异常检测中断优先级控制位。当 PPWMFD＝0 时，PWM 异常检测中断为最低优先级中断（优先级 0）；当 PPWMFD＝1 时，PWM 异常检测中断为最高优先级中断（优先级 1）。

（11）PPWM：PWM 中断优先级控制位。当 PPWM＝0 时，PWM 中断为最低优先级中断（优先级 0）；当 PPWM＝1 时，PWM 中断为最高优先级中断（优先级 1）。

（12）PSPI：SPI 中断优先级控制位。当 PSPI＝0 时，SPI 中断为最低优先级中断（优先级 0）；当 PSPI＝1 时，SPI 中断为最高优先级中断（优先级 1）。

（13）PS2：串行口 2 中断优先级控制位。当 PS2＝0 时，串行口 2 中断为最低优先级中断（优先级 0）；当 PS2＝1 时，串行口 2 中断为最高优先级中断（优先级 1）。

中断优先级控制寄存器 IP 和 IP2 的各位都可由用户置"1"和置"0"。但 IP 寄存器可以位操作，所以可用位操作指令或字节操作指令设置 IP 的内容，而 IP2 寄存器的内容只能用字节操作指令来更新。STC15W4K 系列单片机复位后 IP 和 IP2 均为 00H，各个中断源均为低优先级中断。

当 CPU 同时收到几个同一优先级的中断请求时，哪一个请求得到服务，取决于内部的查询次序。这相当于在每个优先级内还同时存在另一个辅助的自然优先级结构，STC15W4K32S4 单片机自然优先级由内部硬件电路决定，排序如下：

中断号	中断源	同级自然优先顺序
0	外部中断 0	最高
1	定时器 T0 中断	
2	外部中断 1	
3	定时器 T1 中断	
4	串行口 1 中断	
5	A/D 转换中断	
6	LVD 中断	
7	PCA 中断	
8	串行口 2 中断	
9	SPI 中断	
10	外部中断 2	
11	外部中断 3	
12	定时器 T2 中断	
13		
14	预留中断	
15		
16	外部中断 4	
17	串行口 3 中断	
18	串行口 4 中断	
19	定时器 T3 中断	
20	定时器 T4 中断	
21	比较器中断	
22	PWM 中断	
23	PWM 异常检测中断	最低

7.1.3　中断系统的特点

微机系统采用中断技术，能够提高工作效率和处理速度，主要表现在三个方面。

1. 实时性高

自动控制系统中，要求各控制参数在随机时刻向 CPU 发出请求，CPU 必须及时快速响应，中断系统能够满足实时处理随机事件的要求，且实时性较高。

2. 执行效率高

由于单片机系统中的外部设备速度较慢且差别较大，使用中断技术能够较好地解决快速 CPU 和慢速外设之间的矛盾，可使 CPU 和外设并行工作，提高执行效率。

3. 系统可靠性高

在单片机系统实际运行中，不可避免地会出现由外界干扰、硬件故障和软件缺陷等造成的系统可靠性问题,有了中断技术,CPU 就能及时发现故障并自动处理,提高了系统自身的可靠性。

7.2　单片机的中断处理过程

当中断源向 CPU 发出中断请求后,如果单片机的中断被允许,则单片机将会进入中断处理过程,包括中断响应、中断处理和中断返回三个组成部分。

7.2.1　中断响应过程

中断响应是 CPU 对中断源中断请求的响应,包括断点保护和程序转移两个步骤。

1. CPU 响应中断的条件

当中断源向 CPU 发出中断请求时,如果中断的条件满足,CPU 将进入中断响应周期。单片机响应中断的条件是:

① 中断源有请求。

② 相应的中断允许开放。参考表 7.3 所列的中断允许控制位。

③ 无同级或高级中断正在处理。

④ CPU 总中断开放(EA＝1)。

2. 中断响应的过程

在每个指令周期的最后一个时钟周期,CPU 对各中断源采样,并设置相应的中断标志位,然后按优先级顺序查询各中断标志,并按优先级的高低顺序响应中断请求。CPU 响应中断时,将执行如下操作:

① 当前正被执行的指令执行完毕;

② PC 值被压入堆栈;

③ 现场保护;

④ 阻止同级别其他中断;

⑤ 将中断服务程序的入口地址(中断向量地址)装载到程序计数器 PC;

⑥ 执行相应的中断服务程序。

中断服务程序(interrupt service routine,简称 ISR)完成和该中断相关的一些操作,ISR 以 RETI(中断返回)指令结束,恢复 PC 值和中断之前的状态,程序从断点处继续执行。

STC15W4K32S4 单片机的各中断源所对应的中断服务程序入口地址由硬件事先设定,如表 7.5 所列。

表 7.5　STC15W4K32S4 单片机各中断源对应的中断服务程序入口地址

中断源	中断号	中断向量(服务程序地址)
外部中断 0	0	0003H
定时器 T0 中断	1	000BH
外部中断 1	2	0013H
定时器 T1 中断	3	001BH
串行口 1 中断	4	0023H
A/D 转换中断	5	002BH

表 7.5（续）

中断源	中断号	中断向量（服务程序地址）
LVD 中断	6	0033H
PCA 中断	7	003BH
串行口 2 中断	8	0043H
SPI 中断	9	004BH
外部中断 2	10	0053H
外部中断 3	11	005BH
定时器 T2 中断	12	0063H
预留中断	13	006BH
	14	0073H
	15	007BH
外部中断 4	16	0083H
串行口 3 中断	17	008BH
串行口 4 中断	18	0093H
定时器 T3 中断	19	009BH
定时器 T4 中断	20	00A3H
比较器中断	21	00ABH
PWM 中断	22	00B3H
PWM 异常检测中断	23	00BBH

从表 7.5 中可以看出，两个中断向量地址之间相差 8 个字节，如果中断服务程序的长度较短且小于 8 个字节，则可以直接将中断服务程序放置在向量地址处。但是一般的中断服务程序长度都超 8 个字节，这时可以将中断服务程序存放到存储器的其他区域，然后在中断入口处存放一条无条件转移，使程序跳转到用户安排的中断服务程序处。例如：

```
ORG 0000H
    LJMP MAIN
ORG 0003H              ;外部中断 0 入口地址
    LJMP INT0_ISR      ;转向外部中断 0 的服务程序
    ……                ;其他程序代码
INT0_ISR:              ;外部中断 0 服务子程序
    ……
    RETI               ;中断服务子程序返回指令
```

当 CPU 响应外部中断 0 的中断请求时，PC 指针会自动指向 0003H 单元，并执行 LJMP INT0_ISR 指令，跳转到用户定义的子程序 INT0_ISR 处执行，执行 RETI 返回指令后实现中断返回。

当"转去执行中断"时，引起外部中断 INT0/INT1/$\overline{INT2}$/$\overline{INT3}$/$\overline{INT4}$请求标志位和定时/计数器 0、定时/计数器 1 的中断请求标志位将被硬件自动清零，其他中断的中断请求标志位需软件清零。由于中断向量入口地址位于程序存储器的开始部分，所以主程序的第 1

条指令通常为跳转指令,越过中断向量区(LJMP MAIN)。

　　在 C 语言中,单片机中断服务程序的调用需要使用中断号来定位,即 CPU 响应中断请求时会根据关键字"interrupt"后的中断号来决定执行哪个中断服务函数,与中断服务函数的名称无关,因此在定义时要特别注意中断号与中断源的对应关系,例如:

　　void INT0_ISR(void) interrupt 0　　　　　　　/ * 外部中断 0 中断函数 * /
　　{… …}
　　void T0_ISR(void) interrupt 1　　　　　　　/ * 定时器 T0 中断函数 * /
　　{… …}
　　void INT1_ISR(void) interrupt 2　　　　　　　/ * 外部中断 1 中断函数 * /
　　{… …}
　　void T1_ISR(void) interrupt 3　　　　　　　/ * 定时器 T1 中断函数 * /
　　{… …}
　　void UART1_ISR(void) interrupt 4　　　　　　/ * 串行口 1 中断函数 * /
　　{… …}
　　void ADC_ISR(void) interrupt 5　　　　　　　/ * A/D 转换中断函数 * /
　　{… …}
　　void LVD_ISR(void) interrupt 6　　　　　　　/ * 低压检测 LVD 中断函数 * /
　　{… …}
　　void PCA_ISR(void) interrupt 7　　　　　　　/ * PCA 中断函数 * /
　　{… …}
　　void UART2_ISR(void) interrupt 8　　　　　　/ * 串行口 2 中断函数 * /
　　{… …}
　　void SPI_ISR(void) interrupt 9　　　　　　　/ * SPI 通信中断函数 * /
　　{… …}
　　void INT2_ISR(void) interrupt 10　　　　　　/ * 外部中断 2 中断函数 * /
　　{… …}
　　void INT3_ISR(void) interrupt 11　　　　　　/ * 外部中断 3 中断函数 * /
　　{… …}
　　void T2_ISR(void) interrupt 12　　　　　　　/ * 定时器 T2 中断函数 * /
　　{… …}
　　void INT4_ISR(void) interrupt 16　　　　　　/ * 外部中断 4 中断函数 * /
　　{… …}
　　void UART3_ISR(void) interrupt 17　　　　　　/ * 串行口 3 中断函数 * /
　　{… …}
　　void UART4_ISR(void) interrupt 18　　　　　　/ * 串行口 4 中断函数 * /
　　{… …}
　　void T3_ISR （void) interrupt 19　　　　　　/ * 定时器 T3 中断函数 * /
　　{… …}
　　void T4_ISR （void) interrupt 20　　　　　　/ * 定时器 T4 中断函数 * /

{… …}

void CMP_ISR(void) interrupt 21   /*比较器中断函数*/

{… …}

void PWM_ISR（void）interrupt 22   /*PWM中断函数*/

{… …}

void PWMFD_ISR(void) interrupt 23   /*PWM异常检测中断函数*/

{… …}

在程序的运行过程中，并不是任何时刻都可以响应中断请求。出现下列情况时，CPU不会响应中断请求：

①　中断允许总控制位 EA＝0 或发出中断请求的中断源所对应的中断允许控制位为 0。

②　CPU 正在执行一个同级或高一级的中断服务程序。

③　当前执行指令的时刻不是指令周期的最后一个时钟周期。

④　正在执行的指令是中断返回指令 RETI 或者是访问 IE 或 IP 的指令时，CPU 至少要再执行一条指令才能响应中断请求。

7.2.2　中断处理和中断返回

中断处理又叫中断服务，指从中断向量表找到中断服务程序开始执行，直到返回指令RETI 执行完成为止。中断服务程序 ISR 以 RETI 作为最后一条中断返回指令，将 PC 值从堆栈中取回，并恢复到主程序的断点处继续执行。当某中断被响应时，被装载到程序计数器PC 中的数值为中断向量，是该中断源相对应的中断服务程序的起始地址。中断服务程序由四个部分组成：保护现场、中断服务、恢复现场以及中断返回。

1．保护现场

由于在主程序中累加器 A 和程序状态字寄存器 PSW 中可能存有重要数据，而在中断服务程序中也可能用到这两个寄存器，因此，执行中断服务程序会破坏原来存储在寄存器中的内容，当中断返回后，将会导致主程序的混乱。因此，在进入中断服务程序后，一般要先保护现场，即用入栈操作指令将需要保护的寄存器的内容压入堆栈。

保护现场时一般都需要保护 A 和 PSW，其他寄存器根据使用情况由用户决定是否需要保护，在 C 语言程序中不需要进行现场保护。

2．中断服务

中断服务程序的核心部分，即如何处理中断源的请求或中断源请求后需要 CPU 执行的操作代码，是中断源中断请求之所在。

3．恢复现场

在中断服务结束之后，中断返回之前，用出栈操作指令将保护现场中压入堆栈的内容弹回到相应的寄存器中，注意弹出顺序必须与压入顺序相反。

4．中断返回

中断返回是指中断服务完成后，CPU 返回原来中断的位置（即断点），继续执行原来的程序。中断返回由中断返回指令 RETI 来实现，该指令的功能是把断点地址从堆栈中弹出，送回到程序计数器 PC，此外还通知中断系统已完成中断处理，并同时清除优先级状态触发器。

特别要注意不能用"RET"指令代替"RETI"指令。RET 指令虽然也能控制 PC 返回到原来中断的地方,但 RET 指令没有清零中断优先级状态触发器的功能,中断控制系统会认为中断仍在进行,其后果是与此同级或低级的中断请求将不被响应。

编写中断服务程序时的注意事项:

① 单片机响应中断后,不会自动关闭中断系统。如果用户不希望出现中断嵌套,则必须在中断服务程序的开始处关闭中断,禁止更高优先级的中断请求中断当前的服务程序。

② 为了保证保护现场和恢复现场的过程不被中断,可在保护现场和恢复现场之前先关中断,当现场保护或现场恢复结束后,再根据实际需要决定是否需要开中断。

③ 若用户在中断服务程序中进行了入栈操作,则在 RETI 指令执行前应进行相应的出栈操作,即在中断服务程序中 PUSH 指令与 POP 指令必须成对使用,否则不能正确返回断点。

7.2.3　中断请求的撤除

中断源的请求信号分别被锁存在特殊功能寄存器 TCON、SCON、PCON、S2CON、ADC_CONTR、SPSTAT、CCON、PWMIF 和 PWMFDCR 中。CPU 响应中断请求后会立即进入中断服务程序,在中断返回前应将相应中断请求标志撤除,否则会引起一次中断请求出现多次重复中断的情况,导致 CPU 进入死循环。中断请求信号撤除的时机非常重要,太早有可能中断尚未响应,造成请求信号的丢失;太晚则可能引起重复中断。

1. 定时器中断请求的撤除

对于定时器 T0 或 T1 的中断请求,在 CPU 响应中断后,由硬件自动清除相应的中断请求标志 TF0 或 TF1,用户无须采取其他措施;而定时器 T2、T3 和 T4 的中断请求标志位被隐藏了,对用户是不可见的,当相应的中断服务程序被执行后,这些中断请求标志位会立即自动地被清零。

2. 外部中断请求的撤除

CPU 在响应外部中断 0 或外部中断 1 后,由硬件自动清除中断请求标志 IE0 和 IE1,用户无须采取其他措施。外部中断 2、外部中断 3 和外部中断 4 的中断请求标志被隐藏了,对用户不可见,当相应的中断服务程序被执行后,这些中断请求标志位会立即自动清零。

3. 串行口中断请求的撤除

由于串行口的发送中断和接收中断使用相同的服务程序,而且,CPU 在响应串行口中断后,硬件不会自动清除中断请求标志 TI 或 RI。因此,在中断服务程序中,应首先由用户判断是发送中断还是接收中断,再手动将其清除。串行口 2、串行口 3 和串行口 4 的中断请求标志分别是 S2TI/S2RI、S3TI/S3RI 和 S4TI/S4RI,同样需要在中断响应后由用户将中断标志位进行软件清零。

4. ADC 中断请求的撤除

A/D 转换的中断是由 ADC_FLAG/ADC_CONTR.4 请求产生的。该位不能自动清除,需要在中断服务程序中用软件将其清零。

5. SPI 中断请求的撤除

SPI 中断请求标志位 SPIF/SPSTAT.7 不能自动清除,需要在 SPI 中断服务程序中用软件将其清零。

6. PCA 中断请求的撤除

PCA 中断请求标志位 CF/CCF0/CCF1/CCF2 不能自动清除,需要在 PCA 中断服务程序中用软件将相应的标志位清零。

7. 低电压检测中断请求的撤除

低电压检测中断请求标志位 LVDF/PCON.5 不能自动清除,需要在低电压检测中断服务程序中用软件将其清零。

8. 比较器中断请求的撤除

比较器中断标志位 CMPIF=(CMPIF_p || CMPIF_n)不能自动清除,需要在中断服务程序中通过软件将其清零。

7.3 STC15W4 系列单片机中断的应用举例

【例 7.1】 设单片机 P2 口连接 8 个 LED 发光二极管(P2.7↔D8,…,P2.0↔D1),低电平驱动,如图 7.3 所示,编程利用 INT0/P3.2 引脚输入单脉冲,每来一个负脉冲,将连接到 P2 口的发光二极管循环点亮。

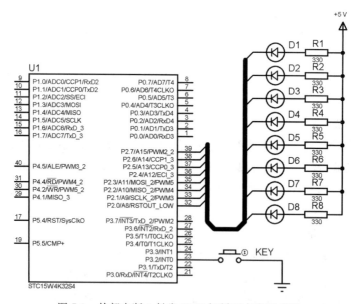

图 7.3 外部中断 0 触发 LED 灯循环点亮示意图

解:由题意知采用外部中断 0,选择下降沿触发方式,P2 口的初始值设置为 FEH。由于 P2.1/PWM3、P2.2/PWM4、P2.3/PWM5 和 P2.7/PWM2_2 四个引脚默认为高阻输入模式,必须先将其设置为准双向口(弱上拉)模式,才能输出信号。

汇编语言参考程序如下：

```
;声明有关的特殊功能寄存器
P2M1 EQU 95H
P2M0 EQU 96H
        ORG 0000H
        LJMP MAIN
        ORG 0003H
        LJMP INT0_ISR
        ORG 0100H
MAIN:
        MOV P2M1,#00H
        MOV P2M0,#00H
        MOV A,#0FEH              ;LED 灯的初始值
        SETB IT0                 ;设置外部中断 0 下降沿触发
        SETB EX0                 ;开放外部中断 0
        SETB EA                  ;开放总中断
        SJMP $                   ;原地等待
INT0_ISR:
        MOV P2,A                 ;输出 LED 灯驱动信号
        RL A                     ;循环左移,为循环点亮做准备
        RETI                     ;中断返回
        END
```

C 语言参考程序如下：

```
#include <stc15.h>              /*包含寄存器定义头文件*/
#include <intrins.h>            /*包含移位函数头文件*/
unsigned char i=0xfe;
/************主函数********************/
void main(void)
{
    P2M1=0x00;
    P2M0=0x00;                  /*将 P2 口设置为准双向口模式*/
    IT0=1;                      /*设置边沿触发方式*/
    EX0=1;                      /*开放外部中断 0*/
    EA=1;                       /*开放单片机总中断*/
    while(1);                   /*循环等待*/
}
/********外部中断 0 中断服务函数********/
void INT0_ISR(void) interrupt 0
```

```
{
    P2＝i;
    i＝_crol_(i,1);                    /＊循环移位函数＊/
}
```

【例 7.2】 外部中断 2～4 的应用。设 P2 口连接 8 个 LED 灯,低电平驱动,编程利用引脚输入单脉冲,每来一个脉冲实现 P2 口的发光二极管循环点亮。

解:外部中断 2 引脚为 P3.6,外部中断 2～4 的使用方法与外部中断 0～1 类似,区别在于外部中断 24 只能是下降沿触发。由于使用了 P2 口的各引脚输出功能,同样需要先设置 P2 口各引脚工作在准双向口模式。

汇编语言参考程序如下:

```
;声明有关的特殊功能寄存器
P2M1 EQU 95H
P2M0 EQU 96H                     ;定义 P2 口模式寄存器
INT_CLKO EQU 8FH
        ORG 0000H               ;主程序入口
        LJMP MAIN
        ORG 0053H               ;外部中断 2 入口
        LJMP INT2_ISR
        ORG 0100H               ;主程序
MAIN:
        MOV P2M1,＃00H
        MOV P2M0,＃00H           ;设置 P2 口为准双向口
        MOV SP,＃7FH             ;重置堆栈指针
        MOV A,＃0FEH             ;LED 起始驱动信号
        ORL INT_CLKO,＃10H      ;开放外部中断 2
        SETB EA                 ;CPU 开中断
        SJMP $                  ;原地踏步,等待中断发生
;外部中断 2 处理子程序
INT2_ISR:
        MOV P2,A                ;输出 LED 灯驱动信号
        RL A                    ;循环移位
        RETI                    ;中断返回
        END
```

对应的 C 语言参考程序如下：

```
#include <stc15.h>              /* 包含寄存器定义头文件 */
#include <intrins.h>            /* 包含移位函数头文件 */
unsigned char i=0xfe;
/* * * * * * * * * * * * * 主函数 * * * * * * * * * * * * * * */
void main(void)
{
    P2M1=0x00;
    P2M0=0x00;                  /* 将 P2 口设置为准双向口模式 */
    INT_CLKO |= 0x10;           /* 开放外部中断 2 */
    EA=1;                       /* 开放单片机总中断 */
    while(1);                   /* 循环等待 */
}
/* * * * * * * * 外部中断 0 中断服务函数 * * * * * * * * */
void INT2_ISR(void)interrupt 10
{
    P2=i;
    i=_crol_(i,1);              /* 循环移位函数 */
}
```

7.4　中断过程中需要解决的问题

中断是一种高效的事件处理方式，但如果使用不当，容易引发一些意想不到的后果，而且由于中断服务程序的错误是难于被发现和纠正的，因此，有时为了获得正确的结果，往往需要花费大量的时间进行调试。为了避免类似问题的出现，下面介绍中断使用过程中的注意事项。

1. 寄存器保护

由于中断请求的随机性，CPU 可能正处在主程序的任何地方，在中断响应进入服务程序前，必须要做好中断现场的保护工作以便能够顺利返回主程序。例如：

主程序是：

CLR C

MOV A,#30H

ADDC A,#25H

… …

中断处理程序是：

MOV A,#0FEH

ADD A,#41H

RETI

在以上程序中,若没有发生中断,则主程序中(A)＝55H 且 CY＝0。假设主程序在执行完 MOV 指令后发生了中断请求并被响应,将出现什么状况呢? 如上所设,在中断服务程序中的运算使得(A)＝3FH 且 CY＝1,即累加器的值变为 3FH,当中断处理结束返回主程序时,中断服务程序中的结果(A)＝3FH,CY＝1 会被带回到主程序,继续运行"ADDC A,♯25H"指令,主程序中累加器的结果为(A)＝25H＋3FH＋CY＝65H,即主程序结束时得到的结果为 65H,CY＝0,这显然是不对的。

这是因为中断服务程序中的代码改变了累加器 A 和进位标志 CY 的值,因此,必须保证中断响应前和中断返回后主程序中所使用寄存器的值不被改变。通常的做法是在中断服务程序首部和中断返回指令前分别使用 PUSH 和 POP 指令对主程序中用到的寄存器进行保护和恢复。例如,将中断服务程序的结构修改为:

PUSH ACC   ;保护现场
PUSH PSW
MOV A,♯0FEH
ADD A,♯41H
MOV R0,A   ;将运算结果保存在 R0 中
POP PSW   ;恢复现场
POP ACC
RETI   ;中断返回

每次保护现场可能涉及不同的寄存器,这主要取决于那些在主程序中用到的且其值在中断返回后还需要继续使用的寄存器。例如,如果在主程序中用到 DPTR,并且不想被别的子程序修改内容,在中断服务子程序中也用到 DPTR,此时,就应该在中断服务子程序中使用 PUSH 和 POP 指令对 DPTR 加以保护和恢复,即在中断处理程序中加入类似于下面的代码:

PUSH   DPH
PUSH   DPL
… …   ;其他代码
POP   DPL
POP   DPH
RETI

如果用 C 语言编写中断服务函数,无须进行现场保护和恢复,因为 C 语言的执行器会自动进行这一过程,因此用户不必再编写现场保护代码。

2. 中断使用的注意事项

如果中断系统未能达到预期效果,应该逐一检查与中断相关的内容,可能的原因有:

(1)寄存器保护问题。如果主程序的断点现场未被保护或者现场恢复的顺序不正确,可能会导致最后的结果错误,所以,如果寄存器的值出现错误,很可能是由于寄存器没有被保护导致的。

（2）遗漏断点恢复值。中断返回前需要将所有被保护数据从堆栈中弹出,例如现场入栈保护的顺序为 ACC、B 和 PSW,但在中断返回时为 ACC 和 PSW,遗漏在栈顶的 B 的数值将会作为返回地址随 RETI 指令执行,结果是 CPU 不能返回原断点,程序将产生不可预料的结果。

（3）使用了 RET 指令。中断返回指令 RETI 与子程序的返回指令 RET 是有区别的。RET 指令虽然也能控制 PC 返回到原来中断的地方,但 RET 指令没有清零中断优先级状态触发器的功能,中断控制系统会认为中断仍在进行,其后果是与此同级或低级的中断请求将不被响应。

（4）中断程序尽量简洁。中断服务子程序应尽可能小,一方面,中断处理的执行速度更快;另一方面,还可以尽量避免因中断服务程序执行时间太长带来的其他问题。例如,定时器中断中设计了每隔 50 ms 执行中断服务程序一次,但由于中断服务程序代码量大,每次完全执行需要大约 80 ms。也就是说,第二次中断请求到来的时候,第一次的中断服务程序还未执行完成,根据中断的执行机制,第二次的中断请求将不会被响应。

3. 中断和子程序调用的区别

中断过程类似于主程序调用子程序,但它们又有区别,各自的主要特点如表 7.6 所列。

表 7.6　中断和子程序调用的区别

内容	中断	子程序调用
产生时机	随机	预先安排
数据保护	断点保护＋现场保护	断点保护
程序地址	硬件决定	系统随机分配

7.5　STC15 系列单片机外部中断的扩展

STC15W4K32S4 单片机有 5 个外部中断请求输入端,在实际应用中如果外部中断源数量超过 5 个,则需要对外部中断源进行扩展,下面介绍 3 种主要的扩展方法。

1. 利用定时器和 PCA 扩展外部中断源

STC15W4K32S4 单片机自带 5 个定时器和 2 个 CCP/PWM/PCA 模块,可以扩展为下降沿触发的外部中断源,当这些功能不被使用时,可以作为外部中断源来使用。具体内容请参阅定时器和 PCA 相应章节内容。

2. 利用软件查询法扩展外部中断源

软件查询法的基本原理是通过门电路将多个外部中断请求源的信号引入单片机的一个中断输入端,例如 INT0/P3.2 引脚,任何一个外部中断源的请求信号都可以引起该引脚的中断请求,然后在中断服务程序中通过软件查询法来确定是哪一个提出的中断请求,查询次序即为自然优先级。一个外部中断扩展为多个外部中断的原理如图 7.4 所示。

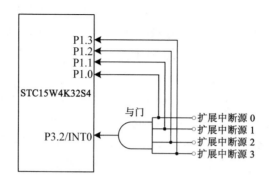

图 7.4　单个中断扩展为多个中断的原理图

【例 7.3】　如图 7.5 所示为一个多故障检测与指示系统,当故障信号到来时,对应的输入信号由低电平变为高电平,经过或非门后向 CPU 请求中断,编程实现以下功能:

(1) 无故障时所有灯都不亮;

(2) 对应的故障输入信号有输入时(高电平输入),点亮对应的 LED 灯。

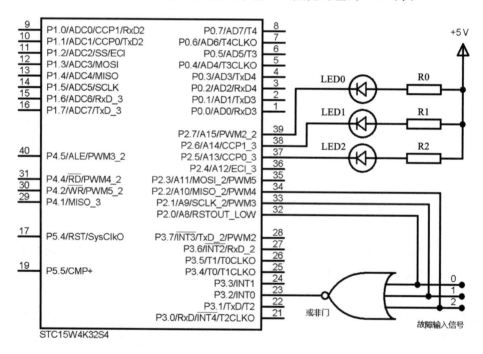

图 7.5　多故障检测与指示系统原理图

解:由图 7.5 可知,三个故障输入信号经或非门进入外部中断 0,三个信号只要有一个或一个以上为高电平,CPU 就会收到中断请求;在中断服务程序中再利用查询方法确定具体的故障源编号,并驱动相应的 LED 灯点亮。

参考汇编语言程序如下:

```
P2M1 EQU 95H
P2M0 EQU 96H                    ;定义 P2 口模式寄存器
ORG  0000H
      LJMP MAIN
      ORG 0003H
      LJMP INT0_ISR
      ORG 0100H
MAIN：
      MOV P2M1,#00H
      MOV P2M0,#00H            ;设置 P2 口为准双向口
      MOV SP,#7FH             ;重置堆栈指针
      SETB IT0               ;设置外部中断 0 下降沿触发
      SETB EX0               ;开放外部中断 0
      SETB EA                ;CPU 开中断
      SJMP $                 ;循环等待
;外部中断 2 处理子程序
INT0_ISR：
      JNB P2.0,CHK0_OK        ;查询 0 号故障信号
      CLR P2.7               ;有故障点亮 LED0
CHK0_OK：
      JNB P2.1,CHK1_OK        ;查询 1 号故障信号
      CLR P2.6               ;有故障点亮 LED1
CHK1_OK：
      JNB P2.2,CHK2_OK        ;查询 2 号故障信号
      CLR P2.5               ;有故障点亮 LED2
CHK2_OK：
      RETI                  ;中断返回
      END
```

参考 C 语言程序如下：

```
#include <REG51.h>
/ * * * * * * * * * * * *P2 口模式寄存器定义 * * * * */
sfr P2M1=0x95;
sfr P2M0=0x96;
/ * * * * * * * * * * * * 特殊功能位定义 * * * * * */
sbit P20=P2^0;
sbit P21=P2^1;
```

```
sbit P22=P2^2;
sbit P25=P2^5;
sbit P26=P2^6;
sbit P27=P2^7;
/ * * * * * * * * * * * * * 主函数 * * * * * * * * * * * * * * /
void main(void)
{
    P2M1=0x00;
    P2M0=0x00;                  / * P2 口模式为准双向口 * /
    IT0=1;                      / * 外部中断 0 为下降沿触发 * /
    EX0=1;
    EA=1;                       / * 开放总中断 * /
    while(1);                   / * 循环等待 * /
}
/ * * * * * 外部中断 0 中断服务函数 * * * * * * /
void INT0_ISR(void) interrupt 0
{
    P27=~P20;
    P26=~P21;
    P25=~P22;
}
```

注意:在以上 C 语言程序中,如果包含的头文件为"#include <stc15.h>",则必须去掉 P2 口模式寄存器定义和特殊功能位定义两部分内容,因为这些内容在头文件"stc15.h"中已经进行了定义,如果保留这两部分,会出现重复定义的错误。

3. 利用中断控制器扩展外部中断源

STC15W4K 系列单片机支持使用外部中断控制器来扩展中断源,例如,intel 8259A 是一个具有 8 个中断源的管理芯片,支持中断的可编程屏蔽、多片级联、中断嵌套和 8 级优先权选择等,该部分内容不再详细阐述。

本 章 小 结

中断系统是微机系统的重要组成部分,它可以在增加事件处理实时性的同时提高微机系统的执行效率,使得计算机的工作更加灵活;中断系统同时需要硬件和软件的支持,中断系统功能的强弱已经成为衡量微机系统功能的重要指标。

中断系统的处理一般包括中断请求、中断响应、中断服务和中断返回四个部分。

STC15W4K32S4 单片机的中断系统包括 21 个中断源,2 个优先级,可以实现两级中断服务嵌套,每个中断源都包括中断类型号、中断请求标志、中断允许控制、中断优先级控制、查询优先级、中断向量地址等相关参数,总结如下:

中断源	中断类型号	中断请求标志位		中断允许控制位	中断优先级控制	向量地址
外部中断 0	0	IE0		EX0/EA	PX0	0003H
定时器 T0 中断	1	TF0		ET0/EA	PT0	000BH
外部中断 1	2	IE1		EX1/EA	PX1	0013H
定时器 T1 中断	3	TF1		ET1/EA	PT1	001BH
串行口 1 中断	4	RI+TI		ES/EA	PS	0023H
A/D 转换中断	5	ADC_FLAG		EADC/EA	PADC	002BH
LVD 中断	6	LVDF		ELVD/EA	PLVD	0033H
PCA 中断	7	CF+CCF0+CCF1+CCF2		(ECF+ECCF0+ECCF1+ECCF2)/EA	PPCA	003BH
串行口 2 中断	8	S2RI+S2TI		ES2/EA	PS2	0043H
SPI 中断	9	SPIF		ESPI/EA	PSPI	004BH
外部中断 2	10	*		EX2/EA	0	0053H
外部中断 3	11	*		EX3/EA	0	005BH
定时器 T2 中断	12	*		ET2/EA	0	0063H
预留中断	13	/		/	/	006BH
	14	/		/	/	0073H
	15	/		/	/	007BH
外部中断 4	16	*		EX4/EA	0	0083H
串行口 3 中断	17	S3RI+S3TI		ES3/EA	0	008BH
串行口 4 中断	18	S4RI+S4TI		ES4/EA	0	0093H
定时器 T3 中断	19	*		ET3/EA	0	009BH
定时器 T4 中断	20	*		ET4/EA	0	00A3H
比较器中断	21	CMPIF	CMPIF_p	PIE/EA	0	00ABH
			CMPIF_n	NIE/EA		
PWM 中断	22	CBIF		ENPWM/ECBI/EA	PPWM	00B3H
		C2IF		ENPWM/EPWM2I/EC2T2SI‖EC2T1SI/EA		
		C3IF		ENPWM/EPWM3I/EC3T2SI‖EC3T1SI/EA		
		C4IF		ENPWM/EPWM4I/EC4T2SI‖EC4T1SI/EA		
		C5IF		ENPWM/EPWM5I/EC5T2SI‖EC5T1SI/EA		

中断源	中断类型号	中断请求标志位	中断允许控制位	中断优先级控制	向量地址
PWM 中断	22	C6IF	ENPWM/EPWM6I/ EC6T2SI‖EC6T1SI/EA	PPWM	00B3H
		C7IF	ENPWM/EPWM7I/ EC7T2SI‖EC7T1SI/EA		
PWM 异常检测中断	23	FDIF	ENPWM/ENFD/EFDI/EA	PPWMFD	00BBH

注意:带 * 的为隐藏标志位,用户是不可见的;中断优先级控制中值为"0"的中断源只有一种低优先级,不为"0"的有两种优先级"1"和"0"可以选择;同等优先级的响应顺序由查询次序来决定,查询次序按照中断号由低到高的顺序进行查询,即自然查询优先级按照中断类型号排列,数值越小优先级越高。

中断系统在使用过程中需要注意一些问题,例如中断请求标志的撤除、现场断点的保护等;如果单片机应用系统中的中断源较多,可以考虑使用外部中断扩展方法进行中断源的扩展。

习题与思考题

一、填空题

1.单片机的中断过程包括中断请求、_____、中断服务和_____四个部分。

2.外部中断 0 和外部中断 1 的触发方式有_____和_____两种。

3.STC15W4K32S4 单片机共有_____个中断源,中断优先级可以分为_____级。

4.STC15W4K 系列单片机的外部中断 0 和外部中断 1 对应的引脚分别为_____和_____。

5.串行口 1 的中断源包括_____和_____,其中断请求标志位由_____实现清零。

6.若要开放定时器 T0 中断,需要设置的控制标志位分别是_____和_____。

7.单片机的断点保护内容为_____,现场保护的内容由_____决定。

8.中断向量指的是_____,外部中断 1 的中断服务程序入口地址为_____。

9.外部中断源的扩展方法主要有查询法、_____和_____等三种。

10.串行口 1 中断源的中断允许控制标志是_____,优先级控制标志是_____。

二、选择题

1.有关断点保护的说法正确的是(　　)。

A.断点保护内容为中断发生时的当前指令地址

B.断点保护内容为 PSW 寄存器

C.断点保护内容为累加器 A 和 PSW 寄存器

D. 断点保护内容为当前 PC 值,即下一条即将执行的指令地址

2. STC15W4K 系列单片机的中断源中,需要用户清除中断请求标志的是(　　)。

A. IE1　　　　　　B. EX0　　　　　　C. S2RI　　　　　　D. TF0

3. 外部中断 2 的触发方式为(　　)。

A. 上升沿　　　　B. 下降沿　　　　C. 电平触发　　　　D. 上升沿或下降沿

4. 若要求定时器 T1 工作在中断模式,且优先级为高,以下设置正确的是(　　)。

A. ET1=1;EA=1;PT1=1;　　　　　B. IT1=1;EA=1;PT1=1;

C. ET1=1;EA=1;IT0=1;　　　　　D. EX1=1;EA=1;PT1=1;

5. 若有"PS=1;PX0=0;PT1=0;",则外部中断 0、定时器 T1 和串行口 1 同时有中断请求时的响应顺序正确的是(　　)。

A. 串行口 1→外部中断 0→定时器 T1

B. 外部中断 0→定时器 1→串行口 1

C. 外部中断 0→串行口 1→定时器 T1

D. 串行口 1→定时器 1→外部中断 0

6. 如果要开放定时器 T0 中断,以下标志位设置正确的是(　　)。

A. IT0=1;EA=1;　　　　　　　B. IE0=1;EA=1;

C. ET0=1;EA=1;　　　　　　　D. EX0=1;EA=1;

7. 以下的中断请求标志位需要由用户手动清除的是(　　)。

A. IE0　　　　　　B. TF0　　　　　　C. RI　　　　　　D. TF1

8. 关于中断优先级的说法,以下正确的是(　　)。

A. STC15W4K 系列单片机的四个串行口具有两级优先权

B. A/D 转换中断的优先级固定为 0(最低级)

C. STC15W4K 系列单片机外部中断 2 的优先级控制位是 PX2

D. 高优先级中断请求能够打断低优先级中断过程,称为中断嵌套

9. 若中断源的中断请求未被 CPU 响应,不可能的原因是(　　)。

A. 未开放中断　　　　　　　　B. 中断优先级为低

C. 当前指令未执行完　　　　　D. 当前正在进行同级或更高级别中断服务

10. 在 C 语言中关于断点保护和现场保护的说法正确的是(　　)。

A. C 语言中不需要断点保护　　　B. C 语言中不需要现场保护

C. C 语言中的保护由系统自动进行　D. C 语言需要用户编写保护代码

三、简答题

1. 简述中断系统的工作过程。

2. 中断响应需要满足哪些条件? 若中断源的中断请求没有被响应,可能的原因是什么?

3. 什么是中断向量? 什么是中断向量表?

4. 简述 STC15W4K 系列单片机的中断源的组成。

5. 与查询式工作模式相比,中断模式的优点有哪些?

6. STC15W4K 系列单片机的优先级如何确定？同等优先级下如何决定响应顺序？

7. 简述 STC15W4K 系列单片机中断请求标志位的撤除方法。

8. 简述 C 语言中断服务函数的定义格式。

四、程序设计题

1. 设外部中断源接入 P3.2/INT0 引脚，编程实现当有外部脉冲到来时，要求 CPU 把内部 RAM 区 60H 单元开始的 100 个字节内容传送到外部 RAM 区 1000H 开始的地方连续存放。

2. 设单片机 P2 口连接 8 个 LED 发光二极管，外部中断 0(P3.2)连接一个按钮，编程实现按键控制流水灯，相邻灯之间切换时间为 100 ms，按下按钮一次，启动 LED 流水灯，再次按下按钮，流水灯暂停，可以重复以上过程。

3. 利用外部中断 2 的按键和连接在 P1 口的共阴极数码管，编程实现每按下一次按键，数码管显示数字在 0~9 之间循环递增，即每次按键，数码管加 1，当数码管显示 9 时，再次按键则变为 0。

第 8 章　定时/计数器与可编程计数器阵列 PCA

【本章要点】

定时/计数器是单片机应用系统不可或缺的组成部分,主要功能是在工业控制和检测中实现对外部脉冲的计数或产生精确的定时时间等。STC15W4K 系列单片机共有 5 个 16 位定时/计数器 T0、T1、T2、T3 和 T4,这些定时/计数器都具有定时和计数两种工作方式;PCA 为可编程的计数器阵列模块。本章主要介绍单片机定时/计数器与 PCA 模块的结构和功能以及与定时/计数器、PCA 模块相关的特殊功能寄存器,最后介绍定时/计数器和PCA 模块的编程及应用实例。

本章的主要内容有:

- 定时/计数器的结构与工作原理。
- 定时/计数器的工作方式。
- 定时/计数器的编程及应用。
- PCA 模块的原理和应用。

8.1　定时/计数器及其应用

定时/计数器的核心部件是一个加法计数器,其本质是对脉冲进行计数。计数脉冲的来源分为两类:定时器的计数脉冲为系统时钟,每 12 个时钟周期或者每 1 个时钟周期得到一个计数脉冲,计数值加 1;计数器的计数脉冲为单片机外部引脚输入(T0/P3.4、T1/P3.5、T2/P3.1、T3/P0.5、T4/P0.7),每来一个脉冲计数值加 1。

8.1.1　定时/计数器的结构与工作原理

STC15W4K32S4 单片机定时/计数器的结构框图如图 8.1 所示。

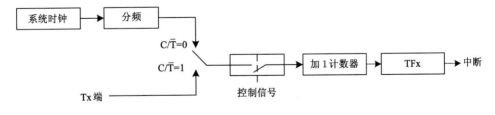

图 8.1　定时/计数器的结构框图

由图 8.1 可见,定时/计数器的核心是一个加 1 计数器。若计数的对象是一个周期性的时钟信号,则能够实现定时器功能;计数器功能则是对外部引脚的脉冲进行加 1 计数,此时外部输入脉冲信号的频率可以是不固定的。当定时/计数器的计数值达到最大时,新的脉冲到来就会使计数值变为 0,同时定时/计数器溢出使特殊功能寄存器 TCON 的 TF0 或 TF1 置 1,作为定时/计数器的溢出标志。

图 8.1 中有两个模拟的位开关,前者决定计数对象是外部脉冲还是时钟源,即是定时模式还是计数模式;后者决定脉冲是否能够加到计数器中,相当于定时/计数器的开关,控制定时/计数器的开启与关闭。这两个控制位分别位于特殊功能寄存器 TMOD 和 TCON 中,用户可根据需要进行设置。此外,当定时/计数器 T0、T1 和 T2 工作在定时模式时,特殊功能寄存器 AUXR 中的 T0x12、T1x12 和 T2x12 分别决定计数对象是系统时钟/12 还是系统时钟。当定时/计数器 T3 和 T4 工作在定时模式时,特殊功能寄存器 T4T3M 中的 T3x12 和 T4x12 分别决定计数对象是系统时钟/12 还是系统时钟。这些 Tix12(i＝0,1,2,3,4)功能位也被称为分频系数设置位。当定时/计数器工作在计数模式时,计数对象为外部脉冲输入信号。

图 8.2 是以 T0 和 T1 定时/计数器在单片机内部的结构图。16 位的加 1 计数器由两个 8 位的特殊功能寄存器 THx(高 8 位)和 TLx(低 8 位)组成。通过 TMOD 的功能控制位,它们可被设置为 4 种不同的工作方式。

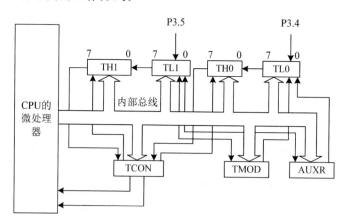

图 8.2　STC15W4K32S4 单片机定时/计数器结构图

8.1.2　定时/计数器的控制

STC15W4K32S4 单片机内部定时/计数器 T0～T4 的工作方式和控制由 TMOD、TCON、AUXR 和 T4T3M 4 个特殊功能寄存器进行管理。

TMOD:设置定时/计数器 T0/T1 的工作方式与功能。

TCON:控制定时/计数器 T0/T1 的启动与停止,包含定时/计数器 T0/T1 的溢出标志位。

AUXR:设置定时/计数器 T0/T1/T2 的计数脉冲分频系数。

T4T3M:定时/计数器 T3/T4 的控制寄存器。

1. 工作方式寄存器 TMOD

定时和计数功能由特殊功能寄存器 TMOD 的控制位 C/$\overline{\text{T}}$ 进行选择,TMOD 寄存器的各位信息格式如下:

名称	地址	D7	D6	D5	D4	D3	D2	D1	D0	复位值
TMOD	89H	GATE	C/$\overline{\text{T}}$	M1	M0	GATE	C/$\overline{\text{T}}$	M1	M0	00000000
		←定时/计数器 1→				←定时/计数器 0→				

TMOD 的低 4 位为定时/计数器 T0 的控制位,高 4 位为定时/计数器 T1 的控制位。M1/M0 为工作方式控制位,T0/T1 定时/计数器有 4 种工作方式。下面介绍 TMOD 各个功能位的作用。

(1) M1/M0:定时/计数器的工作方式选择位,如表 8.1 所列。

表 8.1　定时/计数器 T0/T1 的工作方式

M1	M0	工作方式	功能说明
0	0	0	16 位自动重装定时/计数器,当溢出时将自动重装初值
0	1	1	16 位定时/计数器,TLx、THx 全用
1	0	2	8 位自动重装定时/计数器,THx、TLx 全用
1	1	3	T0 为不可屏蔽中断的 16 位自动重装定时/计数器,T1 无效

(2) C/$\overline{\text{T}}$:定时/计数器的功能选择位。C/$\overline{\text{T}}$＝1 时,设置为计数器模式;C/$\overline{\text{T}}$＝0 时,设置为定时器模式。

(3) GATE:门控位。GATE＝0 时,定时/计数器的启动由 TR0/TR1 控制。GATE＝1 时,定时/计数器 T0 的启动由 INT0/P3.2 和 TR0 共同控制,只有 TR0＝1 且 INT0/P3.2 为高电平时才能启动定时/计数器 0;定时/计数器 T1 的启动则由 INT1/P3.3 和 TR1 同为高电平时触发。

注意:TMOD 寄存器不支持位寻址,只能对整个寄存器赋值。

2. 定时/计数器 T0/T1 控制寄存器 TCON

TCON 为定时/计数器 T0、T1 的控制寄存器,同时也锁存 T0、T1 溢出中断源和外部请求中断源等。TCON 格式如下:

名称	地址	D7	D6	D5	D4	D3	D2	D1	D0	复位值
TCON	88H	TF1	TR1	TF0	TR0	IE1	IT1	IE0	IT0	00000000

(1) TF1:T1 溢出中断标志。T1 启动后从初值开始加 1 计数,当产生溢出时由硬件置位 TF1,当中断允许时,向 CPU 发出定时/计数器 T1 中断请求,一直保持到 CPU 响应中断时,才由硬件将 TF1 清零;也可以通过查询 TF1 来判断定时/计数器是否溢出,并在查询结束后用软件将该位清零。

(2) TR1:定时器 T1 的运行控制位。该位由软件置位和清零。当 GATE/TMOD.7＝0 时,TR1＝1 启动 T1 开始计数,TR1＝0 时禁止 T1 计数。当 GATE/TMOD.7＝1,TR1＝1 且 INT1 输入高电平时,才可启动 T1 计数。

(3) TF0:T0 溢出中断标志。T0 启动后从初值开始加 1 计数,当产生溢出时由硬件置位 TF0,当中断允许时,向 CPU 发出定时/计数器 T0 中断请求,一直保持到 CPU 响应中断时,才由硬件将 TF0 清零;也可以通过查询 TF0 来判断定时/计数器是否溢出,并在查询结束后用软件将该位清零。

（4）TR0：定时器 T0 的运行控制位。该位由软件置位和清零。当 GATE/TMOD.3＝0 时，TR0＝1 时启动 T0 开始计数，TR0＝0 时禁止 T0 计数。当 GATE/TMOD.3＝1，TR0＝1 且 INT0 输入高电平时，才可启动 T0 计数。

TCON 寄存器支持位寻址，可以只对其中某一位进行操作。例如，TR0＝1。

3. 辅助寄存器 AUXR

STC15 系列单片机是 1T 的 8051 增强型单片机，为兼容传统 8051，定时器 T0/T1/T2 复位后工作在 12 分频模式，即每 12 个时钟周期计一个数。通过设置特殊功能寄存器 AUXR 中的控制位，可将定时器 T0/T1/T2 设置为 1T 模式，即每个时钟周期计一个数。AUXR 格式如下：

名称	地址	D7	D6	D5	D4	D3	D2	D1	D0	复位值
AUXR	8EH	T0x12	T1x12	UART_M0x6	T2R	T2_C/$\overline{\text{T}}$	T2x12	EXTRAM	S1ST2	00000001

（1）T0x12：定时器 T0 速度控制位。当 T0x12＝0 时，定时器 T0 的速度与传统 8051 相同，即 12 分频；当 T0x12＝1 时，定时器 T0 的速度是传统 8051 的 12 倍，即不分频。

（2）T1x12：定时器 T1 速度控制位。当 T1x12＝0 时，定时器 T1 的速度与传统 8051 相同，即 12 分频；当 T1x12＝1 时，定时器 T1 的速度是传统 8051 的 12 倍，即不分频。

如果 UART1/串行口 1 用 T1 作为波特率发生器，则由 T1x12 决定 UART1/串行口 1 是 12T 还是 1T。

（3）T2R：定时器 T2 启动控制位。T2R＝0 时，不允许定时器 T2 运行；T2R＝1 时，允许定时器 T2 运行。

（4）T2_C/$\overline{\text{T}}$：定时/计数器 T2 的功能选择位。当 T2_C/$\overline{\text{T}}$＝0 时，定时/计数器 T2 用作定时器；当 T2_C/$\overline{\text{T}}$＝1 时，定时/计数器用作计数器，对引脚 T2/P3.1 的外部脉冲进行计数。

（5）T2x12：定时器 T2 速度控制位。当 T2x12＝0 时，定时器 T2 的速度与传统 8051 相同，即 12 分频；当 T2x12＝1 时，定时器 T2 的速度是传统 8051 的 12 倍，即不分频。

如果 UART1 或 UART2 用 T2 作为波特率发生器，则由 T2x12 决定串行口 1 或串行口 2 是 12T 还是 1T。

UART_M0x6 和 S1ST2 用于控制 UART1/串行口 1 的速度和波特率发生器，详细内容请参阅第 9 章"单片机的数据通信"中串行通信部分。EXTRAM 标志则为扩展 RAM 的控制位，具体内容请参见第 6 章"单片机存储器的应用"。

注意：辅助寄存器 AUXR 也不支持位寻址，只能对整个寄存器赋值。

4. 定时/计数器 T3/T4 控制寄存器 T4T3M

T4T3M 的各位定义如下：

名称	地址	D7	D6	D5	D4	D3	D2	D1	D0	复位值
T4T3M	D1H	T4R	T4_C/$\overline{\text{T}}$	T4x12	T4CLKO	T3R	T3_C/$\overline{\text{T}}$	T3x12	T3CLKO	00000000

（1）T4R：定时/计数器 T4 运行控制位。当 T4R＝0 时，定时器 T4 停止工作；当 T4R＝1 时，定时器 T4 启动运行。

（2）T4_C/$\overline{\text{T}}$:定时/计数器 T4 功能选择位。T4_C/$\overline{\text{T}}$＝1时,用作计数器,对引脚 T4/P0.7 的外部脉冲进行计数;T4_C/$\overline{\text{T}}$＝0 时,用作定时器,对内部系统时钟进行计数。

（3）T4x12:定时器 T4 速度控制位。当 T4x12＝0 时,定时器 T4 速度与 8051 相同,即 12 分频;当 T4x12＝1 时,定时器 T4 速度是 8051 的 12 倍,即不分频。

（4）T3R:定时/计数器 T3 运行控制位。当 T3R＝0 时,定时器 T3 停止工作;当 T3R＝1时,定时器 T3 启动运行。

（5）T3_C/$\overline{\text{T}}$:定时/计数器 T3 功能选择位。T3_C/$\overline{\text{T}}$＝1 时,用作计数器,对引脚 T3/P0.5 的外部脉冲进行计数;T3_C/$\overline{\text{T}}$＝0 时,用作定时器,对内部系统时钟进行计数。

（6）T3x12:定时器 T3 速度控制位。当 T3x12＝0 时,定时器 T3 速度与 8051 相同,即 12 分频;当 T3x12＝1 时,定时器 T3 速度是 8051 的 12 倍,即不分频。

8.1.3　定时/计数器的工作方式

定时/计数器的工作方式主要分为两种:

（1）定时器 T0/T1 有 4 种工作方式,分别是方式 0（16 位自动重装模式）、方式 1（16 位定时/计数器模式）、方式 2（8 位自动重装模式）和方式 3（不可屏蔽中断的 16 位自动重装模式）。定时/计数器 T1 除方式 3 外,其他工作方式与定时/计数器 T0 相同,T1 在方式 3 时无效,停止计数。

（2）定时器 T2/T3/T4 的工作方式固定为方式 0,即 16 位自动重装模式,它们既可以当定时器使用,也可以当串行口的波特率发生器和可编程时钟输出使用。

下面以定时/计数器 T0 为例分别介绍定时/计数器的 4 种工作方式。

1. 方式 0:16 位自动重装模式

方式 0 是一个可自动重装初始值的 16 位定时/计数器,其结构如图 8.3 所示,定时/计数器有 2 个隐藏的寄存器 RL_THx 和 RL_TLx（x＝0,1,2,3,4）,用于保存 16 位定时/计数器的重装初始值。RL_THx 与 THx 共用同一个地址,RL_TLx 与 TLx 共用同一个地址。当 TR0＝0 时,即定时/计数器 T0 被禁止工作时,对 TL0、TH0 写入的内容会同时写入 RL_TL0、RL_TH0 中。当 TR0＝1 时,即定时/计数器 T0 启动工作时,对 TL0、TH0 写入的内容实际上并没有写入当前寄存器 TL0、TH0 中,而是写入隐藏寄存器 RL_TL0、RL_TH0中,这样可以巧妙地实现 16 位重装而不会影响当前的计数。当读取 TH0、TL0 的内容时,所读的内容与 RL_TH0 和 RL_TL0 无关。

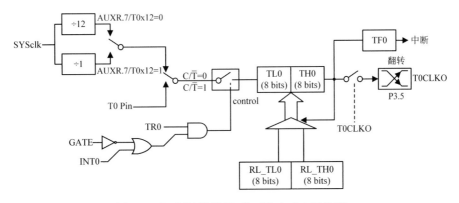

图 8.3　定时/计数器 T0 的工作方式 0 结构图

当定时器 T0 工作在方式 0(TMOD[1:0]/[M1,M0]＝00B)时，[TL0,TH0]的溢出不仅置位 TF0，而且会自动将[RL_TL0,RL_TH0]的内容重新装入[TL0,TH0]。

当 GATE＝0(TMOD.3)时，如果 TR0＝1，则定时器启动计数；当 GATE＝1 时，允许由外部输入 INT0 的信号控制定时器 T0 的启动，这样可实现脉宽测量。

当 C/$\overline{\text{T}}$＝0 时，多路开关连接到系统时钟的分频输出，T0 对内部系统时钟计数，T0 工作在定时方式；当 C/$\overline{\text{T}}$＝1 时，多路开关连接到外部脉冲输入 P3.4/T0，即 T0 工作在计数方式。

STC15 系列单片机的定时器有两种计数速率：一种是 12T 模式，每 12 个时钟加 1，与传统 8051 单片机相同；另外一种是 1T 模式，每个时钟加 1，速度是传统 8051 单片机的 12 倍。T0 的计数速率由特殊功能寄存器 AUXR 中的 T0x12 决定，如果 T0x12＝0，T0 则工作在 12T 模式；如果 T0x12＝1，T0 则工作在 1T 模式。

定时器 T0 方式 0 的定时时间计算方法如下：

$$T=(2^{16}-定时器初值)\times T_{\text{SYSclk}}\times 12^{(1-\text{T0x12})}$$

注意：传统 8051 单片机的定时/计数器 T0 的方式 0 为 13 位定时/计数器，没有 RL_TH0 和 RL_TL0 隐含寄存器。

【例 8.1】 设系统时钟频率为 11.0592 MHz，利用 T0 定时器的方式 0 在 P1.1 引脚输出周期为 10 ms 的方波。

解：根据题意可知输出周期为 10 ms 的方波，需要每 5 ms 对 P1.1 取反，即定时时间为 5 ms。如果选择 T0x12＝0，即单片机的定时速率为 12T 模式，则定时器的初值为：

$$N=2^{16}-\frac{T}{T_{\text{SYSclk}}\cdot 12^{(1-\text{T0x12})}}=65536-\frac{11059200\times 0.005}{12}=60928=\text{EE00H}$$

（1）汇编语言的参考代码如下：

```
;查询法实现代码
AUXR EQU 8EH
    ORG 0100H
    ANL AUXR,#7FH      ;T0x12＝0
    ANL TMOD,#0F0H     ;T0 方式 0
    MOV TH0,#0EEH      ;5 ms 定时
    MOV TL0,#00H
    SETB TR0           ;启动定时器
CHKTF0:
    JBC TF0,CHKOK      ;查询 TF0
    SJMP CHKTF0
CHKOK:
    CPL P1.1           ;对 P1.1 取反
    SJMP CHKTF0
    END
```

```
;中断法实现代码
AUXR EQU 8EH
    ORG 0000H
    LJMP MAIN          ;启动代码
    ORG 000BH
    LJMP T0_ISR        ;中断转向
    ORG 0100H
MAIN:
    ANL AUXR,#7FH      ;T0x12＝0
    ANL TMOD,#0F0H     ;T0 方式 0
    MOV TH0,#0EEH
    MOV TL0,#00H       ;5 ms 定时初值
    SETB ET0           ;开放 T0 中断
    SETB EA
    SETB TR0           ;启动 T0
    SJMP $
T0_ISR:
    CPL P1.1           ;对 P1.1 取反
    RETI
    END
```

（2）C 语言的参考代码如下：

```
/ * * * * * * * * * * 查询法 * * * * * * * * * * /
# include <stc15.h>
void main()
{
    AUXR &= 0x7f;        / * T0x12=0 * /
    TMOD &= 0xf0;        / * T0 方式 0 * /
    TH0=0xee;
    TL0=0x00;            / * 置初值 * /
    TR0=1;              / * 启动 T0 * /
    while(1)
    {
      if(TF0 == 1)       / * 查询 TF0 * /
      {
        TF0=0;           / * 清除 TF0 * /
        P11=~P11;        / * P11 取反 * /
      }
    }
}
```

```
/ * * * * * * * * * * 中断法 * * * * * * * * * * /
# include <stc15.h>
void main( )
{
    AUXR &= 0x7f;        / * T0x12=0 * /
    TMOD &= 0xf0;        / * T0 方式 0 * /
    TH0=0xee;
    TL0=0x00;            / * 置初值 * /
    ET0=1;
    EA=1;
    TR0=1;              / * 启动 T0 * /
    while(1);           / * 等待中断 * /
}
/ * * * * * * * * * T0 中断函数 * * * * * * * * * /
void T0_ISR() interrupt 1
{
    P11=~P11;            / * P11 取反 * /
}
```

程序执行的结果如图 8.4 所示。

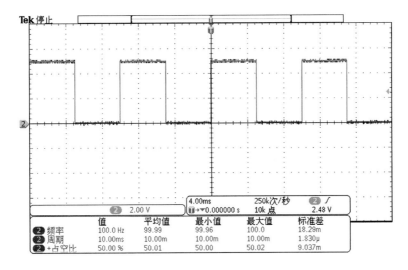

图 8.4　例 8.1 程序的执行结果

2. 方式 1：16 位定时器模式

定时/计数器 T0 在方式 1 下的逻辑框图如图 8.5 所示。

此模式下，定时/计数器 T0 配置为 16 位不可重装模式，由 TL0 的低 8 位和 TH0 的高 8 位构成计数器。TL0 的计数溢出向 TH0 进位，TH0 的计数溢出则置位 TCON 中的溢出

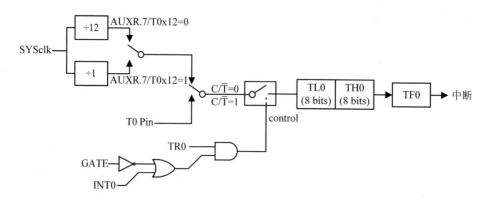

图 8.5　定时/计数器 T0 的工作方式 1 结构图

标志位 TF0。

当 GATE＝0(TMOD.3)时,如果 TR0＝1,则定时器启动计数;当 GATE＝1 时,允许由外部输入 INT0 控制定时器 T0 的启动,这样可实现脉宽测量。

当 C/$\overline{\text{T}}$＝0 时,多路开关连接到系统时钟的分频输出,T0 对内部系统时钟计数,T0 工作在定时方式;当 C/$\overline{\text{T}}$＝1 时,多路开关连接到外部脉冲输入 P3.4/T0,即 T0 工作在计数方式。

STC15 系列单片机的定时器在方式 1 时的计数速率由特殊功能寄存器 AUXR 中的 T0x12 决定,如果 T0x12＝0,T0 则工作在 12T 模式;如果 T0x12＝1,T0 则工作在 1T 模式。

定时器 T0 方式 1 的定时时间计算方法与方式 0 相同,即:

$$T＝(2^{16}-\text{定时器初值})\times T_{\text{SYSclk}}\times 12^{(1-T0x12)}$$

综上所述,定时/计数器 T0 在工作方式 1 与工作方式 0 的主要区别就是不能自动重装初值寄存器,每次设置初值寄存器只能实现一次定时。

3. 方式 2:8 位自动重装模式

此模式下定时/计数器 T0 作为可自动重装的 8 位计数器,其逻辑框图如图 8.6 所示。

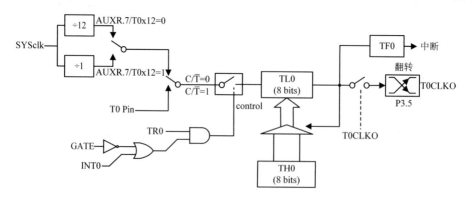

图 8.6　定时/计数器 T0 的工作方式 2 结构图

在方式 2 下,定时/计数器的 TH0 和 TL0 均设置为初值,TL0 的溢出在置位 TF0 的同时还将 TH0 的内容重新装入 TL0,实现 8 位初值的自动重装。这种工作方式特别适合用作串行口通信的波特率发生器。方式 2 的定时时间长度的计算公式为:

$$T=(2^8-定时器初值)\times T_{SYSclk}\times 12^{(1-T0x12)}$$

4. 方式 3:不可屏蔽中断的 16 位自动重装模式

对定时/计数器 T1,在方式 3 时,定时器 T1 停止计数,效果与将 TR1 设置为 0 相同。

对定时/计数器 T0,方式 3 与方式 0 结构基本相同,图 8.7 是定时/计数器 T0 方式 3 的逻辑结构图。所不同的是定时/计数器 T0 工作在方式 3 时,定时器中断的打开只由 ET0/IE.1 决定,无须设置 EA/IE.7 的值,也就是说,方式 3 是不受中断总开关 EA 控制的。

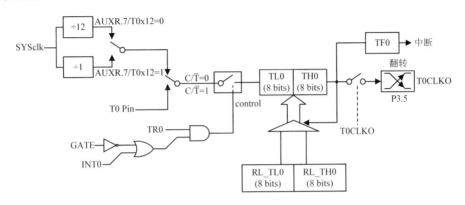

图 8.7 定时/计数器 T0 的工作方式 3 结构图

定时/计数器 T0 在方式 3 下一旦中断被打开(ET0＝1),该中断优先级最高且不可被屏蔽,即该中断不能被任何中断所打断,而且该中断打开后也不再受 ET0 控制,当 EA＝0 或 ET0＝0 时都不能屏蔽此中断。

8.1.4 定时/计数器的应用举例

STC15W4K32S4 单片机的定时/计数器是可编程的,在使用定时/计数器进行定时或计数之前,先要通过软件对它进行初始化。以定时/计数器 T0/T1 为例,其初始化步骤如下:

(1) 设置 AUXR,确定定时脉冲的分频系数,默认为 12 分频,与传统 8051 兼容。

(2) 设置 TMOD,确定 T0/T1 的工作方式。

(3) 根据定时时间,计算初值,并将其写入 TH0、TL0 或 TH1、TL1。

(4) 选择计数溢出的处理方式:若为中断方式,则需设置 IE 开放中断,必要时还需对 IP 操作,确定各中断源的优先级;若为查询方式,则需要注意及时手动清除 TF0/TF1。

(5) 置位 TR0 或 TR1,启动 T0 或 T1 开始定时或计数。

【例 8.2】 设单片机的时钟频率为 11.0592 MHz,P2 口连接有 8 只 LED 发光二极管,低电平驱动,如图 8.8 所示。编程实现 P2.0 的 LED 灯闪烁,闪烁间隔时间为 1 s。要求使用单片机定时/计数器 T1 实现。

解: 系统采用 11.0592 MHz 晶振,分频系数为 12,即定时时钟周期约为 1.085 μs;采用定时器 T1 方式 0 时,最大定时时间为 $T=(2^{16}-0)\times\dfrac{1}{11.0592M}\times 12=\dfrac{65536\times 12}{11059200}=$ 0.071 s,不足 1 s。这时可以将定时器的定时时间设为 50 ms,累加 20 次实现 1 s 的定时。

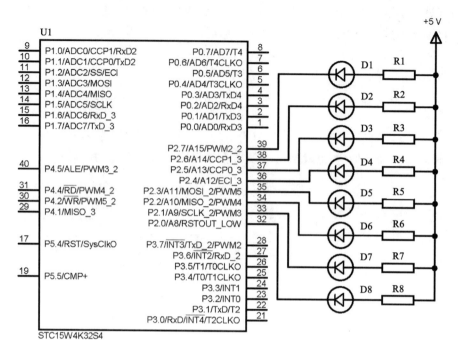

图 8.8　LED 灯闪烁电路

若要 T1 定时 50 ms,则计数个数应为 $X = \dfrac{0.05}{12 \times T_{SYSclk}} = \dfrac{0.05 \times 11059200}{12} = 46080$,故初值为 $N = 65536 - X = 19456 = 4C00H$。

相应的汇编语言和 C 语言参考程序如下:

```
;汇编语言代码
AUXR EQU 8EH
    ORG 0000H
    LJMP MAIN          ;启动代码
    ORG 001BH
    LJMP T1_ISR        ;中断转向
    ORG 0100H
MAIN:
    ANL AUXR,#0BFH     ;T1x12=0
    ANL TMOD,#0FH      ;T1 方式 0
    MOV TH1,#4CH
    MOV TL1,#00H       ;50 ms 定时
    MOV R0,#00H        ;统计次数
    SETB ET1           ;开放 T1 中断
    SETB EA
    SETB TR1           ;启动 T1
    SJMP $
```

```c
/**********C 语言代码**********/
#include <stc15.h>
unsigned char cnt=0;      /*全局量次数*/
void main(void)
{
    AUXR &= 0xbf;         /*T1x12=0*/
    TMOD &= 0x0f;         /*T1 方式 0*/
    /*初值可以使用以下格式设置*/
    TH1=(65536−46080)/256;
    TL1=(65536−46080)%256;
    ET1=1;               /*开放 T1 中断*/
    EA=1;                /*开放总中断*/
    TR1=1;               /*启动 T1*/
    while(1);
}
/********T1 中断服务函数********/
void T1_ISR() interrupt 3
```

```
T1_ISR:
    INC R0                  ;次数加 1
    CJNE R0,#20,NEXT
    CPL P2.0                ;对 P2.0 取反
    MOV R0,#00H             ;次数清零
NEXT:
    RETI
    END
```

```
{
    cnt++;              /* 中断计数 */
    if(cnt==20)         /* 定时 1 s */
    {
        cnt=0;
        P20=~P20;
    }
}
```

【例 8.3】 连续输入 5 个单次脉冲使单片机控制的 LED 灯状态翻转一次。要求用单片机定时/计数器计数功能实现。

　　解: 采用 T1/P3.5 的方式 0 的计数方式,初始值设置为 FFFBH,当输入 5 个脉冲时,T1 溢出标志 TF1 置"1",通过查询 TF1,对 P2.0 连接的 LED 灯进行翻转。相应的汇编语言和 C 语言参考源程序如下:

```
;汇编语言代码
    ORG 0100H
MAIN:
    MOV TMOD,#40H     ;T1 计数器
    MOV TH1,#0FFH
    MOV TL1,#0FBH     ;5 个计数
    SETB TR1          ;启动 T1
CHKTF1:
    JBC TF1,CHKOK     ;转移清 TF1
    SJMP CHKTF1
CHKOK:
    CPL P2.0          ;对 P2.0 取反
    SJMP CHKTF1
    END
```

```
/* * * * * * * * * * *C语言代码* * * * * * * * */
#include <stc15.h>
void main(void)
{
    TMOD=0x40;        /* T1 计数器 */
    /* 初值可以使用以下格式设置 */
    TH1=(65536-5)/256;
    TL1=(65536-5)%256;
    TR1=1;            /* 启动 T1 */
    while(1)
    {
        if(TF1 == 1)
        {
            TF1=0;    /* 清除 TF1 */
            P20=~P20;
        }
    }
}
```

8.1.5　定时/计数器的扩展

　　1. 定时/计数器扩展外部中断

　　定时/计数器可以作为外部中断来使用,具体实现方法是将定时/计数器的初值设置为最大值且工作在计数模式,外部中断源接入定时/计数器的计数引脚,则该引脚的每个脉冲信号将会触发定时/计数器加 1,并置位溢出标志位,在未开放中断时可以使用查询的方法来处理外部中断;在中断开放的情况下,会执行相应的中断服务程序。

　　【例 8.4】 用定时器 T0 扩展外部中断,实现 P3.4 引脚的 KEY 每按下一次,将 P2.0 的

LED 灯 D1 状态翻转。如图 8.9 所示。

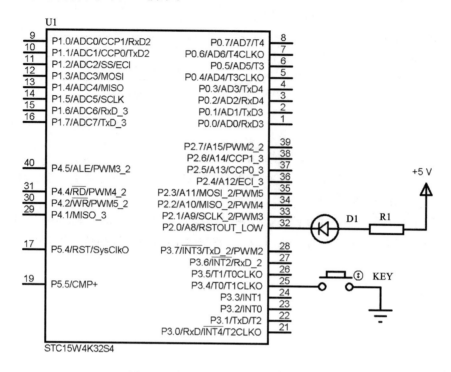

图 8.9　T0 定时/计数器扩展外部中断

解:参考程序如下:

```
;汇编语言代码
    ORG 0000H
    LJMP MAIN           ;启动代码
    ORG 000BH
    LJMP T0_ISR         ;中断转向
    ORG 0100H
MAIN:
    MOV TMOD,#04H       ;T0 计数器
    MOV TH0,#0FFH
    MOV TL0,#0FFH       ;计数一次
    SETB ET0            ;开放 T0 中断
    SETB EA
    SETB TR0            ;启动 T0
    SJMP $
T0_ISR:
    CPL P2.0            ;对 P2.0 取反
    RETI
    END
```

```c
/* * * * * * * * * *C语言代码* * * * * * * * * */
# include <stc15.h>
void main(void)
{
    TMOD=0x04;              /* T0 计数器 */
    /* 初值可以使用以下格式设置 */
    TH0=(65536-1)/256;
    TL0=(65536-1)%256;
    ET0=1;                 /* 开放 T0 中断 */
    EA=1;                  /* 开放总中断 */
    TR0=1;                 /* 启动 T0 */
    while(1) ;
}
/* * * * * * * *T0 中断服务函数* * * * * * * * */
void T0_ISR() interrupt 1
{
    P20=~P20;
}
```

2. 定时/计数器的量程扩展

STC15 系列单片机的速度在 5~30 MHz 之间,若分频系数为 12,则定时器的最大定时时间是有限的。如频率为 12 MHz 的单片机,其时钟周期为 1 μs,采用定时器 T1 方式 0 定时,最大定时时间为 65.536 ms。表 8.2 为常用频率下的最大定时时间。

表 8.2　常用频率下的最大定时时间表

频率	方式	最大定时长度	频率	方式	最大定时长度
1.8432 MHz	2	1.667 ms	12 MHz	2	256 μs
	0	426.667 ms		0	65.536 ms
6 MHz	2	512 μs	18.432 MHz	2	166.667 μs
	0	131.072 ms		0	42.667 ms
11.0592 MHz	2	277.778 μs	25 MHz	2	122.88 μs
	0	71.111 ms		0	31.457 ms

当需要较长的定时时间时,定时器的单次定时往往不能满足需要,这时需要对定时器进行量程扩展,具体方法有两种:

(1) 采用两个定时器实现量程扩展。设置其中一个定时器工作在定时模式,产生方波信号;另一个定时器则工作在计数模式,计数对象为第一个定时器的方波信号。例如,定时器 T0 设置为方式 0 时,定时长度为 50 ms,则输出 50 ms 的方波,定时器 T0 的输出引脚 P3.4 连接定时器 T1 的输入引脚 P3.5,即定时器 T1 每 50 ms 计数一次,20 次计数便会得到 1 s 的定时时间,可以控制 P2.0 的 LED 灯闪烁,请自行编写实现代码。如图 8.10 所示。

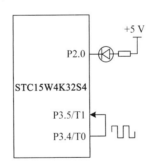

图 8.10　利用两个定时器实现量程扩展

(2) 利用多次定时累加实现量程扩展。比如在中断服务程序中对定时器溢出中断服务执行的次数进行计数,可以扩展量程,如例 8.2 所示。计数器同样可以采用累加的方式进行扩展量程。

8.2　STC15W4K 系列单片机的定时器 T2/T3/T4

STC15W4K32S4 单片机内部定时/计数器 T2/T3/T4 的工作方式固定为 16 位自动重装方式,3 个定时/计数器都可以用作定时/计数器、可编程时钟输出模块和串行口波特率发生器。下面以定时/计数器 T2 为例来介绍工作原理。

8.2.1　T2/T3/T4 定时器的结构

　　STC15W4K32S4 定时/计数器 T2 的结构如图 8.11 所示。T2 的结构与 T0、T1 基本一致,但 T2 的工作模式固定为 16 位自动重装初始值模式。T2 可以当作定时器、计数器,也可以当作串行口的波特率发生器和可编程时钟输出源。

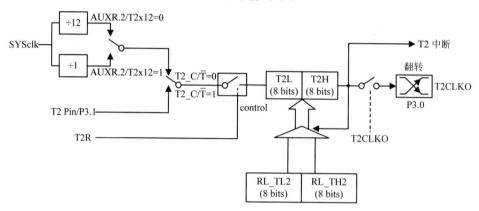

图 8.11　定时/计数器 T2 的工作模式——16 位自动重装

8.2.2　T2/T3/T4 定时器的控制

　　T2 的计数寄存器是 T2H、T2L,T2 的控制由特殊功能寄存器 AUXR、INT_CLKO、IE2 完成。与定时/计数器 T2 有关的特殊功能寄存器如表 8.3 所列。

表 8.3　定时/计数器 T2 的特殊功能寄存器

名称	地址	D7	D6	D5	D4	D3	D2	D1	D0	复位值
T2H	D6H	定时/计数器 T2 计数寄存器高 8 位								00000000
T2L	D7H	定时/计数器 T2 计数寄存器低 8 位								00000000
AUXR	8EH	T0x12	T1x12	UART_M0x6	T2R	T2_C/$\overline{T}$	T2x12	EXTRAM	S1ST2	00000001
INT_CLKO	8FH	×	EX4	EX3	EX2	×	T2CLKO	T1CLKO	T0CLKO	x0000000
IE2	AFH	×	ET4	ET3	ES4	ES3	ET2	ESPI	ES2	x0000000

1. 辅助寄存器 AUXR

　　(1) T2R:定时器 T2 允许控制位。T2R＝0,定时器 T2 停止;T2R＝1,定时器 T2 启动运行。

　　(2) T2_C/$\overline{T}$:定时器 T2 的定时/计数选择位。T2_C/$\overline{T}$＝0,T2 为定时器,对内部系统时钟进行计数;T2_C/$\overline{T}$＝1,T2 为计数器,对引脚 T2/P3.1 的外部脉冲进行计数。

　　(3) T2x12:定时器 T2 速度控制位。T2x12＝0 时,定时器 T2 的速度是传统 8051 速度,即 12 分频;T2x12＝1 时,定时器 T2 的速度是传统 8051 的 12 倍,即不分频。如果串行口 1 或串行口 2 用 T2 作为波特率发生器,则由 T2x12 决定串行口 1 或串行口 2 是 12T 还是 1T。

　　(4) S1ST2:串行口 1(UART1)选择定时器 T2 作为波特率发生器的控制位。S1ST2＝0,选择定时器 T1 作为串行口 1 的波特率发生器;S1ST2＝1,选择定时器 T2 作为串行口 1 的波特率发生器。

2．外部中断允许和时钟输出寄存器 INT_CLKO

T2CLKO:是否允许将 P3.0 脚配置为定时器 T2 的时钟输出 T2CLKO。

3．中断允许寄存器 IE2

ET2:定时器 T2 的中断允许位。ET2＝1,允许定时器 T2 产生中断;ET2＝0,禁止定时器 T2 产生中断。

8.2.3　T2/T3/T4 定时器的应用举例

单片机定时/计数器 T2 只有一种默认的自动重装初值的工作方式,因此,使用 T2 时不需要选择工作方式。T2/T3/T4 的使用方法相同,下面以 T2 为例介绍其使用方法。

【例 8.5】　设单片机的工作频率是 11.0592 MHz,用 1T 定时模式,使用定时/计数器 T2 从 P2.7 引脚上输出 38.4 kHz 的方波信号。

解:由 T2 工作在 1T 模式(AUXR.2/T2x12＝1)时的输出频率为:

$$f_{out} = \frac{f_{OSC}}{2 \times (65536 - [RL\_TH2, RL\_TL2])}$$

可知 T2H＝(65536－11059200/2/38400)/256,T2L＝(65536－11059200/2/38400)％256;因为 T2 定时器只有自动重装工作方式,所以只需设置 T2_C/$\overline{T}$＝0 定时模式。

相应的汇编语言和 C 语言参考程序如下:

```
;汇编语言代码
;声明与定时器 T2 有关的特殊寄存器
P2M1 EQU 95H
P2M0 EQU 96H
AUXR EQU 8EH
T2H EQU 0D6H
T2L EQU 0D7H
IE2 EQU 0AFH
        ORG 0000H
        LJMP MAIN          ;启动代码
        ORG 0063H
        LJMP T2_ISR        ;中断转向
        ORG 0100H
MAIN:
        ANL P2M1,#7FH
        ANL P2M0,#7FH      ;P2.7 准双向口
        ORL AUXR,#04H      ;T2 为 1T 模式
        ANL AUXR,#0F7H     ;定时模式
        MOV T2H,#0FFH
        MOV T2L,#70H       ;计数初值
        ORL IE2,#04H       ;开放 T2 中断
        SETB EA
        ORL AUXR,#10H      ;启动 T2
        SJMP $
T2_ISR:
        CPL P2.7           ;对 P2.7 取反
        RETI
        END
```

```c
/***********C语言代码**********/
#include <stc15.h>
void main( )
{
    P2M1 &= 0x7f;
    P2M0 &= 0x7f;          /* P2.7 准双向口 */
    AUXR |= 0x04;          /* T2 为 1T 模式 */
    AUXR &= ~0x08;         /* T2 定时器 */
    T2H=(65536－11059200/2/38400)/256;
    T2L=(65536－11059200/2/38400)％256;
    AUXR |=0x10;           /* 启动 T2 */
    IE2 |= 0x04;           /* 开放 T2 中断 */
    EA=1;                  /* 开放总中断 */
    while (1);             /* 程序等待 */
}
/**********T2中断服务函数******/
void T2_ISR() interrupt 12
{
    P27 = ~P27;
}
```

程序执行结果如图 8.12 所示。

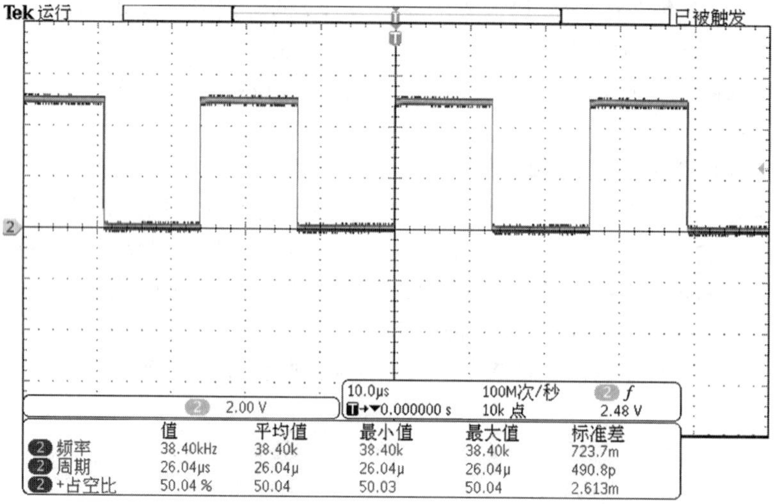

图 8.12　例 8.5 的程序执行结果

8.3　可编程时钟输出模块

在很多需要时钟信号的应用系统中,使用单片机的定时/计数器提供时钟源,可以降低硬件成本、减少外围电路,还能缩小 PCB 电路板、降低系统功耗、减轻时钟对的电磁辐射,并且对提供的时钟源可以方便控制。当不需要时钟时,可以通过软件关闭,停止时钟输出。

8.3.1　可编程时钟输出模块的结构

STC15W4K32S4 单片机最多有 6 路可编程时钟输出,除系统时钟可编程输出以外,单片机的 T0、T1、T2、T3、T4 定时器也可编程输出时钟信号,如表 8.4 所列。

表 8.4　STC15W4K32S4 单片机的可编程时钟输出模块

模块	名称	引脚
系统时钟输出	SysClkO/SysClkO_2	P5.4/P1.6
定时器 T0 时钟输出	T0CLKO	P3.5
定时器 T1 时钟输出	T1CLKO	P3.4
定时器 T2 时钟输出	T2CLKO	P3.0
定时器 T3 时钟输出	T3CLKO	P0.4
定时器 T4 时钟输出	T4CLKO	P0.6

可编程时钟输出模块的时钟频率由对应的定时/计数器的溢出率决定。定时/计数器 T0 和定时/计数器 T1 需要工作在方式 0 和方式 2 自动重装模式下,STC15 系列 5 V 单片机的可编程时钟输出模块对外输出速度为≤13.5 MHz,3.3 V 单片机的对外输出速度为≤8 MHz。与时钟输出有关的特殊功能寄存器如表 8.5 所列。

表 8.5 与可编程时钟输出有关的特殊功能寄存器

名称	地址	D7	D6	D5	D4	D3	D2	D1	D0	复位值
AUXR	8EH	T0x12	T1x12	UART_M0x6	T2R	T2_C/$\overline{\text{T}}$	T2x12	EXTRAM	S1ST2	00000001
INT_CLKO	8FH	×	EX4	EX3	EX2	×	T2CLKO	T1CLKO	T0CLKO	x0000000
CLK_DIV	97H	MCKO_S1	MCKO_S0	ADRJ	Tx_Rx	MCLKO_2	CLKS2	CLKS1	CLKS0	00000000
T4T3M	D1H	T4R	T4_C/$\overline{\text{T}}$	T4x12	T4CLKO	T3R	T3_C/$\overline{\text{T}}$	T3x12	T3CLKO	00000000

1. 辅助寄存器 AUXR

T0x12、T1x12 和 T2x12 分别为定时/计数器 T0、T1 和 T2 的速度控制位,当 T0x12/T1x12/T2x12＝0 时,定时/计数器的工作速度为 12T 模式,即每 12 个时钟周期计 1 个数;当 T0x12/T1x12/T2x12＝1 时,定时/计数器工作速度为 1T 模式,即每个时钟周期计 1 个数。

2. 外部中断允许和时钟输出寄存器 INT_CLKO

T0CLKO/T1CLKO/T2CLKO 分别为将引脚 P3.5/P3.4/P3.0 设置为定时器 T0/T1/T2 的时钟输出端的允许位。输出时钟频率的计算方法为:

$$f_{\text{TiCLKO}} = \frac{\text{Ti 溢出率}}{2}, i=0,1,2$$

(1) 工作方式 0:

① 定时/计数器 T0/T1/T2 可以工作在方式 0,在定时器模式工作方式 0 时,对内部系统时钟计数,则:

1T 模式时的输出时钟频率＝(SYSclk)/(65536－[RL_THi,RL_TLi])/2

12T 模式时的输出时钟频率＝(SYSclk)/12/(65536－[RL_THi,RL_TLi])/2,i=0,1,2

② 在计数器模式工作方式 0 时,对外部脉冲输入计数,则:

输出时钟频率＝(Ti_Pin)/(65536－[RL_THi,RL_TLi])/2,i=0,1,2

(2) 工作方式 2:

① 定时/计数器 T0/T1 可以工作在方式 2,在定时器模式工作方式 2 时,对内部系统时钟计数,则:

1T 模式时的输出时钟频率＝(SYSclk)/(256－THi)/2

12T 模式时的输出时钟频率＝(SYSclk)/12/(256－THi)/2,i=0,1

② 在计数器模式工作方式 2 时,对外部脉冲输入计数,则:

输出时钟频率＝(Ti_Pin)/(256－THi)/2,i=0,1

3. 时钟分频寄存器 CLK_DIV

(1) MCKO_S1 和 MCKO_S0 用于主时钟对外分频输出的控制,如表 8.6 所列。

表 8.6 主时钟的输出频率设置

MCKO_S1	MCKO_S0	主时钟对外分频输出
0	0	主时钟不对外输出时钟(默认)
0	1	主时钟对外输出,时钟不分频,输出频率＝MCLK/1
1	0	主时钟对外输出,时钟被 2 分频,输出频率＝MCLK/2
1	1	主时钟对外输出,时钟被 4 分频,输出频率＝MCLK/4

(2) MCLKO_2 决定主时钟输出的引脚。当 MCLKO_2＝0 时,主时钟在 P5.4 引脚对

外输出；当 MCLKO_2＝1 时，主时钟在 P1.6 引脚对外输出。

4. 定时器 T4 和 T3 控制寄存器 T4T3M

（1）T3x12 和 T4x12 分别为定时/计数器 T3 和 T4 的速度控制位，当 T3x12/T4x12＝0 时，定时/计数器的工作速度为 12T 模式，即每 12 个时钟周期计 1 个数；当 T3x12/T4x12＝1 时，定时/计数器工作速度为 1T 模式，即每个时钟周期计 1 个数。

（2）T3CLKO/T4CLKO 分别为将引脚 P0.4/P0.6 设置为定时器 T3/T4 的时钟输出端的允许位。输出时钟频率的计算方法为：

$$f_{TiCLKO} = \frac{Ti\ 溢出率}{2}, i = 3, 4$$

定时/计数器 T3/T4 只能工作在方式 0。

① 在定时器模式工作方式 0 时，对内部系统时钟计数，则：

1T 模式时的输出时钟频率＝（SYSclk)/(65536－[RL_THi,RL_TLi])/2
12T 模式时的输出时钟频率＝（SYSclk)/12/(65536－[RL_THi,RL_TLi])/2, i＝3,4

② 在计数器模式工作方式 0 时，对外部脉冲输入计数，则：

输出时钟频率＝（Ti_Pin)/(65536－[RL_THi,RL_TLi])/2, i＝3,4

8.3.2 可编程时钟模块的应用举例

STC15W4K32S4 单片机的 T0、T1、T2、T3 及 T4 都可以很方便地实现时钟频率输出，为外部提供比较准确的时钟信号。但作为时钟输出功能使用时，必须工作在自动重装模式下。因此，T0 和 T1 应设置工作在方式 0 或方式 2。下面介绍利用定时/计数器实现时钟输出的设计实例。

【例 8.6】 设单片机的频率是 11.0592 MHz，用 1T 定时模式，使用可编程时钟模块 T2CLKO 在 P3.0 引脚上输出 38.4 kHz 的方波信号。

解：由 T2 工作在 1T 模式时的输出时钟频率＝（SYSclk)/(65536－[RL_TH2,RL_TL2])/2，可知 T2H＝（65536－11059200/2/38400)/256，T2L＝（65536－11059200/2/38400)%256。因为 T2 定时器只有自动重装方式，所以只需要设置 T2CLKO＝1 且 T2_C/$\overline{T}$＝0 定时模式，即可由 P3.0 输出所需方波信号。

相应的汇编语言和 C 语言参考程序如下：

```
;汇编语言代码
;声明与定时器 T2 有关的特殊寄存器
AUXR EQU 8EH
T2H EQU 0D6H
T2L EQU 0D7H
INT_CLKO EQU 8FH
    ORG 0100H
MAIN:
    ORL AUXR,#04H        ;T2 为 1T 模式
    ANL AUXR,#0F7H       ;定时模式
    MOV T2H,#0FFH
    MOV T2L,#70H         ;计数初值
    ORL AUXR,#10H        ;启动 T2
    ORL INT_CLKO,#04H
    SJMP $
    END
```

```
/* * * * * * * * * * *C语言代码* * * * * * * * * * */
# include <stc15.h>
void main( )
{
    AUXR |= 0x04;       /* T2 为 1T 模式 */
    AUXR &= ~0x08;      /* T2 定时器 */
    T2H=(65536-11059200/2/38400)/256;
    T2L=(65536-11059200/2/38400)%256;
    AUXR |= 0x10;       /* 启动 T2 */
    /* 使能 T2 时钟输出 */
    INT_CLKO |= 0x04;
    while (1);          /* 程序等待 */
}
```

【例 8.7】　编程实现使用单片机内部时钟在 P1.6 引脚输出系统时钟的四分频信号。

解：P5.4 或 P1.6 为主时钟输出引脚,输出频率由 CLK_DIV 的 MCKO_S1 和 MCKO_S0 决定,输出引脚由 MCLKO_2 控制。参考程序如下:

```
;汇编语言代码
;声明与定时器 T2 有关的特殊功能寄存器
CLK_DIV EQU 97H
    ORG 0100H
MAIN:
    MOV CLK_DIV,#0C8H
    SJMP $
    END
```

```
/ * * * * * * * * * *C语言代码* * * * * * * * * * */
# include <stc15.h>
void main( )
{
    / * P1.6 引脚输出主时钟四分频 * /
    CLK_DIV=0xC8;
    while (1);              / * 程序等待 * /
}
```

8.4　可编程计数器阵列(PCA)模块

8.4.1　PCA 模块的结构

STC15W4K32S4 单片机中集成了 2 路增强型可编程计数器阵列(CCP/PCA/PWM)模块,可用于软件定时器、外部脉冲捕获、高速脉冲输出以及脉宽调制(PWM)输出。

单片机中的 PCA 模块含有一个特殊的 16 位定时/计数器(CH 和 CL),有 2 个 16 位的捕获/比较模块与之相连,PCA 模块结构如图 8.13 所示。

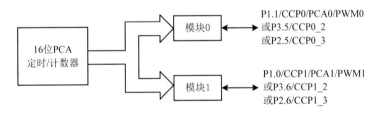

图 8.13　可编程计数器阵列 PCA 模块结构

其中,模块 0 连接到 P1.1/CCP0 或 P3.5/CCP0_2 或 P2.5/CCP0_3;模块 1 连接到 P1.0/CCP1 或 P3.6/CCP1_2 或 P2.6/CCP1_3。可通过设置寄存器 AUXR1/P_SW1 中的 CCP_S1 和 CCP_S0 控制位进行引脚切换。

16 位 PCA 定时/计数器是 2 个模块的公共时间基准,其结构如图 8.14 所示。

寄存器 CH 和 CL 的内容是正在递增计数的 16 位 PCA 定时器的值。PCA 模块通过编程设置输入的计数时钟频率为 1/12 系统时钟、1/8 系统时钟、1/6 系统时钟、1/4 系统时钟、1/2 系统时钟、系统时钟、定时器 0 溢出或 ECI 脚的输入;其中 ECI 脚连接 P1.2,也可设置为第 2 组引脚 P2.4 或第 3 组引脚 P3.4。定时器的计数时钟源由 CMOD 特殊功能寄存器中的 CPS2、CPS1 和 CPS0 位来确定。

STC15W4K32S4 单片机 PCA 模块工作于 PWM 模式时,输出为 PWM0 和 PWM1,单片机还另外集成了 6 路独立的增强型 PWM 波形发生器,输出为 PWM2～PWM7。

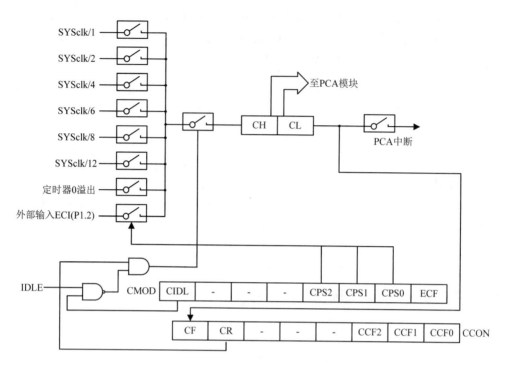

图 8.14　PCA 定时/计数器及中断控制逻辑结构图

8.4.2　PCA 模块的特殊功能寄存器

PCA 计数器主要由 PCA 工作模式寄存器 CMOD、PCA 控制寄存器 CCON、外部设备切换控制寄存器 AUXR1/P_SW1、PCA 模块比较/捕获控制寄存器 CCAPM0/CCAPM1、PCA 的 16 位计数器、PCA 比较/捕获寄存器 CCAPnL/CCAPnH 和 PCA 模块 PWM 寄存器 PCA_PWM0/PCA_PWM1 进行管理与控制。

1. PCA 工作模式寄存器 CMOD

CMOD 用于选择 PCA 模块的 16 位计数器的计数脉冲源与计数中断管理,各位定义如下:

名称	地址	D7	D6	D5	D4	D3	D2	D1	D0	复位值
CMOD	D9H	CIDL	×	×	×	CPS2	CPS1	CPS0	ECF	0xxx0000

(1) CIDL:空闲模式下是否停止 PCA 计数的控制位。当 CIDL=0 时,空闲模式下 PCA 计数器继续工作;当 CIDL=1 时,空闲模式下 PCA 计数器停止工作。

(2) CPS2、CPS1、CPS0:PCA 计数脉冲源选择控制位。PCA 计数脉冲源选择如表 8.7 所列。

表 8.7　PCA 计数脉冲源输入选择

CPS2	CPS1	CPS0	选择 CCP/PCA/PWM 脉冲源输入
0	0	0	系统时钟,SYSclk/12
0	0	1	系统时钟,SYSclk/2

表 8.7(续)

CPS2	CPS1	CPS0	选择 CCP/PCA/PWM 脉冲源输入
0	1	0	定时器 T0 的溢出脉冲。若 T0 工作在 1T 模式,则为 SYSclk。通过改变 T0 的溢出率,实现 PWM 输出的频率可调
0	1	1	ECI/P1.2(或 P3.4 或 P2.4)脚输入的外部时钟(最大速率=SYSclk/2)
1	0	0	系统时钟,SYSclk
1	0	1	系统时钟/4,SYSclk/4
1	1	0	系统时钟/6,SYSclk/6
1	1	1	系统时钟/8,SYSclk/8

(3) ECF:PCA 计数溢出中断使能位。当 ECF=0 时,禁止寄存器 CCON 中 CF 位的触发中断;当 ECF=1 时,允许寄存器 CCON 中 CF 位的触发中断。

2. PCA 控制寄存器 CCON

CCON 用于控制 PCA 模块的 16 位计数器的运行、溢出标志和中断请求标志,各位定义如下:

名称	地址	D7	D6	D5	D4	D3	D2	D1	D0	复位值
CCON	D8H	CF	CR	×	×	×	CCF2	CCF1	CCF0	00xxx000

(1) CF:PCA 计数器阵列溢出标志位。当 PCA 计数器溢出时,CF 由硬件置位。如果 CMOD 寄存器的 ECF=1,则 CF 标志将会触发中断。CF 位可通过硬件或软件置位,但只可通过软件清零。

(2) CR:PCA 计数器阵列运行控制位。CR=1 时,启动 PCA 计数器阵列计数;CR=0 时,关闭 PCA 计数器阵列计数。

(3) CCF2:PCA 模块 2 中断标志。当出现匹配或捕获时该位由硬件置位。该位必须通过软件清零。

(4) CCF1:PCA 模块 1 中断标志。当出现匹配或捕获时该位由硬件置位。该位必须通过软件清零。

(5) CCF0:PCA 模块 0 中断标志。当出现匹配或捕获时该位由硬件置位。该位必须通过软件清零。

3. PCA 模块比较/捕获控制寄存器 CCAPM0 和 CCAPM1

PCA 模块 0 对应比较/捕获控制寄存器 CCAPM0,PCA 模块 1 对应比较/捕获控制寄存器 CCAPM1,各位定义如下:

名称	地址	D7	D6	D5	D4	D3	D2	D1	D0	复位值
CCAPM0	DAH	×	ECOM0	CAPP0	CAPN0	MAT0	TOG0	PWM0	ECCF0	x0000000
CCAPM1	DBH	×	ECOM1	CAPP1	CAPN1	MAT1	TOG1	PWM1	ECCF1	x0000000

(1) ECOMn:比较器功能控制位。当 ECOMn=1 时,允许 PCA 模块 n 的比较器

功能。

（2）CAPPn：上升沿捕获控制位。当 CAPPn＝1 时，PCA 模块 n 为上升沿捕获。

（3）CAPNn：下降沿捕获控制位。当 CAPNn＝1 时，PCA 模块 n 为下降沿捕获。

（4）MATn：匹配控制位。当 MATn＝1 时，PCA 计数值与模块 n 的比较/捕获寄存器的值匹配，将置位 CCON 寄存器的中断标志位 CCF0。

（5）TOGn：翻转控制位。当 TOGn＝1 时，工作在 PCA 高速脉冲输出模式，PCA 计数器的值与模块 n 的比较/捕获寄存器的值匹配，将使 CCPn 引脚的输出状态翻转。

（6）PWMn：脉宽调节模式控制位。当 PWMn＝1 时，允许 CCPn 脚用作脉宽调节输出。

（7）ECCFn：PCA 模块 n 中断使能控制位。当 ECCFn＝1 时，允许 CCFn 标志位被置 1 时触发中断；当 ECCFn＝0 时，禁止中断。

4. PCA 的 16 位计数器：低 8 位 CL 和高 8 位 CH

CL 和 CH 用于保存 PCA 计数器的装载值。

5. PCA 比较/捕获寄存器 CCAPnL（低位字节）和 CCAPnH（高位字节）

当 PCA 模块用于比较或捕获时，它们用于保存各个模块的 16 位捕捉计数值；当 PCA 模块用于 PWM 模式时，它们用来控制输出的占空比。其中，n＝0、1 分别对应模块 0、模块 1。

6. PCA 模块 PWM 寄存器 PCA_PWM0 和 PCA_PWM1

PCA 模块 PWM 寄存器 PCA_PWM0 和 PCA_PWM1 的各位定义如下：

名称	地址	D7	D6	D5	D4	D3	D2	D1	D0	复位值
PCA_PWM0	F2H	EBS0_1	EBS0_0	PWM0_B9H	PWM0_B8H	PWM0_B9L	PWM0_B8L	EPC0H	EPC0L	xxxxxx00
PCA_PWM1	F3H	EBS1_1	EBS1_0	PWM1_B9H	PWM1_B8H	PWM1_B9L	PWM1_B8L	EPC1H	EPC1L	xxxxxx00

（1）EBSn_1，EBSn_0：当 PCA 模块 n 工作于 PWM 模式时的功能选择位，如表 8.8 所列。

表 8.8　PCA 模块 PWM 模式设置

EBSn_1	EBSn_0	PWM 工作模式
0	0	PCA 模块 n 工作于 8 位 PWM 模式
0	1	PCA 模块 n 工作于 7 位 PWM 模式
1	0	PCA 模块 n 工作于 6 位 PWM 模式
1	1	PCA 模块 n 工作于 10 位 PWM 模式

10 位 PWM 的比较值由{PWMn_B9L，PWMn_B8L，CCAPnL[7:0]}组成，10 位重装值由{PWMn_B9H，PWMn_B8H，CCAPnH[7:0]}组成。

注意：在更新重装值时，必须先写高两位 PWMn_B9H，PWMn_B8H，后写低 8 位 CCAPnH 的值。

（2）EPCnH：在 PWM 模式下，与 CCAPnH 组成 9 位数。

（3）EPCnL：在 PWM 模式下，与 CCAPnL 组成 9 位数。

8.4.3　PCA 模块的工作方式和应用

STC15W4K32S4 单片机的 PCA 模块有 4 种工作方式：上升/下降沿捕获、软件定时器、高速脉冲输出和脉宽调制输出。

1. 捕获模式与应用编程

PCA 模块工作于捕获模式的结构图如图 8.15 所示。要使 PCA 模块工作在捕获模式，寄存器 CCAPMn 的两位 CAPNn 和 CAPPn 至少一位必须置 1。PCA 模块的捕获模式对外部 CCPn 输入信号的跳变进行采样，当采样到有效跳变时，PCA 硬件将 PCA 计数寄存器{CH，CL}的值装载到模块的捕获寄存器{CCAPnH，CCAPnL}中，同时置位CCFn。

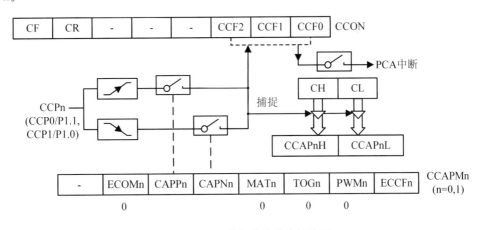

图 8.15　PCA 模块捕获模式结构图

如果特殊功能寄存器 CCON 的 CCFn 和 CCAPMn 的 ECCFn 被置位，将向 CPU 产生中断请求。需要在中断服务程序中通过 CCFn 判断产生中断的模块，并注意中断标志位的软件清零问题。

【例 8.8】　利用 PCA 模块的捕获模式功能扩展外部中断。设单片机晶振频率为11.0592 MHz，P2 口连接 8 个 LED 发光二极管，低电平驱动，编程将 PCA0/P1.1 引脚扩展为下降沿触发的外部中断，PCA1/P1.0 设置为上升沿和下降沿均可触发的外部中断；当P1.1引脚产生下降沿中断时，将 P2.0 连接的 LED 灯状态取反；当 P1.0 引脚产生边沿触发中断时，将 P2.1 连接的 LED 灯状态取反。

解：PCA 模块的使用方法与定时器类似，首先需要正确设置控制寄存器，然后编写中断服务程序，过程如下：

① 设置 PCA 的工作模式，将控制字写入 CMOD、CCON 和 CCAPMn 寄存器；

② 设置捕获寄存器 CCAPnL 和 CCAPnH 的初值；

③ 根据需要开放 PCA 中断，包括 ECF/ECCF0/ECCF1，并将 EA 置 1；

④ 置位 CR，启动 PCA 计数器。

参考程序如下：

```
;汇编语言代码
P2M1 EQU 95H
P2M0 EQU 96H
CMOD EQU 0D9H
CCON EQU 0D8H
CCAPM1 EQU 0DBH
CCAPM0 EQU 0DAH
CL EQU 0E9H
CH EQU 0F9H
CR BIT CCON.6
CCF0 BIT CCON.0
CCF1 BIT CCON.1
    ORG 0000H
    LJMP MAIN
    ORG 003BH
    LJMP PCA_ISR
    ORG 0100H
MAIN:
    MOV SP,#7FH
    MOV P2M1,#00H
    MOV P2M0,#00H        ;准双向口
    MOV CMOD,#00H        ;捕捉模式
    MOV CCON,#00H        ;初始化
    MOV CCAPM1,#31H
    MOV CCAPM0,#11H
    MOV CL,#00H          ;清计数器
    MOV CH,#00H
    SETB EA              ;开放中断
    SETB CR
    SJMP $
;PCA 中断服务程序
PCA_ISR:
    JBC CCF0,PCA0
    JBC CCF1,PCA1
    SJMP NEXT
PCA0:
    CPL P2.0
    SJMP NEXT
PCA1:
    CPL P2.1
NEXT:
    RETI
    END
```

```c
/ * * * * * * * * * * *C语言代码* * * * * * * * * * */
#include <stc15.h>
sbit LED_PCA0=P2^0;
sbit LED_PCA1=P2^1;
void main()
{
    P2M1=0x00;
    P2M0=0x00;          /ㅇP2 准双向口 */
    CMOD=0x00;          /* PCA 捕捉模式 */
    CCON=0x00;          /* 初始化 PCA */
    CCAPM1=0x31;        /* 边沿触发 */
    CCAPM0=0x11;        /* 下降沿触发 */
    CL=0;               /* 清计数器 */
    CH=0;
    EA=1;               /* 开放系统中断 */
    CR=1;               /* 启动 PCA 模块 */
    while (1);
}
/ * * * * * PCA 中断服务函数 * * * * * */
void PCA_ISR() interrupt 7
{
    if (CCF0)           /* PCA 模块 0 中断 */
    {
        LED_PCA0=~LED_PCA0;
        CCF0=0;
    }
        else if(CCF1)   /* PCA 模块 1 中断 */
    {
        LED_PCA1=~LED_PCA1;
        CCF1=0;
    }
}
```

2. 16 位软件定时器模式与应用编程

16 位软件定时器模式结构图如图 8.16 所示。

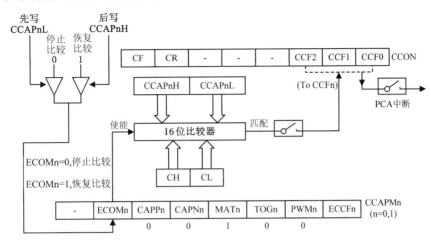

图 8.16　PCA 模块比较模式/16 位软件定时器模式结构图

通过置位 CCAPMn 寄存器的 ECOMn 和 MATn 位,可使 PCA 模块用作软件定时器。PCA 模块计数器{CH,CL}的值与模块捕获寄存器{CCAPnH,CCAPnL}的值相比较,当二者相等时,自动置位 CCFn;如果 ECCFn/CCAPMn.0 为 1,将向 CPU 请求中断,用户可在中断服务程序中判断请求中断的 PCA 模块,并在中断处理结束前清除 CCFn。

PCA 模块计数器{CH,CL}每隔一定的时间自动加 1,时间间隔取决于所选择的时钟源。例如,当选择的时钟源为 SYSclk/12 时,每 12 个时钟周期{CH,CL}加 1。当{CH,CL}的值与{CCAPnH,CCAPnL}相等时,CCFn 置位产生中断请求。如果在中断服务程序中给{CCAPnH,CCAPnL}增加一个相同的数值,那么下次中断来临的间隔时间 T 也是相同的,这就是软件定时功能的原理。定时时间的长短取决于时钟源以及 PCA 模块计数值{CCAPnH,CCAPnL}。下面举例说明 PCA 模块计数值的计算方法。

假设,系统时钟频率 SYSclk = 18.432 MHz,选择的时钟源为 SYSclk/12,定时时间 T 为 5 ms,则 PCA 模块计数值为:

$$\text{PCA 模块计数值} = \frac{T}{12 \times \dfrac{1}{\text{SYSclk}}} = \frac{0.005}{12 \times \dfrac{1}{18432000}} = \frac{0.005 \times 18432000}{12} = 7680 = 1E00H$$

也就是说,PCA 模块计数 1E00H 次,定时时间为 5 ms,这也就是每次给{CCAPnH,CCAPnL}增加的步长值。

【例 8.9】　STC15W4K32S4 单片机的晶振频率为 11.0592 MHz,利用单片机 PCA 模块的软件定时功能,在 P1.5 引脚输出周期为 1 s 的方波。

解: 选择使用 PCA 模块 0 实现软件定时功能。通过置位 CCAPM0 寄存器的 ECOM0 和 MAT0,使 PCA 模块 0 工作于软件定时器模式。定时时间的长短取决于 PCA 模块捕获寄存器 {CCAP0H,CCAP0L}的值与 PCA 计数器的时钟源。本例中,系统时钟 SYSclk 等于晶振频率 11.0592 MHz,选择 PCA 模块的时钟源为 SYSclk/12,基本定时时间单位 T 为 5 ms。对 5 ms 计数 100 次,即可实现 0.5 s 的定时,每隔 0.5 s 对 P1.5 取反,即可实现输出周期为 1 s 的方波。

$$PCA\ 的计数步长值\{CCAPnH, CCAPnL\} = \frac{T}{12 \times \dfrac{1}{SYSclk}} = \frac{0.005 \times 11059200}{12} = 4608 = 1200H$$

参考源程序代码如下：

```
;汇编语言代码
T200Hz EQU 1200H
CMOD EQU 0D9H
CCON EQU 0D8H
CCAP0L EQU 0EAH
CCAP0H EQU 0FAH
CCAPM0 EQU 0DAH
CL EQU 0E9H
CH EQU 0F9H
CR BIT CCON.6
CCF0 BIT CCON.0
CNT EQU 20H
    ORG 0000H
    LJMP MAIN
    ORG 003BH
    LJMP PCA_ISR
    ORG 0100H
MAIN:
    MOV SP,#7FH
    MOV CMOD,#00H          ;时钟源
    MOV CCON,#00H          ;初始化
    MOV CCAP0L,#LOW T200Hz
    MOV CCAP0H,#HIGH T200Hz
    MOV CCAPM0,#49H
    MOV CL,#00H            ;清计数器
    MOV CH,#00H
    SETB EA               ;开放中断
    SETB CR
    MOV CNT,#100          ;计数 100 次
    SJMP $
;PCA 中断服务程序
PCA_ISR:
    CLR CCF0              ;清中断
    MOV A,CCAP0L
    ADD A,#LOW T200Hz
    MOV CCAP0L,A          ;更新比较值
    MOV A,CCAP0H
    ADDC A,#HIGH T200Hz
    MOV CCAP0H,A
    DJNZ CNT,NEXT
    MOV CNT,#100          ;计数 100 次
    CPL P1.5             ;1 Hz 闪烁
NEXT:
    RETI
    END
```

```c
/* * * * * * * * *C语言代码* * * * * * * * */
#include <stc15.h>
#define FOSC 11059200L          /* 频率 */
#define T200Hz (FOSC/12/200)   /* 步长 */
unsigned char cnt;        /* 计数次数 */
unsigned int value;       /* 计数值 */
void main()
{
    CCON=0;              /* 初始化 PCA */
    CL=0;
    CH=0;                /* PCA 寄存器 */
    CMOD=0x00;           /* PCA 时钟源 */
    value=T200Hz;
    CCAP0L=value;
    CCAP0H=value>>8;     /* 设置定时值 */
    value+=T200Hz;       /* 下次定时值 */
    CCAPM0=0x49;
    /* PCA 0 为 16 位定时器 */
    CR=1;                /* 启动 PCA */
    EA=1;
    cnt=0;
    while(1);
}
/* * * * * PCA 中断服务函数 * * * * * */
void PCA_ISR() interrupt 7 using 1
{
    CCF0=0;              /* 清中断标志 */
    CCAP0L=value;
    CCAP0H=value>>8;     /* 更新比较值 */
    value+=T200Hz;
    if(cnt-- == 0)
    {
        cnt=100;         /* 记数 100 次 */
        P15=~P15;        /* 每秒闪烁一次 */
    }
}
```

3. 高速脉冲输出模式与应用编程

该模式的结构图如图 8.17 所示,当 PCA 计数器的计数值与模块捕获寄存器的值相匹配时,PCA 模块的 CCPn 输出将发生翻转。要激活高速脉冲输出模式,CCAPMn 寄存器的 TOGn 位、MATn 位和 ECOMn 位必须同时置位。

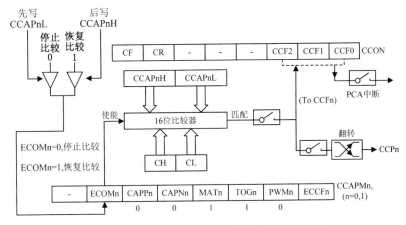

图 8.17　PCA 模块高速脉冲输出模式结构图

CCAPnL 的值决定了 PCA 模块 n 的输出脉冲频率:

高速脉冲输出的频率＝PCA 计数时钟源频率/(CCAPnL×2)

即:

$$f_{out} = \frac{f_{PCA}}{2 \times CCAPnL}$$

例如,系统时钟 SYSclk 为 $f_{osc} = 11.0592$ MHz,当 PCA 时钟源是 SYSclk/2 时,即:

$$f_{PCA} = \frac{SYSclk}{2} = \frac{f_{osc}}{2}$$

则输出脉冲的频率为:

$$f_{out} = \frac{f_{PCA}}{2 \times CCAPnL} = \frac{f_{osc}}{4 \times CCAPnL}$$

其中,SYSclk 为系统时钟频率;f_{PCA} 为 PCA 模块计数时钟源频率;f_{osc} 为单片机晶振频率。由此可以得到:

$$CCAPnL = \frac{SYSclk}{4 \times f_{out}} = \frac{f_{osc}}{4 \times f_{out}}$$

如果计算出的结果不是整数,则进行四舍五入取整,即:

$$CCAPnL = INT\left(\frac{SYSclk}{(4 \times f)} + 0.5\right)$$

其中,INT( )为取整运算,直接舍去小数部分。例如,假设 SYSclk = 20 MHz,要求 PCA 高速脉冲输出 125 kHz 的方波,则 CCAPnL 中的值应为:

$$CCAPnL = INT\left(\frac{20000000}{(4 \times 125000)} + 0.5\right) = INT(40 + 0.5) = 40 = 28H$$

【例 8.10】 单片机晶振频率为 11.0592 MHz,利用单片机的 PCA 模块 0/P1.1 实现高速脉冲输出,输出频率为 100 kHz 的方波信号,可通过示波器观察。

解:通过置位 CCAPM0 寄存器的 ECOM0、MAT0 和 TOG0 位,使 PCA 模块 0 工作在高速

脉冲输出模式。本例中,系统时钟频率等于晶振频率,所以系统时钟频率为 11.0592 MHz,假设选择 PCA 模块的计数时钟源为 SYSclk/2,则高速脉冲输出所需的计数次数为:

$$CCAP0L=INT\left(\frac{f_{PCA}}{2\times f_{out}}+0.5\right)=INT\left(\frac{\frac{SYSclk}{2}}{2\times f_{out}}+0.5\right)=INT\left(\frac{11059200}{4\times 100000}+0.5\right)=28=1CH$$

在初始化时,{CH,CL}从 0000H 开始计数,将 001CH 直接送入 PCA 模块捕获寄存器 {CCAP0H,CCAP0L} 中,在每次匹配时的中断服务程序中再次将该值赋给{CCAP0H, CCAP0L}。

参考源程序如下:

```
;汇编语言代码
T100Hz EQU 001CH
CMOD EQU 0D9H
CCON EQU 0D8H
CCAP0L EQU 0EAH
CCAP0H EQU 0FAH
CCAPM0 EQU 0DAH
CL EQU 0E9H
CH EQU 0F9H
CR BIT CCON.6
CCF0 BIT CCON.0
    ORG 0000H
    LJMP MAIN
    ORG 003BH
    LJMP PCA_ISR
    ORG 0100H
MAIN:
    MOV SP,#7FH
    MOV CMOD,#02H        ;时钟源
    MOV CCON,#00H        ;初始化
    MOV CCAP0L,#LOW T100Hz
    MOV CCAP0H,#HIGH T100Hz
    MOV CCAPM0,#4DH
    MOV CL,#00H          ;清计数器
    MOV CH,#00H
    SETB EA              ;开放中断
    SETB CR
    SJMP $
;PCA 中断服务程序
PCA_ISR:
    CLR CCF0             ;清中断
    MOV A,CCAP0L
    ADD A,#LOW T100Hz
    MOV CCAP0L,A         ;更新比较值
    MOV A,CCAP0H
    ADDC A,#HIGH T100Hz
    MOV CCAP0H,A
    RETI
    END
```

```c
/* * * * * * * * * *C语言代码* * * * * * * * * */
#include <stc15.h>
#define FOSC 11059200L
#define T100Hz (FOSC/4/100000)
unsigned int value;
void main()
{
    CCON=0;                 /* 初始化 PCA */
    CL=0;
    CH=0;                   /* PCA 寄存器 */
    CMOD=0x02;              /* PCA 时钟源 */
    value=T100Hz;
    CCAP0L=value;
    CCAP0H=value >> 8;      /* 设置定时值 */
    value += T100Hz;        /* 下次定时值 */
    CCAPM0=0x4D;
    /* PCA 0 为 16 位定时器,同时翻转 */
    CR=1;                   /* 启动 PCA */
    EA=1;
    while (1);
}
/* * * * * *PCA 中断服务函数* * * * * */
void PCA_ISR() interrupt 7 using 1
{
    CCF0=0;                 /* 清中断标志 */
    CCAP0L=value;
    CCAP0H=value >> 8;      /* 更新比较值 */
    value += T100Hz;
}
```

程序运行的结果,用示波器查看如图 8.18 所示。

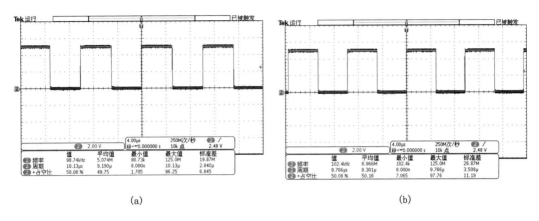

(a)   (b)

图 8.18 汇编语言程序与 C 语言程序的输出波形图

(a) 汇编语言程序输出波形;(b) C 语言程序输出波形

4. 脉宽调制模式与应用编程

脉宽调制(pulse width modulation,简称 PWM)是一种使用程序来控制波形占空比、周期和相位的技术,在三相电机驱动、D/A 转换等场合有着广泛的应用。

STC15W4K32S4 单片机的 PCA 模块可以通过设定各自寄存器 PCA_PWMn(n=0,1) 中的位 EBSn_1/PCA_PWMn.7 和 EBSn_0/PCA_PWMn.6,使其工作于 8 位 PWM、7 位 PWM、6 位 PWM 模式或 10 位 PWM 模式。

当 CCAPMn 寄存器的 PWMn 和 ECOMn 置位时,PCA 模块工作在 PWM 模式。所有 PCA 模块都可用作 PWM 输出,输出频率取决于 PCA 模块的计数时钟源。由于所有模块共用 PCA 计数器,所以它们的时钟源频率相同,各个模块的输出频率和占空比是独立变化的,用户可以通过编程控制。

当某个 I/O 口作为 PWM 输出使用时,该口的状态如表 8.9 所列。

表 8.9 I/O 口作为 PWM 使用时的状态

PWM 之前 I/O 口的状态	PWM 输出时 I/O 口的状态
弱上拉/准双向口	强推挽输出/强上拉输出,要加输出限流电阻 1~10 kΩ
强推挽输出/强上拉输出	强推挽输出/强上拉输出,要加输出限流电阻 1~10 kΩ
仅为输入/高阻	PWM 输出无效
开漏	开漏

(1) 8 位脉宽调节模式

当 EBSn_1/EBSn_0=0/0 或 1/1 时,PCA 模块 n 工作于 8 位 PWM 模式,此时将{0, CL[7:0]}与捕获寄存器{EPCnL,CCAPnL[7:0]}进行比较,8 位 PWM 模式的结构如图 8.19 所示。

PCA 模块的 8 位 PWM 的占空比与捕获寄存器{EPCnL,CCAPnL[7:0]}的值有关。当{0,CL[7:0]}的值小于{EPCnL,CCAPnL[7:0]}时,输出为低电平;当{0,CL[7:0]}的值

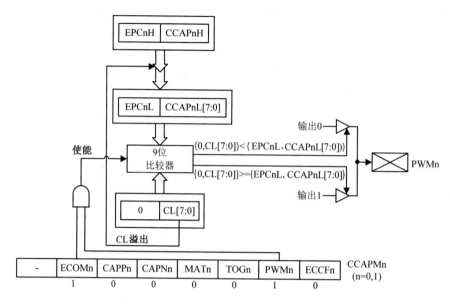

图 8.19　PCA 模块 8 位 PWM 模式结构图

大于或等于 {EPCnL,CCAPnL[7:0]} 时,输出为高电平。当 CL 的值由 0FFH 变为 00H 溢出时,{EPCnH,CCAPnH[7:0]} 的内容重新装载到 {EPCnL,CCAPnL[7:0]} 中,这样可实现无干扰地更新 PWM。

8 位 PWM 输出的频率和脉宽时间分别为:

$$f_{PWM} = \frac{f_{PCA}}{256}$$

$$t_P = T_{PCA} \times (256 - CCAPnL)$$

其中 f_{PCA}、T_{PCA} 分别为 PCA 模块的计数时钟频率和周期;t_P 为 PWM 的脉宽时间。

如果要实现可调频率的 PWM 输出,可以选择定时/计数器 T0 的溢出或 ECI/P1.2 引脚输入作为 PCA 模块的计数时钟源。例如,要求 PWM 输出频率为 38 kHz,选 SYSclk 为 PCA 计数时钟源,则外部时钟频率 SYSclk=38000×256=9728000。

当 EPCnL=0 且 CCAPnL=00H 时,PWM 固定输出高电平;

当 EPCnL=1 且 CCAPnL=FFH 时,PWM 固定输出低电平。

PWM 的一个典型应用是用于 D/A 输出,其典型应用电路如图 8.20 所示。

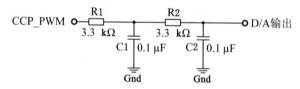

图 8.20　PWM 用于 D/A 输出的典型电路

其中,R1C1 和 R2C2 构成滤波电路,对单片机输出的 PWM 波形进行平滑滤波,从而在 D/A 输出端得到稳定的电压。

【例 8.11】　如图 8.21 所示,利用 STC15W4K32S4 单片机的 PCA 模块 0 第 2 组输出引

脚/P3.5 进行 8 位/7 位/6 位 PWM 波形输出,PCA 模块 1 第 2 组输出引脚/P3.6 进行 10 位 PWM 波形输出。PCA 计数时钟源为 SYSclk=f_{OSC}=11.0592 MHz,两组 PWM 波形初始占空比均为 50%,输出波形占空比可以由按键 SW+/P3.2 和按键 SW−/P3.3 增加或减少。PCA 模块 0 第 2 组输出引脚(P3.5 引脚)接 D/A 输出电路图,占空比变化时,可以用直流电压表观察到输出直流电压的变化。

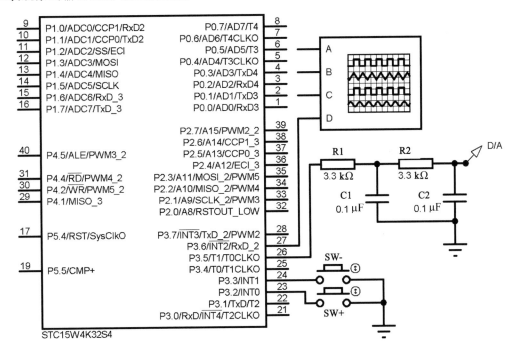

图 8.21　例 8.11 电路图

解: 系统晶振频率为 11.0592 MHz。PCA 模块捕获/比较寄存器{CCAP0H,CCAP0L}计数值对于 8 位 PWM 波形来说取值范围为 0~255,初始化时占空比为 50%对应的初值是 128;7 位对应取值范围为 0~127,对应 50%占空比的初值是 64;6 位对应取值范围为 0~63,对应 50%占空比的初值是 32;10 位对应取值范围为 0~1023,对应 50%占空比的初值是 512。

参考 C 语言源程序如下:

```
/* * * * * * * * * * * * *C语言代码* * * * * * * * * * * * */
#include <stc15.h>
sbit SWSUB=P3^2;                  /* 按键 SW+ */
sbit SWADD=P3^3;                  /* 按键 SW− */
signed int Duty0=128;             /* 初始化 8 位 PWM 占空比 50% */
signed int Duty1=512;             /* 初始化 10 位 PWM 占空比 50% */
/* * * * * * * * * * * * *延时函数* * * * * * * * * * * * * */
void Delay(unsigned int x)
{
    for(;x>0;x−−);
```

```
}
/ * * * * * * * * * * * * * * * * 主函数 * * * * * * * * * * * * * * * * /
void main()
{
    P_SW1 &= 0xCF;
    P_SW1 |= 0x10;            / * CCP_S1/CCP_S0=0/1,选择第 2 组 PCA 引脚 * /
    CCON=0;                   /初始化 PCA,清除 CF 和 CCFn * /
    CL=0;
    CH=0;                     / * 复位 PCA 寄存器 * /
    CMOD=0x08;                / * 设置 PCA 时钟源为系统时钟 * /
    CCAPM0=0x42;              / * PCA 模块 0 为脉宽调制模式 * /
    CCAPM1=0x42;              / * PCA 模块 1 为脉宽调制模式 * /
    CR=1;                     / * PCA 计数器开始工作 * /
    while (1)
    {
        if(SWADD==0)          / * 按键 SW- * /
        {
            Delay(100);       / * 延时消抖 * /
            if(SWADD==0)
            {
                Duty0--;                    / * PWM0 占空比每次加 1 * /
                if(Duty0<0) {Duty0=0;}     / * Duty0 最小值为 0 * /
                Duty1=Duty1-4;              / * PWM1 占空比每次加 4 * /
                if(Duty1<0) {Duty1=0;}     / * Duty1 最小值为 0 * /
                while(SWADD==0);            / * 等待按键 SW+ 松开 * /
            }
        }
        if(SWSUB==0)                        / * 按键 SW+ * /
        {
            Delay(100);                     / * 延时消抖 * /
            if(SWSUB==0)
            {
                Duty0++;                    / * PWM0 占空比每次减 1 * /
                if(Duty0>255){Duty0=255;}   / * Duty0 最大值为 255 * /
                Duty1=Duty1+4;              / * PWM1 占空比每次减 4 * /
                if(Duty1>1023){Duty1=1023;} / * Duty1 最大值为 1023 * /
                while(SWSUB==0);            / * 等待按键 SW- 松开 * /
            }
```

```
            }
      PCA_PWM0＝0x00;                    /＊PCA 模块 0 工作于 8 位 PWM＊/
      CCAP0H＝CCAP0L＝Duty0;             /＊刷新 PWM0 的占空比＊/
      if(Duty1＜256){PCA_PWM1＝0xC0;}
      if(Duty1＞255&&Duty1＜512){PCA_PWM1＝0xD4;}
      if(Duty1＞511&&Duty1＜768){PCA_PWM1＝0xE8;}
      if(Duty1＞767&&Duty1＜1024){PCA_PWM1＝0xFC;}
      CCAP1H＝CCAP1L＝(unsigned char)(Duty1&0xff);
      /＊刷新 PWM1 的占空比低 8 位＊/
    }
}
```

程序运行后 PCA 模块 0/P3.5 与模块 1/P3.6 引脚输出的波形如图 8.22 所示。

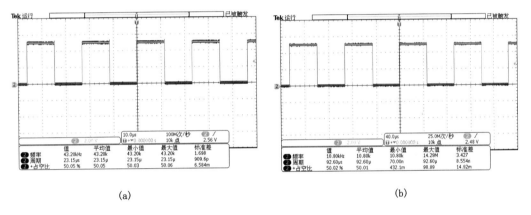

(a)　　　　　　　　　　　　　　　　　　　　(b)

图 8.22　例 8.11 运行结果图
(a) PCA0 工作于 8 位 PWM 波形；(b) PCA1 工作于 10 位 PWM 波形

（2）7 位脉宽调节模式

当 PCA_PWMn 寄存器的 EBSn_1/EBSn_0＝0/1 时，PCA 模块 n 工作于 7 位 PWM 模式，此时将{0,CL[6:0]}与捕获寄存器{EPCnL,CCAPnL[6:0]}进行比较，7 位 PWM 模式的结构如图 8.23 所示。

当 CCAPMn 寄存器的 PWMn/ECOMn＝1/1 时，PCA 模块 n 工作于 7 位 PWM 模式，输出占空比与使用的捕获寄存器{EPCnL,CCAPnL[6:0]}有关。当{0,CL[6:0]}的值小于{EPCnL,CCAPnL[6:0]}时，输出为低电平；当{0,CL[6:0]}的值等于或大于{EPCnL,CCAPnL[6:0]}时，输出为高电平。当 CL 的值由 7FH 变为 00H 溢出时，{EPCnH,CCAPnH[6:0]}的内容装载到{EPCnL,CCAPnL[6:0]}中，这样就可实现无干扰地更新 PWM。

PCA 时钟输入源可以从以下 8 种中选择一种：SYSclk，SYSclk/2，SYSclk/4，SYSclk/6，SYSclk/8，SYSclk/12，定时器 T0 的溢出，ECI/P1.2 输入。

当 PWM 是 7 位的时：

$$f_{PWM}=\frac{f_{PCA}}{128}$$

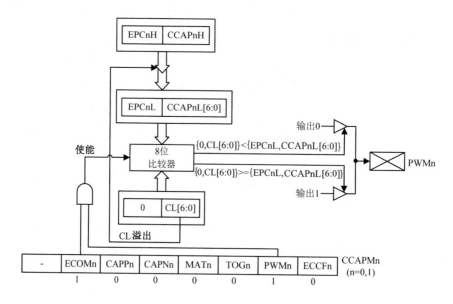

图 8.23 PCA 模块 7 位 PWM 模式结构图

其中，f_{PWM} 为 PWM 的输出频率；f_{PCA} 为 PCA 时钟输入源频率。

如果要实现可调频率的 PWM 输出，可选择定时器 T0 的溢出或者 ECI 脚的输入作为 PCA/PWM 的时钟输入源。

当 EPCnL=0 及 CCAPnL=80H 时，PWM 固定输出高电平；

当 EPCnL=1 及 CCAPnL=0FFH 时，PWM 固定输出低电平。

关于 6 位及 10 位 PWM 工作模式的结构原理，请读者参照 8 位 PWM 和 7 位 PWM 工作模式自行分析，在此从略。

8.4.4 PCA 模块的引脚切换

STC15W4K32S4 单片机只有两路 CCP/PWM/PCA，通过特殊功能寄存器 P_SW1/AUXR1 的 CCP_S0、CCP_S1 位的不同组合可以实现 PCA 模块在 3 组不同管脚之间进行切换，P_SW1 各位定义如下：

名称	地址	D7	D6	D5	D4	D3	D2	D1	D0	复位值
AUXR1	A2H	S1_S1	S1_S0	CCP_S1	CCP_S0	SPI_S1	SPI_S0	0	DPS	00000000

PCA 模块功能引脚的切换关系如表 8.10 所列。

表 8.10 PCA 模块引脚的切换关系表

CCP_S1	CCP_S0	PCA 模块引脚功能		
		ECI	CCP0	CCP1
0	0	P1.2	P1.1	P1.0
0	1	P3.4/ECI_2	P3.5/CCP0_2	P3.6/CCP1_2
1	0	P2.4/ECI_3	P2.5/CCP0_3	P2.6/CCP1_3
1	1	无效		

本 章 小 结

STC15W4K32S4 单片机内部有 5 个通用可编程定时/计数器 T0、T1、T2、T3 和 T4,其核心是 16 位的加法器,对应特殊功能寄存器的 THx 和 TLx(x＝0,1,2,3,4)。每个定时/计数器都具有定时和计数两种工作模式,其区别在于计数对象的不同,定时器的计数对象为周期性的时钟信号,计数器的计数对象则为外部输入的脉冲信号;两种功能的选择可以通过TMOD、AUXR 和 T4T3M 中的相应位来实现。通过设置 AUXR 和 T4T3M 中的 T0x12、T1x12、T2x12、T3x12 和 T4x12 标志位为 1,可以实现 1T 计数,即 1 个时钟周期计 1 个数。

定时/计数器共有 4 种工作方式,分别为:

方式 0:16 位自动重装定时/计数器。

方式 1:16 位定时/计数器。

方式 2:8 位自动重装定时/计数器。

方式 3:不可屏蔽的 16 位自动重装定时/计数器。

其中,T0 可以工作在 4 种方式;T1 在方式 3 时停止工作;T2、T3 和 T4 则只能工作在方式 0/16 位自动重装定时/计数器,可以作为可编程时钟模块或串行口通信的波特率发生器使用。

STC15W4K32S4 单片机最多有 6 路可编程时钟输出模块,分别为 SysClkO/P5.4、T0CLKO/P3.5、T1CLKO/P3.4、T2CLKO/P3.0、T3CLKO/P0.4 和 T4CLKO/P0.6。可编程时钟输出模块的输出时钟频率与主时钟和各定时/计数器有关。

STC15W4K32S4 单片机还集成了 2 路可编程计数器阵列/PCA 模块,可实现外部脉冲的捕获、软件定时、高速脉冲输出以及脉宽调制/PWM 输出等功能。其中,PWM 输出功能又分为 8 位 PWM、7 位 PWM、6 位 PWM 和 10 位 PWM 共 4 种模式,可通过软件改变PWM 输出波形的频率和占空比,利用 PWM 功能还可实现 D/A 转换。

习题与思考题

一、填空题

1. 单片机的定时/计数器有_____种计数模式,定时器 T0 有_____种工作方式。

2. STC15W4K32S4 单片机共有_____个 16 位定时/计数器,其中定时/计数器_____在方式 3 时停止工作。

3. STC15W4K32S4 单片机的定时/计数模式选择控制寄存器为_____、_____和 T4T3M 寄存器。

4. 定时器 T1 的外部脉冲输入引脚为_____,可编程时钟输出引脚为_____。

5. TMOD 寄存器中 TF1 的含义是_____,TR0 的含义是_____。

6. 当定时/计数器的 T1x12＝0 时,定时器 T1 每_____个时钟周期计一个数;当T1x12＝1 时,每_____个时钟周期计一个数。

7. STC15W4K32S4 单片机共有_____个 PCA 模块,PCA 计数器为_____位

计数器。

8. STC15W4K32S4 单片机的 PCA 模块的 4 种工作方式为比较/捕获方式、_____、高速输出方式和_____。

9. STC15W4K32S4 单片机的 PCA 模块工作在脉宽调制方式时,可以实现_____、7 位 PWM、6 位 PWM 和_____ 4 种 PWM 波形输出。

10. STC15W4K32S4 单片机的 PCA 模块计数溢出标志位是_____,溢出中断允许控制位是_____。

二、选择题

1. 单片机定时器当 T0x12＝1 时的计数脉冲数为（　　）。
A. 1T　　　　　B. 6T　　　　　C. 12T　　　　　D. 不确定

2. 当 TMOD＝04H,T0x12＝1 时,T0 的计数脉冲为（　　）。
A. SYSclk　　B. SYSclk/12　C. P3.4 引脚输入　D. P3.5 引脚输入

3. 当 TMOD＝01H 时,定时器 T0 的工作状态和工作方式分别为（　　）。
A. 定时/方式 1　　　　　B. 计数/方式 1
C. 定时/方式 0　　　　　D. 计数/方式 0

4. 定时/计数器 T0 在 TR0＝1 时,执行语句"TH0＝0x01;TL0＝0x11;"后,{TH0,TL0}的值为（　　）。
A. 0111H　　B. 不变　　C. 0112H　　D. 无法确定

5. 定时/计数器 T1 在 TR1＝0 时,执行语句"TH1＝0x01;TL1＝0x11;"后,{RL_TH1,RL_TL1}的值为（　　）。
A. 0111H　　　B. 不变　　　C. 0112H　　　D. 无法确定

6. 当 INT_CLKO＝03H 时,T0、T1 和 T2 可编程时钟输出的状态是（　　）。
A. T0/T1 允许可编程时钟输出,T2 禁止
B. T0/T2 允许可编程时钟输出,T1 禁止
C. T1/T2 允许可编程时钟输出,T0 禁止
D. T0 允许可编程时钟输出,T1/T2 禁止

7. 定时/计数器被启动后,定时中断不可屏蔽的工作方式为（　　）。
A. 方式 0　　B. 方式 1　　C. 方式 2　　D. 方式 3

8. 定时/计数器 T1 可编程输出模块引脚 T1CLKO 的输出频率为（　　）。
A. SYSclk　　B. T1 溢出率/2　C. SYSclk/2　　D. SYSclk/12

9. STC15W4K32S4 单片机的 PCA 模块的工作方式不包括（　　）。
A. 比较/捕获　　　　　B. 软件定时器
C. 扩展外部中断　　　　D. PWM 输出

10. 单片机的时钟为 SYSclk,则 PCA 模块输入时钟源为 SYSclk/2,则 10 位 PWM 输出时的波形频率为（　　）。
A. SYSclk/2　　B. SYSclk/12　　C. SYSclk/1024　D. SYSclk/2048

三、简答题

1. 简述 STC15W4K32S4 单片机定时/计数器的工作方式及特点。

2. 简述重装寄存器{RL_THx,RL_TLx}的作用及使用方法。

3. 简述对定时长度进行扩展的方法并举例说明。

4. 定时/计数器的定时长度、计数初值和计数脉冲三者之间的关系是什么？

5. 简述从 T1 定时器输出可编程时钟信号的方法。

6. 简述 STC15W4K32S4 单片机 PCA 模块的使用方法。若想要在 PCA0 输出 8 位 PWM 波,应该如何设置？

7. 定时/计数器 T0～T4 在计数结束置位 TFx 后,应如何处理？有几种方法？

8. 简述 STC15W4K32S4 单片机定时器 T2/T3/T4 与 T0/T1 的不同之处。

四、综合设计题

1. 设单片机时钟 f_{osc}＝11.0592 MHz,P2 口连接 8 只 LED 灯,低电平驱动。编程利用定时器 T0 实现 LED 灯 D2/P2.2 闪烁,两次亮灯间隔 500 ms。

2. 设单片机时钟 f_{osc}＝11.0592 MHz,利用定时器 T1 在 P1.1 产生频率 25 kHz,占空比 80％的矩形波。

3. 设单片机时钟 f_{osc}＝11.0592 MHz,使用中断和定时器,实现按键 SW/P3.2 控制波形变化,即按下一次 SW 按键在 P1.1 输出 5 kHz 方波,再次按下按键输出 25 kHz,占空比 80％矩形波,可以重复操作。

4. 利用 STC15W4K32S4 的可编程时钟模块,实现在 P3.4 输出 2 kHz 的方波。

5. 利用 STC15W4K32S4 单片机的 PCA 模块在 P1.1 产生频率 4 kHz,占空比 75％的 PWM 波。

6. 编程实现呼吸灯。设单片机的晶振频率为 11.0592 MHz,P2 口连接 8 只 LED 灯,低电平驱动,编程使用 STC15W4K32S4 单片机的 PCA 模块 0 实现在 P2.7 连接的 LED 灯的呼吸灯效果,即 LED 灯慢慢亮起,再慢慢熄灭,如此重复。

7. 利用 STC15W4K32S4 单片机 PCA 模块对输入信号的上升沿或者下降沿进行捕获的功能,设计一个简易频率计,信号从 PCA 模块 0/P1.1 输入,单片机晶振频率为 11.0592 MHz,通过数码管进行频率显示。

8. 利用 STC15W4K32S4 单片机 PCA 模块对外部脉冲的捕获功能,实现方波信号脉冲宽度的测量。

9. 利用 STC15W4K32S4 单片机 PCA 模块的软件定时器功能,实现 2 s 的定时。

10. 利用 STC15W4K32S4 单片机 PCA 模块的高速脉冲输出功能,实现频率为 38 kHz 方波信号的输出。

11. 利用 STC15W4K32S4 单片机 PCA 模块的脉宽调制功能,实现 D/A 转换功能。

第9章 单片机的数据通信

【本章要点】

通信技术在计算机控制系统中占据非常重要的地位。本章主要介绍数据通信的基本概念、基本方式、常用串行通信和并行通信的扩展,对目前工程中常用的串行通信接口 RS232、RS485、UART、SPI 和 I²C 等的原理及应用进行详细介绍。

本章的主要内容有:

- 接口电路的基本结构和原理。
- 串行通信接口 UART。
- SPI 和 I²C 通信接口及应用。

9.1 数据通信接口电路

计算机与外部设备之间的信息交换称为通信。根据数据传输方式的不同,可以将通信分为串行通信和并行通信两种。串行通信的特点是数据在一条数据信号线上按照顺序一位一位地依次传送,而并行通信则是多位信息可以在同一时刻实现传送。所有数据通信的过程都是依靠接口电路来完成的。

9.1.1 接口电路的基本结构和功能

1.串行接口

串行通信中的数据是一位一位地依次传送的,而计算机系统或计算机终端内部的数据是通过数据总线并行传送的。因此,发送方必须把并行数据变成串行数据才能在线路上传送,接收方必须把接收到的串行数据变换成并行数据才可以进一步处理。上述并行到串行或串行到并行的转换可以用硬件或软件实现。串行接口通过系统总线和 CPU 相连,如图 9.1 所示。

串行接口主要由数据输入寄存器、数据输出寄存器、状态寄存器和控制寄存器四部分组成。

(1) 数据输入寄存器。在输入过程中,串行数据一位一位地从传输线路进入串入/并出移位寄存器,当接收完一个字符之后,数据就从接收移位寄存器传送到数据输入寄存器,等待 CPU 读取。

(2) 数据输出寄存器。当 CPU 输出数据时,先送到数据输出缓冲器,然后数据由输出寄存器进入发送移位寄存器,经过并入/串出电路转换一位一位地通过输出线路送到外部设备。

(3) 状态寄存器。状态寄存器用来存放外部设备运行的状态信息,CPU 通过访问该寄

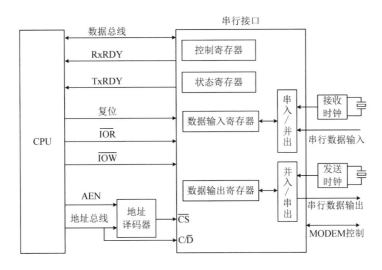

图 9.1　CPU 与串行接口连接结构图

存器来了解某个外部设备的状态,进而控制外部设备的工作,以便与外部设备进行数据交换。

(4) 控制寄存器。串行接口中有一个控制寄存器,CPU 给外部设备发送的操作命令存放在控制寄存器中,通过这些命令控制外部设备运行。

CPU 与外部设备之间的数据传递虽然是串行的,但 CPU 内部及 CPU 与串行接口之间的数据传递仍然是并行的,串行通信的工作原理是:串行发送时,CPU 通过数据总线把 8 位并行数据送到数据输出寄存器,然后送给并行输入/串行输出移位寄存器,并在发送时钟和发送控制电路控制下将数据组成数据帧后通过串行数据输出端一位一位串行发送出去,串行数据帧的起始位和停止位由接口电路在发送时自动添加。串行接口发送完一帧后产生中断请求,CPU 响应后可以把下一个字符送到发送数据缓冲器。

串行接收时,串行接口监视串行数据输入端,并在检测到有数据帧起始位时就开始一个新的接收过程。串行接口将收到的数据帧并行传送到数据输入寄存器,并产生中断等待 CPU 从中取走所接收的数据。

2. 并行接口

(1) 并行接口中的相关概念

能够实现并行通信的接口电路称为并行接口,根据并行接口的特点可以分为输入并行接口、输出并行接口和 I/O 并行接口。并行通信以同步方式传输,其特点是传输速度快、硬件成本高、适合近距离传输。跟所有其他的接口电路一样,一个并行接口的信息传输中包括状态信息、控制信息和数据信息。

① 状态信息。状态信息表示外部设备当前所处的工作状态。例如,准备好信号"READY"=1 表示输入接口电路已经准备好,可以与 CPU 交换数据;忙信号"BUSY"=1 表示接口电路正在传输信息,CPU 需等待。

② 控制信息。控制信息是由 CPU 发出的,用于控制外部设备的工作方式以及外部设备的启动和复位等。

③ 数据信息。数据信息是 CPU 通过并行接口与外部设备交换的主要内容。

状态信息、控制信息和数据信息通过系统总线传送,这些信息在外部设备接口中分别存放在不同端口寄存器中。接口电路需要几个端口相互配合,才能协调外部设备的工作。一个典型的并行接口与 CPU、外部设备连接如图 9.2 所示。

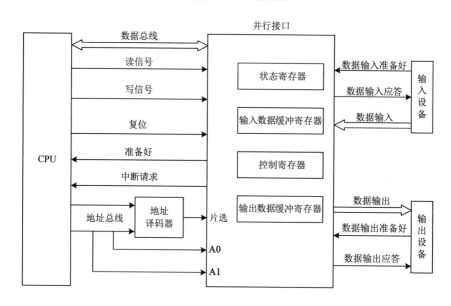

图 9.2　并行接口与 CPU、外部设备连接图

（2）并行接口的结构

一个并行接口电路通常由控制寄存器、状态寄存器、输入数据缓冲寄存器和输出数据缓冲寄存器组成。

① 控制寄存器。CPU 给外部设备发送的工作方式命令和操作命令都存放在控制寄存器中,通过控制寄存器控制外部设备的运行。

② 状态寄存器。状态寄存器用来存放外部设备运行的状态信息,CPU 通过访问状态寄存器来了解外部设备的当前状态,决定下一步即将进行的操作。

③ 输入数据缓冲寄存器。输入数据缓冲寄存器的主要功能是暂存从外部设备接收来的数据,CPU 通过读操作指令执行读操作,将输入数据缓冲器中的数据读入内部。

④ 输出数据缓冲寄存器。输出数据缓冲寄存器的主要功能是暂存 CPU 发送给外部设备的数据,如果外部设备处于空闲状态,则从输出数据缓冲寄存器中将数据取走,并通知CPU 进行下一次输出操作。

（3）并行接口的工作过程

① 输入过程。外部设备首先将输入数据放到外部并行数据总线,并使"数据输入准备好"状态信号有效,该信号使数据输入到接口的输入数据缓冲寄存器内。当数据进入输入数据缓冲寄存器后,接口使"数据输入应答"信号有效,作为对外部设备输入的响应。外部设备收到此信号后,便撤销输入数据和"数据输入准备好"信号。

数据到达输入数据缓冲寄存器后,在接口的状态寄存器中设置"输入准备好"状态位,CPU 可以对此状态位进行查询后读入数据,也可以由此状态位触发向 CPU 的中断请求后在中断服务程序中读入数据。CPU 完成数据读取后,接口自动清除"输入准备好"状态位,并使数据总线处于高阻状态。至此,数据的输入过程结束。

② 输出过程。当外部设备从接口取走数据后,接口就会将状态寄存器中"输出准备好"状态位置"1",表示 CPU 当前可以向接口写入数据。此状态位可供 CPU 进行查询后向接口输出数据,也可以由此状态位触发向 CPU 的中断请求,在中断服务程序中输出数据。

当 CPU 将数据送到输出数据缓冲寄存器后,接口自动清除"输出准备好"状态位,并将数据送往外部数据总线,同时,接口将检查外部设备"数据输出准备好"状态位,启动外部设备接收数据。外部设备接收数据后向接口发出"数据输出应答"信号,将状态寄存器中的"输出准备好"状态位置"1",以便 CPU 输出下一个数据。

9.1.2　数据交换的基本方式

CPU 或 MCU 与外部设备之间,以及计算机和计算机之间的信息交换称为通信。通信分为并行通信和串行通信。并行通信通常是以字节或字节的倍数为传输单位,一次传送一个或一个以上字节的数据,数据的各位同时进行传送,适合于外部设备与微机之间进行近距离、大量和快速的信息交换。计算机的各个总线传输数据时就是以并行通信方式进行的。并行通信的特点就是传输速度快,但当距离较远、位数较多时,通信线路复杂且成本高。在串行通信中,通信双方使用两根或三根数据信号线相连,同一时刻,数据在一根数据信号线上一位一位地顺序传送,每一位数据都占据一个固定的时间长度。与并行通信相比,串行通信的速度慢,但是控制简单,适合长距离信息传递。

CPU 与外部设备交换的信息大致可以分为三种类型:数据信息、状态信息和控制信息。数据信息主要是指键盘、存储器和扫描仪等输入设备读入的信息和 CPU 输出到打印机、显示器等输出设备的输出信息;状态信息则反映外部设备的工作状态,如外部设备当前是否"空闲",能否接收输出数据等;控制信息则是 CPU 发出的各种控制命令,用于改变外部设备的工作方式和功能。

CPU 与外部设备之间信息传递的方式一般有以下四种。

1. 无条件 I/O 方式

CPU 与外部设备之间的信息传递是直接进行的,在 CPU 输出信息给外部设备时,无须查看外部设备是否准备好接收,这种数据交换方式只适用于简单的 I/O 设备。

2. 条件 I/O 方式

CPU 在传送数据之前应检查外部设备是否已经做好收发数据的准备工作,若设备已经"准备就绪",则可以进行数据传递。在这种方式中,首先进行外部设备状态信息的传递和检查过程,然后才是数据的传递过程。

3. 程序中断 I/O 方式

程序中断 I/O 方式中 CPU 处于被动地位,只有当外部设备需要传送数据时才向 CPU 发出中断请求信号,利用中断系统完成数据的传递。这种方式的实时性比程序控制的条件 I/O 方式要好得多。

4. 专用 I/O 处理器方式

对于有大量的、高速 I/O 设备的微机系统,以上三种方法都难以满足要求,这时就要求使用专用的 I/O 处理器控制方式,即把原来由 CPU 完成的各种 I/O 操作与控制全部交给 I/O 处理器来完成。I/O 处理器能够直接访问主存储器,能够中断 CPU 或被 CPU 查询,并能直接执行 I/O 程序和数据的预处理,因此,这种方式能够满足 CPU 对大量 I/O 设备数据吞吐量的需求。

9.2 串行通信接口 UART

9.2.1 串行通信基础

串行通信是将数据按照一位一位的形式在一条线路上逐个顺序地传送,如图 9.3(a)所示。串行通信的特点是所需线路少、传输速度慢、控制简单且成本较低,适合长距离数据传输。与它对应的并行通信则是将数据的各位用多条数据线同时进行传送,如图 9.3(b)所示。并行通信的特点是所需线路多、传输速度快、控制复杂且成本较高,因此仅适用于短距离数据传输。

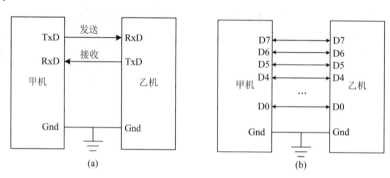

图 9.3 两种通信方式示意图

(a) 串行通信;(b) 并行通信

1. 串行通信的分类

按照串行通信数据的时钟控制方式,串行通信可分为异步通信和同步通信两类。

(1) 异步通信(asynchronous communication)

在异步通信中,数据通常是以字符或字节为单位组成数据帧传送的。发送方按照顺序发送数据帧,接收方则按照顺序接收数据帧。双方由各自的时钟来控制数据的发送和接收,这两个时钟源彼此独立,但要求传送速率一致。在异步通信中,两个数据帧之间的间隔是任意的,所以需要在数据帧的前后添加帧头/起始位和帧尾/停止位来作为分隔位。

异步串行通信双方依靠帧格式来协调数据的发送和接收,在线路空闲时保持为高电平/逻辑"1",每当接收方检测到传输线上发送过来的低电平/逻辑"0"时即为发送方已开始发送数据,当接收方接收到数据帧中停止位时则意味着数据帧信息发送完毕。

在异步通信中,数据帧格式和波特率是两个重要指标,用户可以根据实际情况设置。

① 数据帧(data frame)。由字符组成的数据帧也叫字符帧。数据帧由起始位、数据位、校验位和停止位等四部分组成,如图 9.4(a)所示。

· 起始位:位于数据帧开头的一位低电平,用于向接收方表示发送方开始发送一帧信息。

· 数据位:位于起始位和校验位(无校验位时为停止位)之间的数据部分,根据情况可取 5 位、6 位、7 位或 8 位,按照低位在前、高位在后的顺序传输。如果传送的数据为字符的 ASCII 码,则常取 7 位。

·奇偶校验位:位于数据位后的一位,用于对传输的数据部分进行奇偶校验。根据用户的情况也可以不设置校验位。

·停止位:位于数据帧末尾的高电平,通常可取 1 位、1.5 位或 2 位,用于向接收方表示一帧数据已发送完毕,也为发送下一帧数据做准备。

串行通信的两相邻数据帧之间可以无空闲位,也可以有若干空闲位,由用户根据需要决定。图 9.4(b)所示为有 3 个空闲位的数据帧格式。

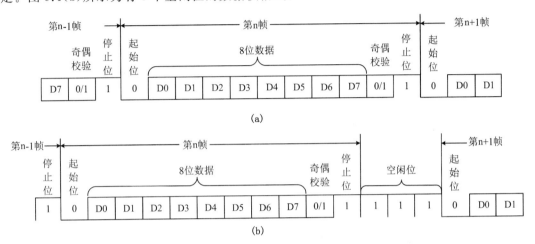

图 9.4　异步串行通信的数据帧格式
(a) 无空闲位的 8 位数据帧的格式;(b) 带空闲位的 8 位数据帧的格式

② 波特率(Baud rate)。波特率为单位时间内传送码元的数量,单位为波特(Baud);描述通信速度的另一个指标是比特率,表示每秒传输的二进制数码的位数,单位为位/秒(bps)。在二进制串行通信的编码系统中,可以简单地理解为 1 Baud＝1 bps。

波特率用于描述串行通信的速度,波特率越高数据传输速度越快。但波特率和字符的实际传输速率不同,字符的实际传输速率是每秒内所传字符帧的帧数,而字符的实际传送速率和字符帧格式有关。例如,波特率为 1200 Baud 的通信系统,若采用图 9.4(a)所示的数据帧格式,每一帧包含 11 位数据,则字符的实际传输速率为 1200/11＝109.09(帧/秒);若改用图 9.4(b)所示的帧格式,每一帧包含 14 位数据,其中含 3 位空闲位,则字符的实际传输速率为 1200/14＝85.71(帧/秒)。异步串行通信的波特率一般为 50～9600 Baud。

异步通信的优点是双方不需要时钟同步,数据帧长度不受限制,故设备简单;缺点是数据帧中因包含起始位和停止位而降低了有效数据的传输速度。

(2) 同步通信(synchronous communication)

同步通信是一种连续串行数据的通信方式,一次通信传输一组数据(可包含若干个字符数据)。同步通信时要建立发送方时钟对接收方时钟的直接控制,使双方达到完全同步。在数据发送前先要发送同步字符,然后再顺序地发送数据。同步字符也称“同步头”,有单同步字符和双同步字符之分,如图 9.5 所示。同步通信的数据帧由同步字节、数据字节和 CRC 校验字节三部分组成,在同步通信中,同步字符可以采用统一的标准格式,也可以由双方用户约定。

同步通信的数据传输速率较高,通常可达 56000 bps 或更高,其缺点是要求发送时钟和

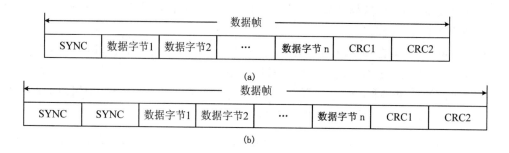

图 9.5　面向字符型同步通信数据帧格式

(a) 单同步数据帧结构；(b) 双同步数据帧结构

接收时钟必须保持严格同步,硬件电路也较为复杂。

　　2. 串行通信的传输方向

　　在串行通信中数据是在两个站之间进行传送的,按照数据传送方向及时间关系,串行通信可分为单工(simplex)、半双工(half duplex)和全双工(full duplex)三种模式,如图 9.6 所示。

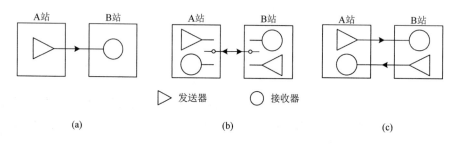

图 9.6　单工、半双工和全双工通信传输示意图

(a) 单工通信；(b) 半双工通信；(c) 全双工通信

　　(1) 单工通信:通信双方一方为发送器,另一方为接收器,数据只能按照一个固定的方向传送,如图 9.6(a)所示。

　　(2) 半双工通信:通信双方的设备各由一个发送器和一个接收器组成,如图 9.6(b)所示。数据既能从 A 站传送到 B 站,也可以从 B 站传送到 A 站,但是不能同时在两个方向上传送,即只能一方发送,另一方接收。其收、发开关一般由软件控制。

　　(3) 全双工通信:通信双方都有发送器和接收器,可以同时进行发送和接收,即数据可以在两个方向上同时传送,如图 9.6(c)所示。

9.2.2　串行通信的控制

　　通用异步收发传输器(universal asynchronous receiver/transmitter,简称 UART),是一种异步收发传输方式,大部分微机系统均支持此种数据传输方式,其主要特点是以串行通信的方式在两个系统之间实现数据传递。微机系统的不同设备之间使用 UART 传输时,因为接口电路的不同通常需要将信号加以转换,例如,PC 机的 RS232-C 和单片机的串行口之间需要进行电平转换才能通信。

1. STC15W4K32S4 单片机的串行接口

STC15W4K32S4 单片机内部有 4 个可编程全双工串行通信接口,它们具有 UART 的全部功能。每个串行口由两个数据缓冲器、一个移位寄存器、一个串行控制器和一个波特率发生器等组成。每个串行口的数据缓冲器由两个相互独立的接收、发送数据缓冲器构成,可以同时发送和接收数据。发送数据缓冲器只能写入而不能读出,接收数据缓冲器只能读出而不能写入,因而两个缓冲器可以共用一个地址。

例如,串行口 1 的两个数据缓冲器的共用地址是 99H,称为 SBUF。当对 SBUF 进行读操作时(MOV A,SBUF 或 x＝SBUF;),操作对象是串行口 1 的接收数据缓冲器;当对 SBUF 进行写操作时(MOV SBUF,A 或 SBUF＝x;),操作对象是串行口 1 的发送数据缓冲器。

STC15W4K32S4 单片机串行口 1 的缺省引脚是{RxD/P3.0,TxD/P3.1},通过设置 P_SW1 寄存器中的 S1_S1、S1_S0 控制位,可将串行口 1 的引脚切换为{RxD_2/P3.6,TxD_2/P3.7}或{RxD_3/P1.6,TxD_3/P1.7}。

2. 串行口 1 的控制寄存器

与单片机串行口 1 有关的特殊功能寄存器有三类:串行口 1 控制寄存器、波特率设置寄存器、中断控制寄存器,详见表 9.1。

表 9.1　串行口 1 相关特殊功能寄存器

名称	地址	D7	D6	D5	D4	D3	D2	D1	D0	复位值
P_SW1	A2H	S1_S1	S1_S0	CCP_S1	CCP_S0	SPI_S1	SPI_S0	0	DPS	00000000
SCON	98H	SM0/FE	SM1	SM2	REN	TB8	RB8	TI	RI	00000000
PCON	87H	SMOD	SMOD0	LVDF	POF	GF1	GF0	PD	IDL	00110000
AUXR	8EH	T0x12	T1x12	UART_M0x6	T2R	T2_C/$\overline{T}$	T2x12	EXTRAM	S1ST2	00000001
SBUF	99H	串行口 1 的数据缓冲器								00000000
TMOD	89H	GATE	C/$\overline{T}$	M1	M0	GATE	C/$\overline{T}$	M1	M0	00000000
TCON	88H	TF1	TR1	TF0	TR0	IE1	IT1	IE0	IT0	00000000
TH1	8BH	定时器 T1 的高 8 位								00000000
TL1	8AH	定时器 T1 的低 8 位								00000000
T2H	D6H	定时器 T2 的高 8 位								00000000
T2L	D7H	定时器 T2 的低 8 位								00000000
IE	A8H	EA	ELVD	EADC	ES	ET1	EX1	ET0	EX0	00000000
IP	B8H	PPCA	PLVD	PADC	PS	PT1	PX1	PT0	PX0	00000000

(1) 串行口引脚选择寄存器 P_SW1

STC15W4K32S4 单片机的 4 组串行口可以选择不同的引脚输出,以方便灵活应用,其中串行口 1 有 3 组输出选择,由 P_SW1 控制;串行口 2、串行口 3 和串行口 4 则分别有 2 组

输出选择,由 P_SW2 控制。P_SW1 的格式如下:

名称	地址	D7	D6	D5	D4	D3	D2	D1	D0	复位值
P_SW1	A2H	S1_S1	S1_S0	CCP_S1	CCP_S0	SPI_S1	SPI_S0	0	DPS	00000000

其中,S1_S1 和 S1_S0 用于选择串行口 1 的输出引脚,如下所示:

S1_S1	S1_S0	串行口 1 输出引脚
0	0	P3.0/RxD,P3.1/TxD
0	1	P3.6/RxD_2,P3.7/TxD_2
1	0	P1.6/RxD_3/XTAL2,P1.7/TxD_3/XTAL1 串行口 1 位于 P1 口时需要使用内部时钟
1	1	无效

（2）串行口 1 控制寄存器 SCON

串行口 1 控制寄存器 SCON 用于设定串行口 1 的工作方式、允许接收控制以及状态标志,可进行位寻址。其格式如下:

名称	地址	D7	D6	D5	D4	D3	D2	D1	D0	复位值
SCON	98H	SM0/FE	SM1	SM2	REN	TB8	RB8	TI	RI	00000000

对各控制位的说明如下:

① SM0/FE:当 PCON 寄存器中的 SMOD0/PCON.6 位为 1 时,该位用于帧错误检测,当检测到一个无效停止位时,通过 UART 接收器设置该位,它必须由软件清零。当 PCON 寄存器中的 SMOD0/PCON.6 位为 0 时,该位和 SM1 一起指定串行通信的工作方式,如表 9.2 所列(其中,f_{SYS} 为系统时钟频率)。

表 9.2　串行口 1 的工作方式选择

SM0	SM1	工作方式	功能	波特率	
0	0	方式 0	8 位同步 移位寄存器	UART_M0x6＝0	$f_{SYS}/12$
				UART_M0x6＝1	$f_{SYS}/2$
0	1	方式 1	8 位 UART 波特率可变	T1/T2 方式 0	T1 或 T2 溢出率/4
				T1 方式 2	$2^{SMOD}/32×T1$ 溢出率
1	0	方式 2	9 位 UART	$2^{SMOD}/64×f_{SYS}$	
1	1	方式 3	9 位 UART 波特率可变	T1/T2 方式 0	T1 或 T2 溢出率/4
				T1 方式 2	$2^{SMOD}/32×T1$ 溢出率

② SM2:多机通信控制位,用于方式 2 和方式 3 中。在方式 2 和方式 3 处于接收方式时,若 SM2＝1,且接收到的第 9 位数据 RB8＝0 时,应丢掉 RB8 且保持 RI＝0;若 SM2＝1,且 RB8＝1 时,则置位 RI 标志。在方式 2 和方式 3 处于接收方式时,若 SM2＝0,不论接收

到的第 9 位 RB8 为 0 还是为 1,RI 都以正常方式被激活。

③ REN:允许串行接收控制位,由软件置位或清零。当 REN＝1 时,启动接收;当 REN＝0 时,禁止接收。

④ TB8:在方式 2 和方式 3 中,是串行发送数据的第 9 位,也可作为奇偶校验位,在多机通信中,可作为区别地址帧或数据帧的标识位,一般约定 TB8＝1 时为地址帧,TB8＝0 时为数据帧。方式 0 和方式 1 中,此位不用。

⑤ RB8:在方式 2 和方式 3 中,是串行接收数据的第 9 位,也作为奇偶校验位或地址帧/数据帧的标识位。

⑥ TI:发送中断标志位。在方式 0 中,发送完 8 位数据后,由硬件置位;在其他方式中,则在停止位开始发送时由内部硬件置位,即 TI＝1。用户可以选择查询或中断方式来响应该标志,然后在相应的查询程序或中断服务程序中由软件清零 TI。

⑦ RI:接收中断标志位。在方式 0 中,接收完 8 位数据后,由硬件置位;在其他方式中,串行接收到停止位的中间时刻由硬件置位。RI 是接收完一帧数据的标志,同 TI 一样,用户既可以用查询的方法也可以用中断的方法来响应该标志,然后在相应的服务程序或中断服务程序中由软件将 RI 清零。

（3）电源控制寄存器 PCON

电源控制寄存器 PCON 中的 SMOD/PCON.7 用于设置方式 1、方式 2、方式 3 的波特率是否加倍。该寄存器不可以位寻址,其中 SMOD、SMOD0 与串行口 1 控制有关,其格式说明如下:

名称	地址	D7	D6	D5	D4	D3	D2	D1	D0	复位值
PCON	87H	SMOD	SMOD0	LVDF	POF	GF1	GF0	PD	IDL	00110000

① SMOD:波特率选择位。在方式 1、方式 2 和方式 3 时,串行通信的波特率与 SMOD 有关。当 SMOD＝0 时,通信速度为基本波特率;当 SMOD＝1 时,通信速度为基本波特率的 2 倍。

② SMOD0:帧错误检测有效控制位。当 SMOD0＝1 时,SCON 寄存器中的 SM0/FE 位用于 FE/帧错误检测功能;当 SMOD0＝0 时,SCON 寄存器中的 SM0/FE 位用于 SM0 功能,和 SM1 一起指定串行口的工作方式。

PCON 中的其他位都与串行口 1 无关,在此不作介绍。

（4）辅助寄存器 AUXR

辅助寄存器 AUXR 的格式如下:

名称	地址	D7	D6	D5	D4	D3	D2	D1	D0	复位值
AUXR	8EH	T0x12	T1x12	UART_M0x6	T2R	T2_C/T̄	T2x12	EXTRAM	S1ST2	00000001

① UART_M0x6:串行口方式 0 的通信速度设置位。当 UART_M0x6＝0 时,串行口 1 方式 0 的通信速度与传统 8051 单片机一致,波特率为系统时钟频率的 12 分频,即 $f_{SYS}/12$;

当 UART_M0x6＝1 时,串行口 1 方式 0 的通信速度是传统 8051 单片机通信速度的 6 倍,波特率为系统时钟频率的 2 分频,即 $f_{SYS}/2$。

② S1ST2:串行口 1/UART1 工作在方式 1、方式 3 时波特率发生器的选择控制位。当 S1ST2＝0 时,选择定时器 T1 为波特率发生器;当 S1ST2＝1 时,选择定时器 T2 为波特率发生器。

T1x12、T2R、T2_C/$\overline{T}$、T2x12 是与定时器 T1、T2 有关的控制位,相关控制功能在定时/计数器的学习中已有详细介绍,在此不再叙述。

9.2.3 串行口 1 的工作方式

STC15 系列单片机的串行通信接口有 4 种工作方式,可通过对 SCON 中 SM0、SM1 的设置进行选择。其中方式 1、方式 2 和方式 3 为异步通信,每个发送和接收的字符都带有 1 个启动位和 1 个停止位。在方式 0 中,串行口被作为 1 个简单的移位寄存器使用。

1. 方式 0:同步移位寄存器

在方式 0 下,串行口 1 作同步移位寄存器用,其波特率有两种选择:当 UART_M0x6/AUXR.5＝0 时,其波特率固定为系统时钟 SYSclk/12;当 UART_M0x6/AUXR.5＝1 时,其波特率固定为系统时钟 SYSclk/2。串行口数据由 RxD/P3.0 端输入,同步移位脉冲/SHIFTCLOCK 由 TxD/P3.1 输出,发送或接收的是 8 位数据,低位在前。串行口 1 在方式 0 时的功能结构如图 9.7 所示。

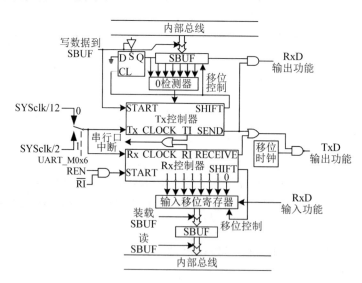

图 9.7 串行口 1 在方式 0 时的功能结构图

(1) 数据发送。当 TI＝0,一个数据写入串行口 1 发送缓冲器 SBUF 时,串行口 1 将 8 位数据以 $f_{SYS}/12$ 或 $f_{SYS}/2$ 的波特率从 RxD 引脚输出,发送完毕置位标志位 TI,并向 CPU 请求中断。在再次发送数据之前,必须由软件清零 TI 标志。方式 0 的发送时序如图 9.8 所示。

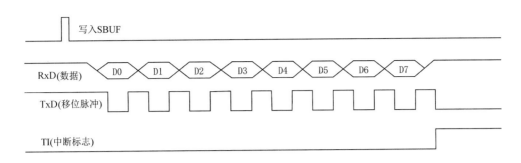

图 9.8 方式 0 的发送时序

方式 0 发送时,串行口可以外接串行输入并行输出的移位寄存器,如 74LS164、CD4094、74HC595 等芯片,用来扩展并行输出口,其逻辑电路如图 9.9 所示。

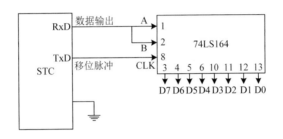

图 9.9 方式 0 扩展 I/O 口输出

(2) 数据接收。方式 0 接收时,复位接收中断请求标志 RI,即 RI=0,置位允许接收控制位 REN=1 时启动串行模式 0 接收过程。RxD 为串行输入端,TxD 为同步脉冲输出端。串行接收的波特率为 SYSclk/12 或 SYSclk/2(由 UART_M0x6/AUXR.5 确定是 12 分频还是 2 分频)。当接收完 8 位数据后,置位中断请求标志 RI,并向 CPU 请求中断。在再次接收数据之前,必须由软件清零 RI 标志。方式 0 的接收时序如图 9.10 所示。

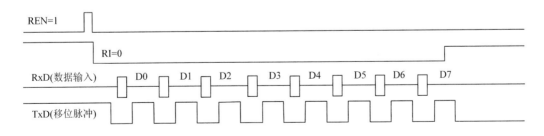

图 9.10 方式 0 的接收时序

方式 0 接收时,串行口可以外接并行输入串行输出的移位寄存器,如 74LS165 芯片,用来扩展并行输入口,其逻辑电路如图 9.11 所示。

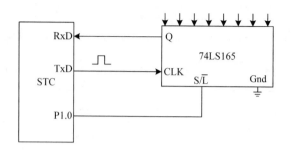

图 9.11　方式 0 扩展 I/O 口输入

串行控制寄存器 SCON 中的 TB8 和 RB8 在方式 0 中未用。值得注意的是,每当发送或接收完 8 位数据后,硬件会自动置位 TI 或 RI,CPU 响应 TI 或 RI 中断后,必须由用户手动清零。在方式 0 时,SM2 必须为 0。

2. 方式 1:8 位可变波特率模式

当 SCON 的 SM0/SM1=0/1 时,串行口 1 工作在方式 1。此方式为 8 位 UART 格式,一帧信息包含 10 位:1 位起始位,8 位数据位(低位在先)和 1 位停止位。串行口为全双工发送/接收串行口。波特率可变,即可根据需要进行设置。图 9.12 为串行口 1 在方式 1 时的功能结构图。

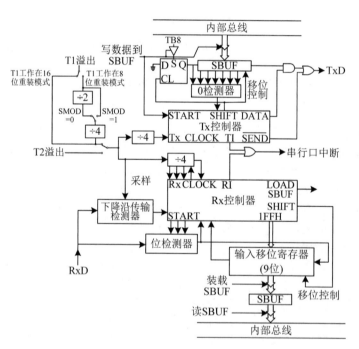

图 9.12　串行口 1 在方式 1 时的功能结构图

(1) 数据发送。在 TI=0 时,当向 SBUF 写入数据,即可将"1"装入发送移位寄存器的第 9 位,并通知 Tx 控制单元开始发送过程。移位寄存器将数据不断右移送入 TxD 端口发送,在数据的左边不断移入"0"作为补充。当数据的最高位移到移位寄存器的输出位置,紧跟其后的是第 9 位"1",在它的左边各位全为"0",这个状态使 Tx 控制单元做最后一次移位输出,然后使允许发送信号"SEND"失效,完成一帧信息的发送,并置位 TI 标志位,向 CPU 请求中断处理。波特率取决于 PCON 中的 SMOD 位和定时器 T1 或 T2 的溢出率。方式 1 的发送时序如图 9.13 所示。

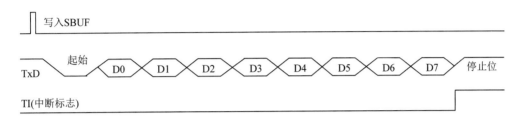

图 9.13　方式 1 的发送时序

(2) 数据接收。当 REN 置位即 REN＝1 时,接收器便以选定波特率的 16 分频的速率采样串行接收端 RxD,当检测到 RxD 端口从"1"→"0"的负跳变时就启动接收器准备接收数据,并立即复位 16 分频计数器,将 1FFH 装入移位寄存器。复位 16 分频计数器是使它与输入位时间同步。图 9.14 为串行口 1 在方式 1 时的接收时序图。

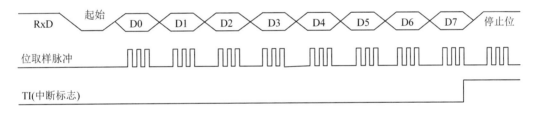

图 9.14　串行口 1 在方式 1 时的接收时序

16 分频计数器的 16 个状态是将每位的接收时间均分为 16 等份,在每位时间的 7、8、9 状态由检测器对 RxD 进行采样,3 次采样至少 2 次相同的值作为本次所接收的值,以此消除干扰影响,提高可靠性。在起始位,如果接收到的值不为"0",则起始位无效,复位接收电路,并重新检测"1"→"0"的跳变;如果接收到的起始位有效,则将它输入移位寄存器,并接收本数据帧的其余信息。

接收的数据从接收移位寄存器的右边进入,已装入的 1FFH 向左边移出,当起始位"0"移到移位寄存器的最左边时,使 Rx 控制器作最后一次移位,完成一帧的接收。若同时满足以下两个条件:

① RI＝0;

② SM2＝0 或接收到的停止位为 1。

则接收到的数据有效,数据装入 SBUF,停止位进入 RB8,置位 RI,向 CPU 请求中断。若上述两条件不能同时满足,则接收到的数据作废并丢弃。无论条件满足与否,接收器重新检测 RxD 端口上的"1"→"0"的跳变,继续下一帧的接收。接收有效,在响应中断后,必须由软件清零,即 RI＝0。通常情况下,串行通信工作于模式 1 时,SM2 设置为"0"。

（3）波特率的选择。串行口方式 1 的波特率是可变的,其速度取决于定时/计数器 T1 或 T2 的溢出率。定时/计数器的溢出率定义为单位时间内定时/计数器溢出的次数,即定时器定时时间的倒数。

① 当串行口 1 用定时器 T1 作为波特率发生器时,有两种波特率选择:

A. 定时器 T1 工作于方式 0(16 位自动重装模式)时:

$$波特率 = (定时器\ T1\ 的溢出率)/4$$

注意:此时波特率与 SMOD 无关。

当定时器 T1 工作于方式 0(16 位自动重装模式)且 T1x12＝0 时:

$$定时器\ T1\ 的溢出率 = SYSclk/12/(65536 - [RL\_TH1, RL\_TL1])$$

即此时:

$$串行口\ 1\ 的波特率 = SYSclk/12/(65536 - [RL\_TH1, RL\_TL1])/4$$

当定时器 T1 工作于方式 0(16 位自动重装模式)且 T1x12＝1 时:

$$定时器\ T1\ 的溢出率 = SYSclk/(65536 - [RL\_TH1, RL\_TL1])$$

即此时:

$$串行口\ 1\ 的波特率 = SYSclk/(65536 - [RL\_TH1, RL\_TL1])/4$$

其中,RL_TH1 是 TH1 的自动重装寄存器;RL_TL1 是 TL1 的自动重装寄存器。

B. 当定时器 T1 工作于方式 2(8 位自动重装模式)时:

$$波特率 = \frac{2^{SMOD}}{32} \times (定时器\ T1\ 的溢出率)$$

当定时器 T1 工作于方式 2(8 位自动重装模式)且 T1x12＝0 时:

$$定时器\ 1\ 的溢出率 = SYSclk/12/(256 - TH1)$$

即此时:

$$串行口\ 1\ 的波特率 = \frac{2^{SMOD}}{32} \times SYSclk/12/(256 - TH1)$$

当定时器 T1 工作于方式 2(8 位自动重装模式)且 T1x12＝1 时:

$$定时器\ 1\ 的溢出率 = SYSclk/(256 - TH1)$$

即此时:

$$串行口\ 1\ 的波特率 = \frac{2^{SMOD}}{32} \times SYSclk/(256 - TH1)$$

② 当串行口 1 选择定时器 T2 产生波特率时,T2 只能工作在方式 2(8 位自动重装模式),此时:

$$串行口\ 1\ 的波特率 = (定时器\ T2\ 的溢出率)/4$$

注意:此时波特率也与 SMOD 无关。

当 T2x12＝0 时:

$$定时器\ T2\ 的溢出率 = SYSclk/12/(65536 - [RL\_TH2, RL\_TL2])$$

即此时:

$$串行口\ 1\ 的波特率 = SYSclk/12/(65536 - [RL\_TH2, RL\_TL2])/4$$

当 T2x12＝1 时:

$$定时器\ T2\ 的溢出率 = SYSclk/(65536 - [RL\_TH2, RL\_TL2])$$

即此时：

串行口 1 的波特率＝ SYSclk/(65536－[RL_TH2,RL_TL2])/4

其中,RL_TH2 是 T2H 的自动重装寄存器;RL_TL2 是 T2L 的自动重装寄存器。

3. 方式 2:9 位固定波特率模式

当 SCON 中的 SM0/SM1＝1/0 时,串行口 1 工作在方式 2。方式 2 为 9 位数据异步通信 UART 模式,数据帧信息由 11 位组成:1 位起始位,8 位数据位(低位在先),1 位可编程位(第 9 位数据)和 1 位停止位。发送时可编程位由 SCON 中的 TB8 提供,可软件设置为 1 或 0,或者可将 PSW 中的奇/偶校验位 P 值直接装入 TB8(TB8 既可作为多机通信中的地址数据标志位,又可作为数据的奇偶校验位)。接收时第 9 位数据装入 SCON 的 RB8 中。TxD/P3.1 为发送端口,RxD/P3.0 为接收端口,以全双工模式进行接收/发送。图 9.15 为串行口 1 在方式 2 时的功能结构图。

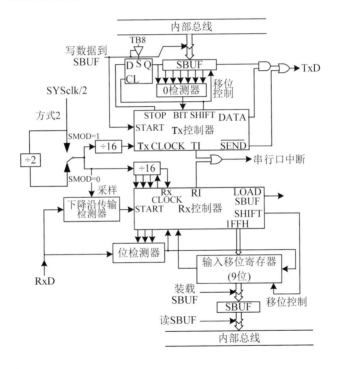

图 9.15　串行口 1 在方式 2 时的功能结构图

(1) 数据发送。发送前先根据通信协议由软件设置可编程位 TB8,当 TI＝0 时,用指令将要发送的数据写入 SBUF,则启动发送过程。在发送移位时钟的控制下,从 TxD 引脚先发送起始位,然后是 8 位数据位和 TB8,最后是停止位,一帧 11 位数据发送完毕后,置位发送中断标志 TI,并向 CPU 发出中断请求。在发送下一帧信息之前,TI 必须由中断服务程序或查询程序清零。方式 2 的发送时序如图 9.16 所示。

(2) 数据接收。当 RI＝0 时,置位 REN 启动串行口接收过程。当检测到 RxD 引脚输入电平发生负跳变时,接收器以所选择波特率的 16 倍速率采样 RxD 引脚电平,以 16 个脉冲中的 7、8、9 三个脉冲为采样点,取两个或两个以上相同值为采样电平,若检测电平为低电平,则说明起始位有效,并以同样的检测方法接收这一帧信息的其余位。接收到的 8 位数据

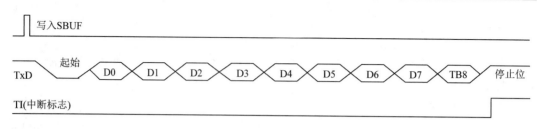

图 9.16　方式 2 的发送时序

装入接收 SBUF,第 9 位数据装入 RB8。方式 2 的数据接收时序如图 9.17 所示。

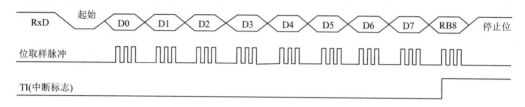

图 9.17　方式 2 的数据接收时序

当接收器接收完一帧信息后必须同时满足下列条件:

① RI=0;

② SM2=0 或者 SM2=1,并且接收到的第 9 数据位 RB8=1。

当上述两条件同时满足时,才将接收到的移位寄存器的数据装入 SBUF 和 RB8 中,并置位 RI=1,向 CPU 请求中断处理。如果上述条件不满足,则丢弃收到的数据且 RI=0。无论数据是否接收成功,接收器将会在停止位后重新开始检测 RxD 输入端口的跳变信息,准备接收下一帧的输入信息。

在方式 2 中,接收到的停止位与 SBUF、RB8 和 RI 无关。

通过软件对 SCON 中的 SM2、TB8 的设置以及通信协议的约定,为多机通信提供了方便。

(3) 波特率的计算。串行口 1 工作在方式 2 时的波特率是固定的,计算如下:

$$\text{串行口 1 工作在方式 2 时的波特率} = \frac{2^{\text{SMOD}}}{64} \times \text{SYSclk}$$

其中 SYSclk 为系统时钟频率。

上述波特率可由 PCON 中的 SMOD 位进行加倍控制,当 SMOD=1 时选择 SYSclk/32,当 SMOD=0 时选择 SYSclk/64,因而称 SMOD 为波特率加倍位。

4. 方式 3:9 位可变波特率模式

当 SCON 中的 SM0/SM1=1/1 时,串行口 1 工作在方式 3。方式 3 为 9 位数据异步通信 UART 模式,数据帧信息由 11 位组成:1 位起始位,8 位数据位(低位在先),1 位可编程位(第 9 位数据)和 1 位停止位。发送时可编程位由 SCON 中的 TB8 提供,可将软件设置为 1 或 0,或者可将 PSW 中的奇/偶校验位 P 值装入 TB8(TB8 既可作为多机通信中的地址数据标志位,又可作为数据的奇偶校验位)。接收时第 9 位数据装入 SCON 的 RB8。TxD/P3.1 为发送端口,RxD/P3.0 为接收端口,以全双工模式进行接收/发送。

图 9.18 为串行口 1 在方式 3 时的功能结构图。

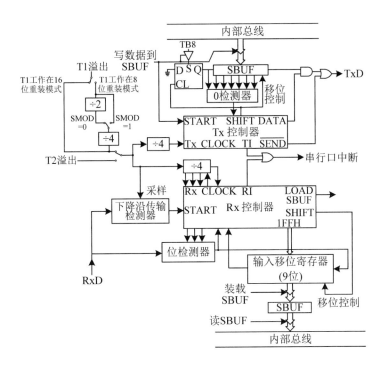

图 9.18 串行口 1 在方式 3 时的功能结构图

（1）数据发送与接收。方式 3 的发送过程与接收过程,除发送、接收速率不同以外,其他过程和方式 2 完全一致。此外,方式 3 的发送和接收时序也与方式 2 基本相同。因方式 2 和方式 3 在接收过程中,只有当 SM2＝0 或 SM2＝1 且接收到的 RB8＝1 时,才会置位 RI,向CPU 请求中断接收数据,否则丢弃数据且保持 RI＝0,因此,方式 2 和方式 3 常用于多机通信中。

在方式 3 中,接收到的停止位与 SBUF、RB8 和 RI 无关。

（2）波特率的计算。串行口 1 工作在方式 3 时的波特率也是可变的,波特率由定时/计数器 T1 或定时/计数器 T2 的溢出率与 PCON 中的 SMOD 位共同决定,方式 3 的波特率计算方法与方式 1 完全相同,在此从略。

串行口 1 的工作方式选择和波特率计算可以参阅表 9.2。

【例 9.1】 设单片机晶振频率为 11.0592 MHz,串行口 1 工作在方式 1,波特率为 9600。试编写串行口 1 的初始化程序。

解:因为波特率为 9600,选择定时器 T1 工作在方式 0 作为波特率发生器,T1x12＝0,由方式 1 的波特率计算公式:

波特率＝T1 溢出率/4＝SYSclk/12/(65536－[RL_TH1,RL_TL1])/4＝9600

可得:

$$TH1＝0FFH,TL1＝0E8H$$

参考汇编程序如下:

```
ANL TMOD,#0FH          ;T1 设置为方式 0 定时模式
MOV TH1,#0FFH
MOV TL1,#0E8H          ;设置定时/计数器 T1 的初始值
SETB TR1               ;启动 T1,波特率为 9600
```

STC-ISP 在线编程软件中提供了串行口波特率编程工具,用户可以根据系统时钟、串行口、工作方式与波特率值等参数直接生成汇编语言或者 C 语言的初始化代码。例如,单片机晶振频率为 11.0592 MHz、串行口 1 工作在方式 1,采用 T1 为波特率发生器且 T1 工作在方式 0 定时模式,T1x12=0,波特率为 9600。根据上述参数,利用 STC-ISP 在线编程软件获得的初始化代码如图 9.19 所示。

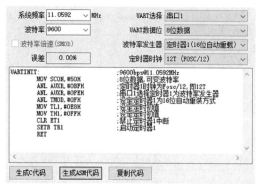
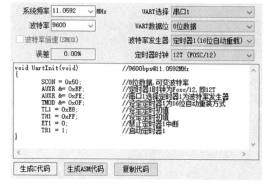

(a)   (b)

图 9.19　采用 STC-ISP 在线编程软件中的波特率编程工具生成的代码图
(a) 汇编语言初始化程序;(b) C 语言初始化程序

9.2.4　串行口 1 的应用举例

1. 方式 0 的编程和应用

串行口 1 方式 0 是同步移位寄存器方式,可以实现串行输出扩展并行 I/O 口。例如在键盘和显示接口中,使用串行输入/并行输出的移位寄存器(如 74LS164),每增加一片移位寄存器即可扩展一个 8 位并行输出口,可以使用静态方式驱动数码管或用作键盘中的 8 条列线使用。

【例 9.2】　使用 2 块 74HC595 芯片扩展 16 位并行口,外接 16 只发光二极管,电路连接如图 9.20 所示,利用它的串入并出和锁存输出功能,把发光二极管从上向下依次点亮,并不断循环,即实现 16 位流水灯。

解:74HC595 与 74LS164 功能类似,都是 8 位串行输入/并行输出移位寄存器。74LS164 的驱动电流为 25 mA,74HC595 的驱动电流为 35 mA。74HC595 的主要优点是具有数据存储寄存器,在移位过程中,输出端的数据可以保持不变。这在串行通信速度慢的场合很有用处,数码管不会有闪烁感,而且 74HC595 具有级联功能,通过级联能扩展更多的输出口。

Q0~Q7 是并行数据输出口,即存储寄存器的数据输出口;Q7′是串行数据输出口,用于连接级联芯片的串行数据输入端 DS;ST_CP 是存储寄存器的时钟脉冲输入端(低电平锁存);SH_CP 是移位寄存器的时钟脉冲输入端(上升沿移位);$\overline{OE}$ 是三态输出使能端;$\overline{MR}$ 是

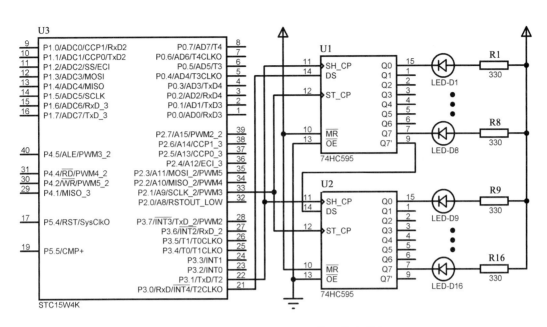

图 9.20 串行口 1 在方式 0 时的扩展输出并行口

芯片复位端(低电平有效,低电平时移位寄存器复位);DS 是串行数据输入端。

参考汇编语言源程序如下:

```
P2M1 EQU 95H
P2M0 EQU 96H
    ORG 0000H
    LJMP MAIN
    ORG 0100H
MAIN:
    ANL P2M1,#0FDH
    ANL P2M0,#0FDH          ;设置 P2.1 为准双向口模式
    MOV SCON,#00H           ;设置串行口 1 为同步移位寄存器
    CLR ES                  ;禁止串行口 1 中断
    CLR P2.1
    MOV R2,#0FFH
    MOV R3,#0FEH            ;16 位流水灯数据放入 R2 和 R3 中
    MOV R4,#16             ;循环次数
LOOP:
    MOV A,R3
    MOV SBUF,A             ;启动串行发送
    JNB TI,$              ;等待发送结束
    CLR TI                ;清除发送标志,为下一个字节发送做准备
```

```
        MOV A,R2
        MOV SBUF,A                  ;启动串行发送
        JNB TI, $                   ;等待发送结束
        CLR TI                      ;清除 TI 标志
        SETB P2.1                   ;移位寄存器数据送存储锁存器
        NOP
        CLR P2.1
        MOV A,R3
        RLC A                       ;16 位流水灯左移 1 位
        MOV R3,A
        MOV A,R2
        RLC A
        MOV R2,A
        LCALL DELAY                 ;调用延时函数,插入显示间隔
        DJNZ R4,LOOP
        SETB C
        MOV R2,#0FFH
        MOV R3,#0FEH
        MOV R4,#16                  ;重新设置循环次数和初值
        SJMP LOOP
DELAY:                              ;延时程序,由用户自行编写
        ...
        RET
        END
```

参考 C 语言源程序如下:

```
#include <stc15.h>
#include<intrins.h>
/ * * * * * * * * * * 延时 50us 函数 * * * * * * * * * /
void Delay50us()            / * 11.0592 MHz * /
{
    unsigned char i, j;
    _nop_();
    i=1;
    j=134;
    do
    {
        while (--j);
    } while (--i);
```

```
}
/* * * * * * * * * * * 延时 500ms 函数 * * * * * * * * * */
void Delay500ms()          /* 11.0592 MHz */
{
    unsigned char i, j, k;
    _nop_();
    _nop_();
    i=22;
    j=3;
    k=227;
    do
    {
        do
        {
            while (--k);
        } while (--j);
    } while (--i);
}
/* * * * * * * * * * * 主函数 * * * * * * * * * * * * */
void main()
{
    unsigned int dat=0xfffe;            /* dat 为 16 位流水灯数据 */
    unsigned char i,x;
    P2M1 &= 0xfd;
    P2M0 &= 0xfd;                       /* 设置 P2.1 为准双向口 */
    SCON=0x00;                          /* 设置串行口 1 工作在方式 0 */
    while(1)
        {
            for(i=0;i<16;i++)
            {
                x=dat&0x00ff;           /* 取低 8 位 */
                SBUF=x;                 /* 启动串行发送 */
                while(TI==0);           /* 等待发送完成 */
                TI=0;                   /* 清除 TI */
                x=dat>>8;               /* 取高 8 位 */
                SBUF=x;                 /* 启动串行发送 */
                while(TI==0);           /* 等待发送完成 */
                TI=0;                   /* 清除 TI */
```

```
                    P21＝1；
                    Delay50us（）；
                    P21＝0；                    /＊移位寄存器数据送存储锁存器＊/
                    Delay500ms（）；
                    dat＝_crol_（dat,1）；        /＊16位流水灯左移1位＊/
                }
                dat＝0xfffe；
            }
    }
}
```

2. 双机通信

单片机的双机串行通信指的是使用 UART 实现数据交换。在双机异步串行通信中，通常采用两种方法来处理数据，即查询方式和中断方式。一般情况下，在实际应用中发送方使用查询方式发送数据，而接收方则仍然采用中断方式来接收数据，这样做的目的是能够提高 CPU 的工作效率。

双机通信需要软件和硬件两个方面的综合设计。两单片机的硬件连接可直接实现，如图 9.21（a）所示，通信双方需要三条连接线路，分别是甲机的 TxD→乙机的 RxD、甲机的 RxD←乙机的 TxD、甲机的 Gnd↔乙机的 Gnd。由于单片机采用的是 TTL 电平，其传输距离一般不超过 5 m，故在实际应用中通常采用 RS232-C 标准电平进行点对点的通信连接，如图9.21（b）所示，其中，MAX232 是电平转换芯片，负责 TTL 电平和 RS232 电平之间的转换。RS232-C 是 PC 机串行口的通信标准，详细内容见下节。

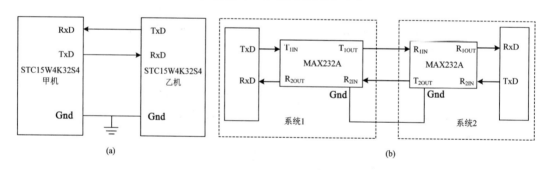

(a)　　　　　　　　　　　　　　　　(b)

图 9.21　双机通信接口电路图

（a）双机异步通信接口电路；（b）点对点通信接口电路

【例9.3】　编制单片机的双机通信程序，实现甲、乙双方间的串行异步通信。假设甲、乙双方单片机的晶振频率为 11.0592 MHz，双方单片机的 P3.2 和 P3.3 分别连接输入开关信号，P2 口连接 8 个 LED 发光二极管，低电平驱动。

要求：甲机将 P3.2、P3.3 引脚的输入开关状态发送给乙机，乙机根据接收到的信号，做出不同的动作：

① 当 P3.2/P3.3＝0/0 时，点亮 P2.0 控制的 LED 灯；

② 当 P3.2/P3.3＝0/1 时，点亮 P2.1 控制的 LED 灯；

③ 当 P3.2/P3.3＝1/0 时，点亮 P2.2 控制的 LED 灯；

④ 当 P3.2/P3.3＝1/1 时,点亮 P2.3 控制的 LED 灯;

⑤ 反之,乙机将开关状态发送给甲机,甲机做出相同的动作。

解: 甲、乙两机首先按照图 9.21(a)所示进行硬件连接。假设串行口 1 工作在方式 1,选用定时器 T1 为波特率发生器,晶振频率为 11.0592 MHz,数据传输波特率为 9600,串行发送采用查询方式,串行接收采用中断方式。

汇编语言参考程序如下:

```
AUXR EQU 8EH
P2M1 EQU 95H
P2M0 EQU 96H
SCON EQU 98H
    ORG 0000H
    LJMP MAIN
    ORG 0023H
    LJMP UART_ISR
MAIN:
    MOV P2M1,＃00H
    MOV P2M0,＃00H                ;设置 P2 口为准双向口
    MOV SCON,＃50H               ;串行口 1 为方式 1,允许串行接收
    ORL AUXR,＃40H               ;定时器 T1 时钟频率为 1T
    ANL AUXR,＃0FEH              ;串行口 1 选择定时器 T1 为波特率发生器
    ANL TMOD,＃0FH               ;设定定时器 T1 为 16 位自动重装方式
    MOV TH1,＃0FEH               ;设定定时初值
    MOV TL1,＃0E0H               ;设定定时初值
    CLR ET1                     ;禁止定时器 T1 中断
    SETB TR1                    ;启动定时器 T1
    SETB ES                     ;开放串行口 1 中断
    SETB EA
    ORL P3,＃00001100B           ;置 P3.3、P3.2 引脚为输入状态
LOOP:
    MOV A,P3
    ANL A,＃00001100B            ;读 P3.3、P3.2 引脚的输入状态
    MOV SBUF,A                  ;串行发送
    JNB TI,$                    ;等待发送完成
    CLR TI
    LCALL DELAY100MS            ;设置发送间隔
    LJMP LOOP
UART_ISR:                       ;串行接收中断服务程序
    PUSH ACC                    ;累计器值压入堆栈
```

```
    JNB RI, S_QUIT              ;确认是否串行接收中断请求
    CLR RI
    MOV A,SBUF                  ;读串行接收数据
    ANL A,#00001100B
    CJNE A,#00H,NEXT1           ;若 P3.2/P3.3＝0/0,点亮 P2.0 控制的 LED 灯
    CLR P2.0
    SETB P2.1
    SETB P2.2
    SETB P2.3
    SJMP S_QUIT
NEXT1：
    CJNE A,#04H,NEXT2           ;若 P3.2/P3.3＝0/1,点亮 P2.1 控制的 LED 灯
    SETB P2.0
    CLR P2.1
    SETB P2.2
    SETB P2.3
    SJMP S_QUIT
NEXT2：
    CJNE A,#08H,NEXT3           ;若 P3.2/P3.3＝1/0,点亮 P2.2 控制的 LED 灯
    SETB P2.0
    SETB P2.1
    CLR P2.2
    SETB P2.3
    SJMP S_QUIT
NEXT3：
    SETB P2.0                   ;若 P3.2/P3.3＝1/1,点亮 P2.3 控制的 LED 灯
    SETB P2.1
    SETB P2.2
    CLR P2.3
S_QUIT：
    POP ACC                     ;恢复累加器的状态
    RETI
DELAY100MS：                    ;11.0592 MHz,延时 100 ms
    NOP
    NOP
    NOP
    PUSH 30H
    PUSH 31H
```

```
    PUSH 32H
    MOV 30H,#4
    MOV 31H,#93
    MOV 32H,#152
NEXT:
    DJNZ 32H,NEXT
    DJNZ 31H,NEXT
    DJNZ 30H,NEXT
    POP 32H
    POP 31H
    POP 30H
    RET
    END
```

C 语言参考程序如下:

```
#include <stc15.h>
#include <intrins.h>
unsigned char dat_rev;                    /* 全局变量,串行口接收到数据 */
/* * * * * * * * * * * 延时 100ms 函数 * * * * * * * * */
void Delay100ms()
{
    unsigned char i,j,k;
    _nop_();
    _nop_();
    i=5;
    j=52;
    k=195;
    do
        {
            do
             {
                    while(--k);
            }while(--j);
        }while(--i);
}
/* * * * * * * * * * 主函数 * * * * * * * * * */
void main()
{
```

```
    unsigned char dat_key;              / * 按键状态变量 * /
    P2M1＝0x00;
    P2M0＝0x00;                         / * 设置 P2 口为准双向口模式 * /
    SCON＝0x50;                         / * 串行口 1 工作在方式 1,允许串行接收 * /
    AUXR＝0x40;                         / * 定时器 T1 为波特率发生器,时钟为 1T 模式 * /
    TMOD ＆＝0x0f;                       / * 定时器 T1 工作在 16 位自动重装方式 * /
    TH1＝(65536－288)/256;
    TL1＝(65536－288)%256;              / * 送入计数初值 * /
    ET1＝0;                             / * 禁止定时器 T1 中断 * /
    TR1＝1;                             / * 启动定时器 T1 * /
    ES＝1;                              / * 开放串行口 1 中断 * /
    EA＝1;
    while(1)
        {
            dat_key＝P3;
            dat_key＝dat_key＆0x0c;       / * 读 P3.3、P3.2 引脚的输入状态值 * /
            SBUF＝dat_key;               / * 串行发送 * /
            while(TI＝＝0);              / * 检测串行发送是否结束 * /
            TI＝0;
            Delay100ms();               / * 设置串行发送间隔 * /
        }
}
/ * * * * * * * * * * 串行口 1 中断服务函数 * * * * * * * * * /
void UART_ISR() interrupt 4
{
    if(RI ＝＝ 1)                        / * 若 RI＝1,执行以下语句 * /
        {
            RI＝0;
            dat_rev＝SBUF;              / * 读串行接收的 P3.3、P3.2 状态 * /
            switch(dat_rev＆0x0c)       / * 点亮相应的 LED 灯 * /
                {
                    case 0x00：P20＝0;P21＝1;P22＝1;P23＝1;break;
                    case 0x04：P20＝1;P21＝0;P22＝1;P23＝1;break;
                    case 0x08：P20＝1;P21＝1;P22＝0;P23＝1;break;
                    default：P20＝1;P21＝1;P22＝1;P23＝0;break;
                }
        }
}
```

3. 多机通信

STC15W4K32S4 单片机串行口 1 的方式 2 和方式 3 有一个特殊的应用领域，即多机通信。多机通信系统采用主从式结构，由一台主机和多台从机组成，主机可以针对单个从机或者全部从机发出信息，各从机发出的信息只能被主机接收，从机与从机之间不能进行通信。图 9.22 是多机通信的连接示意图。

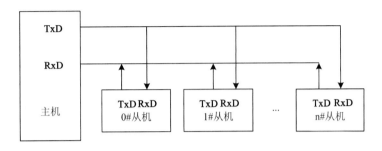

图 9.22　多机通信连接示意图

多机通信系统的实现主要依靠通信协议，有些通信协议比较复杂，一般情况下建议使用 RS485 接口进行多机通信。单片机之间的多机通信系统主要依靠主、从机串行口设置、SM2 和第 9 位数据（TB8 或 RB8）来完成。

当串行口 1 以方式 2 或方式 3 接收时，若 SM2＝1，表示允许多机通信，且当接收到的第 9 位数据 RB8＝1 时，会置位 RI 标志，向 CPU 发出中断请求；当 RB8＝0 时，则会丢弃数据且 RI 保持为 0，即不能接收数据。若 SM2＝0，则处于数据接收模式，接收完成后置位 RI 并向 CPU 请求中断。

在多机通信系统中，从机都有一个地址码，用于区分不同的从机，地址码范围为 00H～FFH，即系统中最多有 256 台从机。主机发送给某从机的信息分为两部分：第一帧数据为地址信息，用于表明数据发送的对象，第二帧数据开始则是数据信息。所有从机在收到第一帧地址信息后，会与本机的地址码相比较，若不相同，则从机保持 SM2＝1 不变；如果地址码匹配，则从机的 SM2＝0，准备接收后续的数据信息。

多机通信的工作过程描述如下：

（1）设置主、从机的工作方式、波特率和多机通信控制 SM2。

（2）主机发送地址帧与所需的从机联络，TB8＝1。

（3）所有从机的 SM2＝1，准备接收一帧地址信息；若从机收到的地址码与本机相同，则从机 SM2＝0，准备接收数据，否则继续保持 SM2＝1。

（4）主机继续发送数据帧，所选定的从机接收。

（5）重复上述步骤（2）～（4），直至数据传送过程结束。

【例 9.4】　设系统晶振频率为 11.0592 MHz，波特率为 9600，多机通信系统中主机向指定 10♯从机发送扩展 RAM 区 0100H 开始的 100 个字节数据，发送空格符 20H 作为结束。从机接收主机发来的地址帧信息，并与本机的地址号相比较，若不符合，保持 SM2＝1 不变；若相等，则使 SM2＝0，接收后续的数据信息并存入本机的扩展 RAM 区 0200H 单元开始处，直至接收到空格数据信息为止，并置位 SM2。

解：主机和从机的程序流程如图 9.23 所示。

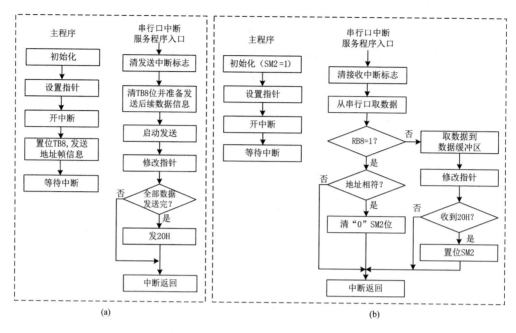

图 9.23　例 9.4 多机通信主、从机程序流程图
（a）主机程序流程图；（b）从机程序流程图

（1）主机的程序

汇编语言参考源程序如下：

```
AUXR EQU 8EH
ADDRT EQU 0100H                ;起始传送地址
SLAVE EQU 10                   ;从机地址号
COUNT EQU 100                  ;数据个数
    ORG 0000H
    LJMP MAIN                  ;主程序入口地址
    ORG 0023H
    LJMP UART_ISR             ;串行口中断入口地址
    ORG 0100H
MAIN：
    MOV SP,＃7FH
    MOV SCON,＃0D0H           ;串行口 1 方式 3,允许接收
    ORL AUXR,＃40H            ;定时器 T1 时钟频率为 SYSclk
    ANL AUXR,＃0FEH           ;串行口 1 选择定时器 T1 为波特率发生器
    ANL TMOD,＃0FH            ;设定时器 T1 为 16 位自动重装方式
    MOV TL1,＃0E0H            ;设定定时初值
    MOV TH1,＃0FEH            ;设定定时初值
    CLR ET1                   ;禁止定时器 T1 中断
```

```
        SETB TR1                    ;启动定时器 T1
        MOV DPTR,#ADDRT             ;设置数据地址指针
        MOV R0,#COUNT               ;设置发送数据字节数
        MOV R2,#SLAVE               ;从机地址号→R2
        SETB ES                     ;开放串行口 1 中断
        SETB EA
        SETB TB8                    ;置位 TB8,作为地址帧信息特征
        MOV A,R2                    ;发送地址帧信息
        MOV SBUF,A
        SJMP $                      ;等待中断
;串行口中断服务程序
UART_ISR:
        JNB TI,EXIT                 ;非发送中断则退出
        CLR TI                      ;清发送中断标志
        CLR TB8                     ;清 TB8 位,为发送数据帧信息做准备
        MOVX A,@DPTR                ;发送一个数据字节
        MOV SBUF,A
        INC DPTR                    ;修改指针
        DJNZ R0,EXIT                ;判断数据字节是否发送完
        CLR ES
        JNB TI,$                    ;检测最后一个数据发送结束标志
        CLR TI
        MOV SBUF,#20H               ;数据发送完毕后,发结束代码 20H
EXIT:
        RETI
        END
```

C 语言参考源程序如下:

```
#include <stc15.h>
unsigned char xdata * ADDRT;      /* 设置数据的 XRAM 单元指针 */
unsigned char SLAVE=10;           /* 设置从机地址号的变量 */
unsigned char cnt=100;            /* 设置要传送数据的字节数 */
/* * * * * * * * * * * * * * * * 主函数 * * * * * * * * * * * * * * * */
void main (void)
{
    ADDRT=0x0100;                 /* 数据区为 xdata 区 0100H 处 */
    SCON=0xD0;                    /* 方式 3,允许串行接收 */
    AUXR |= 0x40;                 /* 定时器 T1 时钟频率为 SYSclk */
    AUXR &= 0xFE;                 /* 串行口 1 选择定时器 T1 为波特率发生器 */
```

```
    TMOD &= 0x0F;                /* 设定定时器 T1 为 16 位自动重装方式 */
    TL1=0xE0;                    /* 设定定时初值,波特率 9600 */
    TH1=0xFE;                    /* 设定定时初值,波特率 9600 */
    ET1=0;                       /* 禁止定时器 T1 中断 */
    TR1=1;                       /* 启动定时器 1 */
    ES=1;
    EA=1;
    TB8=1;                       /* 置位 TB8,作为地址帧信息 */
    SBUF=SLAVE;                  /* 发送从机地址 */
    while(1);                    /* 等待中断 */
}
/* * * * * * * * * * * * *发送中断服务子函数* * * * * * * * * * * * */
void UART_ISR(void) interrupt 4
{
    if(TI == 1)
        {
            TI=0;                    /* 清除中断标志 TI */
            TB8=0;                   /* 清除 TB8,为发送数据做准备 */
            SBUF= *ADDRT;            /* 发送数据 */
            ADDRT++;                 /* 修改指针 */
            cnt--;
            if(cnt == 0)             /* 检测是否最后一个数据 */
                {
                    ES=0;                    /* 关闭串行口中断 */
                    while(TI == 0);  /* 等待最后一个数据发送完成 */
                    TI=0;
                    SBUF=0x20;               /* 发送结束代码 20H */
                }
        }
}
```

（2）从机的程序

汇编语言参考源程序如下：

```
AUXR EQU 8EH
ADDRR EQU 0200H              ;从机数据保存地址
SLAVE EQU 10                 ;从机地址号
    ORG 0000H
    LJMP MAIN               ;主程序入口地址
    ORG 0023H
    LJMP UART_ISR           ;串行口中断入口地址
    ORG 0100H
MAIN：
    MOV SP，#7FH
    MOV SCON，#0F0H         ;方式 3,允许多机通信,允许串行接收
    ORL AUXR，#40H          ;定时器 T1 时钟频率为 SYSclk
    ANL AUXR，#0FEH         ;串行口 1 选择定时器 T1 为波特率发生器
    ANL TMOD，#0FH          ;设定定时器 T1 为 16 位自动重装方式
    MOV TL1，#0E0H          ;设定定时初值,波特率 9600
    MOV TH1，#0FEH          ;设定定时初值,波特率 9600
    CLR ET1                ;禁止定时器 T1 中断
    SETB TR1               ;启动定时器 T1
    MOV DPTR，#ADDRR        ;设置数据地址指针
    SETB ES                ;开放串行口 1 中断
    SETB EA
    SJMP  $                ;等待中断
;从机接收中断服务程序
UART_ISR：
    CLR RI                 ;清接收中断标志
    MOV A,SBUF             ;取接收信息
    MOV C,RB8              ;取 RB8 信息特征位→C
    JNC UART_DATA          ;RB8＝0 为数据帧信息,转 UART_DATA
    XRL A，#SLAVE           ;RB8＝1 为地址帧,与本机地址号相异或
    JZ ADDRESS_OK          ;地址相等,则转 ADDRESS_OK
    LJMP EXIT              ;地址不相等,则中断退出(返回)
ADDRESS_OK：
    CLR SM2                ;清 SM2,为后面接收数据帧信息做准备
    LJMP EXIT              ;转中断退出(返回)
UART_DATA：
    MOVX @DPTR,A           ;接收的数据→数据缓冲区
    INC DPTR               ;修改地址指针
    CJNE A，#20H,EXIT       ;是否为结束代码 20H,不是继续接收
```

```
    SETB SM2            ;全部接收完,置位 SM2
EXIT:
    RETI               ;中断返回
    END
```

C 语言参考源程序如下:

```c
#include <stc15.h>
unsigned char xdata * ADDRR;      /*设置数据的 XRAM 单元指针*/
unsigned char SLAVE=10;           /*设置从机地址号的变量*/
unsigned char rdata;              /*设置数据变量*/
/* * * * * * * * * * * * * * * * 主函数 * * * * * * * * * * * * * * * * */
void main (void)
{
    ADDRR=0x0200;                 /*存放数据的首地址*/
    SCON=0xF0;                    /*方式 3,允许多机通信,允许串行接收*/
    AUXR |= 0x40;                 /*定时器 T1 时钟频率为 SYSclk*/
    AUXR &= 0xFE;                 /*串行口 1 选择定时器 T1 为波特率发生器*/
    TMOD &= 0x0F;                 /*设定定时器 1 为 16 位自动重装方式*/
    TL1=0xE0;                     /*设定定时初值,波特率 9600*/
    TH1=0xFE;                     /*设定定时初值,波特率 9600*/
    ET1=0;                        /*禁止定时器 T1 中断*/
    TR1=1;                        /*启动定时器 T1*/
    ES=1;                         /*开放串行口 1 中断*/
    EA=1;
    while(1);                     /*等待中断*/
}
/* * * * * * * * * * * * * * * 接收中断服务子函数 * * * * * * * * * * * * */
void UART_ISR(void) interrupt 4
{
    RI=0;
    rdata=SBUF;                   /*将接收缓冲区的数据保存到 rdata 变量中*/
    if(RB8)                       /*RB8=1 说明收到的信息是地址*/
    {
        if(rdata == SLAVE)        /*如果地址相等,则 SM2=0*/
            SM2=0;
    }
    else                          /*接收到的信息是数据*/
    {
```

```
            * ADDRR＝rdata;              /* 存入 XRAM 区 0200H 开始单元 */
            ADDRR＋＋;
            if(rdata == 0x20)            /* 所有数据接收完毕 */
                SM2＝1;
        }
    }
```

9.2.5　串行口 2/串行口 3/串行口 4

STC15W4K32S4 单片机的串行口 2、串行口 3 和串行口 4 的用法与串行口 1 类似,所不同的是控制寄存器和所采用的波特率发生器。表 9.3 为串行口 2、串行口 3 和串行口 4 相关的控制寄存器表。串行口 2 只能使用定时器 T2 作为其波特率发生器,不能够选择其他定时器作为其波特率发生器;串行口 3 默认选择定时器 T2 作为其波特率发生器,也可以选择定时器 T3 作为其波特率发生器;串行口 4 默认选择定时器 T2 作为其波特率发生器,也可以选择定时器 T4 作为其波特率发生器。

表 9.3　串行口 2/串行口 3/串行口 4 的控制寄存器

名称	地址	D7	D6	D5	D4	D3	D2	D1	D0	复位值
P_SW2	BAH	EAXSFR	×	×	×	×	S4_S	S3_S	S2_S	xxxxx000
S2CON	9AH	S2SM0	×	S2SM2	S2REN	S2TB8	S2RB8	S2TI	S2RI	0x000000
AUXR	8EH	T0x12	T1x12	UART_M0x6	T2R	T2_C/T̄	T2x12	EXTRAM	S1ST2	00000001
S2BUF	9BH	串行口 2 的数据缓冲器								00000000
T2H	D6H	定时器 T2 的高 8 位								00000000
T2L	D7H	定时器 T2 的低 8 位								00000000
S3CON	ACH	S3SM0	S3ST3	S3SM2	S3REN	S3TB8	S3RB8	S3TI	S3RI	00000000
T4T3M	D1H	T4R	T4_C/T̄	T4x12	T4CLKO	T3R	T3_C/T̄	T3x12	T3CLKO	00000000
S3BUF	ADH	串行口 3 的数据缓冲器								00000000
T3H	D4H	定时器 T3 的高 8 位								00000000
T3L	D5H	定时器 T3 的低 8 位								00000000
S4CON	84H	S4SM0	S4ST4	S4SM2	S4REN	S4TB8	S4RB8	S4TI	S4RI	00000000
S4BUF	85H	串行口 4 的数据缓冲器								00000000
T4H	D2H	定时器 T4 的高 8 位								00000000
T4L	D3H	定时器 T4 的低 8 位								00000000
IE	A8H	EA	ELVD	EADC	ES	ET1	EX1	ET0	EX0	00000000
IE2	AFH	×	ET4	ET3	ES4	ES3	ET2	ESPI	ES2	x0000000
IP2	B5H	×	×	×	PX4	PPWMFD	PPWM	PSPI	PS2	xxx00000

1. 串行口 2/串行口 3/串行口 4 的控制寄存器

(1) 串行口 2 的控制寄存器——S2CON

串行口 2 控制寄存器 S2CON 用于确定串行口 2 的工作方式和某些控制功能,不支持位寻址,其格式如下:

名称	地址	D7	D6	D5	D4	D3	D2	D1	D0	复位值
S2CON	9AH	S2SM0	×	S2SM2	S2REN	S2TB8	S2RB8	S2TI	S2RI	0x000000

① S2SM0:指定串行口 2 的工作方式。当 S2SM0＝0 时,串行口 2 工作在方式 0,即 8 位 UART 波特率可变方式,波特率＝定时器 T2 溢出率/4;当 S2SM0＝1 时,串行口 2 工作在方式 1,即 9 位 UART 波特率可变方式,波特率＝定时器 T2 溢出率/4。

② S2SM2:允许方式 1 多机通信控制位。

③ S2REN:允许/禁止串行口 2 接收控制位。当 S2REN＝1 时允许串行接收,否则禁止接收。

④ S2TB8:在方式 1 时,S2TB8 为要发送的第 9 位数据,可用作数据的校验位或多机通信中地址帧/数据帧的标志位。在方式 0 中,该位不用。

⑤ S2RB8:在方式 1 时,S2RB8 是接收到的第 9 位数据,可作为奇偶校验位或地址帧/数据帧的标志位。方式 0 中该位不用。

⑥ S2TI:发送中断请求标志位。在停止位开始发送时由 S2TI 内部硬件置位,即 S2TI＝1,响应中断后 S2TI 必须用软件清零。

⑦ S2RI:接收中断请求标志位。在串行接收到停止位的中间时刻 S2RI 由内部硬件置位,同时向 CPU 发出中断申请,响应中断后 S2RI 必须由软件清零。

(2)串行口 2 的数据缓冲寄存器——S2BUF

STC15 系列单片机的串行口 2 的数据缓冲寄存器 S2BUF 的地址是 9BH,实际是 2 个缓冲器,写 S2BUF 的操作完成待发送数据的加载,读 S2BUF 的操作可获得已接收到的数据。两个操作分别对应两个不同的寄存器,1 个是只写寄存器,1 个是只读寄存器。

(3)定时器 T2 的寄存器——T2H/T2L

定时器 T2 的寄存器 T2H 和 T2L 用于保存重装时间常数。

注意:对于 STC15 系列单片机,串行口 2 永远是使用定时器 T2 作为其波特率发生器,不能够选择其他定时器作为其波特率发生器。

(4)定时器 T2 的控制位——T2R、T2_C/$\overline{T}$、T2x12

定时器 T2 的控制位在 AUXR 寄存器中,其格式如下:

名称	地址	D7	D6	D5	D4	D3	D2	D1	D0	复位值
AUXR	8EH	T0x12	T1x12	UART_M0x6	T2R	T2_C/$\overline{T}$	T2x12	EXTRAM	S1ST2	00000001

① T2R:定时器 T2 运行控制位。当 T2R＝0 时,不允许定时器 T2 运行;当 T2R＝1 时,允许定时器 T2 运行。

② T2_C/$\overline{T}$:控制定时器 T2 用作定时器或计数器。当 T2_C/$\overline{T}$＝0 时,用作定时器,对内部系统时钟进行计数;当 T2_C/$\overline{T}$＝1 时,用作计数器,对引脚 T2/P3.1 的外部脉冲进行计数。

③ T2x12:定时器 T2 速度控制位。当 T2x12＝0 时,定时器 T2 的速度是传统 8051 的

速度,即 12 分频;当 T2x12＝1 时,定时器 T2 的速度是传统 8051 的 12 倍,即不分频。

（5）外部设备功能切换控制寄存器 2——P_SW2

通过设置寄存器 P_SW2 中的 S2_S 位,可以将串行口 2 在 2 组管脚之间任意切换,其格式如下:

名称	地址	D7	D6	D5	D4	D3	D2	D1	D0	复位值
P_SW2	BAH	×	×	×	×	×	S4_S	S3_S	S2_S	xxxxx000

串行口 2 可以在 P1/P4 之间来回切换,当 S2_S＝0 时,串行口 2/S2 在[P1.0/RxD2,P1.1/TxD2];当 S2_S＝1 时,串行口 2/S2 在[P4.6/RxD2_2,P4.7/TxD2_2]。

（6）串行口 3 的控制寄存器——S3CON

串行口 3 控制寄存器 S3CON 用于确定串行口 3 的工作方式和某些控制功能,其格式如下:

名称	地址	D7	D6	D5	D4	D3	D2	D1	D0	复位值
S3CON	ACH	S3SM0	S3ST3	S3SM2	S3REN	S3TB8	S3RB8	S3TI	S3RI	00000000

① S3SM0:指定串行口 3 的工作方式。当 S3SM0＝0 时,串行口 3 工作在方式 0,即 8 位UART 波特率可变方式,波特率＝定时器 T2 溢出率/4 或定时器 T3 溢出率/4;当 S3SM0＝1时,串行口 3 工作在方式 1,即 9 位 UART 波特率可变方式,波特率＝定时器 T2 溢出率/4 或定时器 T3 溢出率/4。

② S3ST3:串行口 3 波特率发生器的选择控制位。当 S3ST3＝0 时,串行口 3 选择定时器 T2 作为其波特率发生器;当 S3ST3＝1 时,串行口 3 选择定时器 T3 作为其波特率发生器。

③ S3SM2:允许方式 1 多机通信控制位。

④ S3REN:允许/禁止串行口 3 接收控制位。

⑤ S3TB8:在方式 1 中,S3TB8 为要发送的第 9 位数据;在方式 0 中,该位不用。

⑥ S3RB8:在方式 1 中,S3RB8 是接收到的第 9 位数据;在方式 0 中,该位不用。

⑦ S3TI:发送中断请求标志位。

⑧ S3RI:接收中断请求标志位。

（7）串行口 3 的数据缓冲寄存器——S3BUF

STC15W4K32S4 单片机的串行口 3 的数据缓冲寄存器 S3BUF 实际是 2 个缓冲器,写S3BUF 的操作完成待发送数据的加载,读 S3BUF 的操作可获得已接收到的数据。两个操作分别对应两个不同的寄存器,一个是只写寄存器,一个是只读寄存器。

（8）定时器 T3 的控制位——T3R、T3_C/$\overline{\text{T}}$、T3x12

定时器 T3 的控制位在 T4T3M 寄存器中,其格式如下:

名称	地址	D7	D6	D5	D4	D3	D2	D1	D0	复位值
T4T3M	D1H	T4R	T4_C/$\overline{\text{T}}$	T4x12	T4CLKO	T3R	T3_C/$\overline{\text{T}}$	T3x12	T3CLKO	00000000

① T3R:定时器 3 运行控制位。当 T3R＝0 时, 不允许定时器 T3 运行;当 T3R＝1 时,

允许定时器 T3 运行。

② T3_C/$\overline{\text{T}}$:控制定时器 3 用作定时器或计数器。当 T3_C/$\overline{\text{T}}$＝0 时,用作定时器,对内部系统时钟进行计数;当 T3_C/$\overline{\text{T}}$＝1 时,用作计数器,对引脚 T3/P0.5 的外部脉冲进行计数。

③ T3x12:定时器 T3 速度控制位。当 T3x12＝0 时,定时器 T3 的速度是 8051 单片机定时器的速度,即 12 分频;当 T3x12＝1 时,定时器 T3 的速度是 8051 单片机定时器速度的 12 倍,即不分频。

（9）串行口 3 在 2 组管脚之间切换的控制位——S3_S/P_SW2.1

串行口 3 可以在 P0/P5 之间来回切换。当 S3_S＝0 时,串行口 3/S3 在[P0.0/RxD3,P0.1/TxD3];当 S3_S＝1 时,串行口 3/S3 在[P5.0/RxD3_2,P5.1/TxD3_2]。

串行口 4 的控制寄存器的格式与串行口 3 的类似,在此不再赘述。

2. 串行口 2/串行口 3/串行口 4 的工作方式及波特率

串行口 2、串行口 3 和串行口 4 的工作方式及波特率见表 9.4。

表 9.4　串行口 2、串行口 3 和串行口 4 的工作方式及波特率

串行口	工作方式	波特率
串行口 2	方式 0:8 位 UART	T2 溢出率/4
	方式 1:9 位 UART	T2 溢出率/4
串行口 3	方式 0:8 位 UART	T2 溢出率/4 或 T3 溢出率/4
	方式 1:9 位 UART	T2 溢出率/4 或 T3 溢出率/4
串行口 4	方式 0:8 位 UART	T2 溢出率/4 或 T4 溢出率/4
	方式 1:9 位 UART	T2 溢出率/4 或 T4 溢出率/4

9.3　STC15W4K32S4 单片机与 PC 机的通信

在以 PC 机为中心的数据采集与自动控制系统中,通常需要用单片机采集数据,然后将数据用异步串行通信方式传给计算机,要完成的控制命令由计算机通过串行通信方式传给单片机,由单片机执行。计算机和单片机之间的串行通信一般采用 RS232-C 接口,它是在 1970 年由美国电子工业协会（EIA）制定的通信协议标准,也称为 EIA RS232-C;其逻辑电平与 TTL/CMOS 电平完全不同,逻辑 0 规定为＋5～＋15 V 之间,逻辑 1 规定为－5～－15 V 之间。由于 RS232 发送和接收之间有公共地,传输采用非平衡模式,因此共模噪声会耦合到信号系统中,标准中建议的最大通信距离为≤15 m。

9.3.1　计算机 RS232-C 与单片机 UART 的通信

下面通过一个实例,介绍计算机 RS232-C 与单片机 UART 进行通信的硬件接口设计和软件设计。

【例 9.5】　计算机向单片机发送一个数据,单片机接收到数据后,将接收到的数据按位取反后发回给计算机,并在计算机上显示。假设单片机的系统时钟为 11.0592 MHz,通信参数为"9600,n,8,1"（这是常见的通信参数表示方法,即波特率为 9600 bps,8 个数据位,1 个

停止位,没有奇偶校验)。在这种方式中,计算机通常称为上位机。

(1) 硬件接口设计

从硬件上计算机的串行口是 RS232-C 电平的,而单片机的串行口是 TTL 电平的。因此,必须通过电路实现 TTL 电平和 RS232-C 电平的相互转换,两者才能正常通信。常用的电平转换集成电路是 MAX232 或者与它兼容的转换芯片。该芯片采用单电源+5 V 供电,单片机与计算机进行串行通信的硬件连接如图 9.24 所示。

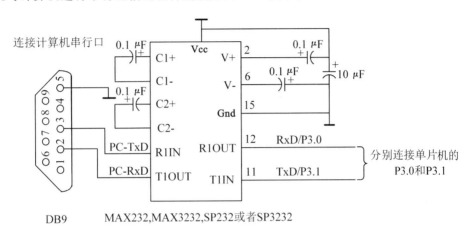

图 9.24 计算机与单片机串行通信的硬件连接示意图

(2) 软件设计

软件设计通常因应用系统要求的不同而有差异。软件设计分为上位机程序设计和单片机程序设计两部分。如果仅仅为了测试串行口的电路连接以及单片机通信程序设计的正确性,上位机程序可以直接使用现成的串行口调试助手软件,当然,也可以使用 Visual C++ 等可视化程序开发工具自行设计开发串行口调试软件。STC15W4K32S4 单片机的 STC-ISP 软件自带串行口调试工具,使用单片机的 UART2 和上位机通信。

汇编语言参考程序如下:

```
P_SW2 EQU 0BAH
AUXR EQU 8EH              ;辅助寄存器
S2CON EQU 9AH            ;UART2 控制寄存器
S2BUF EQU 9BH           ;UART2 数据寄存器
T2H DATA 0D6H           ;定时器 T2 高 8 位
T2L DATA 0D7H           ;定时器 T2 低 8 位
IE2 EQU 0AFH            ;中断控制寄存器 2
TEST DATA 20H
S2TI BIT 01H
S2RI BIT 00H
    ORG 0000H
    LJMP MAIN            ;主程序入口地址
```

```
        ORG 0043H
        LJMP UART2_ISR          ;串行口 2 中断入口地址
        ORG 0100H
MAIN：
        MOV SP,♯7FH             ;设置堆栈
        ANL P_SW2,♯06H          ;选择串行口 2 为 P1.0/P1.1
        MOV S2CON,♯50H          ;8 位可变波特率,无奇偶校验位,允许接收
        MOV T2L,♯0E8H
        MOV T2H,♯0FFH           ;波特率 9600
        MOV AUXR,♯11H           ;S1ST2＝1,启动 T2
        MOV IE2,♯01H            ;允许串行口 2 中断,ES2＝1
        SETB EA
        SJMP $
;串行口 2 中断服务程序
UART2_ISR：
        MOV TEST,S2CON          ;将 S2CON 保存到 20H 单元以便位寻址
        JBC S2RI,RDATA          ;若是接收中断,则将 S2RI 清零后转移
        CLR S2TI                ;否则就是发送中断,将 S2TI 清零
        LJMP NEXT
RDATA：
        MOV A,S2BUF             ;读取收到的数据
        CPL A
        MOV S2BUF,A            ;将收到的数据发送回去
NEXT：
        MOV S2CON,TEST         ;该语句可以起到中断标志清零的作用
        RETI
        END
```

C 语言参考程序如下：

```
♯include ＜stc15.h＞
♯define S2RI 0x01               /＊ S2CON.0 ＊/
♯define S2TI 0x02               /＊ S2CON.1 ＊/
/＊＊＊＊＊＊＊＊＊＊＊＊＊＊＊＊＊＊＊主函数＊＊＊＊＊＊＊＊＊＊＊＊＊＊＊＊＊＊/
void main(void)
{
    S2CON＝0x50;                /＊8 位可变波特率,无奇偶校验位,允许接收 ＊/
    T2L＝0xE8;
    T2H＝0xFF;                  /＊ 设定定时初值,波特率 9600 ＊/
    AUXR＝0x11;                 /＊ 设定定时器 T2 为 16 位自动重装方式 ＊/
```

```
    IE2＝0x01;                    /＊开放串行口 2 中断＊/
    EA＝1;
    while(1);                     /＊等待中断＊/
}
/＊＊＊＊＊＊＊＊＊＊＊＊＊接收中断服务子函数＊＊＊＊＊＊＊＊＊＊＊/
void UART2_ISR(void) interrupt 8 using 1
{
    if(S2CON ＆ S2RI)
    {
        S2BUF＝～S2BUF;           /＊将接收到的数据取反后返回＊/
        S2CON ＆＝ ～S2RI;        /＊清除 S2RI 标志位＊/
    }
    else
        S2CON ＆＝ ～S2TI;        /＊清除 S2TI 标志位＊/
}
```

如果采用串行口 1 进行通信,则可以选择定时器 T1 作为波特率发生器,也可以选择定时器 T2 作为波特率发生器,程序设计方法与此类似,请读者自行验证。

9.3.2　计算机 USB 与单片机 UART 的通信

目前,计算机上的 DB9 和 DB25 型串行口均已面临淘汰,笔记本电脑由于便携性的需要,大部分也不再配备 RS232 接口,转而使用 USB 接口与单片机 UART 进行通信。在这种情况下,需要专用芯片实现 USB 通信协议和 UART 通信协议之间的信号转换。常见的 USB 转串行口芯片有 CH340 系列和 PL-2303 系列等。使用 CH340T 与单片机通信的接口电路如图 9.25 所示。

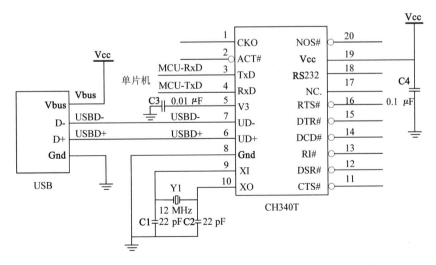

图 9.25　计算机 USB 通过 CH340T 与单片机 UART 连接示意图

USB 转串行口电路只是实现 USB 传输协议和 UART 传输协议之间的转换,对于用户而言在程序设计上没有本质的改变,相当于一个虚拟串行口的使用。唯一需要注意的是,在计算机上选择串行口通信时,串行口的选择要正确。查找串行口的方法如图 9.26 所示。

图 9.26　计算机端查找虚拟串行口的方法

9.4　RS485 串行通信接口

由于 RS232-C 通信接口在异步通信时的波特率不到 20 Kbps,且通信距离只有 15 m 左右,较低的传输速率和较短的传输距离限制了 RS232 接口的应用,因此,RS485 串行通信接口被提了出来。RS485 是在 RS422 基础上制定的标准,增加了多点、双向通信功能,即允许多个发送器连接到同一条总线上,同时增加了发送器的驱动能力和冲突保护特性。

9.4.1　RS485 标准

RS485 标准只规定了发送器和接收器的电气特性,没有对接插件、传输电缆和应用层通信协议做出规范。与 RS232 不同,RS485 信号采用差分信号负逻辑方式,也称为平衡传输。它使用一对双绞线,将其中一线定义为 A,另一线定义为 B,A、B 之间的电位差在 $+2\sim$ $+6$ V,表示逻辑状态 0;电位差在 $-6\sim-2$ V,表示逻辑状态 1。RS485 的最大传输距离约为 1200 m,最大传输速率为 10 Mbps。通常,RS485 网络采用平衡双绞线作为传输介质。平衡双绞线的长度与传输速率成反比,一般来说,100 m 长的双绞线最大传输速率仅为 1 Mbps。如果采用光电隔离方式,则通信速率一般还会受到光电转换器件响应速度的限制。利用 RS485 标准,可以建立一个相对经济、具有高噪声抑制和高传输速率的通信平台,该平台同时具有传输距离远、共模范围宽、控制方便等优点。

目前,在工程应用的现场网络中,RS485 半双工异步通信总线被广泛应用在集中控制枢纽与分散控制单元之间通信的场合,这就是常说的一对多的多机通信,用一台计算机作为主机,通过 RS485 连接现场的控制单元,系统结构如图 9.27 所示。其中,R_1 和 R_2 称为终端电阻,电阻值一般选为 120 Ω。计算机通常称为上位机或主机,各个测控单元称为下位机或从机。目前的 RS485 总线网络中,一台主机最多可以连接 256 个从机设备。

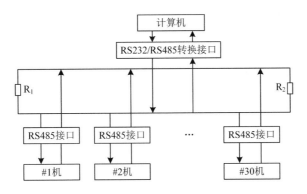

图 9.27　主从结构的 RS485 网络结构图

9.4.2　RS485 与单片机的连接

在图 9.27 中,RS485 接口芯片可以使用半双工的 MAX3082(或者其他 RS485 接口芯片,如 MAX487)。MAX3082 是典型的半双工通信电路,如图 9.28 所示。其中,MCU-RxD 连接单片机的 RxD/P3.0 引脚,MCU-TxD 连接单片机的 TxD/P3.1 引脚,选择 P1.0 引脚对 MAX3082 当前的发送和接收数据状态进行控制。R_t 为终端电阻,标准值为 120 Ω,该电阻只需在终端节点处安装。在编写基于 RS485 的单片机串行通信程序时,除了设置收发控制引脚以确定是发送数据还是接收数据外,其他代码与编写一般的串行通信程序相同。在图 9.28 中,单片机接收数据时,应通过指令将 P1.0 清零;单片机发送数据时,应通过指令将 P1.0 置 1。

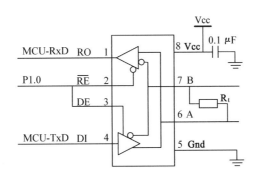

图 9.28　MAX3082 半双工通信芯片内部结构图

9.4.3　RS485 与计算机的连接

连接计算机的 RS232 和 RS485 的转换电路如图 9.29 所示。

该电路中 MAX485 的右侧连接工业现场的下位机,下位机通常为单片机,单片机的测控信号经 MAX485 芯片转换成 TTL/CMOS 标准电平信号,然后经 RS232 芯片将 TTL/CMOS 电平信号转换成 RS232 电平信号,通过 DB9 接口和计算机的串行口相连。整个转换电路采用外接的＋5 V 电源供电,R_1 为终端电阻。

计算机使用串行口第 4 脚 DTR 控制数据的发送和接收,在上位机编程时,通过设置 DTR 的电平实现数据的发送和接收。在发送数据时,将串行口的 DTR 引脚置为低电平[例如,在 Visual C++中,使用串行口控件 MSComm 的 SetDTREnable(FALSE)函数或者使

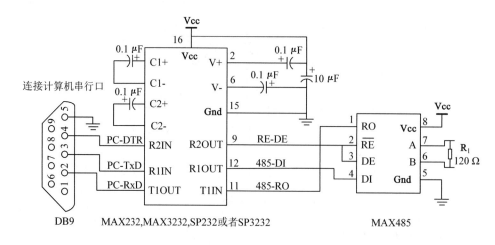

图 9.29　计算机的 RS232 和 RS485 转换电路连接图

用 API 函数 EscapeCommFunction()进行设置,具体的函数使用方法请参阅 MSDN],则 MAX232 芯片的第 9 脚 R2OUT 输出为高电平,从而将 MAX485 置为发送状态;同理,当数据发送完毕后,应将串行口的 DTR 引脚置为高电平[在 Visual C++中,使用串行口控件 MSComm 的 SetDTREnable(TRUE)函数或者使用 API 函数 EscapeCommFunction()进行设置],则 MAX232 芯片的第 9 脚 R2OUT 输出为低电平,从而将 MAX485 置为接收状态,为计算机从下位机接收数据做准备。

计算机串行通信程序的设计可以参考相关书籍,在此从略。

9.5　SPI 串行通信接口

9.5.1　SPI 接口的结构

1. SPI 接口简介

STC15 系列单片机还提供另一种高速串行通信接口,即 SPI(serial peripheral interface)接口。SPI 是一种全双工、高速、同步的通信总线,有两种操作模式:主模式和从模式。当 SYSclk＝12 MHz 时,在主模式中支持高达 3 Mbps 的速率,从模式时速度无法太快,SYSclk/4 以内较好。此外,SPI 接口还具有传输完成标志和写冲突标志保护功能。

SPI 接口既可以与其他微处理器通信,也可以与具有 SPI 兼容接口的器件(如存储器、A/D 转换器、D/A 转换器、LED 或 LCD 驱动器等)进行同步通信。

2. SPI 接口的结构

STC15W4K32S4 单片机集成一组 SPI 接口,该接口可通过特殊功能寄存器在 3 组引脚之间进行切换。SPI 接口功能方框图如图 9.30 所示。

SPI 的核心是一个 8 位移位寄存器和数据缓冲器,数据可以同时发送和接收。在 SPI 数据的传输过程中,发送和接收的数据都存储在数据缓冲器中。

对于主模式,若要发送一个字节数据,只需将这个数据写到 SPDAT 寄存器中。主模式下$\overline{SS}$信号不是必需的,但是在从模式下,必须在$\overline{SS}$信号变为有效并接收到合适的时钟信号

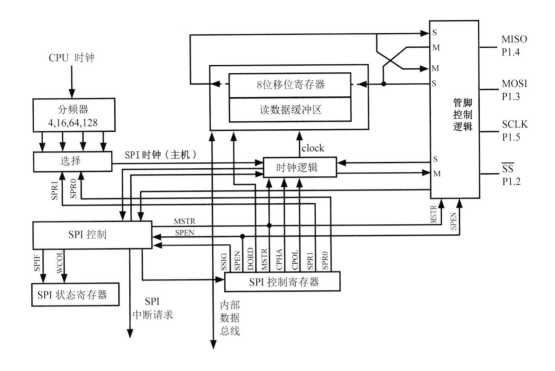

图 9.30　STC15 单片机 SPI 接口功能方框图

后,方可进行数据传输。在从模式下,如果一个字节传输完成后,$\overline{SS}$ 信号变为高电平,这个字节立即被硬件逻辑标记为接收完成,SPI 接口准备接收下一个数据。

任何 SPI 控制寄存器的改变都将复位 SPI 接口,清除相关寄存器。

3. SPI 接口的信号

SPI 接口由 4 条信号线构成:MOSI、MISO、SCLK 和 $\overline{SS}$。可通过寄存器 P_SW1 中的 SPI_S1/SPI_S0 控制 SPI 接口在 3 组管脚之间进行切换:

[SCLK/P1.5,MISO/P1.4,MOSI/P1.3 和 $\overline{SS}$/P1.2];

[SCLK_2/P2.1,MISO_2/P2.2,MOSI_2/P2.3 和 $\overline{SS}$_2/P2.4];

[SCLK_3/P4.3,MISO_3/P4.1,MOSI_3/P4.0 和 $\overline{SS}$_3/P5.4]。

MOSI(master out slave in,主出从入):主器件的输出和从器件的输入,用于主器件到从器件的串行数据传输。当 SPI 作为主器件时,该信号是输出;当 SPI 作为从器件时,该信号是输入。数据传输时最高位在前,低位在后。根据 SPI 规范,多个从机可以共享一根 MOSI 信号线。在时钟边界的前半周期,主机将数据放在 MOSI 信号线上,从机在该边界处获取该数据。

MISO(master in slave out,主入从出):从器件的输出和主器件的输入,用于从器件到主器件的数据传输。当 SPI 作为主器件时,该信号是输入;当 SPI 作为从器件时,该信号是输出。数据传输时最高位在前,低位在后。SPI 规范中,一个主机可连接多个从机,因此,主机的 MISO 信号线会连接到多个从机上,或者说,多个从机共享一根 MISO 信号线。当主机与一个从机通信时,其他从机应将其 MISO 引脚驱动置为高阻状态。

SCLK(SPI clock,串行时钟信号):串行时钟信号是主器件的输出和从器件的输入,用于同步主器件和从器件之间在 MOSI 和 MISO 线上的串行数据传输。当主器件启动一次数据传输时,自动产生 8 个 SCLK 时钟周期信号给从机,在 SCLK 的每个跳变处(上升沿或下降沿)移出一位数据。所以,一次数据传输可以传输一个字节的数据。

SCLK、MOSI 和 MISO 通常和两个或更多 SPI 器件连接在一起。数据通过 MOSI 由主机传送到从机,通过 MISO 由从机传送到主机。SCLK 信号在主模式时为输出,在从模式时为输入。如果 SPI 系统被禁止,即 SPEN/SPCTL.6＝0,则这些引脚都可作为普通 I/O 口使用。

$\overline{SS}$(slave select,从机选择信号):这是一个输入信号,主器件用它来选择处于从模式的 SPI 模块。在主模式和从模式下,$\overline{SS}$的使用方法不同。在主模式下,SPI 接口只能有一个主机,不存在主机选择问题,该模式下$\overline{SS}$不是必需的。主模式下通常将主机的$\overline{SS}$管脚通过 10 kΩ 的电阻上拉为高电平,每一个从机的$\overline{SS}$接主机的 I/O 口,由主机控制电平高低,以便主机选择从机。在从模式下,不管发送还是接收,$\overline{SS}$信号必须有效,因此在一次数据传输开始之前必须将$\overline{SS}$置为低电平。SPI 主机可以使用 I/O 口选择一个 SPI 器件作为当前的从机。

SPI 从器件通过其$\overline{SS}$脚确定是否被选择。如果满足下面的条件之一,$\overline{SS}$就被忽略:
- SPI 系统被禁止,即 SPEN/SPCTL.6＝0;
- SPI 配置为主机,即 MSTR/SPCTL.4＝1,并且 P1.2/$\overline{SS}$通过 P1M0.2/P1M1.2 配置为输出;
- $\overline{SS}$脚被忽略,即 SSIG/SPCTL.7＝1,该引脚配置用于 I/O 口功能。

注意:即使 SPI 被配置为主机(MSTR＝1),它仍然可以通过拉低$\overline{SS}$引脚配置为从机(如果 P1.2/$\overline{SS}$配置为输入且 SSIG＝0)。要使能该特性,应当置位 SPIF/SPSTAT.7。

9.5.2 SPI 的特殊功能寄存器

STC15W4K32S4 单片机的 SPI 同步串行通信接口功能由内部的一些特殊功能寄存器控制,与 SPI 功能相关的寄存器见表 9.5。

表 9.5 与 SPI 功能模块相关的特殊功能寄存器

名称	地址	D7	D6	D5	D4	D3	D2	D1	D0	复位值
P_SW1	A2H	S1_S1	S1_S0	CCP_S1	CCP_S0	SPI_S1	SPI_S0	×	DPS	00000000
SPCTL	CEH	SSIG	SPEN	DORD	MSTR	CPOL	CPHA	SPR1	SPR0	00000100
SPSTAT	CDH	SPIF	WCOL	×	×	×	×	×	×	00xxxxxx
SPDAT	CFH	SPI 的数据寄存器								00000000
IE	A8H	EA	ELVD	EADC	ES	ET1	EX1	ET0	EX0	00000000
IE2	AFH	×	ET4	ET3	ES4	ES3	ET2	ESPI	ES2	x0000000
IP2	B5H	×	×	×	PX4	PPWMFD	PPWM	PSPI	PS2	xxx00000

1. SPI 功能切换寄存器——P_SW1

SPI 功能切换寄存器 1(P_SW1)不支持位寻址,其格式如下:

名称	地址	D7	D6	D5	D4	D3	D2	D1	D0	复位值
P_SW1	A2H	S1_S1	S1_S0	CCP_S1	CCP_S0	SPI_S1	SPI_S0	×	DPS	00000000

STC15W4K 系列单片机的 SPI 可在 3 组引脚之间进行切换，由 SPI_S1/SPI_S0 两个控制位来选择，如下表所列：

SPI_S1	SPI_S0	SPI 引脚位置
0	0	SPI 在[P1.2/$\overline{SS}$，P1.3/MOSI，P1.4/MISO，P1.5/SCLK]
0	1	SPI 在[P2.4/$\overline{SS}$_2，P2.3/MOSI_2，P2.2/MISO_2，P2.1/SCLK_2]
1	0	SPI 在[P5.4/$\overline{SS}$_3，P4.0/MOSI_3，P4.1/MISO_3，P4.3/SCLK_3]
1	1	无效

2. SPI 控制寄存器——SPCTL

SPI 控制寄存器的格式如下：

名称	地址	D7	D6	D5	D4	D3	D2	D1	D0	复位值
SPCTL	CEH	SSIG	SPEN	DORD	MSTR	CPOL	CPHA	SPR1	SPR0	00000100

（1）SSIG：$\overline{SS}$引脚忽略控制位。当 SSIG＝1 时，由 MSTR 位确定器件是主机还是从机；当 SSIG＝0 时，由$\overline{SS}$引脚确认器件是主机还是从机，$\overline{SS}$引脚可作为 I/O 口使用。

（2）SPEN：SPI 使能位。当 SPEN＝1 时，使能 SPI；当 SPEN＝0 时，禁止 SPI，所有 SPI 引脚可作为 I/O 口。

（3）DORD：设定 SPI 数据发送和接收的位顺序。当 DORD＝1 时，数据字的 LSB 最低位最先发送；当 DORD＝0 时，数据字的 MSB 最高位最先发送。

（4）MSTR：主从模式选择位。详见表 9.6。

表 9.6 SPI 主从模式选择表

SPEN	SSIG	$\overline{SS}$ P1.2	MSTR	SPI 模式	MISO P1.4	MOSI P1.3	SCLK P1.5	备注
0	X	P1.2	X	禁止	P1.4	P1.3	P1.5	SPI 引脚用作普通 I/O 口
1	0	0	0	从机	输出	输入	输入	选择为从机
1	0	1	0	从机 未选中	高阻	输入	输入	未被选中。MISO 为高阻状态，以避免总线冲突
1	0	0	1→0	从机	输出	输入	输入	P1.2/$\overline{SS}$配置为输入或准双向口。SSIG 为 0。如果选择$\overline{SS}$为低电平，则被选择为从机。当$\overline{SS}$变为低电平时，MSTR 将会自动清零

表 9.6(续)

SPEN	SSIG	$\overline{SS}$ P1.2	MSTR	SPI 模式	MISO P1.4	MOSI P1.3	SCLK P1.5	备注
1	0	1	1	主(空闲)	输入	高阻	高阻	当主机空闲时,MOSI 和 SCLK 为高阻状态,以避免总线冲突。用户必须将 SCLK 上拉或下拉(由 CPOL 决定),以避免 SCLK 出现悬浮状态
				主(激活)		输出	输出	作为主机激活时,MOSI 和 SCLK 为推挽输出
1	1	P1.2	0	从机	输出	输入	输入	
			1	主机	输入	输出	输出	

(5) CPOL:SPI 时钟极性选择。当 CPOL＝1 时,SCLK 空闲时为高电平,即 SCLK 的前时钟沿为下降沿而后时钟沿为上升沿;当 CPOL＝0 时,SCLK 空闲时为低电平,电平与上述状态相反。

(6) CPHA:SPI 时钟相位选择。当 CPHA＝1 时,数据在 SCLK 的前时钟沿驱动,并在后时钟沿采样;当 CPHA＝0 时,数据在 $\overline{SS}$ 为低(SSIG＝0)时被驱动,在 SCLK 的后时钟沿被改变,并在前时钟沿被采样(注:SSIG＝1 时的操作未定义)。

(7) SPR1、SPR0:SPI 时钟频率选择控制位。STC15W4K 系列与 STC15F/L 系列具有不同的 SPI 时钟频率,其中,STC15W4K 系列单片机的 SPI 时钟频率选择如下,其中,SYSclk 表示 CPU 时钟:

SPR1	SPR0	时钟(SCLK)
0	0	SYSclk/4
0	1	SYSclk/8
1	0	SYSclk/16
1	1	SYSclk/32

3. SPI 状态寄存器——SPSTAT

SPI 状态寄存器的格式如下:

名称	地址	D7	D6	D5	D4	D3	D2	D1	D0	复位值
SPSTAT	CDH	SPIF	WCOL	×	×	×	×	×	×	00xxxxxx

(1) SPIF:SPI 传输完成标志。当一次串行传输完成时,SPIF 置位。此时,如果 SPI 中断允许 ESPI/IE2.1 和 EA/IE.7 都置位,则产生中断请求。当 SPI 处于主模式且 SSIG＝0 时,如果 $\overline{SS}$ 为输入且为低电平时,则 SPIF 也将置位,表示"模式改变"(由主机模式变为从机模式)。SPIF 标志通过软件向其写入"1"清零。

(2) WCOL:SPI 写冲突标志。在数据传输的过程中如果对 SPI 数据寄存器 SPDAT 执行写操作，WCOL 将置位。WCOL 标志通过软件向其写入"1"清零。

4. SPI 数据寄存器——SPDAT

SPDAT 是 SPI 数据寄存器，需要传输的字节数据通过 SPDAT 进行收发。

5. 与 SPI 中断管理有关的控制位

SPI 的中断允许控制位为 ESPI/IE2.1，当 ESPI＝1 时，允许中断请求，否则禁止中断请求。

SPI 的中断优先级控制位为 PSPI/IP2.1，当 PSPI＝1 时，SPI 的中断优先级为高优先级。

SPI 的中断向量地址为 004BH，中断号为 9。

9.5.3　SPI 接口的数据通信

STC15 系列单片机的 SPI 接口的数据通信方式有 3 种：单主机—单从机方式、双器件方式（器件可互为主机和从机）和单主机—多从机方式。

1. SPI 接口的通信方式

（1）单主机—单从机方式。单主机—单从机方式的连接图如图 9.31 所示。

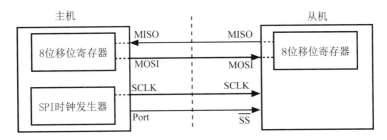

图 9.31　SPI 单主机—单从机方式连接图

在图 9.31 中，从机的 SSIG/SPCTL.7 为 0，用于选择从机。SPI 主机可使用任何端口（包括 P1.2/$\overline{SS}$）来控制从机的$\overline{SS}$脚。主机 SPI 与从机 SPI 的 8 位移位寄存器连接成一个循环的 16 位移位寄存器。当主机程序向 SPDAT 寄存器写入一个字节时，立即启动一个连续的 8 位移位通信过程：主机的 SCLK 引脚向从机的 SCLK 引脚发出一串脉冲，在这串脉冲的驱动下，主机 SPI 的 8 位移位寄存器中的数据移动到了从机 SPI 的 8 位移位寄存器中。与此同时，从机 SPI 的 8 位移位寄存器中的数据移动到了主机 SPI 的 8 位移位寄存器中。由此，主机既可向从机发送数据，又可读取从机中的数据。

（2）双器件方式。双器件方式（器件可互为主机和从机）的连接图如图 9.32 所示。

图 9.32 为两个器件互为主从机的情况。当没有发生 SPI 操作时，两个器件都可配置为主机（MSTR＝1），将 SSIG 清零并将 P1.2/$\overline{SS}$配置为准双向模式。当其中一个器件启动传输时，它可将 P1.2/$\overline{SS}$配置为输出并输出低电平，这样就强制另一个器件变为从机。

双方初始化时将自己设置成忽略$\overline{SS}$引脚的 SPI 从模式。当一方要主动发送数据时，先检测$\overline{SS}$引脚的电平，如果$\overline{SS}$引脚是高电平，就将自己设置成忽略$\overline{SS}$引脚的主模式。通信双方平时将 SPI 设置成没有被选中的从模式。在该模式下，MISO、MOSI、SCLK 均为输入，当多个 MCU 的 SPI 接口以此模式并联时不会发生总线冲突。这种特性在互为主从、一主多从等应用中很有用。

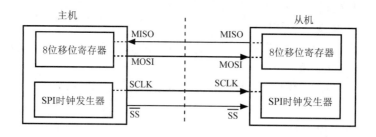

图 9.32　SPI 双器件方式（器件可互为主从机）连接图

注意：互为主从模式时，双方的 SPI 速率必须相同。如果使用外部晶体振荡器，双方的晶体频率也要相同。

（3）单主机—多从机方式。单主机—多从机方式的连接图如图 9.33 所示。

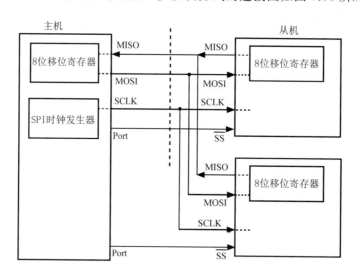

图 9.33　SPI 单主机—多从机方式连接图

在图 9.33 中，从机的 SSIG/SPCTL.7 为 0，从机通过对应的 $\overline{SS}$ 信号被选中。SPI 主机可使用任何端口（包括 P1.2/$\overline{SS}$）来控制 $\overline{SS}$ 引脚的输入。

STC15W4K 系列单片机进行 SPI 通信时，主机和从机的选择由 SPEN、SSIG、$\overline{SS}$/P1.2 和 MSTR 共同控制，详见表 9.6。

2. SPI 接口的数据通信过程

作为从机时，若 CPHA＝0，则 SSIG 必须为"0"，引脚必须取反并且在每个连续的串行字节之间重新设置为高电平。如果 SPDAT 寄存器在有效（低电平）时执行写操作，那么将导致一个写冲突错误，WCOL 标志被置"1"。CPHA＝0 且 SSIG＝0 时的操作未定义。

当 CPHA＝1 时，SSIG 可以为"1"或"0"。如果 SSIG＝0，则 $\overline{SS}$ 引脚可在连续传输之间保持有效（即一直为低电平）。当系统中只有一个 SPI 主机和一个 SPI 从机时，这是首选配置。

在 SPI 中,传输总是由主机启动的。如果 SPI 使能(SPEN＝1)并选择作为主机,主机对 SPI 数据寄存器的写操作将启动 SPI 时钟发生器和数据的传输。在数据写入 SPDAT 之后的半个到一个 SPI 位时间后,数据将出现在 MOSI 脚。

需要注意的是,主机可以通过将对应器件的$\overline{SS}$引脚驱动为低电平实现与之通信。写入主机 SPDAT 寄存器的数据从 MOSI 引脚移出发送到从机的 MOSI 引脚,同时从机 SPDAT 寄存器的数据从 MISO 引脚移出发送到主机的 MISO 引脚。

传输完一个字节后,SPI 时钟发生器停止,传输完成标志 SPIF 置位且中断开放的情况下向 CPU 申请中断。主机和从机 SPI 的两个移位寄存器可以看作是一个 16 位循环移位寄存器。当数据从主机移位传送到从机的同时,数据也以相反的方向移入主机。这意味着在一个移位周期中,主机和从机的数据相互交换。

3. 通过$\overline{SS}$改变模式

如果 SPEN＝1,SSIG＝0 且 MSTR＝1,则 SPI 设置为主机模式。$\overline{SS}$引脚可配置为输入 P2M1.2/P2M0.2＝1/0 或准双向模式 P2M1.2/P2M0.2＝0/0。这种情况下,另外一个主机可将该$\overline{SS}$引脚驱动为低电平,从而将该器件选择为 SPI 从机并向其发送数据。

为了避免争夺总线,SPI 系统执行以下动作:

(1) MSTR 清零并且 CPU 变成从机。这样就强迫 SPI 变成从机,MOSI 和 SCLK 强制变为输入模式,而 MISO 则变为输出模式。

(2) SPSTAT 的 SPIF 标志位置位。如果 SPI 中断已被允许,则产生向 CPU 申请的 SPI 中断。

用户程序必须一直对 MSTR 位进行检测,如果该位被一个从机选择清零而用户想继续将 SPI 作为主机,这时就必须重新置位 MSTR,否则就进入从机模式。

4. SPI 中断

如果允许 SPI 中断,则发生 SPI 中断时 CPU 将会跳转到中断程序的入口地址 004BH 处执行中断服务程序。需要注意的是在中断服务程序中必须把 SPI 中断请求标志 SPIF 清零(通过写"1"实现)。

5. 写冲突

SPI 在发送时为单缓冲,在接收时为双缓冲。因此,在当前发送尚未完成时,不能将新的数据写入移位寄存器。当发送过程中对数据寄存器进行写操作时,WCOL/SPSTAT.6 位将置位以指示数据冲突。在这种情况下,当前发送的数据继续发送,而新写入的数据将丢失。

当对主机或从机进行写冲突检测时,主机发生写冲突的情况是很罕见的,因为主机拥有数据传输的完全控制权;但从机有可能发生写冲突,因为当主机启动传输时,从机无法进行控制。

接收数据时,接收到的数据传送到一个并行读数据缓冲区,这样将释放移位寄存器以进行下一个数据的接收,但必须在下个字符完全移入之前从数据寄存器中读出接收到的数据,否则前一个接收数据将丢失。

WCOL 可通过软件向其写入"1"清零。

6. 数据模式

时钟相位控制位 CPHA 允许用户设置采样和改变数据的时钟边沿。时钟极性控制位

CPOL 允许用户设置时钟极性。对于不同的 CPHA，主机和从机对应的数据格式如图 9.34～图 9.37 所示。

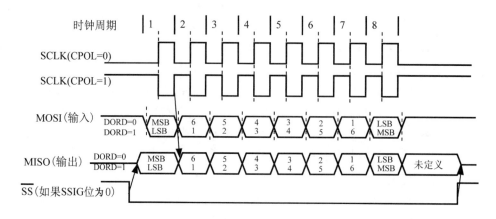

图 9.34　CPHA＝0 时的 SPI 从机传输格式

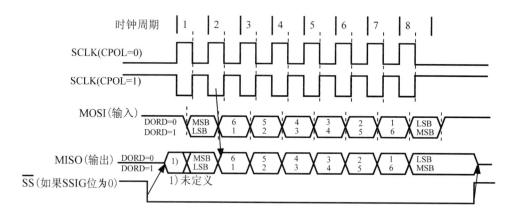

图 9.35　CPHA＝1 时的 SPI 从机传输格式

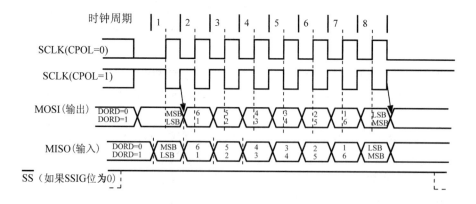

图 9.36　CPHA＝0 时的 SPI 主机传输格式

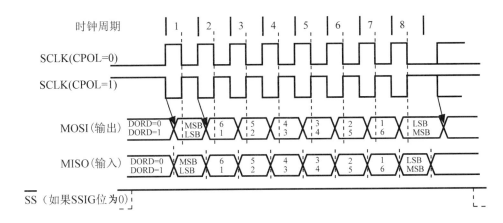

图 9.37　CPHA＝1 时的 SPI 主机传输格式

9.5.4　SPI 接口的应用举例

1. 单主机—单从机模式

【例 9.6】　计算机通过 RS232-C 接口向主单片机发送一串数据,主单片机的 UART 每收到一个字节数据就立刻将收到的字节通过 SPI 接口发送到从单片机中,同时主单片机收到从单片机发回的一个字节数据,并把收到的这个字节数据通过 RS232-C 接口发送到计算机。设单片机的系统时钟 SYSclk＝11.0592 MHz,计算机 RS232-C 串行口波特率为115200 bps。可以使用 STC-ISP 软件的串行口助手工具来观察结果。硬件连接图如图 9.38 所示。

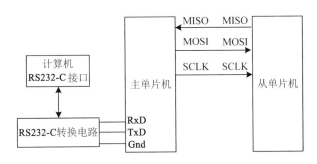

图 9.38　单主机—单从机通信实验电路图

从单片机的 SPI 接口在收到数据后,把收到的数据放入字节的 SPDAT 寄存器中,当下一次主单片机发送一个字节时把数据发回主单片机。

解:选择定时器 T2 作为主单片机串行口 1 的波特率发生器,当 SYSclk＝11.0592 MHz时,取 T2x12＝0,SMOD＝0,即 CPU 时钟不分频且波特率不加倍,则重装时间常数为:

$$N＝65536－SYSclk/12/4/115200＝65534＝0FFFEH$$

在主单片机程序中,使用查询法检查 UART 是否接收到数据,采用中断方式接收 SPI数据,参考程序如下:

汇编语言参考源程序:

```
# define MASTER
T2H DATA 0D6H               ;定时器 2 高 8 位
T2L DATA 0D7H               ;定时器 2 低 8 位
AUXR DATA 08EH             ;辅助寄存器
SPSTAT DATA 0CDH          ;SPI 状态寄存器
SPIF EQU 080H              ;SPSTAT.7
WCOL EQU 040H             ;SPSTAT.6
SPCTL DATA 0CEH           ;SPI 控制寄存器
SSIG EQU 080H             ;SPCTL.7
SPEN EQU 040H             ;SPCTL.6
DORD EQU 020H             ;SPCTL.5
MSTR EQU 010H             ;SPCTL.4
CPOL EQU 008H             ;SPCTL.3
CPHA EQU 004H             ;SPCTL.2
SPDAT DATA 0CFH          ;SPI 数据寄存器
SPISS BIT P1.1            ;SPI 从机选择口,连接到其他 MCU 的 SS口
;当 SPI 为一主多从模式时,请使用主机的普通 I/O 口连接到从机的 SS口
IE2 EQU 0AFH             ;中断控制寄存器 2
ESPI EQU 02H            ;IE2.1
    ORG 0000H
    LJMP MAIN
    ORG 004BH           ;SPI 中断服务程序
    LJMP SPI_ISR
    ORG 0100H
MAIN:
    LCALL INIT_UART     ;初始化串行口
    LCALL INIT_SPI      ;初始化 SPI
    ORL IE2，#ESPI
    SETB EA
LOOP:
    ;若是主机,接收串行口数据并发送给从机,同时接收 SPI 数据并回传给 PC
#ifdef MASTER
    LCALL RECV_UART
    CLR SPISS           ;拉低从机的 SS
```

```
        MOV SPDAT,A                         ;触发 SPI 发送数据
        #endif
        SJMP LOOP
SPI_ISR：
        PUSH ACC
        PUSH PSW
        MOV SPSTAT,#SPIF|WCOL               ;清除 SPI 状态位
        #ifdef MASTER
            SETB SPISS                      ;拉高从机的SS
            MOV A,SPDAT                     ;返回 SPI 数据
            LCALL SEND_UART
        #else    ;若是从机,从主机接收 SPI 数据,同时发送前一个 SPI 数据给主机
            MOV SPDAT,SPDAT
        #endif
        POP PSW
        POP ACC
        RETI
;主机串行口初始化函数
INIT_UART：
        MOV SCON,#5AH                       ;设置串行口为 8 位可变波特率
        MOV T2L,#0FEH                       ;设置波特率重装值(65536-11059200/4/115200)
        MOV T2H,#0FFH
        MOV AUXR,#01H                       ;T2 为 12T 模式,为串行口 1 波特率发生器
        ORL AUXR,#10H                       ;启动定时器 T2
        RET
; SPI 接口初始化子程序
INIT_SPI：
        MOV SPDAT,#0                        ;初始化 SPI 数据
        MOV SPSTAT,#SPIF|WCOL               ;清除 SPI 状态位
        #ifdef MASTER
            MOV SPCTL,#SPEN|MSTR            ;主机模式
        #else
            MOV SPCTL,#SPEN                 ;从机模式
        #endif
        RET
; 串行口发送子程序
SEND_UART：
        JNB TI,$                            ;等待发送完成
```

```
    CLR TI                      ;清除发送标志
    MOV SBUF，A                 ;发送串行口数据
    RET
;串行口接收子程序
RECV_UART：
    JNB RI，$                   ;等待串行口数据接收完成
    CLR RI                      ;清除接收标志
    MOV A，SBUF                 ;返回串行口数据
    RET
    END
```

C 语言参考源程序：

```c
#include <stc15.h>
#define MASTER 1                /* 定义 MASTER 为主机,不定义为从机 */
#define SPIF 0x80               /* SPSTAT.7 */
#define WCOL 0x40               /* SPSTAT.6 */
#define SSIG 0x80               /* SPCTL.7 */
#define SPEN 0x40               /* SPCTL.6 */
#define DORD 0x20               /* SPCTL.5 */
#define MSTR 0x10               /* SPCTL.4 */
#define CPOL 0x08               /* SPCTL.3 */
#define CPHA 0x04               /* SPCTL.2 */
sbit SPISS=P1^1;                /* SPI 从机选择口,连接到其他 MCU 的SS口 */
/* 当 SPI 为一主多从模式时,请使用主机的普通 I/O 口连接到从机的SS口 */
void InitUart();
void InitSPI();
void SendUart(unsigned char dat);   /* 发送数据到 PC */
unsigned char RecvUart();           /* 从 PC 接收数据 */
void main()
{
    InitUart();                 /* 初始化串行口 */
    InitSPI();                  /* 初始化 SPI */
    IE2 |= 0x02;                /* EPSI=1 */
    EA=1;
    while (1)
        {
            #ifdef MASTER
```

```
/*对于主机,接收串行口数据并发送给从机,同时接收从机 SPI 数据并回传给 PC*/
                ACC=RecvUart();
                SPISS=0;              /*拉低从机的SS*/
                SPDAT=ACC;           /*触发 SPI 发送数据*/
            #endif
        }
}
/**********SPI 中断服务程序 9 ***********/
void SPI_ISR() interrupt 9 using 1
{
    SPSTAT=SPIF|WCOL;              /*清除 SPI 状态位*/
    #ifdef MASTER
        SPISS=1;                  /*拉高从机的SS*/
        SendUart(SPDAT);          /*返回 SPI 数据*/
    #else
    /*对于从机,从主机接收 SPI 数据,同时发送前一个 SPI 数据给主机*/
        SPDAT=SPDAT;
    #endif
}
/**********主机串行口初始化函数********/
void InitUart()
{
    SCON=0x5a;              /*设置串行口为 8 位可变波特率*/
    T2L=0xfe;              /*设置波特率重装值*/
    T2H=0xff;             /*115200 bps(65536-11059200/4/115200)*/
    AUXR=0x01;           /*T2 以 12T 模式为串行口 1 的波特率发生器*/
    AUXR |= 0x10;        /*启动定时器 2*/
}
/**********SPI 接口初始化函数*********/
void InitSPI()
{
    SPDAT=0;               /*初始化 SPI 数据*/
    SPSTAT=SPIF|WCOL;      /*清除 SPI 状态位*/
    #ifdef MASTER
        SPCTL=SPEN|MSTR;   /*主机模式*/
    #else
        SPCTL=SPEN;        /*从机模式*/
    #endif
}
```

```
/ * * * * * * *串行口发送函数 * * * * * * * * * */
void SendUart(unsigned char dat)
{
    while (! TI);                    / * 等待发送完成 * /
    TI=0;                           / * 清除发送标志 * /
    SBUF=dat;                       / * 发送串行口数据 * /
}
/ * * 串 * * * * * * *串行口接收函数 * * * * * * * * * */
unsigned char RecvUart()
{
    while (! RI);                    / * 等待串行口数据接收完成 * /
    RI=0;                           / * 清除接收标志 * /
    return SBUF;                     / * 返回串行口数据 * /
}
```

2. 互为主从通信模式(双器件模式)

【例 9.7】 甲机与乙机互为主从,甲机与乙机分别通过串行口与计算机相连,当两机收到计算机发来的数据时,就将自身设置为主机,选择对方为从机,然后将数据发送给从机,同时将从机返回的数据发回给计算机。

解:设单片机的 SYSclk=11.0592 MHz,计算机 RS232 串行口波特率为 115200 bps,甲、乙双方的 MISO、MOSI 和 SCLK 对应相连,甲机的 P1.1 与乙机的 $\overline{SS}$ 相连,乙机的 P1.1与甲机的 $\overline{SS}$ 相连,如图 9.39 所示。

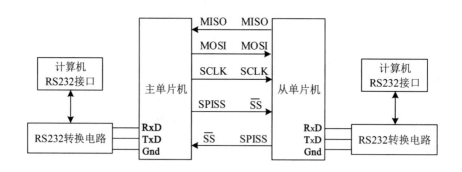

图 9.39 互为主从通信方式电路图

参考汇编源程序如下:

```
T2H DATA 0D6H                    ;定时器2高8位
T2L DATA 0D7H                    ;定时器2低8位
AUXR DATA 08EH                   ;辅助寄存器
SPSTAT DATA 0CDH                 ;SPI 状态寄存器
SPIF EQU 080H                    ;SPSTAT.7
WCOL EQU 040H                    ;SPSTAT.6
SPCTL DATA 0CEH                  ;SPI 控制寄存器
SSIG EQU 080H                    ;SPCTL.7
SPEN EQU 040H                    ;SPCTL.6
DORD EQU 020H                    ;SPCTL.5
MSTR EQU 010H                    ;SPCTL.4
CPOL EQU 008H                    ;SPCTL.3
CPHA EQU 004H                    ;SPCTL.2
SPDAT DATA 0CFH                  ;SPI 数据寄存器
SPISS BIT P1.1                   ;SPI 从机选择口,连接到其他 MCU 的SS口
IE2 EQU 0AFH                     ;中断控制寄存器 2
ESPI EQU 02H                     ;IE2.1
MSSEL BIT 20H.0                  ;1：master,0:slave
    ORG 0000H
    LJMP MAIN
    ORG 004BH                    ;SPI 中断服务程序
    LJMP SPI_ISR
    ORG 0100H
MAIN：
    MOV SP,＃7FH
    LCALL INIT_UART              ;初始化串行口
    LCALL INIT_SPI               ;初始化 SPI
    ORL IE2,＃ESPI
    SETB EA
LOOP：
    JNB RI,$                     ;等待串行口数据
    MOV SPCTL,＃SPEN|MSTR        ;设置为主机模式
    SETB MSSEL
    LCALL RECV_UART              ;接收串行口数据
    CLR SPISS                    ;拉低从机的SS
    MOV SPDAT, A                 ;触发 SPI 发送数据
    SJMP LOOP
```

```
;SPI 中断服务子程序
SPI_ISR:
    PUSH ACC
    PUSH PSW
    MOV SPSTAT, ♯SPIF ｜ WCOL          ;清除 SPI 状态位
    JBC MSSEL, MASTER_SEND
SLAVE_RECV:
    ;若为从机,从主机接收 SPI 数据,同时发送前一个 SPI 数据给主机
    MOV SPDAT, SPDAT
    JMP SPI_EXIT
MASTER_SEND:
    SETB SPISS                        ;拉高从机的 S̄S̄
    MOV SPCTL, ♯SPEN                   ;重置为从机模式
    MOV A, SPDAT                       ;返回 SPI 数据
    LCALL SEND_UART
SPI_EXIT:
    POP PSW
    POP ACC
    RETI
;串行口初始化子程序
INIT_UART:
    MOV SCON, ♯5AH          ;设置串行口为 8 位可变波特率
    MOV T2L, ♯0FEH          ;设置波特率重装值(65536－11059200/4/115200)
    MOV T2H, ♯0FFH
    MOV AUXR, ♯01H          ;T2 为 12T 模式,为串行口 1 波特率发生器
    ORL AUXR, ♯10H          ;启动定时器 T2
    RET
;SPI 接口初始化子程序
INIT_SPI:
    MOV SPDAT, ♯0                      ;初始化 SPI 数据
    MOV SPSTAT, ♯SPIF ｜ WCOL          ;清除 SPI 状态位
    MOV SPCTL, ♯SPEN                   ;从机模式
    RET
;串行口发送子程序
SEND_UART:
    JNB TI, $                         ;等待发送完成
    CLR TI                            ;清除发送标志
```

```
    MOV SBUF,A              ;发送串行口数据
    RET
;串行口接收子程序
RECV_UART：
    JNB RI，$                ;等待串行口数据接收完成
    CLR RI                  ;清除接收标志
    MOV A，SBUF             ;返回串行口数据
    RET
    END
```

参考 C 语言源程序如下：

```
#include <stc15.h>
#define SPIF 0x80           /* SPSTAT.7 */
#define WCOL 0x40           /* SPSTAT.6 */
#define SSIG 0x80           /* SPCTL.7 */
#define SPEN 0x40           /* SPCTL.6 */
#define DORD 0x20           /* SPCTL.5 */
#define MSTR 0x10           /* SPCTL.4 */
#define CPOL 0x08           /* SPCTL.3 */
#define CPHA 0x04           /* SPCTL.2 */
sbit SPISS=P1^1;            /* SPI 从机选择口，连接到其他 MCU 的SS口 */
/* 当 SPI 为一主多从模式时,请使用主机的普通 I/O 口连接到从机的SS口 */
void InitUart();
void InitSPI();
void SendUart(unsigned char dat)        /* 发送数据到 PC */
unsigned char RecvUart();               /* 从 PC 接收数据 */
bit MSSEL;                              /* 1:master,0:slave */
void main()
{
    InitUart();                         /* 初始化串行口 */
    InitSPI();                          /* 初始化 SPI */
    IE2 |=0x02;                         /* EPSI=1 */
    EA=1;
    while (1)
        {
            if(RI)
```

```
        {
                SPCTL=SPEN|MSTR;            /*设置为主机模式*/
                MSSEL=1;
                ACC=RecvUart();
                SPISS=0;                    /*拉低从机的SS*/
                SPDAT=ACC;                  /*触发 SPI 发送数据*/
        }
    }
}
/* * * * * * * * * * SPI 中断服务程序 9 * * * * * * * * * * * */
void SPI_ISR() interrupt 9 using 1
{
    SPSTAT=SPIF | WCOL;                     /*清除 SPI 状态位*/
    if(MSSEL)
    {
        SPCTL=SPEN;                         /*重置为从机模式*/
        MSSEL=0;
        SPISS=1;                            /*拉高从机的SS*/
        SendUart(SPDAT);                    /*返回 SPI 数据*/
    }
    else   /*若为从机,从主机接收 SPI 数据,同时发送前一个 SPI 数据给主机*/
    {
        SPDAT=SPDAT;
    }
}
/* * * * * * * * * * 主机串行口初始化函数 * * * * * * * * */
void InitUart()
{
    SCON=0x5a;          /*设置串行口为 8 位可变波特率*/
    T2L=0xfe;           /*设置波特率重装值*/
    T2H=0xff;           /*115200 bps(65536-11059200/4/115200)*/
    AUXR=0x01;          /*T2 为 12T 模式,为串行口 1 的波特率发生器*/
    AUXR |= 0x10;       /*启动定时器 2*/
}
```

```
/* * * * * * * * *SPI 接口初始化函数* * * * * * * * */
void InitSPI()
{
    SPDAT=0;                        /* 初始化 SPI 数据 */
    SPSTAT=SPIF|WCOL;               /* 清除 SPI 状态位 */
    SPCTL=SPEN;                     /* 从机模式 */
}
/* * * * * * *串行口发送函数* * * * * * * * */
void SendUart(unsigned char dat)
{
    while (! TI);                   /* 等待发送完成 */
    TI=0;                           /* 清除发送标志 */
    SBUF=dat;                       /* 发送串行口数据 */
}
/* * * * * * * * *串行口接收函数* * * * * * * * */
unsigned char RecvUart()
{
    while (! RI);                   /* 等待串行口数据接收完成 */
    RI=0;                           /* 清除接收标志 */
    return SBUF;                    /* 返回串行口数据 */
}
```

9.6 I²C 串行通信接口

I²C(inter-integrated circuit)总线是一种由 Philips 公司提出的两线式串行总线,用于连接微控制器及其外部设备。I²C 总线产生于 20 世纪 80 年代,最初主要应用于音频及视频领域和服务器管理中,其中包括单个组件状态的通信。例如,管理员使用 I²C 总线对各个组件进行查询,以获得各组件的功能状态,如供电电压和系统风扇转速等,有利于增加系统的安全性。

9.6.1 I²C 串行总线的基本特性

I²C 串行总线是具备多主机系统所需的包括总线仲裁和高低速器件同步功能的高性能串行总线,它具有如下基本特性。

1. I²C 串行总线只有两条双向信号线

一条是数据线 SDA,另一条是时钟线 SCL。所有连接到 I²C 总线上器件的数据线都接到 SDA 线上,各器件的时钟线均接到 SCL 线上。I²C 总线的基本结构如图 9.40 所示。

2. I²C 总线是一个多主机总线

总线上可以有一个或多个主机,总线运行由主机控制。这里所说的主机是指启动数据

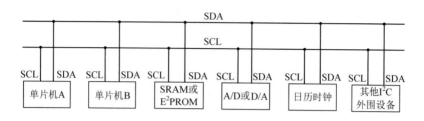

图 9.40　I²C 总线的基本结构图

传送(发出起始信号)、发出时钟信号、传送结束时发出终止信号的器件。通常,主机由各种单片机或其他微处理器充当。被主机访问的器件叫从机,它可以是各种单片机或其他微处理器,也可以是其他器件,如存储器、IED 或 LCD 驱动器、A/D 或 D/A 转换器、时钟器件等。

3. I²C 总线的 SDA 和 SCL 是双向的,均通过上拉电阻接电源

如图 9.41 所示,当总线空闲时,两条线均为高电平。连接到总线上的器件(相当于节点)的输出端必须是漏极或集电极开路的,任何器件输出的低电平,都将使总线的信号变低,即各器件的 SDA 及 SCL 都是"与"关系。SCL 线上的时钟信号对 SDA 线上各器件数据的传输起同步作用。SDA 线上数据的起始、停止及数据的有效性均要根据 SCL 线上的时钟信号来判断。

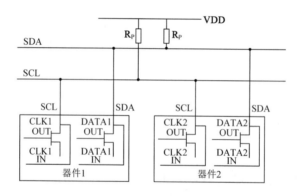

图 9.41　I²C 总线接口的电路结构图

在 I²C 普通模式下,数据的传输速率为 100 Kbps,高速模式下可达 400 Kbps。连接的器件越多,电容值越大,总线上的所有器件电容值之和不能超过 400 pF。

4. I²C 总线的总线仲裁

I²C 总线连接的每个器件都有唯一的地址。主机与其他器件之间的数据传送可以由主机发送数据到其他器件,这时主机为发送器,总线上接收数据的器件则为接收器。

在多主机系统中,可能同时有几个主机启动数据传送过程。为了避免混乱,I²C 总线要通过总线仲裁,以决定由哪一台主机控制总线。首先,不同主器件(欲发送数据的器件)分别发出的时钟信号在 SCL 线上"与"后产生系统时钟:其低电平时间为周期最长的主器件的低

电平时间,高电平时间则是周期最短的主器件的高电平时间。仲裁的方法是:各主器件在各自时钟的高电平期间送出各自要发送的数据到 SDA 线上,并在 SCL 的高电平期间检测 SDA 线上的数据是否与自己发出的数据相同。

由于某个主器件发出的"1"会被其他主器件发出的"0"所屏蔽,检测回来的电平就与发出的不符,该主器件就应退出竞争,并切换为从器件。仲裁是在起始信号后的第一位开始,并逐位进行。由于 SDA 线上的数据在 SCL 为高电平期间总是与掌握控制权的主器件发出的数据相同,所以在整个仲裁过程中,SDA 线上的数据完全和最终取得总线控制权的主机发出的数据相同。在单片机应用系统的串行总线扩展中,经常遇到的是以单片机为主机,其他接口器件为从机的单主机情况。

9.6.2　I²C 总线的数据传送

1. 数据位的有效性规定

I²C 总线上的每个数据位的传送都与时钟脉冲相对应,逻辑"0"和逻辑"1"的信号电平取决于相应电源 Vcc 的电压。I²C 总线进行数据传送时,时钟信号为高电平期间,数据线上的数据必须保持稳定,只有在时钟线上的信号为低电平期间,数据线上的高电平或低电平状态才允许变化,如图 9.42 所示。

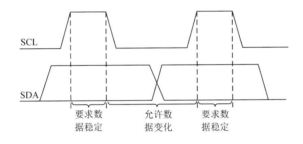

图 9.42　数据位的有效性规定

2. 起始和终止信号

根据 I²C 总线协议的规定,SCL 线为高电平期间,SDA 线由高电平向低电平的变化表示起始信号;SCL 线为高电平期间,SDA 线由低电平向高电平的变化表示终止信号。起始信号和终止信号如图 9.43 所示。

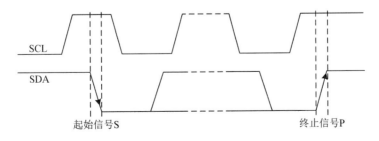

图 9.43　起始信号和终止信号

起始信号和终止信号都由主机发出。起始信号发出后,总线就处于被占用的状态;终止信号发出后,总线则处于空闲状态。

连接到 I^2C 总线上的器件,若具有支持 I^2C 总线的硬件接口,则容易检测到起始信号和终止信号。对于不具备支持 I^2C 总线硬件接口的单片机来说,若要检测起始信号和终止信号,必须保证在每个时钟周期内对数据线 SDA 取样两次。

接收器件收到一个完整的数据字节后,有可能因为需要完成一些其他工作而无法立刻接收下一个字节,这时接收器件可以将 SCL 线拉成低电平,从而使主机处于等待状态,直到接收器件准备好接收下一个字节时,再释放 SCL 线使之成为高电平,从而使数据传送可以继续进行。

3. 数据传送格式

(1) 字节传送与应答。利用 I^2C 总线进行数据传送的字节数是没有限制的,但每一个字节必须保证是 8 位长度。数据传送时,先传送最高位(MSB),每一个被传送的字节后面都必须跟随一位应答位(即一帧共有 9 位),如图 9.44 所示。

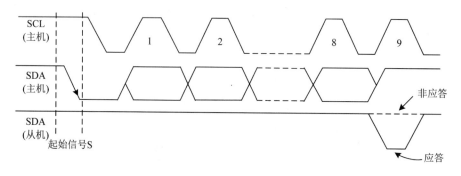

图 9.44 应答时序图

由于某种原因从机不对主机寻址信号应答时(如从机正在进行实时性的处理工作而无法接收总线上的数据),它必须将数据线置于高电平,而由主机产生一个终止信号以结束总线的数据传送过程。

如果从机对主机进行了应答,但在数据传送一段时间后无法继续接收更多的数据,从机可以使用对无法接收的第一个数据字节的"非应答"方式通知主机,主机则应发出终止信号以结束数据的继续传送。

当主机接收数据时,在收到最后一个数据字节后,必须向从机发出一个结束传送的信号,这个信号是由对从机的"非应答"来实现的,然后从机释放 SDA 线,以允许主机产生终止信号。

(2) 数据帧格式。I^2C 总线上传送的信号包括地址信号和数据信号两种。I^2C 总线规定,在起始信号后必须传送一个从机的地址(7 位),第 8 位是数据的传送方向位(R/W),用"0"表示主机发送数据(W),"1"表示主机接收数据(R)。每次数据传送总是由主机产生的终止信号结束,但如果主机需要继续占用总线进行新的数据传送,则可以不产生终止信号,马上再次发出起始信号对另一从机进行寻址。因此,在一次总线数据传送过程中,可以有以下几种组合方式:

① 主机向无子地址从机发送数据：

S	从机地址	0	A	数据	A	P

② 主机从无子地址从机读取数据：

S	从机地址	1	A	数据	$\overline{A}$	P

③ 主机向有子地址从机发送多字节数据：

S	从机地址	0	A	子地址	A	数据	A	…	数据	A	P

④ 主机从有子地址从机读取多字节数据：

S	从机地址	0	A	子地址	A	S	从机地址	1	A	数据	A	…	数据	$\overline{A}$	P

在传送过程中，当需要改变传送方向时，起始信号和从机地址都被重复产生一次，但两次读/写方向位正好相反。

由以上的四种方式可以看出，起始信号、终止信号和地址均由主机发送，数据字节的传送方式则由寻址字节中的方向位规定，每个字节的传送都必须带有应答位（A 或 $\overline{A}$）。

4. I²C 总线的寻址

I²C 总线是多主机总线，总线上的各个主机都可以争用总线，在竞争中获胜者马上占有总线控制权。主机对接收从机的寻址方式是通过 7 位的寻址字节（寻址字节是起始信号后的第一个字节）完成的。

寻址字节中的 D7～D1 位组成从机的地址，D0 位表示数据传送方向，"0"表示主机向从机写入数据，"1"表示主机由从机读取数据。

主机发送地址时，总线上的每个从机都将这 7 位地址码与自己的地址进行比较，如果相同，则认为自己正被主机寻址，根据 R/W 位将自己确定为发送器或接收器。

从机的地址由固定部分和可编程部分组成。在一个系统中可能希望接入多个相同的从机，从机地址中可编程部分决定了总线可接入该类器件的最大数目。如一个从机的 7 位寻址位有 4 位是固定位，3 位是可编程位，这时仅能寻址 8 个同样的器件，即可以有 8 个同样的器件接入当前 I²C 总线系统中。

5. I²C 串行总线的接口设计——模拟 I²C

I²C 串行总线的接口设计分两种情况：一种是单片机自带 I²C 总线硬件接口；另一种是单片机不含 I²C 总线硬件接口。例如 Philips 公司推出的 P89C6X 系列单片机内含 I²C 总线逻辑，提供了符合 I²C 总线规范的串行接口，具有性能稳定、速度快、使用方便等优点。在单片机不具有 I²C 总线接口的情况下，当外接 I²C 总线接口器件时，需要 MCU 的 I/O 口模拟实现 I²C 总线逻辑控制。

例如，用单片机的 P1.0 和 P1.1 引脚模拟实现 I²C 总线通信的源程序如下：

```
#include <stc15.h>
#include <intrins.h>
sbit SCL=P1^0;
sbit SDA=P1^1;              /*定义串行 I2C 总线引脚*/
bit flag,ACK_flag;          /*flag 返回应答标志,0:应答,1:非应答*/
/************延时函数*********/
void delay()                /*11.0592 MHz,延时 5 us*/
{
    unsigned char i;
    _nop_();
    i=11;
    while(--i);
}
/***********I2C 总线起始条件函数********/
void I2C_start(void)
{
    SDA=1;
    SCL=1;
    delay();
    SDA=0;
    delay();
    SCL=0;
}
/***********I2C 总线停止条件函数********/
void I2C_stop(void)
{
    SDA=0;
    SCL=1;
    delay();
    SDA=1;
    delay();
}
/*********字节数据传送函数*******/
bit I2C_send(unsigned char I2C_data)
{
    unsigned char i;
    for(i=0;i<8;i++)
    {
```

```
            SDA=(bit)(I2C_data&0x80);
            I2C_data=I2C_data << 1;
            SCL=1;
            delay();
            SCL=0;
        }
        SDA=1;                          /* 准备接收 ACK 应答位 */
        SCL=1;
        ACK_flag=0;                     /* ACK_flag 为接收结束标志 */
        if(SDA == 0) ACK_flag=0;        /* 开始接收 ACK 应答位 */
        else ACK_flag=1;
        SCL=0;
        return(ACK_flag);               /* 返回应答标志位 */
}
/* * * * * * * * * * * * *字节接收函数* * * * * * * * * */
unsigned char I2C_receive(void)
{
        unsigned char i;
        unsigned char I2C_data=0;
        SDA=1;
        for(i=0;i<8;i++)
        {
            I2C_data *=2;               /* 左移一位 */
            SCL=0;
            delay();
            SCL=1;
            if(SDA==1) I2C_data++;
        }
        SCL=0;
        SDA=0;
        if(flag == 0)
        {
            SCL=1;
            delay();
            SCL=0;
        }                               /* 不是最后一个接收数据,发应答信号 */
        else
        {
```

```
        SDA＝1;
        SCL＝1;
        delay();
        SCL＝0;
        flag＝0;
    }                       /＊是最后一个接收数据,发非应答信号＊/
    return(I2C_data);
}
```

本 章 小 结

在微机系统中,MCU 与外部设备交换数据的方式主要有四种:无条件 I/O 方式、条件 I/O 方式、中断方式和专用 I/O 处理器方式。在单片机中常用的方式是有条件的在程序控制下的查询方式或中断方式。

CPU 与外部设备数据通信方式分为并行通信和串行通信。并行通信速度快,但成本高且控制复杂;串行通信的速度相对较低,但成本低且控制简单。两种通信方式的使用场合不同。串行通信又分为异步通信和同步通信两种方式。异步通信按字符传输,使用起始位、校验位和停止位组成数据帧进行传送;同步通信则按照数据块传输,在数据传输时通过发送同步脉冲来实现发送方和接收方之间的完全同步,要求收发双方设备必须使用同一时钟,同步传输的优点是可以提高传输速率,但硬件实现比较复杂。

串行通信按照同一时刻数据的传输方向可以分为单工、半双工和双工三种模式。

STC15W4K32S4 单片机有四个可编程串行口:串行口 1、串行口 2、串行口 3 和串行口 4。

串行口 1 有四种工作方式,其中两种方式的波特率是可变的,另外两种是固定波特率,以满足不同应用场合。串行口 2/串行口 3/串行口 4 都只有两种工作方式,这两种工作方式的波特率都是可变的。常用波特率和定时器 T1 的关系(T1x12/AUXR.6＝0)如下:

工作方式	常用波特率/bps	SYSclk/MHz	SMOD	定时器 T1		
				C/T̄	工作方式	重新装入值
方式 0	1M	12	×	×	×	×
方式 2	375K	12	1	×	×	×
方式 1 和 3	62500	12	1	0	2	FFH
	19200	11.0592	1	0	2	FDH
	9600	11.0592	0	0	2	FDH
	4800	11.0592	0	0	2	FAH
	2400	11.0592	0	0	2	F4H
	1200	11.0592	0	0	2	E8H
	110	6	0	0	2	72H
	110	12	0	0	1	FFFBH

串行口 1 的 TxD 和 RxD 引脚可以在三组不同的管脚之间进行切换,相关控制位为特殊功能寄存器 P_SW1 中的 S1_S1/S1_S0 组合;串行口 2/串行口 3/串行口 4 则可以在两组不同的管脚之间进行切换,相关的控制位为特殊功能寄存器 P_SW2 中的 S2_S/S3_S/S4_S。

利用单片机的串行口通信,可以实现单片机与单片机之间的双机或多机通信,也可以实现单片机与 PC 机之间的双机或多机通信。

RS232-C 通信接口是一种广泛使用的标准化串行接口,有多种速率可供选择,但信号传输距离较短且不支持总线型拓扑连接;RS422-A、RS485 通信接口采用差分电路传输,具有较好的传输速度和传输距离。

STC15W4K32S4 单片机集成有 SPI 接口,可以实现与其他处理器或 SPI 兼容外部设备的同步通信。SPI 接口有主模式和从模式两种操作模式,主模式下的通信速率可达 3 Mbps;STC15W4K32S4 单片机的 SPI 接口共有三种通信方式,即单主单从、互为主从和单主多从。

I^2C 总线是具备多主机系统所需的包括总线裁决和高低速器件同步功能的高性能串行总线,它只有两条信号线,一条是双向的数据线 SDA,另一条是双向的时钟线 SCL。对于不带有 I^2C 总线硬件接口的单片机来说,可以使用普通 I/O 口模拟 I^2C 总线的操作时序,最终完成和 I^2C 总线外部设备的串行通信。

习题与思考题

一、填空题

1. 微机系统的数据通信可以分为_____和串行通信两种类型。

2. 微机系统中,CPU 与外部设备交换数据的四种方式分别是_____、条件 I/O、_____和_____。

3. 标准的 SPI 接口一般使用四条线,分别是 MOSI、_____、_____和_____。

4. I^2C 总线由_____和_____构成通信电路,既可以发送数据,也可以接收数据,由于只有两条线,因此新的从器件只需接入总线即可,无须附加逻辑电路。

5. I^2C 总线在传输数据过程中共有三种类型的信号,它们分别是_____、_____和_____。

6. 串行通信按照数据传输的方向可以分为单工、_____和_____三种。

7. 串行通信按照时钟同步类型可以分为_____和同步串行通信两种方式。

8. 异步串行通信的数据帧格式包含起始位、_____、_____和停止位四部分。

9. STC15W4K32S4 单片机有_____个串行口、_____个 SPI 接口和_____个 I^2C 接口。

10. STC15W4K32S4 单片机的串行口 1 可以在_____组引脚之间进行切换,控制位是特殊功能寄存器_____中的_____和_____。

11. STC15W4K32S4 单片机串行口 1 的数据缓冲器是_____,它实际上是一个具有两个地址的寄存器:当对数据缓冲器写入时,对应的是_____;当对数据缓冲器进行读操作时,对应的是_____。

12. STC15W4K32S4 单片机的串口 2/串行口 3/串行口 4 可以在_____组引脚之间进行切换,控制位是特殊功能寄存器_____中的_____和_____。

13. STC15W4K32S4 单片机的串行口 1 有_____种工作方式,方式 0 是_____,方式 1 是_____,方式 2 是_____,方式 3 是_____。

14. RS232-C 接口的电平是_____,其传输距离最大约为_____。

二、选择题

1. 当 UART_M0x6＝1 时,STC15W4K32S4 单片机的串行口 1 工作在方式 0 时的波特率是(　　)。

A. SYSclk/12　　　　B. SYSclk/8　　　　C. SYSclk/4　　　　D.SYSclk/2

2. STC15W4K32S4 单片机串行口 2 的中断请求标志为(　　)。

A. RI、TI　　　　B. R2I、T2I　　　　C. S2RI、S2TI　　　　D. RIS2、TIS2

3. 当 SM1/SM0＝1/0 时,STC15W4K32S4 单片机的串行口 1 工作在(　　)。

A. 方式 0　　　　B. 方式 1　　　　C. 方式 2　　　　D. 方式 3

4. 若要使 STC15W4K32S4 单片机的串行口 1 工作在方式 2,SM1/SM0 的值应为(　　)。

A. 0/0　　　　B. 1/0　　　　C. 0/1　　　　D. 1/1

5. STC15W4K32S4 单片机串行口 1 在(　　)情况下串行接收结束后,不会置位串行接收中断请求标志位 RI。

A. SM2＝1,RB8＝1　　　　　　　　B. SM2＝0,RB8＝1

C. SM2＝1,RB8＝0　　　　　　　　D. SM2＝0,RB8＝0

6. STC15W4K32S4 单片机的串行口 2/串行口 3/串行口 4 分别具有(　　)种工作方式。

A. 4/2/2　　　　B. 4/4/4　　　　C. 2/2/2　　　　D. 4/4/2

7. STC15W4K32S4 单片机串行口工作 1 在方式 2 时的波特率为(　　)。

A. T1 溢出率/32　　　　　　　　B. T1 溢出率/16

C. SYSclk/64　　　　　　　　　　D. SYSclk/16

8. 以下不属于串行通信协议标准或接口的是(　　)。

A. RS232-C　　　　B. SPI　　　　C. I²C　　　　D. LPT

9. STC15W4K32S4 单片机的串行口 1 默认使用定时器 T1 作为波特率发生器,若要选择定时器 T2 作为波特率发生器,需要设置的特殊功能寄存器为(　　)。

A. PCON　　　　B. P_SW1　　　　C. AUXR　　　　D. SCON

10. STC15W4K32S4 单片机串行口 1 工作在方式 2、方式 3 时,若将串行发送的数据采用奇校验,则需要使 TB8(　　)。

A. 置 1　　　　B. 置 0　　　　C. ＝P　　　　D. ＝$\overline{P}$

三、判断题

1. RS422 和 RS485 总线也属于串行通信的一种。(　　)

2. 同步串行通信中的收发双方时钟要求必须完全同步。(　　)

3. 串行通信中的波特率就是比特率。(　　)

4. STC15W4K32S4 单片机串行口 1 工作在方式 0 时,PCON 的 SMOD 控制位会影响波特率大小。(　　)

5. STC15W4K32S4 单片机串行口 1 工作在方式 1、方式 3 时,S1ST1＝1 时,选择 T1 作

为波特率发生器。（　　）

6. STC15W4K32S4 单片机的串行口 2 只能使用定时器 T2 作为波特率发生器。（　　）

7. STC15W4K32S4 单片机的串行口 1 与其他串行口 2、3、4 不能同时工作。（　　）

8. STC15W4K32S4 单片机的串行口 1 的串行接收的允许控制位是 REN。（　　）

四、简答题

1. 通信的基本方式有哪几种？各有什么特点？

2. 什么是波特率？如何计算和设置串行通信的波特率？

3. 异步串行通信中字符帧的格式分为几个部分？各有什么作用？

4. STC15W4K32S4 单片机的串行口 1 的工作方式有几种？有何区别？

5. 简述 STC15W4K32S4 单片机串行口 1 工作在方式 1、方式 3 时的波特率计算方法。

6. 简述 STC15W4K32S4 单片机 SPI 接口的特点和控制寄存器设置方法。

7. 简述 STC15W4K32S4 单片机串行口 1 初始化编程的步骤。

五、程序设计题

1. 设置串行口 1 工作于方式 3，波特率为 9600 bps，系统主频为 11.0592 MHz，允许接收数据，串行口开中断，试编写初始化程序实现上述功能要求。若将串行口改为工作方式 1，应如何修改初始化程序？

2. 单片机 P2 口连接 8 只 LED 灯，低电平驱动，通过计算机向 STC15W4K32S4 单片机发送控制命令，实现以下功能：

（1）计算机发送字符"1"给单片机，单片机点亮连接在 P2.0 的 LED 灯。

（2）计算机发送字符"S"给单片机，单片机开始流水灯（间隔 500 ms）。

（3）计算机发送字符"T"给单片机，单片机流水灯暂停。

试画出硬件电路图，并编写程序实现上述功能。

3. 编程实现甲、乙双机串行通信。要求甲机定时 1 s 从 P1 口读入数据，并通过串行口 2 按奇校验方式发送到乙机。乙机通过串行口 1 接收甲机发过来的数据，并进行奇校验，校验无误后在 P2 口的 LED 灯上显示串行接收到的 8 位数据。如果校验错误，则通知甲机重新发送接收过程；若连续 3 次校验错误，则向甲机发送错误信号，甲、乙机同时进行 LED 闪烁报警。

第 10 章　单片机的人机交互

【本章要点】

　　单片机是智能仪表、智能系统的核心部件,通常需要配置外部输入设备和输出设备,以方便用户对系统运行的设置和对结果的观察。单片机常用的输入设备有键盘、拨码开关等;输出设备通常有 LED 数码显示器、LCD 液晶显示器和打印机等。本章介绍基于 STC15W4K32S4 内核的单片机与多种 I/O 设备的接口电路设计和软件编程技术。本章的难点在于各种接口电路设计和键盘、显示的编程思路及实现方法。

　　本章的主要内容有:
- 单片机的键盘接口及应用。
- 单片机的显示接口及应用。

10.1　单片机的键盘接口

　　在单片机应用系统开发中,键盘接口是最常用的人机接口。单片机组成的控制系统通常需要配备键盘,用户可以通过键盘向单片机输入数据或命令,以便实现控制系统的参数设置和修改。键盘按照是否进行硬件编码可以分为编码键盘和非编码键盘两种。编码键盘是键盘上闭合键的识别由专用的硬件编码器实现,并产生键编码号或键值,计算机键盘是典型的编码键盘。非编码键盘是指靠软件编程来识别的键盘,即配置一组开关,按键按下时开关接通,通过单片机对 I/O 端口的扫描判断是否有键按下,按下的是哪个键(而编码键盘会自动提供所按键的编码),这时,键盘按键排列方式的不同形成了不同的按键接口方式。在单片机应用系统中,用得较多的是非编码键盘。非编码键盘又分为独立键盘和行列式(又称矩阵式)键盘。

10.1.1　单片机的键盘扫描方式

　　无论是独立式按键还是矩阵式按键,都存在按键扫描频率的选择问题。单片机应用系统中,键盘扫描只是 CPU 的工作内容之一。CPU 在忙于各项工作任务时,如何兼顾键盘的输入,取决于键盘的工作方式。键盘工作方式的选取应根据实际应用系统中 CPU 工作的负担情况而定,其原则是既要保证能及时响应按键操作,又要不过多地占用 CPU 的工作时间。通常,键盘工作方式有三种,即查询扫描、定时扫描和中断扫描。

　　1. 查询扫描方式

　　只有当单片机空闲时,才调用键盘扫描子程序,反复地扫描键盘,等待用户从键盘上输入命令或数据,来响应键盘的输入请求。如果查询频率过高,优点是能及时响应键盘的输入,不会产生对键盘输入的漏判;缺点是会影响其他任务的进行。如果查询频率过低,则会产生相反的结果。

2. 定时扫描方式

为了弥补查询扫描方式的不足,要根据单片机系统的繁忙程度和键盘的操作频率,来调整键盘扫描的频率,每隔一定的时间对键盘扫描一次。在这种方式中,通常利用单片机内的定时器产生的定时中断,CPU 响应定时器中断请求,进入中断子程序来对键盘进行扫描,在有键按下时识别出该键,并执行相应按键处理程序。为了实时响应按键,定时中断的周期一般应小于 100 ms。

3. 中断扫描方式

在查询扫描和定时扫描的基础上进行了改进,即只有在键盘有键按下时,才执行键盘扫描并执行该按键处理程序,如果无键按下,CPU 将不会对键盘进行扫描。

键盘工作于查询扫描状态时,CPU 要不间断地对键盘进行扫描工作,以监视键盘的输入情况,直到有键按下为止,其间 CPU 不能干任何其他工作,如果 CPU 工作量较大,这种方式将不能适应。定时扫描在查询扫描的基础上进行了改进,除了定时监视键盘输入情况外,其余时间可进行其他任务的处理,因此 CPU 效率提高了。中断扫描方式只在有键被按下时才会对键盘进行扫描并处理,进一步提高了 CPU 的效率。

10.1.2　独立键盘的控制

1. 独立按键的定义

独立键盘是各个按键互相独立,每个按键单独连接一条输入线,另一端接地,通过检测输入线的电平就可以判断该键是否被按下。

2. 独立按键与单片机的连接电路

独立式按键电路配置灵活,软件设计简单,一键一线且各键相互独立,每个键各接一条 I/O 端口连接线,通过检测 I/O 输入线的电平状态,可容易地判断哪个按键被按下。独立键盘的连接方法非常简单,适用于按键较少的系统或要求操作速度快的场合。但当系统要求的按键数量比较多时,需要消耗比较多的 I/O 端口线,使电路结构变得繁杂。以下是几种常见的独立式键盘接口电路。

(1) 中断方式独立键盘接口

如图 10.1 所示是采用中断方式设计的独立键盘接口电路,P1 端口是键盘输入口线,每个引脚上都接有一个上拉电阻,且独立连接了一个按键,同时各个按键都连接到一个 8 输入与门(CD4068)的输入端,CD4068 的输出端连接到单片机外部中断输入引脚 INT1。当按键没有被按下时,P1 端口的引脚是高电平,CD4068 的输出端为高电平,不会发生 INT1 中断;当任何一个按键被按下时,产生一个低电平,会使 CD4068 输出低电平,INT1 引脚上发生从高到低的跳变从而引起单片机触发外部中断。单片机响应 INT1 中断后,再通过读取 P1 端口的状态,即可识别出哪一个按键被按下(读取按键状态时,先对 P1 端口设置为高阻输入态,然后再读取 P1 端口)。这种方式的好处是不用在主程序中不断地循环查询,如果有键按下,单片机再去做相应的处理。这种键盘接口方式能够实时检测到按键,适用于键盘操作实时性要求较高的情况。

【**例 10.1**】　假设 STC15W4K32S4 单片机的 P3.3/INT1 连接 CD4068 的输出端,如图 10.1 所示,编程实现按下 P1.7 时,控制连接在单片机 P2.7 的 LED7 亮灭。单片机工作频率为 SYSclk=11.0592 MHz。

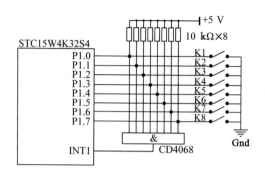

图 10.1　中断方式独立键盘接口电路

解: 参考 C 语言源程序如下:

```
# include <stc15.h>
sbit LED7=P2^7;              /*定义 LED7 接口*/
void main()
{
    P2M1=0x00;
    P2M0=0x00;               /*初始化 I/O 端口为准双向口*/
    IT1=1;                   /*外部中断 INT0 边沿触发*/
    EX1=1;                   /*外部中断 INT0 允许*/
    EA=1;                    /*打开 CPU 总中断请求*/
    while(1)
    { ; }
}
/* * * * * * *外部中断 1 处理按键程序* * * * * * */
void INT0_intrupt() interrupt 2 using 1
{
    EA=0;                    /*禁止总中断*/
    LED7=~LED7;              /*LED7 输出取反*/
    EA=1;                    /*打开总中断*/
}
```

(2) 查询方式独立键盘接口

如图 10.2 所示是采用查询方式设计的独立键盘接口电路,其工作原理与图 10.1 相似,所不同的是 CPU 需要及时查询 P1 端口输入线,以免遗漏按键操作。这种键盘接口方式适用于键盘操作实时性要求不高的场合。

【例 10.2】 单片机 P1 端口连接 8 个按键,如图 10.2 所示,且单片机的 P2 端口连接有 8 只 LED 发光二极管。编程实现独立按键 P1.7 控制 LED7 的亮灭,单片机的工作频率为 11.0592 MHz。

解: 参考 C 语言源程序如下:

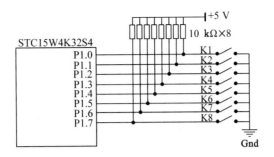

图 10.2　查询方式独立键盘接口电路

```
#include <stc15.h>
sbit KEY=P1^7;
sbit LED7=P2^7;                  /* 定义 LED7 接口 */
void delay(unsigned int n)       /* 延时子程序 */
{
    while(n! =0)
        n——;
}
void main()
{
    P2M1=0x00;
    P2M0=0x00;                   /* 初始化 P2 端口为准双向口 */
    while(1)
    {
        if(KEY==0)               /* 检测按键是否按下出现低电平 */
        {
            delay(1000);         /* 调用延时子程序进行软件去抖动 */
            if(KEY==0)           /* 再次检测按键是否确实按下出现低电平 */
            {
                LED7=~LED7;      /* 输出取反 */
                while(KEY==0);   /* 等待按键松开 */
            }
        }
    }
}
```

（3）缓冲方式独立键盘接口

采用缓冲器方式设计的独立键盘接口电路如图 10.3 所示,按键信息通过缓冲器输入单片机,单片机以并行总线的方式读取缓冲器的输出数据,缓冲器的编址为 7FFFH。这种键盘接口方式适用于实时性要求不高的情况。

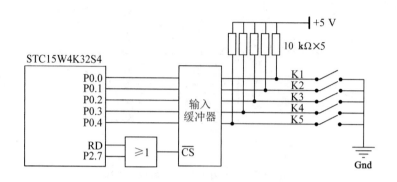

图 10.3　缓冲方式独立键盘接口电路

三种独立式按键电路中,各按键开关均采用了上拉电阻,这是为了保证在按键断开时各 I/O 端口线有确定的高电平。当然,如果输入口线内部已有上拉电阻,则电路的外部上拉电阻可省去。

3. 独立式按键的识别

(1) 测试是否有键被按下

按键的闭合状态,反映在 I/O 端口线上即为呈现出高电平或低电平,如果高电平表示按键断开,那么低电平则表示按键闭合,所以通过对 I/O 端口线电平的高低状态的检测,便可确认按键是否被按下。

(2) 去抖动

按键是一种开关结构,由于机械触点的弹性及电压突跳等原因,在闭合及断开的瞬间,I/O 端口线上会出现电压抖动。按键在被按下时,其触点电压变化过程如图 10.4 所示,按键按下时电压的理想波形如图 10.4(a)所示,而实际波形则如图 10.4(b)所示。

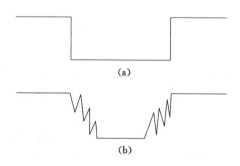

图 10.4　按键按下时电压的波形

(a) 理想波形;(b) 实际波形

由图 10.4 可以看出,理想波形与实际波形之间是有区别的,实际波形在按下和释放的瞬间都有抖动现象,抖动时间的长短与按键的机械特性有关,一般为 $5\sim10$ ms。通常手动按下按键然后立即释放,这个动作中稳定闭合的时间超过 20 ms,因此单片机在检测键盘是否按下时都要加上去抖动的软件操作或使用去抖动电路。消除按键抖动通常采用硬件和软件两种方法。

硬件消除按键抖动：硬件消除抖动一般采用双稳态消抖电路。双稳态消抖电路原理如图 10.5 所示，图中用两个与非门构成一个 RS 触发器，当按键未按下（开关位于 a 点）时输出为 1，当键按下（开关位于 b 点）时输出为 0，此时即使因按键的机械性能使按键因弹性抖动而产生瞬时不闭合（抖动跳开 b），只要按键不返回原始状态 a，双稳态电路的状态不改变，输出保持为 0，就不会产生抖动的波形输出。也就是说即使 b 点的电压波形是抖动的，但经双稳态电路之后，其输出仍为正规的矩形波，这一点很容易通过分析 RS 触发器的工作过程得到验证。

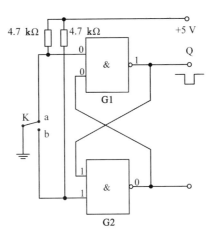

图 10.5　双稳态消抖电路

软件消除按键抖动：如果按键较多，硬件消除抖动将变得复杂，因此常采用软件的方法消除抖动。在第一次检测到有键按下时，执行一段延时 10 ms 的子程序后再确认该键电平是否仍保持闭合状态，如果保持闭合状态则确认为真正有键按下，从而消除了抖动的影响。

（3）按键扫描以确定被按键的物理位置

要想知道被按下的是哪个键，单片机只需要读入相应的 I/O 端口的数值即可，例如 P0 端口连接按键时，如执行指令“MOV A，P0”，然后执行测试条件转移指令如“JB ACC.∗(0～7)，rel”，即可根据累加器 A 中的值判断被按下的键。

（4）等待按键释放

确定按键的物理位置后，再以延时的方法判定按键释放。按键释放之后，就可以根据得到的键码转去执行相应的按键处理子程序，进行数据的输入或命令的处理。

10.1.3　矩阵式键盘的控制

独立键盘与单片机连接时，每一个按键都需要单片机的一个 I/O 端口，若某单片机系统需较多按键，用独立按键便会占用过多的 I/O 端口资源，为了节省 I/O 端口资源，常引入矩阵式键盘。

1. 矩阵式键盘的定义

矩阵式键盘通常是由若干个按键按行、列排成矩阵而组成的，如图 10.6 所示。在行、列的交点处对应有一个按键，通过确定被按键的行、列位置产生键码，CPU 根据键码执行相应的按键处理程序。

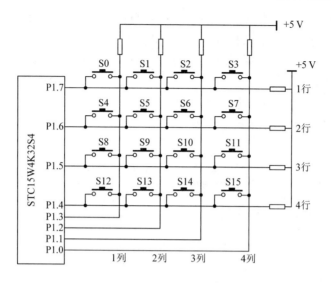

图 10.6　矩阵式键盘与单片机的连接

2. 矩阵式键盘与单片机的连接电路

如图 10.6 所示,以 4×4 矩阵键盘为例讲解其工作原理和检测方法。将 16 个按键排成 4 行 4 列,将引出的 8 条线连接到单片机的 8 个 I/O 端口上,通过程序扫描键盘就可检测 16 个按键。用这种方法也可实现 3 行 3 列 9 个键、5 行 5 列 25 个键、6 行 6 列 36 个键等。

3. 矩阵式按键的识别

（1）测试是否有按键被按下

单片机检测矩阵式键盘是否有按键被按下的依据与独立键盘一样,也是检测与该键对应的 I/O 端口是否为低电平。由于独立键盘有一端固定为低电平,单片机在检测时比较方便。而矩阵式键盘两端都与单片机 I/O 端口相连,因此在检测时需人为通过单片机 I/O 端口送出低电平。如图 10.6 所示,键盘的行线一端经电阻接 +5 V 电源,另一端接单片机系统的输入口;各列线一端接输出口,另一端接 +5 V 电源。为判断是否有按键被按下,可先经输出口向所有列线输出低电平,然后再经输入口读入各行线状态。若各行线状态皆为高电平,则表明无按键被按下;若各行线状态中有低电平出现,则表明有按键被按下。

（2）去抖动

矩阵式键盘也需要去抖动操作,在单片机系统中多采用软件方法,延迟时间大约为 10 ms。

（3）按键扫描以确定被按键的物理位置

① 逐行扫描法。要想确定被按键的物理位置,先使一列为低电平,其余几列全为高电平,然后立即检测各行是否有低电平,若检测到某一行为低电平,便可确认当前被按下的键是哪一行哪一列的。用同样的方法轮流使各列依次为低电平,并检测相应各行是否变为低电平,这样即可检测完所有的按键,当有键被按下时便可判断出按下的键是哪一个键。当然,也可以将行线置低电平,扫描列是否有低电平。这就是矩阵式键盘检测的原理和方法,通常被称为列扫描。

图 10.7 为图 10.6 的键盘部分,下面用它来说明逐行扫描的方法。假定键盘中有 A 键被按下,这时键盘矩阵中 A 点处的行线和列线相通。

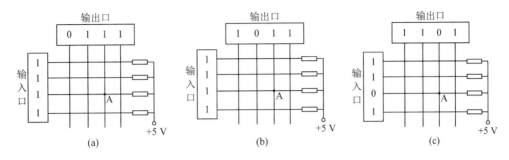

图 10.7　逐行扫描过程

键扫描的过程是:先从端口输出 FEH,即左端列线为低电平,然后 CPU 读取行线状态,判断行线状态中是否有低电平,如图 10.7(a)所示;如果没有低电平,再从输出口输出 FDH,判断行线状态,如图 10.7(b)所示。依次向下,当输出口输出 FBH 时,行线状态中有一条为低电平,则找到闭合键,如图 10.7(c)所示。如此继续进行下去,以发现可能出现的多键同时被按下的现象。采用逐行扫描法时,列线上必须接上拉电阻,行线上可以不接。当然,也可以采用逐列扫描法识别按键,这时行线上必须接上拉电阻,列线上可以不接。

② 行列反转法。扫描法要逐列扫描查询,有时还需要多次扫描。而行列反转法则很简便,无论被按键是处于第一列还是最后一列,均只需经过两步便能获得此按键所在的行列值,下面以图 10.6 所示的矩阵式键盘为例,介绍行列反转法的具体步骤。首先将行线编程为输入线,列线编程为输出线,并使输出线输出全为低电平,则行线中读入电平由高变低的所在行即为按键所在行;再将行线编程为输出线,列线编程为输入线,并使输出线输出全为低电平,则列线中读入电平由高变低的所在列即为按键所在列。两步即可确定按键所在的行和列,从而识别出所按的键。

假设 S3 号键被按下,那么第一步即在 P1.0～P1.3 输出全 0,然后读入 P1.4～P1.7 位,结果 P1.7＝0,而 P1.4、P1.5 和 P1.6 均为 1,因此,第一行出现电平的变化,说明第一行有键按下;第二步让 P1.4～P1.7 输出全 0,然后读入 P1.0～P1.3 位,结果 P1.0＝0,而 P1.1、P1.2 和 P1.3 均为 1,因此第四列出现电平的变化,说明第四列有键按下。综合一、二两步,即第一行第四列按键被按下,此按键即为 S3 号键。因为行列反转法非常简单适用,此方法也称为线反转法。

（4）计算键码

键码的计算方法有多种,可以使用两次读入的行列值组合形成键码,也可以根据输出低电平的列线号和变为低电平的行线值组合得到键码。键码实际上就是键在矩阵中按从左向右、从上向下方向的序号。例如,图 10.8 所示键盘 32 个键的键码为 00H～1FH。

在线反转法中,两次读入的行列值组合键码的计算公式为:

$$键码＝首次读入键码 ＋ 二次读入键码$$

例如,图 10.6 的键码为:S0(77H)、S1(7BH)、…、S15(EEH)。

（5）等待按键释放

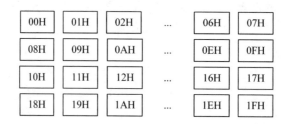

图 10.8　4×8 键盘键码

计算键码之后,再以延时和扫描的方法等待和判断按键释放,然后就可以根据得到的键码转相应的按键处理程序,进行数据的输入或命令的处理。

【例 10.3】　使用线反转法写出图 10.6 中矩阵式键盘的驱动程序。

解:参考 C 语言源程序如下:

```c
#include "stc15.h"
#include <intrins.h>
#define KeyBus P1
unsigned char k;
unsigned char code key_code[]={0xee,0xed,0xeb,0xe7,0xde,0xdd,0xdb,0xd7,
                               0xbe,0xbd,0xbb,0xb7,0x7e,0x7d,0x7b,0x77};
/* * * * * * * * *1 ms 延时函数(1T、12T 主时钟不同应做调整)* * * * * * * * * */
void delay1ms(int n)
{
    int i,j;
    for(i=0;i<n;i++)
    for(j=0;j<120;j++);
}
/* * * * * * * * 键盘扫描函数 * * * * * * * */
unsigned char keyscan(void)
{
    unsigned char temH,temL,key,i;
    KeyBus=0xff;
    KeyBus=0xf0;                    /* 列扫描输出全"0" */
    if(KeyBus! =0xf0)               /* 判断是否有键被按下 */
    {
        delay1ms(10);               /* 软件延时去干扰 */
        if(KeyBus! =0xf0)           /* 确认按键被按下 */
        {
            temH=KeyBus;            /* 保存列扫描按键状态 */
```

```
                KeyBus＝0x0f;                 /＊行扫描输出全"0"＊/
                temL＝KeyBus;                 /＊保存行扫描按键状态＊/
                key＝temH|temL;               /＊键码＝列扫描码＋行扫描码＊/
                for(i＝0;i＜＝15;i＋＋)
                {
                    if(key ＝＝ key_code[i])  /＊查表得键值＊/
                    {
                        k＝i;
                        return(k);
                    }
                }
            }
        }
    else KeyBus＝0xff;
    return(16);
}
void main()
{
    P1M1＝0x00;
    P1M0＝0x00;
    …
}
```

4. 按键的保护

　　按键的保护是指当某一时刻同时有两个或多个键被按下时,应如何处理的问题。以矩阵行列式键盘为例,若在同一行上有两个键同时被按下,则对硬件电路不会有影响。但从软件方面来看,由于这时读入的列代码中存在两个"0"值,此代码与行值组合成的键码不在原定的键值范围内,因此,按键处理时,在键值表中查不出与该键相匹配的键码。如果出现这种情况,则一般当作废键处理。虽然在同一列上有两个键同时按下,采用线反转法时不会出现硬件损坏,但若使用逐行扫描法可能会出现硬件损坏问题。因为"0"信号是逐列发出的(每次只有一个列线为"0"),由于在同一条行线上有两个键被按下,此时就会出现一个键的所在列值为"0",另一个所在列值为"1",出现了两列线输出端口短路的现象,从而造成输出端口的损坏。采用逐行扫描法时,为了避免这种情况的发生,一般要采用短路保护电路,以防止两键或多键的同时按下。

10.2　单片机的显示接口

　　为了实现人机交互,单片机应用系统通常配有显示器接口,主要显示元件有 LED 发光二极管或 LCD 液晶显示器,显示形式可以分为笔画式和点阵式。笔画式显示元件大多为LED 数码管,用于显示数字或简单字母信息,适合于规模较小的单片机系统。如果考虑到单片机系统的功耗因素，也有低功耗的笔画式 LCD 数码管可供选用，但在控制和连接上要复杂一些。显示大量信息或图形时，一般使用点阵式 LCD 显示器。这种显示器结构比较复杂，需要考虑灰度调节和高压背光的配合，电路连接及程序控制都比较烦琐。使用点阵式 LCD 显示器最好采用内置控制器的模块形式，在这种情况下，单片机与点阵式 LCD 的接口实际上变成了单片机与 LCD 控制器之间的数据通信。本节内容主要介绍笔画式 LED 和点阵式 LCD 的应用以及人机交互专用电路芯片。

10.2.1 数码管的显示原理

LED(light emitting diode)本质上是发光二极管，常作为指示器，其导电特性与普通二极管类似。由 8 个 LED 按照规定的形状排列安装就可构成 LED 数码管，能够显示数字及部分英文字母。由于所显示的数字由 7 个显示段组合而成，所以也称为七段码。LED 数码管是单片机应用系统中普遍被使用的显示部件。

1. LED 数码管显示原理

LED 数码管是显示数字和字母等数据的重要显示器件之一，其显示原理是根据需要点亮内部相应的发光二极管字段组合从而实现相应数字和字母的显示。常用的数码管有 1 位数码管、2 位数码管、3 位数码管和 4 位数码管，数码管的右下角有些带小数点有些不带小数点，有些可能带有冒号"："用于时钟的显示，还有"米"字形数码管等，其实物如图 10.9 所示。LED 数码管的显示颜色以红色居多，也有绿色、蓝色等产品，可以根据需要选用。

图 10.9　LED 数码管实物图

1 位 LED 数码管里面共有 8 个独立的 LED 二极管，每个 LED 称为 1 段，其中显示 1 个"8"字需要 a、b、c、d、e、f、g 共 7 段，显示小数点 dp 需要 1 段，还有 1 个公共端 com，同时连接第 3 和第 8 引脚，所以 1 位数码管封装一共是 10 个引脚，其引脚分布如图 10.10(a)所示。根据 LED 的公共端是阳极或阴极公共连在一起又分为共阳极数码管和共阴极数码管。共阴极数码管内部原理如图 10.10(b)所示，共阳极数码管内部原理如图 10.10(c)所示。

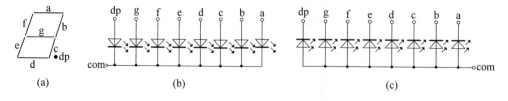

(a)	(b)	(c)

图 10.10　1 位数码管引脚分布及内部原理图

共阳极数码管内部 8 个发光二极管的阳极全部连接在一起作为公共端 com，硬件电路设计时接高电平。使用时，其公共端通常接正电压(+5 V)，阴极接低电平则相应的发光二极管点亮。数码管内部发光二极管点亮时，需要 5 mA 以上的电流，但电流也不可过大，否则会烧毁发光二极管。如果单片机的 I/O 端口驱动能力<5 mA，则数码管与单片机连接时

需要加驱动电路。

类似地，共阴极数码管内部 8 个发光二极管的阴极全部连接在一起作为公共端 com，也称为共阴极显示器。使用时，其公共端通常接地。硬件电路设计时接低电平，阳极接高电平则相应的发光二极管点亮。

数码管在显示某位数字时，需要同时点亮相应的字段，例如，要显示一个"8"字，并且同时点亮右下角的小数点，则可以给共阴极数码管的 8 个段全部送高电平；显示"0"字时除了给 g、dp 这两段送低电平外，其余段全部都送高电平。也就是说，数码管显示每个数字时各段的组合是固定的，这个由固定组合形成的编码称为字段码或字形码，常简称为段码。因此在显示数字的时候首先需要确定 0~9 这 10 个数字的字段码，然后在显示时直接将相应数字的字段码送到阳极。共阳极和共阴极数码管的段码是不同的，点亮 LED 高低电平是相反的，与硬件的连接也是相关的，一般情况是按顺序从高位到低位或者从低位到高位进行编码，有时也会根据硬件连接的需要按任意顺序进行编码。

共阴极数码管按顺序从高位到低位进行编码后的显示代码如表 10.1 所列。共阳极数码管按顺序从高位到低位进行编码后的显示代码如表 10.2 所列。共阴极数码管根据硬件连接的需要按任意顺序进行编码后的显示代码如表 10.3 所列。特别注意，数据位和字段的连接关系是由硬件决定的。

表 10.1　共阴极数码管从高位到低位编码表

数据位	D7	D6	D5	D4	D3	D2	D1	D0	共阴极编码	
字段	dp	g	f	e	d	c	b	a	无小数点	带小数点
0	0/1	0	1	1	1	1	1	1	0x3F	0xBF
1	0/1	0	0	0	0	1	1	0	0x6F	0x86
2	0/1	1	0	1	1	0	1	1	0x5B	0xDB
3	0/1	1	0	0	1	1	1	1	0x4F	0xCF
4	0/1	1	1	0	0	1	1	0	0x66	0xE6
5	0/1	1	1	0	1	1	0	1	0x6D	0xED
6	0/1	1	1	1	1	1	0	1	0x7D	0xFD
7	0/1	0	0	0	0	1	1	1	0x07	0x87
8	0/1	1	1	1	1	1	1	1	0x7F	0xFF
9	0/1	1	1	0	1	1	1	1	0x6F	0xEF

表 10.2　共阳极数码管从高位到低位编码表

数据位	D7	D6	D5	D4	D3	D2	D1	D0	共阳极编码	
字段	dp	g	f	e	d	c	b	a	无小数点	带小数点
0	0/1	1	0	0	0	0	0	0	0xC0	0x40
1	0/1	1	1	1	1	0	0	1	0xF9	0x79
2	0/1	1	0	1	1	1	0	0	0xA4	0x24
3	0/1	0	1	1	0	0	0	0	0xB0	0x30

表 10.2(续)

数据位	D7	D6	D5	D4	D3	D2	D1	D0	共阳极编码	
字段	dp	g	f	e	d	c	b	a	无小数点	带小数点
4	0/1	0	0	1	1	0	0	1	0x99	0x19
5	0/1	0	0	1	0	0	1	0	0x92	0x12
6	0/1	0	0	0	0	0	1	0	0x82	0x02
7	0/1	1	1	1	1	0	0	0	0xF8	0x78
8	0/1	0	0	0	0	0	0	0	0x80	0x00
9	0/1	0	0	1	0	0	0	0	0x90	0x10

表 10.3　共阴极数码管任意顺序编码表

数据位	D7	D6	D5	D4	D3	D2	D1	D0	共阴极编码	
字段	g	f	dp	c	b	a	e	d	无小数点	带小数点
0	0	1	0/1	1	1	1	1	1	0x5F	0x7F
1	0	0	0/1	1	1	0	0	0	0x18	0x38
2	1	0	0/1	0	1	1	1	1	0x8F	0xAF
...	...	...	...	...	...	...	...	...	...	...

从不同的硬件连接对应不同的显示代码可以看出，根据硬件电路设计时需要的编码有多种形式，但其原理都是一样的，一般在常规应用中按从高位到低位编码更具通用性和移植性。

除了一位数码管，在实际应用中还可能用到两位一体、三位一体和四位一体的数码管。多位一体数码管的内部每位独立对应一个公共端 com，可通过控制公共端的断开与闭合控制相应数码管的显示与关闭，通常把公共端称为"位选线"；而 a、b、c、d、e、f、g、dp 对应的段线则每位全部连接在一起，能够控制数码管显示什么数字，通常把这个连接在一起的段线称为"段选线"。单片机及外围电路通过控制位选和段选就可以控制任意的数码管显示任意的数字。如图 10.11 所示是双字 LED 显示器内部结构、引脚和符号。其中图 10.11(a)和(b)是分立式结构，数据输入线独立，对应的引脚符号如图 10.11(e)所示，引脚 13 和引脚 14 是公共端，使用时可以用作静态显示和动态显示；而图 10.11(c)和(d)是总线式结构，相同段的数据线连接在一起，对应的引脚符号如图 10.11(f)所示，引脚 7 和引脚 8 是公共端，使用时只能用作动态显示。确认数码管的引脚号要从数码管的正面俯视，引脚顺序以左下角为起点是第 1 脚，按逆时针方向顺序排列。

对于三位一体或四位一体的 LED，一个数码管能够显示 3 位或 4 位数字或字符，其内部结构与双字 LED 数码管基本相似，也有共阴、共阳和分立式、总线式之分，只是多集成了一个或两个字形而已，在使用时要加以区分。

单片机控制 LED 数码管的显示方式主要有以硬件资源为主的静态显示和以软件为主的动态扫描显示两种。其传输数据一般均使用并行传输模式，有时为了节省单片机的 I/O 端口资源，可以使用单片机串行输出控制 LED 显示。此外，还有一些专门用于 LED 数码管显示和按键扫描的控制芯片，下面将分别介绍。

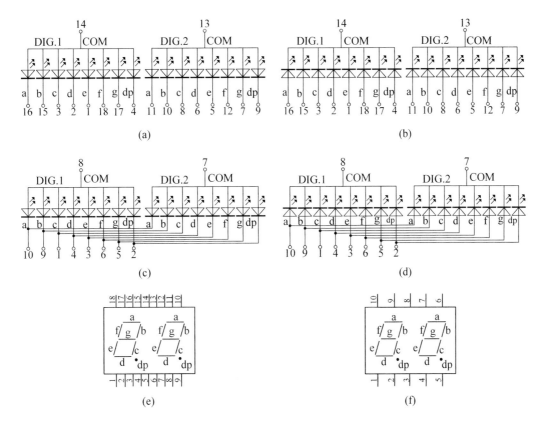

图 10.11 双字 LED 显示器内部结构、引脚和符号

2. 数码管的静态显示

静态显示是指数码管显示某一字符时,相应的发光二极管恒定导通或截止。工作时每位数码管相互独立,共阴极数码管所有公共端恒定接地,共阳极数码管所有公共端恒定接正电源;每个数码管的 8 个字段分别与一个 8 位 I/O 端口相连,I/O 端口只要有段码输出,相应的字符即可显示出来,并保持不变,直到 I/O 端口输出新的段码。如图 10.12 所示是三位共阳极数码管的静态显示原理图,特别注意,静态显示的每位数码管必须由独立的一位数码管来充当,而不能使用多位一体的数码管来实现显示。采用静态显示方式,较小的电流即可获得较高的亮度,所以同等显示环境下限流电阻要比动态扫描显示的取值大;并且各位数码管同时显示不需要扫描,所以占用 CPU 时间少,编程简单,便于实现控制。但这些优点是以牺牲硬件资源来实现的,故静态显示方式占用单片机 I/O 端口多,硬件电路复杂、成本高,只适合显示位数较少的场合,一般情况下不超过三位数码管,实际应用中并不常用。

由单片机串行口 1 与移位寄存器芯片 CD4094 组成的共阴极七段 LED 静态显示接口电路如图 10.13 所示。

单片机串行口工作在方式 0 时,要显示的字形以七段码形式由单片机的 RxD 输出至 CD4094 的数据输入端 D,每次输出 1 个字节,对应 1 位显示数字。多位显示时需要输出多个字节的显示数据,同时也需要多个 CD4094 级联,即前级 CD4094 的数据输出端 QS 与后级 CD4094 的数据输入端 D 连接。单片机的 TxD 与每个 CD4094 的时钟输入端 CP 连接,

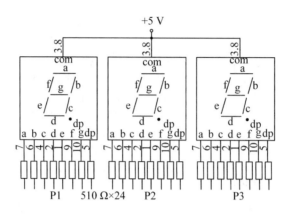

图 10.12　三位共阳极数码管静态显示原理图

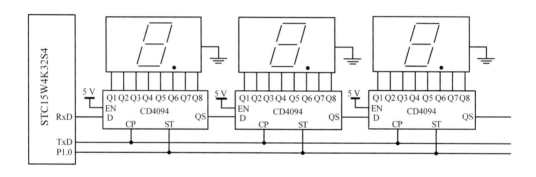

图 10.13　单片机串行输出控制 LED 静态显示接口电路

在串行数据输出过程中 TxD 发出移位脉冲,驱动数据依次逐位在 CD4094 芯片中传输。

当所有要显示的数据全部送出后,单片机可以将 P1.0 控制口线由低置高,通过 CD4094 的 ST 引脚控制,使所有送入 CD4094 的数据由串行转为并行输出,在 LED 数码管上显示出对应位的数据内容。

串行静态显示的位数主要由 TxD、P1.0 口线的带负载能力决定。实际使用中也可不用 P1.0,将 CD4094 的 ST 端引脚始终接高电平,进入 CD4094 的串行数据会自动转为并行输出。这样做的缺点是在单片机送出显示数据的过程中 LED 数码管会显示乱码,但是数据传送过程很短,在不频繁更换显示数据的场合还是可以接受的。应用实践证明,CD4094 的输出与 LED 数码管之间可以不加限流电阻,当 CD4094 输出电流过大时会引起输出电压下降,从而自动限制了流过 LED 的电流。

3. 数码管的动态显示

动态扫描显示是指轮流向各位数码管送出显示字形码和相应的位选,利用发光管的余晖和人眼"视觉暂留"的物理特性,只要两位显示之间的间隔足够短,就会让人感觉到每位数码管同时显示的效果,而实际上每位数码管是一位一位轮流显示的,只是速度非常快,人眼已经无法分辨出来。

采用动态扫描显示方式比较节省单片机的 I/O 端口,硬件电路也较静态显示方式简单,但其亮度不如静态显示方式,而且动态扫描显示时需要 CPU 重复执行程序进行显示刷新,占用的 CPU 时间多,在运算量较大或实时控制要求较高的情况下会增加编程难度。但是,在实际编程中可以融入一些编程技巧减轻 CPU 刷新显示的负担。例如,将逐位显示程序编入经常调用的延时子程序中,就可以在执行正常程序的过程中满足动态显示的需求。工作于动态扫描显示的数码管,需要增大扫描时的驱动电流来提高数码管的显示亮度,一般情况下采用三极管分立元件或专用的驱动芯片(如 ULN2003 等)作为位选驱动,采用 74LS244 或 74LS573 作为段选锁存及驱动。当然 STC 单片机 I/O 端口具有较强的驱动能力,特别是对灌电流方式下的低电平驱动能力可达 20 mA,也可以直接用于驱动 LED 数码管。

如图 10.14 所示是四位一体共阳极数码管的动态扫描显示原理图。

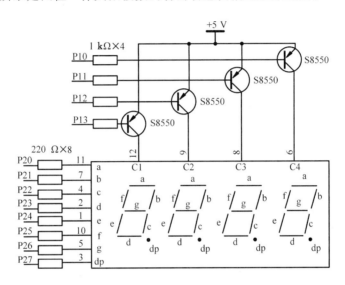

图 10.14　四位一体共阳极数码管动态扫描显示原理图

为了更好地理解动态显示原理,对 LED 数码管动态扫描显示进行慢动作分解:

(1) 打开第 1 位数码管,关闭其他位数码管,指定第 1 位数码管的显示数据;延时一点时间。

(2) 打开第 2 位数码管,关闭其他位数码管,指定第 2 位数码管的显示数据;延时一点时间。

……

(3) 打开第 n 位数码管,关闭其他位数码管,指定第 n 位数码管的显示数据;延时一点时间。

(4) 依次循环。

从慢动作分解看到的显示效果是第 1 位数码管显示相应的数字一点时间,然后熄灭,第 2 位数码管显示相应的数字一点时间,然后熄灭,一直到第 n 位数码管显示相应的数字一点时间,然后熄灭,依次循环。只要延时的时间足够小,所有数码管就可以稳定地同时显示了。

【例 10.4】　数码管动态扫描显示电路如图 10.14 所示,编程实现四位共阳数码管分别显示数字"2019"。

解:参考 C 语言源程序如下:

```
#include <stc15.h>
#define LED P2                            /* 4 位共阳数码管段选 */
unsigned char code led_code[]=           /* 数字 0～9 编码 */
{0xc0,0xf9,0xa4,0xb0,0x99,0x92,0x82,0xf8,0x80,0x90};
sbit LED1=P1^3;                          /* 第 1 位数码管位选 */
sbit LED2=P1^2;                          /* 第 2 位数码管位选 */
sbit LED3=P1^1;                          /* 第 3 位数码管位选 */
sbit LED4=P1^0;                          /* 第 4 位数码管位选 */
/* * * * * * * * 延时函数,实际延时时间需要根据晶振频率进行调整 * * * * * * * */
void delay(unsigned int n)
{
    unsigned char i,j;
    for(i=0; i<n; i++)
        for(j=0; j<200; j++)
            ;
}
void main(void)
{
    P2M1=0x00;
    P2M0=0x00;
    P1M1=0x00;
    P1M0=0x00;                           /* 设置 P1 和 P2 端口为双向模式 */
    while(1)
    {
        LED1=1;LED2=1;LED3=1;LED4=1;delay(10);  /* 消除重影 */
        LED=led_code[2];                /* 显示数字 2 */
        LED1=0;LED2=1;LED3=1;LED4=1;    /* 打开第 1 位数码管 */
        delay(250);                     /* 延时一点时间 */

        LED1=1;LED2=1;LED3=1;LED4=1;delay(10);  /* 消除重影 */
        LED=led_code[0];                /* 显示数字 0 */
        LED1=1;LED2=0;LED3=1;LED4=1;    /* 打开第 2 位数码管 */
        delay(250);                     /* 延时一点时间 */

        LED1=1;LED2=1;LED3=1;LED4=1;delay(10);  /* 消除重影 */
        LED=led_code[1];                /* 显示数字 1 */
        LED1=1;LED2=1;LED3=0;LED4=1;    /* 打开第 3 位数码管 */
        delay(250);                     /* 延时一点时间 */
```

```
    LED1＝1;LED2＝1;LED3＝1;LED4＝1; delay(10); / * 消除重影 * /
    LED＝led_code[9];                      / * 显示数字 9 * /
    LED1＝1;LED2＝1;LED3＝1;LED4＝0; / * 打开第 4 位数码管 * /
    delay(250);                          / * 延时一点时间 * /
  }
}
```

10.2.2　液晶显示技术

液晶显示器是一种将液晶显示屏、连接件、集成电路、PCB、背光源和结构件装配在一起的组件,称为液晶显示模块(liquid crystal display module)。与 LED 相比,LCD 具有工作电压低、功耗小、显示信息量大、寿命长、不产生电磁辐射污染且可显示复杂文字及图形等优点,特别适合在低功耗设备中应用,因此在移动通信、仪器仪表、电子设备和家用电器等方面应用广泛。

1. 液晶显示器的结构与原理

液晶显示器的类型概括起来有以下几种:

(1) 字段型模块

字段型模块是以长条状组成的字符显示,主要用于显示数字和部分英文字母及字符。这种段型显示通常有 6 段、7 段、8 段、9 段、14 段和 16 段等,在形状上总是围绕数字“8”的结构变化,其中以 7 段显示最常用,广泛应用于电子仪器、数字仪表和计算器中。

(2) 点阵字符型模块

点阵字符型模块由行/列驱动器、控制器、连接件和结构件装配而成,内部固化有字符库,可以显示数字、英文字母和字符。这种液晶模块本身具有字符发生器,显示容量大,功能丰富。一般这种模块最少可以显示 8 位 1 行或 16 位 1 行以上的字符。模块的点阵排列由 $5×7$、$5×8$ 或 $5×11$ 的多组点阵像素排列组成。每组为 1 位,每位之间有一点的间隔,每行之间也有一行的间隔,因此不能显示图形。这类模块广泛应用在各类单片机应用系统中。典型产品有 LCD1602 和 LCD2004 等。

(3) 点阵图形型模块

点阵图形型模块是在一个平板上排列多行或多列。点阵图形型模块中的点阵像素是连续排列的,行和列在排布中均没有空隔,可以显示连续、完整的图形,有的甚至集成了字库,可以直接显示汉字。点的大小可根据显示的清晰度来设计。由于它由 X-Y 矩阵像素构成,所以除显示图形外,也可以显示字符。这类液晶显示器可广泛用于图形显示,如游戏机、笔记本电脑和彩色电视等设备中。典型产品有 LCD12864 和 LCD19264 等。

常用的液晶显示模块如图 10.15 所示。

液晶显示器的功能相当于普通计算机中“显卡＋显示器”的功能,里面有一个“显示缓冲区”,CPU 将需要显示的内容传送到显示缓冲区后,由显示屏内部的扫描与驱动电路完成显示任务。显示缓冲区分为文本显示缓冲区与图形显示缓冲区,ASCII 字符传送到文本显示缓冲区,图形则以点阵模式传送到图形显示缓冲区。

液晶显示器有三种显示模式:文本显示模式、图形显示模式和图文混合显示模式。在文本显示模式下,文本显示缓冲区的内容(通常是 ASCII 字符)将被显示;在图形显示模式下,图形显示缓冲区的内容按点阵对应方式进行显示;在图文混合显示模式下,两个缓冲区的内

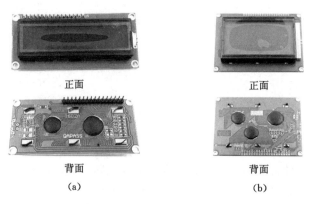

图 10.15　常用液晶显示模块

(a) LCD1602A；(b) LCD12864

容进行混合显示，混合的方式有三种，即与、或和异或，从混合显示的效果来看，异或方式较好。

　　液晶显示器中的显示缓冲区通常不能被 CPU 直接访问，即使是一个字节的操作也需要先传送地址，再传送数据，通常需要若干指令才能完成。如果直接在其图形显示缓冲区中完成绘图过程，效率将会很低。为此，先在片外 RAM 中开辟一块映像缓冲区，在其中完成文本显示和图形绘制过程，然后通过专用命令进行高效的数据批量传送操作，将映像缓冲区的内容"克隆"到液晶显示屏内部的显示缓冲区中，以完成显示任务。

　　每款液晶显示器在工作前均需要进行初始化，设定工作模式、内部显示缓冲区的起始地址等，这一过程的编程方法厂家均会在产品说明书中详细介绍，产品说明书中还会给出硬件接口电路和操作时序以及相关的操作指令，其硬件电路框图和软件操作流程如图 10.16 所示。

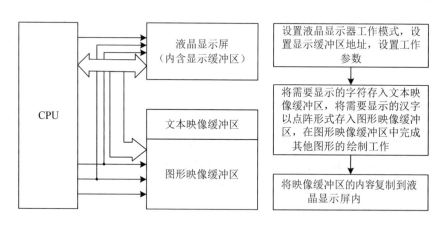

图 10.16　液晶显示器硬件电路框图和软件操作流程

　　从液晶显示模块的命名数字可以看出，通常是按照显示字符的行数或液晶点阵的行、列数来命名的，如 1602 是指每行可以显示 16 个字符，总共可以显示 2 行；12864 是指液晶显示点阵区域是由 128 列、64 行组成，可以控制任意一个点显示或不显示。

　　液晶显示屏属于被动显示器件，在完全黑暗的环境下无法查看显示内容，因此，常用的液晶显示模块均自带背光,不开背光时需要在自然光下才可以看清楚,开启背光则是通过背光源采光,在黑暗的环境中也可以正常使用。

带有内置控制器的液晶显示模块和单片机 I/O 端口可以直接连接,硬件电路简单,使用方便且显示信息量大,在实际生产中得到广泛的应用。

液晶体积小、功耗低、显示操作简单,但是它有一个致命的弱点,就是使用的温度范围很窄,通用型液晶正常工作温度范围为 $0 \sim +55$ ℃,存储温度范围为 $-20 \sim +60$ ℃,即使是宽温级液晶,其正常工作温度范围也仅为 $-20 \sim +70$ ℃,存储温度范围为 $-30 \sim +80$ ℃。因此,在设计相应产品时,务必要考虑周全,选取合适的液晶。

2. 常用点阵字符型液晶显示模块 LCD1602 操作实例

点阵字符型液晶显示模块 LCD1602 是由 32 个 5×7 点阵块组成的字符块集,每一个字符块是一个字符位,每一位显示一个字符,字符位之间有一个点距的间隔,起到字符间距和行距的作用,其内部集成了日立公司的控制器 HD44780U 或与其兼容的替代品。通用型 1602 液晶模块为 $+5$ V 电压驱动,带背光,可显示 2 行,每行 16 个字符,不能显示汉字,内置含 128 个字符的 ASCII 字符集字库。

(1) LCD1602 特性概述

① 采用 $+5$ V 供电,对比度可调,背光灯可控制。

② 内有振荡电路,系统内含重置电路。

③ 提供各种控制指令,如复位显示器、字符闪烁、光标闪烁、显示移位等。

④ 显示用数据 RAM 共有 80 个字节。

⑤ 字符产生器 ROM 共有 160 个 5×7 点矩阵字形。

⑥ 字符产生器 RAM 可由用户自行定义 8 个 5×7 点矩阵字形。

(2) LCD1602 引脚说明及应用电路

LCD1602 硬件接口采用标准的 16 引脚单列直插封装 SIP16,图 10.17 所示为 LCD1602 的引脚及应用连接图。

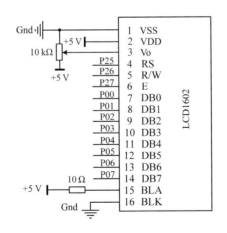

图 10.17　LCD1602 的引脚及应用连接图

① 第 1 脚 VSS:电源负极。

② 第 2 脚 VDD:电源正极。

③ 第 3 脚 Vo:液晶显示对比度调节端。一般接 10 kΩ 的电位器调整对比度,或接合适固定电阻固定对比度。

④ 第 4 脚 RS:数据/指令选择端。RS＝0,读/写指令;RS＝1,读/写数据。

⑤ 第 5 脚 R/W:读/写选择端。R/W＝0,写入操作;R/W＝1,读取操作。

⑥ 第 6 脚 E:使能信号控制端(enable),高电平有效。

⑦ 第 7~14 脚 DB0~DB7:数据 I/O 引脚。

⑧ 第 15 脚 BLA:背光灯电源正极。

⑨ 第 16 脚 BLK:背光灯电源负极。

(3) LCD1602 控制方式及指令

对 CPU 来说,LCD 控制器内部可以看成两组寄存器,一组为指令寄存器,另一组为数据寄存器,由 RS 引脚控制。所有对指令寄存器或数据寄存器的存取均需要检查 LCD 内部的忙碌标志(busy flag)。此标志用来表示 LCD 内部正在工作,并且不允许接收任何控制指令。对于这一标志位的检查,可以令 RS＝0 时读取 LCD 控制器的状态,状态字的第 7 位即为"忙"标志,当此位为"0"时,才可以写入指令或数据。LCD1602 液晶模块内部的控制器共有 11 条控制指令,如表 10.4 所列。

表 10.4　LCD1602 控制指令表

序号	指令功能	控制引脚		指令数据字							
		RS	R/W	D7	D6	D5	D4	D3	D2	D1	D0
1	清显示	0	0	0	0	0	0	0	0	0	1
2	光标返回	0	0	0	0	0	0	0	0	1	×
3	输入模式设置	0	0	0	0	0	0	0	1	I/D	S
4	显示开/关控制	0	0	0	0	0	0	1	D	C	B
5	光标或字符移位	0	0	0	0	0	1	S/C	R/L	×	×
6	功能设置	0	0	0	0	1	DL	N	F	×	×
7	字符发生存储器地址设置	0	0	0	1	字符发生存储器地址					
8	显示数据存储器地址设置	0	0	1	显示数据存储器地址						
9	读忙标志或地址	0	1	BF	计数器地址						
10	写数据到 CGRAM 或 DDRAM	1	0	要写的数据内容							
11	从 CGRAM 或 DDRAM 读数据	1	1	读出的数据内容							

① 复位显示器。指令码为 0x01,将 LCD 的 DDRAM 数据全部填入空白码 20H。执行此指令,将清除显示器的内容,同时光标移到左上角。

② 光标归位设置。指令码为 0x02,地址计数器被清零,DDRAM 数据不变,光标移到左上角。

③ 设置字符进入模式。指令格式如下:

D7	D6	D5	D4	D3	D2	D1	D0
0	0	0	0	0	1	I/D	S

I/D：地址计数器递增或递减控制。I/D＝1 时为递增，每次读写显示 RAM 中的字符码一次，地址计数器会加 1，光标所显示的位置同时右移 1 位；同理，I/D＝0 时为递减，每次读写显示 RAM 中的字符码一次，地址计数器会减 1，光标所显示的位置同时左移 1 位。

S：显示屏移动或不移动控制。当 S＝1，写入一个字符到 DDRAM 时，I/D＝1 显示屏向左移动一格，I/D＝0 显示屏向右移动一格，而光标位置不变；当 S＝0 时，显示屏不移动。

④ 显示器开关。指令格式如下：

D7	D6	D5	D4	D3	D2	D1	D0
0	0	0	0	1	D	C	B

D：显示屏打开或关闭控制位。D＝1 时，显示屏打开；D＝0 时，显示屏关闭。

C：光标出现控制位。C＝1 时，光标出现在地址计数器所指的位置；C＝0 时，光标不出现。

B：光标闪烁控制位。B＝1 时，光标出现后会闪烁；B＝0 时，光标不闪烁。

⑤ 显示光标移位。指令格式如下：

D7	D6	D5	D4	D3	D2	D1	D0
0	0	0	1	S/C	R/L	×	×

表中"×"表示"0"或者"1"都可以（下同）。具体操作如下：

S/C	R/L	操作
0	0	光标向左移动
0	1	光标向右移动
1	0	字符和光标向左移动
1	1	字符和光标向右移动

⑥ 功能设置。指令格式如下：

D7	D6	D5	D4	D3	D2	D1	D0
0	0	1	DL	N	F	×	×

DL：数据长度选择位。DL＝1 时，8 位数据传输；DL＝0 时，4 位数据传输，使用 D7～D4 各位，分 2 次送入一个完整的字符数据。

N：显示屏为单行或双行选择。N＝1 时，双行显示；N＝0 时，单行显示。

F：大小字符显示选择。F＝1 时，为 5×10 点矩阵字形，字会大些；F＝0 时，为 5×7 点矩阵字形。

一般情况下常设置为 8 位数据接口，16×2 双行显示，5×7 点阵，则初始化数据为 00111000B，即 38H。

⑦ CGRAM 地址设置。指令格式如下：

D7	D6	D5	D4	D3	D2	D1	D0
0	1	A5	A4	A3	A2	A1	A0

设置 CGRAM 的起始地址为 6 位的地址值,便可对 CGRAM 读/写数据。

⑧ DDRAM 地址设置。指令格式如下:

D7	D6	D5	D4	D3	D2	D1	D0
1	A6	A5	A4	A3	A2	A1	A0

设置 DDRAM 的起始地址为 7 位的地址值,便可对 DDRAM 读/写数据。

⑨ 忙碌标志读取。指令格式如下:

D7	D6	D5	D4	D3	D2	D1	D0
BF	A6	A5	A4	A3	A2	A1	A0

LCD 的忙碌标志 BF 用于指示 LCD 目前的工作情况。当 BF＝1 时,表示正在做内部数据处理,不接受外部送来的指令或数据;当 BF＝0 时,表示已准备接收指令或数据。

当程序读取一次数据内容时,位 7/BF 表示忙碌标志,另外 7 位的地址表示 CGRAM 或 DDRAM 中的地址,至于指向哪一个地址,以最后写入的地址设置指令而定。

⑩ 写数据到 CGRAM 或 DDRAM 中时,先设置 CGRAM 或 DDRAM 地址,再写数据(RS＝1,R/W＝0)。

⑪ 从 CGRAM 或 DDRAM 中读取数据时,先设置 CGRAM 或 DDRAM 地址,再读取数据(RS＝1,R/W＝1)。

(4) LCD1602 的 RAM 地址映射

液晶显示模块的操作需要一定的时间,所以在执行每条指令之前,一定要确认模块的忙标志为低电平,表示不忙,否则此指令无效。要显示字符时,需要先指定要显示字符的地址,也就是设定模块显示字符的位置,然后再指定具体的显示字符内容,如图 10.18 所示是 LCD1602 的内部显示地址图。

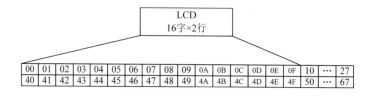

图 10.18　LCD1602 的内部显示地址图

由于写入显示地址时,要求最高位 D7 恒定为高电平"1",实际写入的显示地址数据如表 10.5 所列。

表 10.5　LCD1602 内部实际显示地址表

80	81	82	83	84	85	86	87	88	89	8A	8B	8C	8D	8E	8F
C0	C1	C2	C3	C4	C5	C6	C7	C8	C9	CA	CB	CC	CD	CE	CF

例如,第二行第一个字符的显示地址为 40H,因为写入指令的最高位 D7 恒定为高电平"1",所以实际写入的数据地址应该是 40H＋80H＝C0H。

在对液晶显示模块的初始化中,要先设置显示模式。在液晶模块显示字符时,光标是自动右移的,无须人工干预。每次输入指令前,都要判断液晶模块是否处于忙的状态。

（5）LCD1602 的读/写时序图

LCD 的读/写时序是有严格要求的,实际应用中,由单片机控制液晶的读/写时序,对其进行相应的显示操作。LCD1602 的写操作时序图如图 10.19 所示。

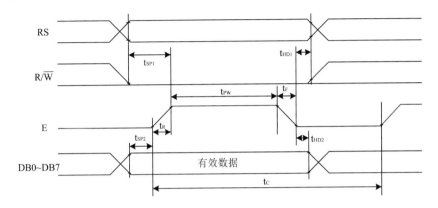

图 10.19　LCD1602 的写操作时序图

由图 10.19 可知 LCD1602 的写操作流程如下:

① 通过 RS 确定是写数据还是写指令。写指令包括使液晶的光标显示/不显示、光标闪烁/不闪烁、需要/不需要移屏、指定显示位置等;写数据是指定显示内容。

② 读/写控制端设置为低电平,写模式。

③ 将数据或指令送到数据线上。

④ 给 E 一个高脉冲将数据送入液晶控制器,完成写操作。

LCD1602 的读操作时序图如图 10.20 所示。

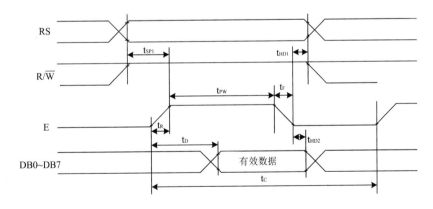

图 10.20　LCD1602 的读操作时序图

由图 10.20 可知 LCD1602 的读操作流程如下:

① 通过 RS 确定是读取忙碌标志及地址计数器内容还是读取数据寄存器。

② 读/写控制端设置为高电平,读模式。

③ 忙碌标志或数据送到数据线上。

④ 给 E 一个高脉冲将数据送入单片机,完成读操作。

(6) LCD1602 的设计应用

以图 10.21 所示为例介绍 LCD1602 模块与单片机的接口如下:

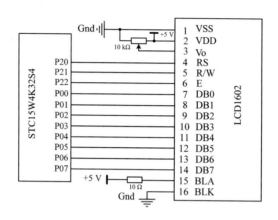

图 10.21　单片机与 LCD1602 接口电路图

① 第 1、2 引脚 VSS 和 VDD 为电源;第 15、16 引脚 BLA 和 BLK 为背光电源;为防止直接加＋5 V 电压烧坏背光灯,在 15 脚串接一个 10 Ω 电阻用于限流。

② 第 3 引脚 Vo 为液晶对比度调节端,通过一个 10 kΩ 电位器接地来调节液晶显示对比度。首次使用时,在液晶上电状态下,调节至液晶上面一行显示出黑色小格为止。

③ 第 4 引脚 RS 为向液晶控制器写数据/写指令选择端,接单片机的 I/O 端口。

④ 第 5 引脚 R/W 为读/写选择端,因为一般不从液晶读取任何数据,只向其写入指令和显示数据,因此此端始终选择为写状态,即低电平接地。

⑤ 第 6 引脚 E 为使能信号,是操作时必需的信号,接单片机的 I/O 端口。

【例 10.5】　设单片机与 LCD1602 连接如图 10.21 所示,用 C 语言编程,实现在 1602 液晶的第一行显示"I LOVE MCU!",在第二行显示"This is my LCD"。

解:参考 C 语言程序代码如下:

```
#include <stc15.h>
#include <string.h>
#define uchar unsigned char
#define uint unsigned int
uchar code msg1[]="I LOVE MCU!";           /*定义第一行显示字符*/
uchar code msg2[]="This is my LCD";        /*定义第二行显示字符*/
sbit RS=P2^0;                              /*命令数据选择*/
sbit RW=P2^1;                              /*读写选择*/
sbit EN=P2^2;                              /*使能信号*/
/*********延时函数*********/
void delayms(uint ms)
```

```
{
    uchar i;
    while(ms－－)
    {
        for(i=0;i<120;i++);
    }
}
/ * * * * * * * * "忙"检查函数 * * * * * * * * * * /
uchar BusyCheck()
{
    uchar Status;
    RS=0;                                /* 寄存器选择 */
    RW=1;                                /* 读状态寄存器 */
    EN=1;                                /* 开始读 */
    delayms(1);
    Status=P0;
    EN=0;
    return Status;
}
/ * * * * * * * * * 写命令函数 * * * * * * * * * * /
void write_cmd(uchar cmd)
{
    while((BusyCheck()&0x80)==0x80);      /* 忙等待 */
    RS=0;                                /* 命令寄存器 */
    RW=0;                                /* 写操作 */
    EN=0;
    P0=cmd;
    EN=1;
    delayms(1);
    EN=0;
}
/ * * * * * * * * * 写数据函数 * * * * * * * * * * /
void write_data(uchar dat)
{
    while((BusyCheck()&0x80)==0x80);      /* 忙等待 */
    RS=1;                                /* 数据寄存器 */
    RW=0;                                /* 写操作 */
    EN=0;
```

```
    P0＝dat;
    EN＝1;
    delayms(1);
    EN＝0;
}
/ * * * * * * * *液晶初始化函数 * * * * * * * * * /
void Init_LCD()
{
    write_cmd(0x38);        / * LCD 设定为 16×2 显示,5×7 点阵,8 位数据接口 * /
    delayms(1);
    write_cmd(0x01);                / * 清显示屏 * /
    delayms(1);
    write_cmd(0x06);                / * 字符进入模式:屏幕不动,字符后移 * /
    delayms(1);
    write_cmd(0x0c);                / * 显示开,关光标 * /
    delayms(1);
}
/ * * * * * * * *显示字符串函数 * * * * * * * * * /
void ShowString(uchar x,uchar y,uchar * str)
{
    uchar i＝0;
    if(y == 0)                   / * 设置显示起始位置 * /
        write_cmd(0x80|x);       / * 显示位置＋写显示位置的代码 80H * /
    if(y == 1)
        write_cmd(0xc0|x);
    for(i＝0;i＜strlen(str);i＋＋)   / * 输出字符串 * /
    {
        write_data(str[i]);
    }
}
void main()
{
    P0M1＝0x00;
    P0M0＝0x00;                / * 设置 P0 端口为工作方式 0 * /
    P2M1＝0;
    P2M0＝0;                   / * 设置 P2 端口为工作方式 0 * /
    Init_LCD();                / * 初始化 LCD * /
    ShowString(0,0,msg1);      / * 在 0,0 处显示第一行 * /
    ShowString(0,1,msg2);      / * 在 0,1 处显示第二行 * /
    while(1);
}
```

3. 常用点阵图形型液晶显示模块 LCD12864 操作实例

点阵图形型液晶显示模块一般简称为图形 LCD 或点阵 LCD,分为内置中文字库与不带中文字库两种,在数据接口上又分为并行接口(8 位或 4 位)和串行接口两种。本节以内置中文字库 LCD12864 为例,介绍图形 LCD 的应用。虽然不同厂家生产的 LCD12864 并不一定完全一样,但具体应用都大同小异,下面以 OCMJ4X8C 液晶显示模块为例介绍点阵图形型液晶模块的应用。

(1) LCD12864 特性概述

OCMJ4X8C 液晶模块是内置 GB 2312 中文字库的点阵图形显示模块,控制器芯片型号是 ST7920,具有 128×64 点阵,能够显示 4 行,每行 8 个汉字,每个汉字是 16×16 点阵。为了便于简单显示汉字,该模块具有 2 MB 的中文字形 CGROM,其中含有 8192 个 16×16 点阵中文字库;为了便于显示汉字拼音、英文和其他常用字符,具有 16 KB 的 16×8 点阵的 ASCII 字符库;为了便于构造用户图形,提供了一个 64×256 点阵的 GDRAM 绘图区域;为了便于用户自定义字形,提供了 4 组 16×16 点阵的造字空间。所以 LCD12864 能够实现汉字、ASCII 码、点阵图形、自定义字形的同屏显示。

OCMJ4X8C 的工作电压为 4.5~5.5 V,具有睡眠、正常及低功耗工作模式,可满足电池供电的便携仪器低功耗的要求。OCMJ4X8C 同时还具有 LED 背光显示功能,外观尺寸为 93 mm×70 mm,具有硬件接口电路简单、操作指令丰富和软件编程应用简便等优点,可构成全中文人-机交互图形操作界面,在实际中有广泛的应用。

(2) LCD12864 引脚说明及应用电路

OCMJ4X8C 液晶模块硬件接口采用标准的 20 引脚单列直插封装 SIP20,与单片机连接时支持并行连接方式或串行连接方式两种。图 10.22 所示为其引脚图及并行连接应用的电路原理图。

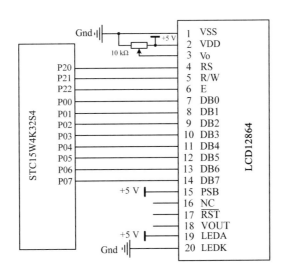

图 10.22　单片机与 LCD12864 模块并行接口连接图

LCD12864 的引脚定义及对应的说明如表 10.6 所列。

表 10.6　OCMJ4X8C 液晶模块的引脚定义及对应的说明

引脚	名称	取值	说明	引脚	名称	取值	说明
1	VSS	—	Gnd	11	DB4	I/O	数据位 4
2	VDD	—	+5 V	12	DB5	I/O	数据位 5
3	Vo	—	对比度	13	DB6	I/O	数据位 6
4	RS(CS)	H/L	H:数据,L:指令	14	DB7	I/O	数据位 7
5	R/W(SID)	H/L	H:读,L:写	15	PSB	H/L	H:并行;L:串行
6	E(SCLK)	H,H/L	使能	16	NC	—	空脚
7	DB0	I/O	数据位 0	17	$\overline{RST}$	H/L	复位
8	DB1	I/O	数据位 1	18	NC	—	空脚
9	DB2	I/O	数据位 2	19	LEDA	—	背光正极
10	DB3	I/O	数据位 3	20	LEDK	—	背光负极

① 第 3 脚 Vo:对比度调节电压输入端。悬空或接 10 kΩ 的电位器调整对比度,或接合适的固定电阻固定对比度。

② 第 4 脚 RS(CS):数据/指令选择端。RS=0 时,读/写指令;RS=1 时,读/写数据。串行数据时为 CS,模块的片选端,高电平有效。该引脚可接单片机 I/O 端口或串行数据时 CS 直接接高电平。

③ 第 5 脚 R/W(SID):读/写选择端。R/W=0 时,写入操作;R/W=1 时,读取操作。串行数据时为 SID,串行传输的数据端。该引脚可接单片机 I/O 端口。

④ 第 6 脚 E(SCLK):使能信号控制端,高电平有效。串行数据时为 SCLK,串行传输的时钟输入端。

⑤ 第 7~14 脚 DB0~DB7:三态数据 I/O 引脚。一般接单片机 P0 端口,也可以接 P1、P2、P3 端口,由于液晶模块内部自带上拉电阻,实际硬件电路设计时可以不加上拉电阻,串行数据时留空即可。

⑥ 第 15 脚 PSB:PSB=1 时,并行数据模式;PSB=0 时,串行数据模式。

（3）LCD12864 编程控制指令

OCMJ4X8C 液晶模块控制芯片提供两套编程控制命令。当 RE=0 时,基本编程指令如表 10.7 所列;当 RE=1 时,扩展编程指令如表 10.8 所列。

表 10.7　液晶模块基本编程指令集（RE=0）

指令	指令码										说明
	RS	R/W	D7	D6	D5	D4	D3	D2	D1	D0	
清除显示	0	0	0	0	0	0	0	0	0	1	将 DDRAM 填满 20H,并且设定 DDRAM 的地址计数器为 00H
地址归位	0	0	0	0	0	0	0	0	1	×	设定 DDRAM 的地址计数器为 00H,将游标移动开头原点位置,不改变 DDRAM 内容

表 10.7(续)

指令	指令码										说明
	RS	R/W	D7	D6	D5	D4	D3	D2	D1	D0	
进入点设定	0	0	0	0	0	0	0	1	I/D	S	指定在数据的读写时,设定游标移动方向及指定显示的移位
显示开/关	0	0	0	0	0	0	1	D	C	B	D＝1:整体显示 ON C＝1:游标 ON B＝1:游标位置 ON
游标或显示移位控制	0	0	0	0	0	1	S/C	R/L	×	×	设定游标的移动与显示的移位控制位,不改变 DDRAM 内容
功能设置	0	0	0	0	1	DL	×	RE	×	×	DL＝1:8 位控制接口 RE＝1:扩展指令集操作 RE＝0:基本指令集操作
设置 CGRAM 地址	0	0	0	1	AC5	AC4	AC3	AC2	AC1	AC0	设定 CGRAM 地址
设置 DDRAM 地址	0	0	1	0	AC5	AC4	AC3	AC2	AC1	AC0	设定 DDRAM 地址
读取"忙"标志 BF 和地址	0	1	BF	AC6	AC5	AC4	AC3	AC2	AC1	AC0	读取"忙"标志 BF 确认内部处理是否完成,还可以读出地址计数器值
写数据到 RAM	1	0	D7	D6	D5	D4	D3	D2	D1	D0	将数据 D7～D0 写入内部的 DDRAM/CGRAM/IRAM/GRAM
读 RAM 值	1	1	D7	D6	D5	D4	D3	D2	D1	D0	从内部 RAM 读取数据

注:540 kHz 时,读取"忙"标志 BF 和地址的命令执行时间为 0,清除显示的命令执行时间为 1.6 ms,除这两条指令外,上述其他指令的执行时间均为 72 μs。

表 10.8 液晶模块扩展编程指令集(RE＝1)

指令	指令码										说明
	RS	R/W	D7	D6	D5	D4	D3	D2	D1	D0	
待机模式	0	0	0	0	0	0	0	0	0	1	进入待机模式,执行其他指令都将终止待机模式
卷动地址或 IRAM 地址	0	0	0	0	0	0	0	0	1	SR	SR＝1:允许输入垂直卷动地址 SR＝0:允许输入 IRAM 地址
反白选择	0	0	0	0	0	0	0	1	R1	R0	选择 4 行中的任一行做反白显示,并可决定反白与否
睡眠模式	0	0	0	0	0	0	1	SL	×	×	SL＝0:进入睡眠模式 SL＝1:脱离睡眠模式
扩充功能设定	0	0	0	0	1	1	×	RE	G	0	RE＝0/1:基本/扩展指令集操作 G＝0/1:绘图显示 ON/OFF

表 10.8(续)

指令	指令码										说明
	RS	R/W	D7	D6	D5	D4	D3	D2	D1	D0	
设定 IRAM 地址或卷动地址	0	0	0	1	AC5	AC4	AC3	AC2	AC1	AC0	SR=1:AC5~AC0 为垂直卷动地址 SR=0:AC3~AC0 为 ICON IRAM 地址
设置绘图 RAM 地址	0	0	1	AC6	AC5	AC4	AC3	AC2	AC1	AC0	设定 CGRAM 地址到地址计数器 AC

当 LCD12864 在接收指令前,单片机必须先确认模块内部处于非忙碌状态,即所读取到的 BF 标志为 0 时,方可向液晶模块发送新的指令或数据;如果在送出一个指令前不检查 BF 标志,在前一个指令和当前指令中间必须延时一段较长的时间,等待前一个指令执行完成。

具体指令介绍如下:

① 清除显示指令(01H)

R/W	RS	D7	D6	D5	D4	D3	D2	D1	D0
0	0	0	0	0	0	0	0	0	1

功能:将 DDRAM 填满"20H"(空格),把 DDRAM 地址计数器调整为"00H",重新进入点设定将 I/D 设为 1,光标右移 AC 加 1。

② 地址归位指令(02H)

R/W	RS	D7	D6	D5	D4	D3	D2	D1	D0
0	0	0	0	0	0	0	0	1	×

功能:把 DDRAM 地址计数器调整为"00H",光标回原点,不影响 DDRAM 值。

③ 点设定指令(07H/04H/05H/06H)

R/W	RS	D7	D6	D5	D4	D3	D2	D1	D0
0	0	0	0	0	0	0	1	I/D	S

功能:设定光标移动方向并指定整体显示是否移动。

I/D=1:光标右移,AC 自动加 1;I/D=0:光标左移,AC 自动减 1。

S=1 且 DDRAM 为写状态:整体显示移动,方向由 I/D 决定;S=0 或 DDRAM 为读状态:整体显示不移动。

④ 显示状态开/关指令(08H/0C0H/0E0H/0F0H)

R/W	RS	D7	D6	D5	D4	D3	D2	D1	D0
0	0	0	0	0	0	1	D	C	B

功能:D=1:整体显示开;D=0:整体显示关。C=1:光标显示开;C=0:光标显示关。

B=1:光标位置反白且闪烁;B=0:光标位置不反白闪烁。

⑤ 光标或显示移位控制指令(10H/14H/18H/1CH)

R/W	RS	D7	D6	D5	D4	D3	D2	D1	D0
0	0	0	0	0	1	S/C	R/L	×	×

功能:10H/14H:光标左/右移动,AC 减/加 1;18H/1CH:整体显示左/右移动,光标跟踪移动,AC 值不变。

⑥ 功能设定指令(36H/30H/34H)

R/W	RS	D7	D6	D5	D4	D3	D2	D1	D0
0	0	0	0	1	DL	×	RE	×	×

功能:DL=1 表示 8 位控制接口;DL=0 表示 4 位控制接口。RE=1 为扩充指令集;RE=0 为基本指令集。

⑦ 设定 CGRAM 位址指令(40H～7FH)

R/W	RS	D7	D6	D5	D4	D3	D2	D1	D0
0	0	0	1	AC5	AC4	AC3	AC2	AC1	AC0

功能:设定 CGRAM 地址到地址计数器 AC,需确定扩充指令中 SR=0(卷动地址或 RAM 地址选择)。

⑧ 设定 DDRAM 位址指令(80H～9FH)

R/W	RS	D7	D6	D5	D4	D3	D2	D1	D0
0	0	1	AC6	AC5	AC4	AC3	AC2	AC1	AC0

功能:设定 DDRAM 地址到地址计数器 AC。

⑨ 读取"忙"状态 BF 和地址指令

R/W	RS	D7	D6	D5	D4	D3	D2	D1	D0
1	0	BF	AC6	AC5	AC4	AC3	AC2	AC1	AC0

功能:读取"忙"状态 BF 可以确认内部动作是否完成,同时可以读出地址计数器 AC 的值,当 BF=1 时,表示内部忙碌中,此时不可以写入指令或数据。

⑩ 写数据到 RAM

R/W	RS	D7	D6	D5	D4	D3	D2	D1	D0
0	1	D7	D6	D5	D4	D3	D2	D1	D0

功能:写入数据到内部的 RAM(DDRAM/CGRAM/IRAM/GDRAM),每个 RAM 地址都要连续写入 2 个字节的数据。

⑪ 读出 RAM 的值

R/W	RS	D7	D6	D5	D4	D3	D2	D1	D0
1	1	D7	D6	D5	D4	D3	D2	D1	D0

功能:从内部 RAM 读取数据,当使用设定地址指令后,如需读取数据,首次需先执行一次空的读数据,才会读取到正确数据,第二次读取时则可以正常读取数据。

⑫ 待机模式指令(01H)

R/W	RS	D7	D6	D5	D4	D3	D2	D1	D0
0	0	0	0	0	0	0	0	0	1

功能:进入待机模式,执行任何其他指令都可以终止待机模式。

⑬ 卷动地址或 RAM 地址选择指令(02H/03H)

R/W	RS	D7	D6	D5	D4	D3	D2	D1	D0
0	0	0	0	0	0	0	0	H	SR

功能:SR=1 时允许输入卷动地址;SR=0 时允许设定 CGRAM 地址(基本指令)。

⑭ 反白选择指令(04H～07H)

R/W	RS	D7	D6	D5	D4	D3	D2	D1	D0
0	0	0	0	0	0	0	1	R1	R0

功能:选择 4 行中的任一行做反白显示,并可以决定反白与否。

⑮ 睡眠模式指令(08H/0CH)

R/W	RS	D7	D6	D5	D4	D3	D2	D1	D0
0	0	0	0	0	0	1	SL	×	×

功能:SL=1 时脱离睡眠模式;SL=0 时进入睡眠模式。

⑯ 扩充功能设定(20H/24H/26H/30H/34H/36H)

R/W	RS	D7	D6	D5	D4	D3	D2	D1	D0
0	0	0	0	1	DL	×	RE	G	L

功能:DL=1 为 8 位控制接口;DL=0 为 4 位控制接口。

RE=1 为扩充指令集;RE=0 为基本指令集。

G=1 为绘图显示开;G=0 为绘图显示关。

⑰ 设定卷动地址(40H～7FH)

R/W	RS	D7	D6	D5	D4	D3	D2	D1	D0
0	0	0	1	AC5	AC4	AC3	AC2	AC1	AC0

功能:SR=1 时 AC5～AC0 为垂直卷动地址;SR=0 时 AC3～AC0 为写 ICON IRAM

地址。

⑱ 设定绘图 RAM 地址(80H～FFH)

R/W	RS	D7	D6	D5	D4	D3	D2	D1	D0
0	0	1	AC6	AC5	AC4	AC3	AC2	AC1	AC0

功能:设定 GDRAM 地址到地址计数器 AC。

(4) LCD12864 字符显示

带中文字库的 LCD12864 每屏可显示 4 行 8 列共 32 个 16×16 点阵的汉字,每个显示 RAM 单元可显示 1 个中文字符或 2 个 16×8 点阵 ASCII 码字符,即每屏最多可同时实现 32 个中文字符或 64 个 ASCII 码字符的显示。带中文字库的 LCD12864 内部提供 128×2 字节的字符显示 RAM 缓冲区(DDRAM)。字符显示是通过将字符显示编码写入该字符显示 RAM 实现的。

根据写入编码的不同,可分别在液晶屏上显示 CGROM(中文字库)、HCGROM(ASCII 码字库)和 CGRAM(自定义字形)的内容。

① 显示半宽字形(ASCII 码字符)。将 8 位二进制数据写入 DDRAM,字符编码范围为 02H～7FH。

② 显示 CGRAM 字形。将 16 位二进制数据写入 DDRAM,字符编码范围为 0000、0002H、0004H 和 0006H 共 4 个。

③ 显示中文字形。将 16 位二进制数据写入 DDRAM,字符编码范围为 A1A0H～F7FFH。

字符显示 RAM(DDRAM)在液晶模块中的地址为 80H～9FH。字符显示 RAM 的地址与 32 个字符显示区域有着一一对应的关系,如表 10.9 所列。

表 10.9　字符显示 RAM 的地址与 32 个字符显示区域的对应关系

		X 坐标→													
		H	L	H	L	H	L	H	L	H	L	H	L	H	L
Y 坐标↓	第一行	80H		81H		82H		83H		84H		85H		86H		87H
	第二行	90H		91H		92H		93H		94H		95H		96H		97H
	第三行	88H		89H		8AH		8BH		8CH		8DH		8EH		8FH
	第四行	98H		99H		9AH		9BH		9CH		9DH		9EH		9FH

注:阴影部分为液晶显示屏区域。

在实际应用 LCD12864 时需要特别注意,每个显示地址包括两个单元,当字符编码为 2 个字节时,应先写入高位字节,再写入低位字节,中文字符编码的第一个字节只能出现在高位字节/H 位置,否则会出现乱码。显示中文字符时,应先设定显示字符的位置,即先设定显示地址,再写入中文字符编码。而显示 ASCII 字符的过程与显示中文字符的过程相同,不过在显示连续字符时,只需设定一次显示地址,由模块自动对地址加 1 并指向下一个字符位置,否则,显示的字符中将会有一个空 ASCII 字符。

（5）LCD12864 图形显示

先连续写入垂直（AC6~AC0）与水平（AC3~AC0）地址坐标值,再写入两个字节数据到绘图 RAM,此时水平坐标地址计数器（AC）会自动加 1。在写入绘图 RAM 期间,绘图显示必须关闭。GDRAM 的坐标地址映射关系如图 10.23 所示。

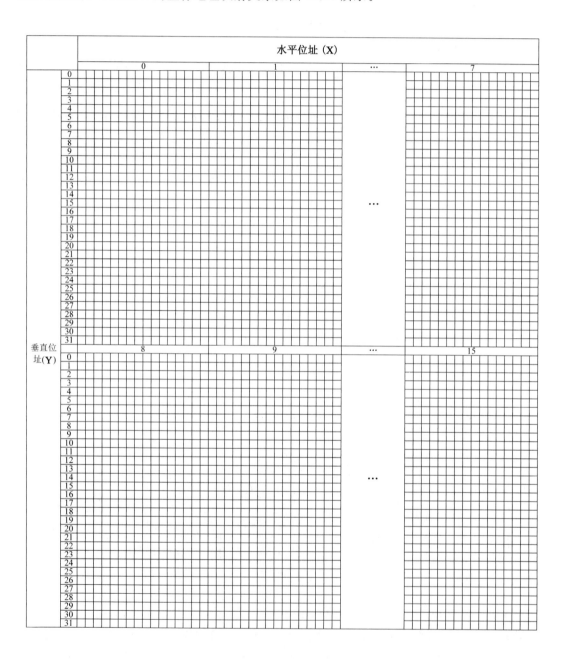

图 10.23　GDRAM 的坐标地址映射关系图

写入绘图 RAM 的操作步骤如下：

① 关闭绘图显示功能；

② 垂直坐标(Y)写入绘图 RAM 地址；

③ 水平坐标(X)写入绘图 RAM 地址；

④ 将 D15～D8 写入绘图 RAM 中(写入一个字节)；

⑤ 将 D7～D0 写入绘图 RAM 中(写入第二个字节)；

⑥ 打开绘图显示功能。

(6) LCD12864 接口时序图

① 当液晶显示模块 OCMJ4X8C 的 15 引脚 PSB 接高电平时，模块工作于并行数据传输模式，单片机与液晶控制器通过第 4 脚 RS、第 5 脚 R/W、第 6 脚 E、第 7～14 引脚 DB0～DB7 完成数据传输。在并行工作方式时，单片机写数据到模块和单片机从模块读取数据时序图与 LCD1602 并行数据工作方式类似。

② 当液晶显示模块 OCMJ4X8C 的 15 引脚 PSB 接低电平时，模块工作于串行数据传输模式，单片机与液晶控制器通过第 4 脚 CS、第 5 脚 SID、第 6 脚 SCLK 完成信息传输。一个完整的串行传输流程是：首先传输起始字节(5 个连续的 1)，起始字节也称为同步字符串。在传输起始字节时，传输计数将被重置并且串行传输将被同步，在跟随的 2 个位字符串分别指定传输方向位(R/W)及寄存器选择位(RS)，最后第 8 位则为 0。在接收到同步位及 R/W 和 RS 的起始字节后，每一个 8 位的指令将被分为 2 个字节接收：高 4 位(D7～D4)的指令数据将会被放在第一个字节的 LSB 部分，而低 4 位(D3～D0)的指令数据则被放在第二个字节的 LSB 部分，相关的另 4 位则都为 0。串行接口方式的时序图如图 10.24 所示。

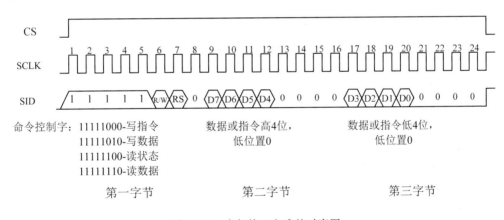

图 10.24　串行接口方式的时序图

(7) 单片机与 LCD12864 应用实例

单片机与 LCD12864 模块的连接方式有两种：并行接口模式(图 10.22)和串行接口模式(图 10.25)。

【例 10.6】　设单片机与 LCD12864 之间采用并行接口连接，如图 10.22 所示，用 C 语言编程，在 12864 液晶上第一行显示"0123456789"，第二行显示"中文字符液晶模块"，第三行显示"STC＋单片机例程"，第四行对应第三行显示出"＊＊并行接口方式＊＊"。

解：参考 C 语言源程序代码如下：

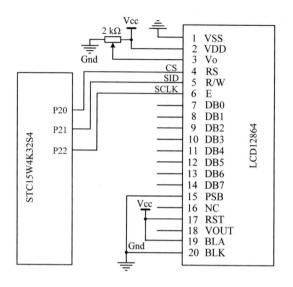

图 10.25　单片机与 LCD12864 模块串行接口连接示例图

```
#include <stc15.h>
#define uchar unsigned char
#define uint unsigned int
#define LCD_BUS P0                    /* 定义数据总线接口 */
uchar code msg1[]="0123456789";
uchar code msg2[]="中文字符液晶模块";
uchar code msg3[]="STC+单片机例程";
uchar code msg4[]=" * * 并行接口方式 * * ";

sbit RS=P2^0;                         /* 命令数据选择 */
sbit RW=P2^1;                         /* 读写选择 */
sbit EN=P2^2;                         /* 使能信号 */
/* * * * * * * * * 延时函数 * * * * * * * * * * */
void delayms(uint ms)
{
    uchar i;
    while(ms--)
    {
        for(i=0;i<120;i++);
    }
}
/* * * * * * * * * "忙"检查函数 * * * * * * * * * */
uchar BusyCheck()
```

```
{
    uchar Status;
    RS=0;                                    /*寄存器选择*/
    RW=1;                                    /*读状态寄存器*/
    EN=1;                                    /*开始读*/
    delayms(2);
    Status=LCD_BUS;
    EN=0;
    return Status;
}
/**********写命令函数**********/
void write_cmd(uchar cmd)
{
    while((BusyCheck()&0x80)==0x80);         /*忙等待*/
    RS=0;                                    /*命令寄存器*/
    RW=0;                                    /*写操作*/
    EN=0;
    LCD_BUS=cmd;
    EN=1;
    delayms(1);
    EN=0;
}
/**********写数据函数**********/
void write_data(uchar dat)
{
    while((BusyCheck()&0x80)==0x80);         /*忙等待*/
    RS=1;                                    /*数据寄存器*/
    RW=0;                                    /*写操作*/
    EN=0;
    LCD_BUS=dat;
    EN=1;
    delayms(1);
    EN=0;
}
/*********液晶初始化函数********/
void Init_LCD()
{
    write_cmd(0x30);                         /*功能设定*/
```

```
    delayms(5);
    write_cmd(0x0c);                      /* 显示开,关光标 */
    delayms(5);
    write_cmd(0x01);                      /* 清屏,填充 DDRAM 为 20H */
    delayms(5);
    write_cmd(0x06);                      /* 字符进入模式:屏幕不动,字符后移 */
    delayms(5);
}
/* * * * * * * * 显示字符串函数 * * * * * * * * * */
void ShowString(uchar x,uchar y,uchar * str)
{
    uchar i=0;
    if(y == 1)                            /* 设置显示起始位置 */
        write_cmd(0x80|x);
    else if(y ==2)
        write_cmd(0x90|x);
    else if(y == 3)
        write_cmd((0x80|x)+8);
    else if(y == 4)
        write_cmd((0x90|x)+8);
    for(i=0;str[i]! ='\0';i++)            /* 输出字符串 */
    {
        write_data(str[i]);
    }
}
void main()
{
    P0M1=0x00;
    P0M0=0x00;                            /* 设置 P0 端口为工作方式 0 */
    P2M1=0x00;
    P2M0=0x00;                            /* 设置 P2 端口为工作方式 0 */

    Init_LCD();                           /* 初始化 LCD */
    ShowString(0,1,msg1);                 /* 第一行内容 */
    ShowString(0,2,msg2);                 /* 第二行内容 */
    ShowString(0,3,msg3);                 /* 第三行内容 */
    ShowString(0,4,msg4);                 /* 第四行内容 */
    while(1);
}
```

【例 10.7】 设单片机与 LCD12864 之间采用串行接口连接,如图 10.25 所示,用 C 语言编程,在 12864 液晶上第一行显示"0123456789",第二行显示"中文字符液晶模块",第三行显示"STC 单片机例程",第四行显示"＊＊串行接口方式＊＊"。

解:参考 C 语言源程序代码如下:

```
#include <stc15.h>
#include <intrins.h>
#define uchar unsigned char
#define uint unsigned int
#define LCD_BUS P0
uchar code msg1[]="0123456789";
uchar code msg2[]="中文字符液晶模块";
uchar code msg3[]="STC 单片机例程";
uchar code msg4[]="＊＊串行接口方式＊＊";

sbit CS  = P2^0;                    /＊命令数据选择＊/
sbit SID = P2^1;                    /＊读写选择＊/
sbit SCLK=P2^2;                     /＊使能信号＊/
/＊＊＊＊＊＊＊＊＊延时函数＊＊＊＊＊＊＊＊＊/
void delayms(uint ms)
{
    uchar i;
    while(ms--)
    {
        for(i=0;i<120;i++);
    }
}
/＊＊＊＊＊＊＊＊＊＊＊＊LCD写数据函数＊＊＊＊＊＊＊＊＊＊＊＊＊/
void SendByte(uchar dat)
{
  uchar i;
  for(i=0;i<8;i++)                  /＊串行写数据＊/
  {
    SCLK=0;
    delayms(1);
    if(dat&0x80)
      SID=1;
    else
      SID=0;
    delayms(1);
    dat=dat<<1;
    SCLK=1;
    delayms(1);
```

```
      SCLK=0;
      delayms(1);
   }
}
/* * * * * * * * * * * * *LCD读数据函数* * * * * * * * * * * * * * * */
uchar ReadByte(void)
{
   uchar i,dat,dat2;
   dat=dat2=0;
   for(i=0;i<8;i++)                    /* 读高字节 */
    {
      dat=dat<<1;
      SCLK=0;
      _nop_();
      SCLK=1;
      _nop_();
   }
   for(i=0;i<8;i++)                    /* 读低字节 */
    {
      dat2=dat2<<1;
      SCLK=0;
      _nop_();
      SCLK=1;
      _nop_();
   }
   dat=(dat&0xf0) + (dat2&0x0f);
   return dat;
}
/* * * * * * * * *"忙"检查函数* * * * * * * * * */
uchar BusyCheck()
{
    uchar Status;
    CS=1;
    delayms(1);
    SendByte(0xfc);
    Status=ReadByte();
    delayms(1);
    CS=0;
```

```
        delayms(1);
        return Status;
}
/* * * * * * * * 写命令函数 * * * * * * * * * */
void write_cmd(uchar cmd)
{
        uchar tmp;
        while((BusyCheck()&0x80)==0x80);        /* 忙等待 */
        CS=1;                                    /* 命令寄存器 */
        SendByte(0xf8);                          /* 写命令 */
        tmp=cmd&0xf0;
        SendByte(tmp);                           /* 写高字节 */
        tmp=(cmd&0x0f)<<4;
        SendByte(tmp);                           /* 写低字节 */
        delayms(1);
        CS=0;
}
/* * * * * * * * 写数据函数 * * * * * * * * * */
void write_data(uchar dat)
{
        uchar tmp;
        while((BusyCheck()&0x80)==0x80);        /* 忙等待 */
        CS=1;                                    /* 数据寄存器 */
        SendByte(0xfa);                          /* 写数据 */
        tmp=dat&0xf0;
        SendByte(tmp);                           /* 写高字节 */
        tmp=(dat&0x0f)<<4;
        SendByte(tmp);                           /* 写低字节 */
        delayms(1);
        CS=0;
}
/* * * * * * * * 液晶初始化函数 * * * * * * * * * */
void Init_LCD()
{
        write_cmd(0x30);                  /* 功能设定 */
        delayms(5);
        write_cmd(0x0c);                  /* 显示开,关光标 */
        delayms(5);
```

```
    write_cmd(0x01);                     /* 清屏,填充 DDRAM 为 20H */
    delayms(5);
    write_cmd(0x06);                     /* 字符进入模式:屏幕不动,字符后移 */
    delayms(5);
}
/* * * * * * * * 显示字符串函数 * * * * * * * * * */
void ShowString(uchar x,uchar y,uchar * str)
{
    uchar i=0;
    if(y == 1)                           /* 设置显示起始位置 */
        write_cmd(0x80|x);
    else if(y == 2)
        write_cmd(0x90|x);
    else if(y == 3)
        write_cmd((0x80|x)+8);
    else if(y == 4)
        write_cmd((0x90|x)+8);
    for(i=0;str[i]! ='\0';i++)  /* 输出字符串 */
    {
        write_data(str[i]);
    }
}
void main()
{
    P2M1=0x00;
    P2M0=0x00;                           /* 设置 P2 端口为工作方式 0 */
    Init_LCD();                          /* 初始化 LCD */
    ShowString(0,1,msg1);                /* 第一行内容 */
    ShowString(0,2,msg2);                /* 第二行内容 */
    ShowString(0,3,msg3);                /* 第三行内容 */
    ShowString(0,4,msg4);                /* 第四行内容 */
    while(1);
}
```

10.2.3　人机交互专用电路

使用专用的可编程键盘/显示器接口芯片,可让用户省去编写键盘/显示器动态扫描以及键盘去抖动程序的烦琐工作,只需对单片机与专用键盘/显示器接口芯片进行正确的连接,对芯片中的各个控制寄存器进行正确设置以及编写接口驱动程序即可。

目前专用的键盘/显示器接口芯片种类繁多,其特色也各有不同,总体趋势是串行接口芯片替代并行接口芯片越来越多地得到应用。早期较为流行的是 Intel 公司生产的并行总线接口的专用键盘/显示器芯片 8279,现在的键盘/显示器接口芯片均采用串行通信方式,占用口线少。常见的键盘/显示器接口芯片有:广州立功科技股份有限公司的 ZLG7289A、ZLG7290B,Maxim(美信)公司的 MAX7219,南京沁恒微电子股份有限公司的 CH451、HD7279、BC7281 等。这些芯片对所连接的 LED 数码管全都采用动态扫描方式,且控制的键盘均为编码键盘。下面对目前较为常见的专用键盘/显示器接口芯片进行介绍。

1. 专用键盘/显示器接口芯片——Intel 8279

Intel 8279 是一种可编程键盘/显示器接口芯片,它含有键盘输入和显示器输出控制两种功能,在单片机系统中应用广泛。Intel 8279 内部有键盘 FIFO(先进先出堆栈)/传感器双重功能的 8×8 字节的 RAM,键盘控制部分可控制 8×8 的键盘矩阵或 8×8 阵列的开关传感器,并能自动获得按键的键码以及 8×8 阵列中闭合开关传感器的位置。该芯片能自动去键盘抖动并具有双键锁定保护功能。显示 RAM 的容量为 16×8 位,最多可控制 16 个 LED 数码管显示。但是 Intel 8279 的驱动电流较小,与 LED 数码管相连时需要外加驱动电路,具有元器件较多、电路复杂、占用较大的 PCB 面积和综合成本高的缺点。而且 Intel 8279 与单片机采用三总线结构连接,占用多达 13 条的 I/O 口线。目前,Intel 8279 已经逐渐淡出市场。

2. 专用键盘/显示器接口芯片——ZLG7290B

ZLG7290B 芯片采用 I²C 串行总线结构,可驱动 8 位共阴极数码管或 64 只独立 LED 和 64 个按键。应用时需要外接晶振电路,使用按键功能时要接 8 个二极管,电路稍显复杂,且每次通信间隔稍长(10 ms)。

ZLG7290B 的功能包括闪烁、段点亮、段熄灭、功能键、连击键计数等。其中,功能键实现了组合按键的控制,这在此类芯片中极具特色;连击键计数实现了识别长按键的功能,这也是 ZLG7290B 所独有的。

3. 专用显示器接口芯片——MAX7219

MAX7219 是 Maxim(美信)公司的产品。该芯片采用串行 SPI 接口,仅是单纯驱动共阴极 LED 数码管,没有键盘管理功能,功能单一,但是抗干扰能力较强。

4. 专用键盘/显示器接口芯片——BC7281

BC7281 系列是 8 位/16 位 LED 数码管显示及键盘接口专用控制芯片。BC7281 最多可以控制 16 位数码管显示或 128 只独立的 LED 和 64 键 8×8 的键盘矩阵,可实现闪烁、段点亮、段熄灭等功能。其最大特点是通过与单片机之间使用两线高速串行通信方式驱动 16 位 LED 数码管。BC7281 的驱动输出极性及输出时序均为软件可控,从而可以和各种外部电路配合,适用于任何尺寸的数码管。不足之处在于:其所需外围电路较多,占用 PCB 空间较大,且在驱动 16 位 LED 数码管时,由于采用动态扫描方式工作,电流噪声过大。

5. 专用键盘/显示器接口芯片——HD7279

HD7279 芯片是具有串行接口的可驱动 8 位共阴极数码管(或 64 只独立 LED)的智能显示驱动芯片,该芯片同时还可以连接多达 64 键的键盘矩阵,单片即可完成 LED 显示、键盘接口的全部功能。与单片机之间采用串行通信,具有一定的抗干扰能力。HD7279 的外围电路简单,价格低廉。由于 HD7279 具有上述优点,目前在键盘/显示器接口的设计中得到了较为广泛的应用。

6. 专用键盘/显示器接口芯片——CH451

CH451 芯片可以动态驱动 8 位 LED 数码管显示,具有 BCD 译码、闪烁、移位等功能。芯片内置大电流驱动电路,段电流不小于 25 mA,位电流不小于 150 mA,动态扫描控制,支持段电流上限调整,可以省去所有限流电阻,数码管通过占空比设定提供 16 级亮度控制。芯片内置的 64 键 8×8 矩阵键盘控制器可对矩阵键盘自动扫描,且具有去抖动电路,并提供键盘中断和按键释放标志位,可供查询按键按下与释放状态。芯片内置上电复位和看门狗定时器,提供高电平有效和低电平有效的两种复位输出。该芯片性价比高,也是目前使用较为广泛的专用键盘/显示器接口芯片之一,但是其抗干扰能力不是很强,不支持组合键的识别。

上面介绍了各种专用键盘/显示器接口芯片,目前 CH451 芯片和 HD7279 芯片使用较多。下面对性价比突出的 CH451 芯片进行重点介绍。

(1) CH451 芯片简介

CH451 芯片是一个整合了数码管显示驱动、键盘扫描控制以及微处理器监控的多功能外围芯片。三个功能之间相互独立,单片机可以通过操作命令分别启用、关闭、设定任何功能。CH451 内置 RC 振荡电路,可以动态驱动 8 位数码管或 64 只 LED 发光管,具有 BCD 译码、闪烁、移位等功能,同时还可以进行 64 键的键盘扫描。CH451 通过可以级联的硬件串行接口与单片机通信,由于其串行接口的硬件特性,即使在频繁高速通信中,也不会降低工作效率。

(2) CH451 的主要功能

① 显示驱动功能

· 内置大电流驱动,段电流不小于 25 mA,位电流不小于 150 mA;

· 动态显示扫描控制,直接驱动 8 位数码管或者 64 只 LED 发光管;

· 可选数码管的段与数据位相对应的非译码方式或者 BCD 译码方式;

· 数码管的字数据左移、右移、左循环、右循环,各数码管数字独立闪烁控制;

· 任意段位寻址,独立控制各个 LED 或者各数码管的各个段的亮与灭;

· 通过占空比设定提供 16 级亮度控制;

· 支持段电流上限调整,可以省去所有限流电阻;

· 扫描极限控制,支持 1~8 个数码管,只为有效数码管分配扫描时间。

② 键盘控制功能

· 内置 64 按键键盘控制器,基于 8×8 矩阵键盘扫描;

· 内置按键状态输入的下拉电阻,内置去抖动电路;

· 键盘中断,低电平有效输出;

· 提供按键释放标志位,可供查询按键按下与释放。

③ 其他功能

· 高速的 4 线串行接口,支持多片级联,时钟速度 0~10 MHz;

· 串行接口中的 DIN 和 DCLK 信号线可以与其他接口电路共用,节约引脚;

· 完全内置时钟晶振电路,不需要外接晶体或者阻容振荡;

· 内置上电复位和看门狗,提供高电平有效和低电平有效复位输出;

· 支持低功耗睡眠,节约电能,可以被按键唤醒或者被命令操作唤醒;

· 支持 3~5 V 电源电压,提供 SOP28 和 DIP24S 两种无铅封装,如图 10.26 所示,兼容

RoHS。

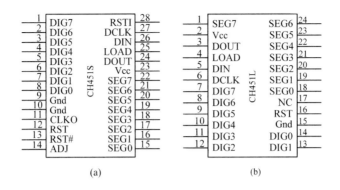

图 10.26　CH451 的两种封装形式

(a) SOP28 封装；(b) DIP24S 封装

（3）CH451 引脚说明

CH451 两种封装形式的引脚及引脚说明如表 10.10 所列。

表 10.10　CH451 两种封装形式的引脚及引脚说明

SOP28 引脚	DIP24S 引脚	引脚名称	类型	引脚说明
23	2	Vcc	电源	正电源端，持续电流不小于 200 mA
9	15	Gnd	电源	公共接地端，持续电流不小于 200 mA
25	4	LOAD	输入	串行接口的数据加载，内置上拉电阻
26	5	DIN	输入	串行接口的数据输入，内置上拉电阻
27	6	DCLK	输入	串行接口的数据时钟，内置上拉电阻，同时用于看门狗的清除输入
24	3	DOUT	输出	串行接口的数据输入和键盘中断
22～15	1, 24～18	SEG7～SEG0	三态输出及输入	数码管的段驱动，高电平有效，键盘扫描输入，高电平有效，内置下拉电阻
1～8	7～14	DIG7～DIG0	输出	数码管的位驱动，低电平有效，键盘扫描输出，高电平有效
12	16	RST	输出	上电复位和看门狗复位，高电平有效
13	不支持	RST♯	输出	上电复位和看门狗复位，低电平有效
28	不支持	RSTI	输入	外部手工复位输入，高电平有效，内置下拉电阻
14	不支持	ADJ	输入	段电流上限调整，内置强下拉电阻
11	不支持	CLKO	输出	内部系统时钟输出
10	不支持	Gnd	电源	建议接 Gnd
不支持	17	NC	空脚	未使用，禁止连接

（4）CH451 功能实现原理

① 显示驱动

CH451 对数码管和发光二极管采用动态扫描驱动，顺序为 DIG0～DIG7，当其中一个引脚有灌电流时,其他引脚则没有灌电流。CH451 内部具有大电流驱动,可以直接驱动0.5～2 英寸(1 英寸＝2.54 cm,下同)的共阴极数码管,段驱动引脚 SEG6～SEG0 分别对应数码管的段 g～a,段驱动引脚 SEG7 对应数码管的小数点,位驱动引脚 DIG7～DIG0 分别连接 8 个数码管的阴极;CH451 也可以连接 8×8 矩阵的发光二极管 LED 阵列或者 64 个独立发光管。

CH451 支持扫描极限控制,并且只为有效数码管分配扫描时间。当扫描极限设定为 1 时,唯一的数码管 DIG0 将得到所有的动态驱动时间,从而等同于静态驱动;当扫描极限设定为 8 时,8 个数码管 DIG7～DIG0 各得到 1/8 的动态驱动时间;当扫描极限设定为 4 时,4 个数码管 DIG3～DIG0 各得到 1/4 的动态驱动时间,此时各数码管的平均驱动电流将比扫描极限为 8 时增加一倍,所以降低扫描极限可以提高数码管的显示亮度。

CH451 将分配给每个数码管的显示驱动时间进一步细分为 16 等份,通过设定显示占空比支持 16 级亮度控制。占空比的值从 1/16 至 16/16,占空比越大,数码管的平均驱动电流越大,显示亮度也就越高,但占空比与显示亮度之间是非线性关系。

CH451 内部具有 8 个 8 位的数据寄存器,用于保存 8 个字数据,分别对应于所驱动的 8 个数码管或 8 组每组 8 个的发光二极管。CH451 支持数据寄存器中的字数据左移、右移、左循环、右循环,并且支持各数码管的独立闪烁控制,在位数据左右移动或左右循环移动的过程中,闪烁控制的属性不会随数据移动。

CH451 默认情况下工作于非译码方式,此时 8 个数据寄存器中为数据的位 7～位 0 分别对应 8 个数码管的小数点和段 g～a,对于发光二极管阵列,则每个位数据唯一地对应一个发光二极管。当数据位为 1 时,对应的数码管的段或者发光管就会点亮;当数据位为 0 时,则对应的数码管的段或者发光管就会熄灭。例如,第三个数据寄存器的位 0 为 1,所以对应的第三个数码管的段 a 点亮。通过设定,CH451 还可以工作于 BCD 译码方式,该方式主要应用于数码管驱动,单片机只要给出二进制数的 BCD 码,由 CH451 将其译码后直接驱动数码管显示对应的字符。BCD 译码方式是指对数据寄存器中位数据的位 4～位 0 进行 BCD 译码,控制段驱动引脚 SEG6～SEG0 的输出,对应于数码管的段 g～a,同时用位数据的位 7 控制段驱动引脚 SEG7 的输出,对应于数码管的小数点,位数据的位 6 和位 5 不影响 BCD 译码。数据寄存器中位数据的位 4～位 0 进行 BCD 译码后,所对应的段 g～a 以及数码管显示的字符如表 10.11 所列。

表 10.11　BCD 译码与数码管显示的对应关系表

位 4～位 0	段 g～a	显示的字符	位 4～位 0	段 g～a	显示的字符
00000B	0111111B	0	10111B	1110110B	H
00001B	0000110B	1	11000B	0111000B	L
00010B	1011011B	2	11001B	1110011B	P
00011B	1001111B	3	10000B	0000000B	空格
00100B	1100110B	4	10001B	1000110B	─|、─1 或加号
00101B	1101101B	5	10010B	1000000B	─、负号或减号
00110B	1111101B	6	10100B	0111001B	[左方括号
00111B	0000111B	7	10101B	0001111B	] 右方括号

表 10.11(续)

位 4～位 0	段 g～a	显示的字符	位 4～位 0	段 g～a	显示的字符
01000B	1111111B	8	10110B	0001000B	_下划线
01001B	1101111B	9	10011B	1000001B	＝等于号
01010B	1110111B	A	11010B	0000000B	.小数点
01011B	1111100B	b	其余值	0000000B	空格

位 4～位 0	段 g～a	显示的字符	S7	S6	S5	S4	S3	S2	S1	S0
01100B	1011000B	c	dp	g	f	e	d	c	b	a
01101B	1011110B	d								

位 4～位 0	段 g～a	显示的字符	
01110B	1111001B	E	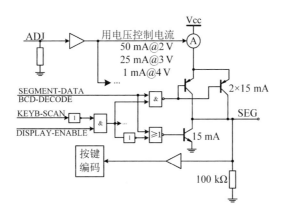
01111B	1110001B	F	SEG7~SEG0 与数码管

参考表 10.11,如果需要在数码管上显示字符"0",只要置入数据 0xx00000B 或者 00H;需要显示字符"0."(0 带小数点),只要置入数据 1xx00000B 或者 80H;类似 1xx01000B 或者 88H 对应于字符"8."(8 带小数点);数据 0xx10011B 或者 13H 对应于字符"＝";数据 0xx11010B 或者 1AH 对应于字符"."(小数点);数据 0xx10000B 或者 10H 对应于字符" "(空格,数码管没有显示)。

CH451 的段驱动引脚 SEG7～SEG0 的内部电路简图如图 10.27 所示。CH451 的位驱动引脚 DIG7～DIG0 的内部电路简图如图 10.28 所示。

图 10.27　CH451 的段驱动引脚 SEG7～SEG0 的内部电路简图

② 键盘扫描

CH451 的键扫描功能支持 8×8 矩阵的 64 键键盘。在键盘扫描期间,DIG7～DIG0 引脚用于列扫描输出,SEG7～SEG0 引脚都带有内部下拉电阻,用于行扫描输入;当启用键盘

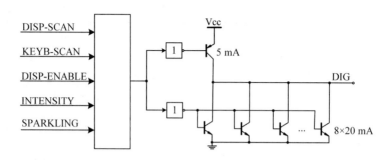

图 10.28　CH451 的段位驱动引脚 DIG7～DIG0 的内部电路简图

扫描功能后,DOUT 引脚的功能由串行接口的数据输出变为键盘中断以及数据输出。

　　CH451 定期在显示驱动扫描过程中插入键盘扫描。在键盘扫描期间,DIG7～DIG0 引脚按照 DIG0～DIG7 的顺序依次输出高电平,其余 7 个引脚输出低电平;SEG7～SEG0 引脚的输出被禁止。当没有键被按下时,SEG7～SEG0 都被下拉为低电平;当有键被按下时,例如,连接 DIG3 与 SEG4 的键被按下,则当 DIG3 输出高电平时 SEG4 检测到高电平。为了防止因为按键抖动或者外界干扰而产生误码,CH451 实行两次扫描,只有当两次键盘扫描的结果相同时,按键才会被确认有效。如果 CH451 检测到有效的按键,则记录下该按键代码,并通过 DOUT 引脚产生低电平有效的键盘中断,此时单片机可以通过串行接口读取按键代码;在没有检测到新的有效按键之前,CH451 不再产生任何键盘中断。CH451 不支持组合键,即同一时刻,不能有两个或者更多的键被按下,如果多个键同时按下,那么按键代码较小的按键优先。

　　CH451 所提供的按键代码为 7 位,位 2～位 0 是列扫描码,位 5～位 3 是行扫描码,位 6 是状态码(键按下为 1,键释放为 0)。例如,连接 DIG3 与 SEG4 的按键被按下,则按键代码是 1100011B 或者 63H;键被释放后,按键代码通常是 0100011B 或者 23H。其中,对应 DIG3 的列扫描码为 011B,对应 SEG4 的行扫描码为 100B。单片机可以在任何时候读取按键代码,但一般在 CH451 检测到有效按键而产生键盘中断时读取按键代码,此时按键代码的位 6 总是 1。另外,如果需要了解按键何时释放,单片机可以通过查询方式定期读取按键代码,直到按键代码的位 6 为 0。

　　连接在 DIG7～DIG0 与 SEG7～SEG0 之间的键被按下时,CH451 所提供的按键代码如表 10.12 所列。这些按键代码具有一定的规律,如果需要按键被释放时的按键代码,则将表中的按键代码的位 6 置 0,也就是将表中的按键代码减去 40H。

表 10.12　按键与按键代码的对应关系表

按键代码	DIG7	DIG6	DIG5	DIG4	DIG3	DIG2	DIG1	DIG0
SEG0	47H	46H	45H	44H	43H	42H	41H	40H
SEG1	4FH	4EH	4DH	4CH	4BH	4AH	49H	48H
SEG2	57H	56H	55H	54H	53H	52H	51H	50H
SEG3	5FH	5EH	5DH	5CH	5BH	5AH	59H	58H
SEG4	67H	66H	65H	64H	63H	62H	61H	60H

表 10.12(续)

按键代码	DIG7	DIG6	DIG5	DIG4	DIG3	DIG2	DIG1	DIG0
SEG5	6FH	6EH	6DH	6CH	6BH	6AH	69H	68H
SEG6	77H	76H	75H	74H	73H	72H	71H	70H
SEG7	7FH	7EH	7DH	7CH	7BH	7AH	79H	78H

(5) CH451 的操作命令

CH451 的操作命令均为 12 位,其中高 4 位为标识码,低 8 位为参数。各操作命令简介如下。

① 空操作命令

命令编码:0000××××××××B(×为任意值)

空操作命令对 CH451 不产生任何影响。该命令可以应用在多个 CH451 的级联中,透过前级 CH451 向后级 CH451 发送操作命令而不影响前级 CH451 的状态。例如,要将操作命令 001000000001B 发送给两级级联电路中的后级 CH451(后级 CH451 的 DIN 引脚连接到前级 CH451 的 DOUT 引脚),只要在该操作命令后添加空操作命令 000000000000B 再发送,那么,该操作命令将经过前级 CH451 到达后级 CH451,而空操作命令留给了前级 CH451。另外,为了在不影响 CH451 的前提下,使 DCLK 变化以清除看门狗计时器,也可以发送空操作命令。在非级联的应用中,空操作命令可只发送高 4 位。

② 芯片内部复位命令

命令编码:001000000001B

该命令可将 CH451 的各个寄存器和各种参数复位到默认的状态。芯片上电时,CH451 均被复位,此时各个寄存器均复位为 0,各种参数均恢复为默认值。

③ 位数据移位命令

命令编码:0011000000[D1][D0]B

位数据移位命令共有 4 个:开环左移、右移,闭环左移、右移。D0＝0 时为开环,D0＝1 时为闭环;D1＝0 时为左移,D1＝1 时为右移。开环左移时,DIG0 引脚对应的单元补 00H,此时非译码方式时显示为空格,BCD 译码方式时显示为 0;开环右移时,DIG7 引脚对应的单元补 00H;而在闭环时 DIG0 与 DIG7 头尾相接,闭环移位。

④ 设定系统参数命令

命令编码:0100000[CKHF]0[WDOG][KEYB][DISP]B

该命令用于设定 CH451 的系统参数,如看门狗使能 WDOG、键盘扫描使能 KEYB、显示驱动使能 DISP 等。各个参数均可通过命令中的 1 位数据来进行控制,将相应数据位置 1 可启用该功能,否则关闭该功能(默认值)。

⑤ 设定显示参数命令

命令编码:0101[MODE(1 位)][LIMIT(3 位)][INTENSITY(4 位)]B

此命令用于设定 CH451 的显示参数,包括译码方式 MODE(1 位)、扫描极限 LIMIT(3 位)、显示亮度 INTENSITY(4 位)。

译码方式 MODE＝1 时,选择 BCD 译码方式;MODE＝0 时,选择非译码方式。CH451 默认工作于非译码方式,此时 8 个数据寄存器中字节数据的位 7～位 0 分别对应 8 个数码管的小数点和段 a～g,当某段数据位为 1 时,对应的段点亮;当某段数据位为 0 时,对应的段熄灭。CH451 工作于 BCD 译码方式主要应用于 LED 数码管驱动,单片机只要给出二进制数的 BCD 码,便可由 CH451 将其译码并直接驱动 LED 数码管以显示对应的字符。BCD 译码方式是对显示数据寄存器字节中的数据位 4～位 0 进行 BCD 译码,可用于控制段驱动引脚 SEG6～SEG0 的输出,它们对应于数码管的段 g～a,同时可用字节数据的位 7 来控制 SEG7 段对应的 LED 数码管的小数点,字节数据的位 6 和位 5 不影响 BCD 译码的输出,它们可以是任意值。将位 4～位 0 进行 BCD 译码可显示以下 28 个字符:00000B～01111B 分别对应于显示字符"0～F",10000B～11010B 分别对应于显示"空格""＋""－""＝""["""]""_""H""L""P"".",其余值为空格。

扫描极限 LIMIT 控制位 001B～111B 和 000B(默认值)可分别设定扫描极限 1～7 和 8。

显示亮度 INTENSITY 控制位(4 位)可实现 16 级显示亮度控制。0001B～1111B 和 0000B(默认值)则用于分别设定显示驱动占空比 1/16～15/16 和 16/16。

⑥ 设定闪烁控制命令

命令编码:0110[D7S][D6S][D5S][D4S][D3S][D2S][D1S][D0S]B

设定闪烁控制命令用于设定 CH451 的闪烁显示属性,其中 D7S～D0S 位分别对应于 8 个数码管的位驱动 DIG7～DIG0,并控制 DIG7～DIG0 的属性,将相应的数据位置 1 则闪烁显示,否则为不闪烁的正常显示(默认值)。

⑦ 加载显示数据命令

命令编码:1[DIG_ADDR][DIG_DATA]B

本命令用于将显示字节数据 DIG_DATA(8 位)写入 DIG_ADDR(3 位)指定的数据寄存器中。DIG_ADDR 的 000B～111B 分别用于指定显示寄存器的地址 0～7,并分别对应于 DIG0～DIG7 引脚驱动的 8 个 LED 数码管。DIG_DATA 为待写入的显示字节数据。

⑧ 读取按键代码命令

命令编码:0111××××××××B

本命令用于获得 CH451 最近检测到的有效按键的代码,是唯一具有数据返回的命令。CH451 通常从 DOUT 引脚向单片机输出按键代码,按键代码是 7 位数据,最高位是状态码,位 5～位 0 是扫描码。读取按键代码命令的位 7～位 0 可以是任意值,所以控制器可以将该命令缩短为 4 位数据,即位 11～位 8。例如,CH451 检测到有效按键并向单片机发出中断请求时,假如按键代码是 5EH,则单片机先向 CH451 发出读取按键代码命令 0111B,然后再从 DOUT 获得按键代码 5EH。CH451 所提供的按键代码为 7 位,位 2～位 0 是列扫描码,位 5～位 3 是行扫描码,位 6 是按键的状态码(键按下为 1,键释放为 0)。单片机可以在任何时候读取有效按键的代码,但一般在 CH451 检测到有效按键并向单片机发出键盘中断请求时,进入中断服务程序读取按键代码,此时按键代码的位 6 总是 1。另外,如果需要了解按键何时释放,单片机可以通过查询方式定期读取按键代码,直到按键代码的位 6 为 0。

注意:CH451 不支持组合键,即同一时刻,不能有两个或者更多的键被按下。如果需要组合键功能,则可利用两片 CH451 来实现。具体的实现方法,请见相关资料。

(6) CH451 的应用

① 单片机与 CH451 的连接

CH451 通过串行接口与单片机连接的电路如图 10.29 所示。CH451 向单片机提供复位信号 RESET 和系统时钟信号 DCLK。CH451 的段驱动引脚串接电阻,用以限制和均衡段驱动电流,在＋5 V 电源电压下,对应段电流 13 mA。电容 C2 和 C3 用于电源退耦,减少驱动大电流产生的干扰。当不需要键盘功能时,可以省去 KEY 信号线,只使用 DCLK、DIN、LOAD 三条信号线;当使用键盘功能时,CH451 的 DOUT 引脚的 KEY 信号线可以连接到单片机的中断输入引脚,如果连接到普通 I/O 引脚应该使用查询方式确定 CH451 是否检测到有效按键。

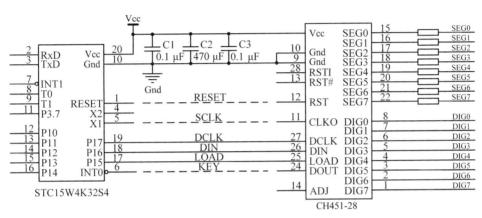

图 10.29　CH451 通过串行接口与单片机连接的电路图

在单片机与 CH451 进行远距离连接的电路中,建议对 DIN、DCLK、LOAD 加上拉电阻以减少干扰,上拉电阻的阻值可以是 1～10 kΩ,近距离无须上拉电阻,距离越远则阻值应该越小。

② 驱动数码管

CH451 驱动数码管的电路如图 10.30 所示。CH451 可以动态驱动 8 个共阴极数码管,

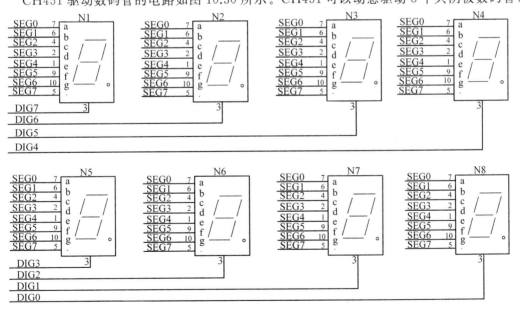

图 10.30　CH451 驱动数码管的电路图

所有数码管的相同段引脚（段 a～g 以及小数点）并联后通过串接的限流电阻连接 CH451 的段驱动引脚 SEG0～SEG7，各数码管的阴极分别由 CH451 的 DIG0～DIG7 引脚进行驱动。串接限流电阻的阻值越大则段驱动电流越小，数码管的显示亮度越低，阻值一般在 60～1000 Ω 之间，在其他条件相同的情况下，应该优先选择较大的阻值。在数码管的面板布局上，建议数码管从左到右的顺序是 N1 靠左边，N8 靠右边，以便匹配字左右移动命令和字左右循环移动命令。

③ 8×8 键盘扫描

CH451 连接 8×8 键盘的电路图如图 10.31 所示。CH451 具有 64 键的键盘扫描功能，如果应用中只需要很少的按键，则可以在 8×8 矩阵中任意去掉不用的按键。为了防止键被按下后在 SEG 信号线与 DIG 信号线之间形成短路影响显示功能，一般应在 CH451 的 DIG0～DIG7 引脚与键盘矩阵之间串接限流电阻，其阻值为 1～10 kΩ。

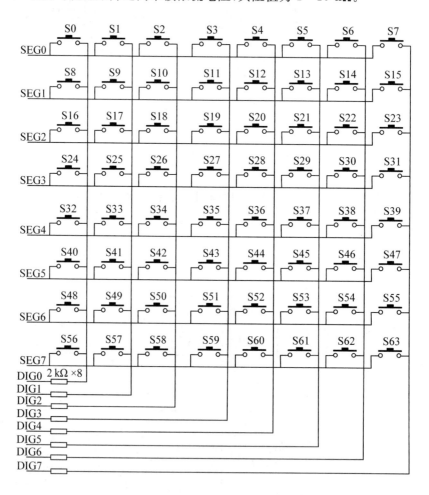

图 10.31　CH451 连接 8×8 键盘的电路图

④ 完整的应用电路

单片机通过 CH451 驱动 8 个共阴极数码管显示，并同时扫描 64 个按键的完整电路图如图 10.32 所示。由于某些数码管在较高工作电压时存在反向漏电现象，容易被 CH451 误认为是某个按键一直按下,所以建议使用二极管 D1～D8 防止数码管反向漏电,并提高键盘扫描时 SEG0～SEG7 输入信号的电平,确保键盘扫描更可靠。当电源电压较低时(例如 3.3 V),这些二极管应该去掉以避免影响显示亮度。当数码管多于 8 个时,可以采用多个 CH451 进行驱动。多个 CH451 与单片机的连接电路及使用方法请参阅 CH451 手册,限于篇幅,在此从略。

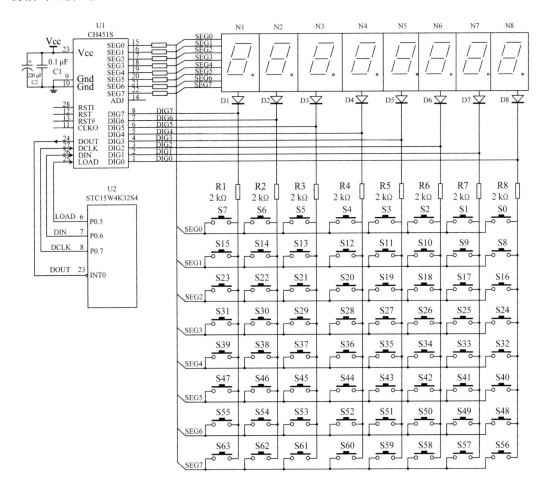

图 10.32　单片机通过 CH451 驱动 8 个共阴极数码管/64 个按键的完整电路图

本 章 小 结

　　单片机的人机交互主要包括两个方面:一是输入模块,主要是键盘;二是显示模块,主要包括 LED 数码管、LCD 液晶显示器等。键盘按照结构原理可以分为两类:一类是触点式开关按键,如机械式开关;另一类为无触点式开关,如电气式按键。机械开关在使用时要注意防抖动。在单片机的控制系统中,如果所需开关较少,可以采用独立式按键布局;如果使用的按键较多,则通常采用矩阵式键盘。键盘的工作方式可以分为编程扫描式、定时扫描式和中断扫描式等。

单片机系统的常用显示设备有 LED 发光二极管、LED 数码管和 LCD 液晶显示器。LED 七段数码管显示亮度高,常用于数字显示,其驱动方式分为静态驱动和动态驱动两种。静态驱动方式亮度稳定,所需 CPU 资源较少,但需要硬件的支持;动态驱动方式利用了人眼的"视觉暂留"物理特点,需要 CPU 不停对数码管进行刷新显示,占用的 CPU 资源较多,不适合实时性要求较高的场合。

LCD 通常可以分为字段型、点阵字符型和点阵图形型。本章重点介绍了字符型 LCD1602 和带中文字库的 LCD12864 显示器的内部结构、接口特点、指令系统和使用方法。

在单片机系统的实际应用中,键盘/显示器接口专用芯片提供了便捷的解决方案,市面上的专用芯片各有特色,本章重点介绍了 CH451 芯片的特点和使用方法。

习题与思考题

一、填空题

1. 按键的机械抖动时间一般为_____。消除机械抖动的方法有硬件去抖法和软件去抖法两种。硬件去抖法主要有_____触发器和_____两种;软件去抖法是通过调用_____延时程序来实现的。

2. 键盘按照按键的结构可以分为_____和_____两种;按照按键的接口原理可以分为_____和_____两种;按照按键的连接结构可以分为_____和_____两种。

3. 独立按键中的各个按键是_____,在与微处理器连接时每个按键占用一个。

4. LCD1602 模块中的 16 代表_____,02 代表_____。

5. 单片机的 8 位 I/O 口线用于连接键盘时,若采用独立键盘,可以扩展_____个按键;若采用矩阵式键盘结构,则可以扩展_____个按键。

6. LCD12864 中的 128 代表_____,64 代表_____。

7. LCD12864 显示模块若带有中文字库支持时可以显示_____行_____列的中文文字显示。

8. LCD1602 模块中的 RS 引脚功能是_____,R/W 引脚功能是_____,E 引脚功能是_____。

9. 为保证一次按键动作不会被重复触发,必须对按键做_____处理。

10. LCD1602 模块中 LEDA 引脚的功能是_____,LEDK 引脚的功能是_____。

二、选择题

1. LCD1602 模块中的 Vo 引脚功能为( )。

A. 电源输入　　　B. 亮度调整　　　C. 对比度调整　　　D. 电源输出

2. 自带中文字库的 LCD12864 模块不能显示的字型是( )。

A. ASCII 码　　　B. 汉字　　　C. 半角英文　　　D. CJK 字符

3. LCD12864 模块中 PSB 引脚的功能是( )。

A. 复位　　　B. 串行/并行选择　　　C. 背光调节　　　D. 对比度调节

4. 按键的机械抖动时间一般为( )。

A. 1～5 ms　　　　B. 5～10 ms　　　　C. 10～15 ms　　　　D. 15～20 ms

5. 采用软件去抖法时的延时时间一般为(　　　)。

A. 5 ms　　　　　B. 10 ms　　　　　C. 15 ms　　　　　D. 20 ms

6. 人为按键的操作时间一般为(　　　)。

A. 100 ms　　　　B. 500 ms　　　　C. 750 ms　　　　D. 1000 ms

7. LCD 显示控制中,若 RS=1,R/W=1,E=1,此时 LCD 的操作是(　　　)。

A. 读数据　　　　B. 写指令　　　　C. 写数据　　　　D. 读"忙"标志

8. LCD1602 指令中,01H 指令代码的功能是(　　　)。

A. 光标返回　　　B. 设置字符输入模式　　C. 显示开/关　　　D. 清显示屏

9. LCD12864 模块指令中,指令控制位 RE 的作用是(　　　)。

A. 显示开/关控制　　　　　　　　　　B. 游标开/关控制

C. 4/8 位数据选择　　　　　　　　　　D. 扩充/基本指令选择

10. 下列不属于专用键盘/显示器接口芯片的是(　　　)。

A. CH451　　　　B. Intel 7920　　　C. HD7279　　　D. CH430G

三、简答题

1. 为什么要消除按键的机械抖动? 消除按键机械抖动的方法有哪些? 原理是什么?

2. 简述常见的键盘接口电路及特点。

3. LED 数码管的静态显示方式与动态显示方式有何区别? 各有什么优缺点?

4. 键盘有哪 3 种工作方式? 它们各自的工作原理及特点是什么?

5. 采用软件方法消抖时,延时时间一般取多长?

6. 需要选择什么类型的液晶屏才能显示汉字?

7. 数码管的工作原理是什么? 数码管有哪些类型?

8. 常见的专用键盘/显示器接口芯片有哪些? 各有何优缺点?

9. 简述 LCD1602 的编程步骤。

10. 若要在带有中文字库的 LCD12864 模块中显示中文字符,简述操作步骤。

四、判断题

1. 机械开关与机械按键的物理特性是一致的。(　　　)

2. 计算机的 PC 键盘属于非编码键盘。(　　　)

3. 单片机使用 10 条 I/O 口线能够驱动最多 24 个按键。(　　　)

4. 带有中文字库的 LCD12864 模块可以显示 64 个 ASCII 码字符。(　　　)

5. 一个 32×32 点阵的字符的字模数据需要占用 128 字节的地址空间。(　　　)

五、程序设计题

1. 利用 LCD1602 设计一个计时 60 s 的秒表,利用独立按键控制秒表的启动与停止。

2. 设计一个 4×4 键盘和 2 位数码显示电路,编程实现按键输入、数码显示键值的程序。

3. 使用 STC15W4K32S4 单片机的 SPI 接口连接 LCD12864 模块,并编写该串行模式下的程序显示"我爱中国"。

4. 用 7 条线如何实现 5×4 和 5×5 的行列式键盘? 完成程序设计。

5. 试用最少的硬件电路,设计一个具有 16 位数码管显示和 16 只按键的电路。

第 11 章 单片机的 A/D 与 D/A 转换

【本章要点】

单片机只能对数字信号进行处理,其 I/O 的结果必须是数字量。而在生产过程中许多变量往往是连续变化的模拟量,如温度、压力、速度等,这些非电信号的模拟量先要经过传感器变成电压或电流等电信号的模拟量,然后再转换为数字量,最后才能送入单片机进行处理。同理,在单片机系统中的有些外部设备需要模拟信号进行驱动,例如扬声器、电动机等,单片机输出的数字量必须再转换成模拟量才能去控制执行设备,以实现自动控制的目的。要完成上述功能就要用到 A/D 和 D/A 两种转换器。本章主要介绍 A/D 和 D/A 转换器的工作原理及应用,并通过实例进一步分析 A/D 和 D/A 转换器的工作原理和使用方法。

本章的主要内容有:

- A/D 和 D/A 转换器的模块结构。
- A/D 和 D/A 转换器的控制方法。
- A/D 和 D/A 转换器的应用举例。

11.1 单片机与 A/D 和 D/A 转换器

单片机和微机系统的广泛普及,使得数字信号的传输与处理成为必然。由于自然形态下的物理量多以模拟量的形式存在,如温度、湿度、压力、流量、速度等,实际生产、生活和科学实验中还会遇到化学量、生物量(包括医学)等,从信号工程的角度来看,要进行信号的计算机处理,首要任务是将上述的物理量、化学量和生物量等通过相应的传感器转换为电信号(称之为模拟量),然后将模拟量进一步转换为单片机能够识别处理的数字量,最后再进行信号的传输、处理、存储、显示和控制。同样,单片机控制某些外部设备时,如电动调节阀、调速系统等,需要将输出的数字信号转换成外部设备能够接受的模拟信号。实现模拟量转换为数字量的器件称为模数转换器(analog to digital converter, ADC),也称为 A/D 转换器;将数字量转换为模拟量的器件称为数模转换器(digital to analog converter, DAC),也称为 D/A 转换器。以单片机为核心,具有模拟量输入和输出的应用系统结构如图 11.1 所示。

在此,应注意传感器和变送器的区别。传感器是一种把非电量转变成电信号的器件,而检测仪表在模拟电子技术条件下,一般包括传感器、检测点取样设备及放大器(进行抗干扰处理及信号传输),当然还有电源及现场显示部分(可选择)。电信号一般分为连续量和离散量两种,实际上还可分为模拟量、开关量、脉冲量等,模拟信号一般采用 4~20 mA 的 DC 标准信号传输。数字化过程中,常常把传感器和微处理器及通信网络接口封装在一个器件(称为检测仪表)中,完成信息获取、处理、传输、存储等功能。在自动化仪表中经常把检测仪表称为变送器,如温度变送器、压力变送器等。

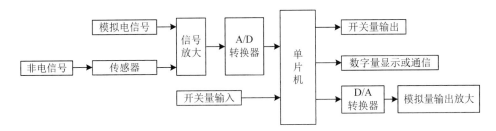

图 11.1　带有模拟量输入和输出的单片机系统

ADC 和 DAC 器件种类繁多,性能各异,使用方法也不尽相同。有些单片机内部集成有 ADC 或 DAC。本章首先介绍 A/D 转换器的工作原理及性能指标,然后介绍 STC15W4K32S4 单片机片内集成 ADC 模块的使用,最后介绍 D/A 转换器 TLV5616 与单片机的接口方法及编程应用。

11.2　A/D 转换器的工作原理及性能指标

根据 A/D 转换器的工作原理不同,A/D 转换器可以分为计数比较式模数转换器、逐次逼近式模数转换器和双斜率积分式模数转换器。计数比较式模数转换器结构简单,价格便宜,转换速度慢,较少采用。下面主要介绍逐次逼近式模数转换器和双斜率积分式模数转换器的工作原理。

11.2.1　A/D 转换器的工作原理

1. 逐次逼近式模数转换器的工作原理

逐次逼近式模数转换器的电路框图如图 11.2 所示。

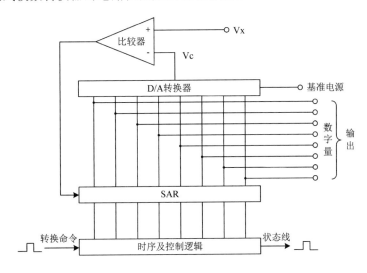

图 11.2　逐次逼近式模数转换器的电路框图

逐次逼近式模数转换器主要由逐次逼近寄存器 SAR、D/A 转换器、比较器、时序及控制逻辑等部分组成。

逐次逼近式模数转换器工作时,逐次把设定在 SAR 中的数字量经 D/A 转换输出的电压 Vc 与要被转换的模拟电压 Vx 进行比较,比较时从 SAR 中的最高位开始,逐位确定各位是 1 还是 0,其工作过程如下:

当 A/D 转换器收到"转换命令"并清除 SAR 寄存器后,控制电路先设定 SAR 中的最高位为 1,其余位为 0,此预测数据被送至 D/A 转换器,转换成电压 Vc,然后将 Vc 与输入模拟电压 Vx 在高增益的比较器中进行比较,比较器的输出为逻辑"0"或"1"。如果 Vx≥Vc,说明此位置 1 是对的,应予保留;如果 Vx＜Vc,说明此位置 1 不合适,应予清除。按该方法继续对次高位进行转换、比较和判断,决定次高位应取 1 还是取 0。重复上述过程,直至确定 SAR 最低位为止。该过程完成后,状态线改变状态,表示已完成一次完整的转换,SAR 中的内容就是与输入的模拟电压对应的二进制数字量。

2. 双斜率积分式模数转换器的工作原理

双斜率积分式模数转换器比逐次逼近式抗干扰能力强。这个方法的基础是测量两个时间:一个是模拟输入电压向电容充电的固定时间;另一个是在已知参考电压下放电所需的时间。模拟输入电压与参考电压的比值就等于上述两个时间值之比。双斜率积分式模数转换器的组成框图如图 11.3 所示。

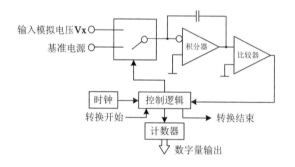

图 11.3　双斜率积分式模数转换器的组成框图

双斜率积分式模数转换器具有精度高、抗干扰能力强的特点,逐次逼近式模数转换器能很好地兼顾速度和精度,因此这两种转换器在 16 位以下的 A/D 转换器中应用最为广泛。

11.2.2　A/D 转换器的性能指标

A/D 转换器是实现单片机数据采集的常用外围器件,不同 A/D 转换器之间的区别很大;在设计数据采集系统时,首要问题是如何选择合适的 A/D 转换器以满足系统设计的需求,这需要综合考虑多项因素,如系统技术指标、成本、功耗、安装等。可以根据以下指标选择 A/D 转换器。

1. 分辨率

分辨率是 A/D 转换器能够分辨最小输入信号的能力,表示输出数字量变化一个相邻数码所需输入模拟电压的变化量。分辨率越高,转换时对输入模拟信号变化的反应就越灵敏。例如,8 位 A/D 转换器能够分辨出满刻度的 $\frac{1}{2^8}=\frac{1}{256}$,若满刻度输入电压为 +5 V,则该 8 位 A/D 转换器能够分辨出输入电压变化的最小值为 19.5 mV。

分辨率常用 A/D 转换器输出的二进制位数表示。一般把 8 位以下的 ADC 器件归为低分辨率 ADC 器件,9～12 位的 ADC 器件称为中分辨率 ADC 器件,13 位以上的 ADC 器件称为高分辨率 ADC 器件。10 位以下的 ADC 器件误差较大,11 位以上对减小误差并无太大贡献,但对 ADC 器件的要求却较高。因此,取 10 位或 11 位是合适的。由于模拟信号先经过测量装置,再经 A/D 转换器转换后才进入单片机处理,因此,总的误差是由测量误差和量化误差共同构成的。A/D 转换器的精度应与测量装置的精度相匹配。也就是说,一方面要求量化误差在总误差中所占的比重要小,使它不显著地扩大测量误差;另一方面必须根据目前测量装置的精度水平,对 A/D 转换器的位数提出恰当的要求。常见的 A/D 转换器有 8 位、10 位、12 位、14 位和 16 位等。

2. 通道

有的单个芯片内部含有多个 ADC 模块,可同时实现多路信号的转换;常见的多路 ADC 器件只有一个公共的 ADC 模块,由一个多路转换开关实现多路输入的分时转换。

3. 基准电压

基准电压有内、外基准和单、双基准之分。

4. 转换速率

A/D 转换器从启动转换到转换结束输出稳定的数字量,需要一定的转换时间,这个时间称为转换时间。转换时间的倒数就是每秒钟能完成的转换次数,称为转换速率。A/D 转换器的型号不同,转换时间不同。逐次逼近式单次 A/D 转换器转换时间的典型值为 $1.0\sim 200~\mu s$。

确定 A/D 转换器的转换速率时,应根据输入信号的最高频率来确定 ADC 的转换速度,保证转换器的转换速率要高于系统要求的采样频率。例如,如果用转换时间为 $100~\mu s$ 的 A/D 转换器,则其转换速率为 10 kHz。根据采样定理和实际需要,若一个周期的波形需采样 10 个样本点,那么 A/D 转换器最高也只能处理频率为 1 kHz 的模拟信号。对一般的单片机而言,在如此高的采样率下,要在采样时间内完成 A/D 转换以外的工作,如读取数据、再启动转换、保存数据、循环计数等已经比较困难了。

5. 采样/保持器

采样/保持也称为跟踪/保持(track/hold,TH)。原则上采集直流和变化非常缓慢的模拟信号时可不用采样/保持器,对于其他模拟信号一般都要加采样/保持器。如果信号频率不高,A/D 转换器的转换时间短,即使用高速 A/D 转换器时,也可不用采样/保持器。

6. 量程

量程即所能转换的电压范围,如 0～2.5 V、0～5 V 和－10～0 V。

7. 满刻度误差

满刻度输出时对应的输入信号值与理想输入信号值之差称为满刻度误差。

8. 线性度

实际转换器的转移函数与理想直线的最大偏移称为线性度。

9. 数字接口方式

A/D 转换器的数据输出接口方式有并行接口和串行接口两种。并行接口方式一般在转换后可直接输出,但芯片的数据引脚比较多;串行接口方式所用芯片引脚少,封装小,但需要软件处理才能得到所需要的数据。在单片机 I/O 引脚不多的情况下,使用串行器件可以节省 I/O 资源,但是并行器件具有明显的转换速度优势,在转换速度要求较高的情况下应选用并行器件。

数值编码通常是二进制,也有 BCD 码、双极性补码、偏移码等。

10. 模拟信号类型

通常 ADC 器件的模拟输入信号都是电压信号,同时根据信号是否过零,还分成单极性(unipolar)信号和双极性(bipolar)信号。

11. 电源电压

电源电压有单电源、双电源和不同电压范围之分,早期的 A/D 转换器供电电源主要有+15 V/−15 V,如果选用单+5 V 电源的芯片则可以直接使用单片机系统电源。

12. 功耗

一般 CMOS 工艺的芯片功耗较低,使用电池供电的手持系统对功耗要求比较高,此时一定要注意功耗指标。

13. 封装

常见的封装有双列直插封装(DIP)和表贴型封装(SO)。

11.2.3 A/D 转换器的模块结构

1. A/D 转换器的结构

常见的 A/D 转换器有美国国家半导体公司生产的 8 路输入、8 位逐次逼近式并行输出转换器 ADC0809 和 TI 公司的 8 路输入、12 位精度并行输出转换器 ADS7852 等,下面主要介绍 STC15 系列单片机内集成的 ADC 模块的结构和使用方法。

STC15W4K32S4 单片机 ADC 输入通道与 P1 端口复用,上电复位后 P1 为弱上拉型 I/O 端口(P1.6、P1.7 除外),用户可以通过程序设置 P1ASF 特殊功能寄存器将 P1 端口 8 路输入中的任何一路设置为 ADC 功能,其他不用于 ADC 功能的引脚仍可作为普通 I/O 端口使用。

STC15W4K32S4 单片机的 ADC 由多路选择开关、比较器、逐次比较寄存器、10 位数模转换 DAC、转换结果寄存器(ADC_RES 和 ADC_RESL)以及 ADC 控制寄存器 ADC_CON-TR 构成。STC15W4K32S4 单片机 ADC 的结构如图 11.4 所示。

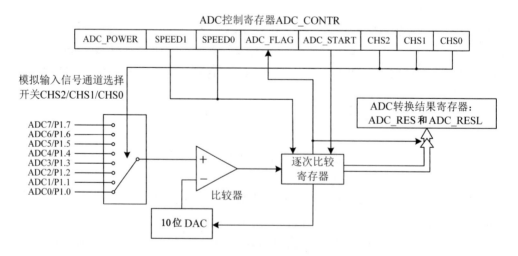

图 11.4　STC15W4K32S4 单片机 ADC 的结构图

STC15W4K32S4 单片机的 ADC 是逐次比较型模数转换器,由一个比较器和 D/A 转换器构成,通过逐次比较逻辑,从最高位(MSB)开始,顺序地对每一输入电压模拟量与内置 D/A 转换器输出进行比较,经过多次比较,使转换所得的数字量逐次逼近输入模拟量对应值,直至 A/D 转换结束。

从图 11.4 可以看出,通过模拟多路开关将通过 ADC0～ADC7 的模拟量输入送给比较器。用 D/A 转换器(DAC)转换的模拟量与输入的模拟量通过比较器进行比较,将比较结果保存到逐次比较寄存器,并通过逐次比较寄存器输出转换结果。A/D 转换结束后,最终的转换结果保存到 ADC 转换结果寄存器 ADC_RES 和 ADC_RESL 中,同时,置位 ADC 控制寄存器 ADC_CONTR 中的 A/D 转换结束标志位 ADC_FLAG,以供程序查询或发出中断申请。模拟通道的选择控制由 ADC 控制寄存器 ADC_CONTR 中的 CHS2～CHS0 确定。ADC 的转换速度由 ADC 控制寄存器中的 SPEED1 和 SPEED0 确定。在使用 ADC 之前,应先给 ADC 上电,也就是置位 ADC 控制寄存器中的 ADC_POWER 位。

2. ADC 的参考电压源

STC15W4K32S4 单片机 ADC 模块的参考电压源(VREF)是输入工作电压 Vcc,所以一般不用外接参考电压源。但 STC15W4K32S4 单片机新增 ADC 第 9 通道以及内部集成稳定的 BandGap 参考电压,约为 1.27 V,此电压不会随芯片的输入工作电压的改变而改变。因此通过测量 ADC 第 9 通道内部 BandGap 参考电压,然后测量外部 ADC 的值便可反推出外部电压或外部电池电压。

ADC 第 9 通道内部 BandGap 参考电压的测量方法:首先将 P1ASF 初始化为 0,即关闭所有 P1 端口的模拟功能,然后通过正常的 ADC 转换方法读取第 0 通道/P1.0 的值,即可通过 ADC 第 9 通道读取当前内部 BandGap 参考电压值。

外部电压或外部电池电压的测量方法:首先用户需要在外部电压或外部电池电压很精准的情况下(如 5.0 V),测量出内部 BandGap 参考电压的 ADC 转换值(如为 BGV5),将这个值保存到 EEPROM 中,然后在实际的外部电压或外部电池电压变化后,测量出内部 BandGap 参考电压的 ADC 转换值(如为 BGVx),最后通过计算公式:

$$实际外部电压或外部电池电压 = 5.0 \times \frac{BGV5}{BGVx}$$

即可计算出实际的外部电压或外部电池电压值。需要注意的是,第一步的 BGV5 的基准测量一定要精确。

3. 与 A/D 转换相关的特殊功能寄存器

STC15W4K32S4 单片机的 A/D 模块主要由 P1ASF、ADC_CONTR、ADC_RES、ADC_RESL、CLK_DIV、IE 和 IP 等 7 个特殊功能寄存器进行控制与管理,如表 11.1 所列。下面分别详细介绍。

表 11.1　STC15 单片机 A/D 转换相关寄存器表

名称	地址	D7	D6	D5	D4	D3	D2	D1	D0	复位值
P1ASF	9DH	P17ASF	P16ASF	P15ASF	P14ASF	P13ASF	P12ASF	P11ASF	P10ASF	00000000
ADC_CONTR	BCH	ADC_POWER	SPEED1	SPEED0	ADC_FLAG	ADC_START	CHS2	CHS1	CHS0	00000000
ADC_RES	BDH									00000000

表 11.1(续)

名称	地址	D7	D6	D5	D4	D3	D2	D1	D0	复位值
ADC_RESL	BEH									00000000
CLK_DIV	97H	MCKO_S1	MCKO_S0	ADRJ	Tx_Rx	MCLK0_2	CLKS2	CLKS1	CLKS0	00000000
IE	A8	EA	ELVD	EADC	ES	ET1	EX1	ET0	EX0	00000000
IP	B8	PPCA	PLVD	PADC	PS	PT1	PX1	PT0	PX0	00000000

(1) P1 端口模拟输入通道功能控制寄存器 P1ASF

STC15 系列单片机的 A/D 转换口在 P1 端口(P1.7～P1.0),有 8 路 10 位高速 A/D 转换器,速度可达到 300 kHz(30 万次/秒)。P1 端口的 8 路均为电压输入型 A/D,可做温度检测、电池电压检测、按键扫描、频谱检测等。上电复位后 P1 端口工作在准双向口/弱上拉模式(P1.6、P1.7 除外),用户可以通过软件设置将 8 路中的任何一路设置为 A/D 转换,不需作为 A/D 使用的 P1 端口可继续作为 I/O 端口使用(建议只作为输入)。需作为 A/D 使用的口线需先将 P1ASF 特殊功能寄存器中的相应位置"1",将相应的口线设置为模拟功能。P1ASF 寄存器的格式如下:

名称	地址	D7	D6	D5	D4	D3	D2	D1	D0	复位值
P1ASF	9DH	P17ASF	P16ASF	P15ASF	P14ASF	P13ASF	P12ASF	P11ASF	P10ASF	00000000

P1ASF 寄存器不能位寻址,可以采用字节操作。例如,要使用 P1.0 作为模拟输入通道,可采用控制位与"1"相或从而实现置"1"的原理,C 语言语句可执行 P1ASF |= 0x01 实现。

(2) ADC 控制寄存器 ADC_CONTR

ADC 控制寄存器 ADC_CONTR 主要用于设置 ADC 转换输入通道、转换速度以及 ADC 的启动、转换结束标志等。其格式如下:

名称	地址	D7	D6	D5	D4	D3	D2	D1	D0	复位值
ADC_CONTR	BCH	ADC_POWER	SPEED1	SPEED0	ADC_FLAG	ADC_START	CHS2	CHS1	CHS0	00000000

对 ADC_CONTR 寄存器进行操作时,由于 ADC/CONTR 寄存器不能位寻址,建议直接用赋值语句,不要用"与"和"或"运算。

① ADC_POWER:ADC 电源控制位。ADC_POWER=0 时,关闭 A/D 转换器电源;ADC_POWER=1 时,打开 A/D 转换器电源。

建议进入空闲模式和掉电模式前,将 A/D 转换器电源关闭,即 ADC_POWER=0,可降低功耗。启动 A/D 转换前一定要确认 A/D 转换器电源已打开,A/D 转换结束后关闭 A/D 转换器电源可降低功耗,也可不关闭。初次打开内部 A/D 转换模拟电源,需适当延时,等内部模拟电源稳定后,再启动 A/D 转换。

建议启动 A/D 转换后,在 A/D 转换结束之前,不改变任何 I/O 端口的状态,有利于进行高精度 A/D 转换,如能将定时器/串行口/中断系统关闭则更好。

② SPEED1、SPEED0:A/D 转换速度控制位。A/D 转换速度设置如表 11.2 所列。

表 11.2　SPEED1/SPEED0 模式转换速度控制位

SPEED1	SPEED0	A/D 转换所需时间
1	1	90 个时钟周期转换一次,CPU 工作频率为 27 MHz 时,A/D 转换速度约为 300 kHz
1	0	180 个时钟周期转换一次
0	1	360 个时钟周期转换一次
0	0	540 个时钟周期转换一次

③ ADC_FLAG:A/D 转换结束标志位。A/D 转换完成后,ADC_FLAG=1,此时程序中如果允许 A/D 转换中断(EADC=1,EA=1),则由该位产生中断请求;如果由程序查询该标志位来判断 A/D 转换的状态,则由该位状态可判断 A/D 转换是否结束。不管 A/D 转换是工作于中断方式,还是工作于查询方式,当 A/D 转换处理完成后,一定要对该位清零。

④ ADC_START:A/D 转换启动控制位。ADC_START = 1 时,开始转换;ADC_START=0 时,不转换。

⑤ CHS2、CHS1、CHS0:模拟输入通道选择控制位,其选择情况如表 11.3 所列。

表 11.3　CHS2、CHS1 和 CHS0 模拟输入通道选择控制位

CHS2	CHS1	CHS0	模拟输入通道选择
0	0	0	选择 P1.0 作为 A/D 输入
0	0	1	选择 P1.1 作为 A/D 输入
0	1	0	选择 P1.2 作为 A/D 输入
0	1	1	选择 P1.3 作为 A/D 输入
1	0	0	选择 P1.4 作为 A/D 输入
1	0	1	选择 P1.5 作为 A/D 输入
1	1	0	选择 P1.6 作为 A/D 输入
1	1	1	选择 P1.7 作为 A/D 输入

(3) ADC 转换结果调整寄存器位 ADRJ

ADC 转换结果调整寄存器位 ADRJ 位于寄存器 CLK_DIV/PCON2 中的 D5 位,用于控制 ADC 转换结果存放的格式。CLK_DIV 寄存器的格式如下:

名称	地址	D7	D6	D5	D4	D3	D2	D1	D0	复位值
CLK_DIV	97H	MCKO_S1	MCKO_S0	ADRJ	Tx_Rx	MCLK0_2	CLKS2	CLKS1	CLKS0	00000000

C 语言中,执行 CLK_DIV|=0x20 即可设置 ADRJ 为 1,单片机硬件复位后默认 ADRJ 为 0。特殊功能寄存器 ADC_RES、ADC_RESL 用于保存 A/D 转换结果。当 ADC 结果为 10 位时,ADRJ 进行结果存放调整控制如下:

0:ADC_RES[7:0]存放高 8 位 ADC 结果,ADC_RESL[1:0]存放低 2 位 ADC 结果;

1:ADC_RES[1:0]存放高 2 位 ADC 结果,ADC_RESL[7:0]存放低 8 位 ADC 结果。

A/D 转换结果换算公式如下：

(ADRJ)=0,取 10 位结果{ADC_RES[7:0],ADC_RESL[1:0]}=1024×Vin/Vcc；

(ADRJ)=0,取 8 位结果{ADC_RES[7:0]}=256×Vin/Vcc；

(ADRJ)=1,取 10 位结果{ADC_RES[1:0],ADC_RESL[7:0]}=1024×Vin/Vcc。

式中 Vin 为模拟输入电压；Vcc 为 ADC 的参考电压,也就是单片机的实际工作电源电压。

（4）与 A/D 转换中断有关的寄存器 IE、IP

中断允许控制寄存器 IE 中的 D7 位 EA 是 CPU 总中断控制端,D5 位 EADC 是 ADC 使能控制端。当 EA=1 且 EADC=1 时,A/D 转换中断允许,ADC 控制寄存器 ADC_CONTR 中的 D4 位 ADC_FLAG 是 A/D 转换结束标志,又是 A/D 转换结束的中断请求标志,在中断服务程序中,要使用软件将 ADC_FLAG 清零；当 EADC=0 时,A/D 转换结束中断禁止,ADC 可以工作在查询方式。

STC15W4K32S4 单片机的 ADC 中断有 2 个优先等级,由中断优先寄存器 IP 中的 D5 位 PADC 设置,ADC 转换结束中断的中断矢量地址为 002BH。

11.2.4 A/D 转换器的应用举例

STC15W4K32S4 单片机 ADC 模块的应用编程要点如下：

① 设置 ADC_CONTR 中的 ADC_POWER=1,打开 ADC 工作电源。

② 一般延时 1 ms 左右,等待 ADC 内部模拟电源稳定。

③ 设置 P1ASF 寄存器,选择 P1 端口中的相应口线作为 A/D 转换模拟量输入通道。

④ 设置 ADC_CONTR 寄存器中的 CHS2～CHS0,选择 ADC 输入通道。

⑤ 根据需要设置 CLK_DIV 寄存器中的 ADRJ,选择转换结果存储格式,默认为 0。

⑥ 查询 A/D 转换结束标志 ADC_FLAG,判断 A/D 转换是否完成,若完成,则读出 A/D转换结果,并进行数据处理后清除 ADC_FLAG 标志位。如果是多通道模拟量进行转换,则更换 A/D 转换通道后要适当延时,使输入电压稳定,延时量与输入电压源的内阻有关,一般取 20～200 μs 即可。如果输入电压信号源的内阻在 10 kΩ 以下,可不加延时；如果是单通道模拟量输入,则不需要更换 A/D 转换通道,也就不需要加延时。

⑦ 若采用中断方式,还需根据需要进行中断允许和优先级设置。

⑧ 在中断服务程序中读取 A/D 转换结果,并将 ADC 中断请求标志 ADC_FLAG 清零。

1. A/D 数据的采集

STC15W4K32S4 单片机集成有 8 通道 10 位 A/D 转换器,可以根据需要选择任意通道进行 A/D 转换。A/D 转换的结果可以是 10 位精度,对应十进制数字量是 0～1023,对应十六进制是 00H～3FFH；也可以是 8 位精度,对应十进制数字量是 0～255,对应十六进制是 00H～FFH。A/D 转换工作方式可以采用查询方式或中断方式。下面给出两个典型的应用例子。

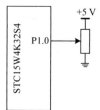

图 11.5 例 11.1 连接图

【例 11.1】 STC15W4K32S4 单片机 P1.0 外接 5 kΩ 的 3296 W 电位器,如图 11.5 所示。编程实现 ADC 通道 0 接外部模拟电压 0～5 V 直流电压,8 位精度,采用查询方式循环进行转换,并将转换结果保存于存储器 40H 单元 ADCdat 中。

解:要求 8 位精度,如果 ADRJ＝0,则可以直接使用转换结果寄存器 ADC_RES 的值。根据 ADC 的编程要点进行初始化后,直接查询判断 ADC_FLAG 标志是否为 1,当 ADC_FLAG＝1 时,则读出 ADC_RES 寄存器的值,并赋予变量 ADCdat 即可;当 ADC_FLAG＝0 时,则继续等待。

参考 C 语言源程序如下:

```
＃include ＜stc15.h＞
unsigned char idata ADCdat _at_ 0x40;        /＊定义 ADCdat 用于保存 ADC 值＊/
void main(void)
{
    unsigned int i;                          /＊定义整型量 i 用于适当延时＊/
    unsigned char status＝0;
    ADC_CONTR＝0x80;                          /＊打开 A/D 转换电源＊/
    for(i＝0;i＜1000;i＋＋);                   /＊延时等待电源稳定＊/
    P1ASF＝0x01;                              /＊设置 ADC0/P1.0 为模拟量输入功能＊/
    ADC_RES＝0;                               /＊清除结果寄存器＊/
    ADC_CONTR＝0xE0;                          /＊选择速度、通道 ADC0/P1.0＊/
    while(1)
    {
        ADC_CONTR |＝ 0x08;                   /＊启动 A/D 转换＊/
        status＝0;                            /＊A/D 转换状态初始为 0＊/
        while(status ＝＝ 0)                   /＊等待 A/D 转换结束＊/
        {
            status＝ADC_CONTR & 0x10;         /＊读取结束状态赋予变量 status＊/
        }
        ADC_CONTR &＝ 0xE7;                   /＊将 ADC_FLAG 清 0＊/
        ADCdat＝ADC_RES;                      /＊保存 8 位 A/D 转换结果,范围为 0～255＊/
    }
}
```

程序实际运行的 5 组实验结果如下:

序号	模拟电压值	ADC_RES	对应十进制数
1	1.470 V	4CH	76
2	2.604 V	85H	133
3	3.201 V	A5H	165
4	3.522 V	AAH	170
5	4.073 V	D1H	209

【例 11.2】　利用 STC15W4K32S4 单片机,编程实现 ADC 通道 1 接外部模拟电压 0～

5 V直流电压,10 位精度,采用中断方式进行转换,并将转换结果保存于基本存储器40H 中。

解:要求 10 位精度,如果 ADRJ＝1,则 A/D 转换结果的高 2 位存放在 ADC_RES[1:0]中,低 8 位存放在 ADC_RESL[7:0]中。因此,可以在中断服务程序中读出 ADC_RESL 和 ADC_RES 寄存器的值,并合并成 10 位的 A/D 转换结果存入 40H 单元中即可。

参考 C 语言源程序代码如下:

```
#include <stc15.h>
unsigned int idata ADCdat _at_ 0x40;      /* 定义 ADCdat 用于保存 ADC 值 */
void main(void)
{
    unsigned int i;                        /* 定义整型量 i 用于适当延时 */
    ADC_CONTR=0x80;                        /* 打开 A/D 转换电源 */
    for(i=0;i<1000;i++);                   /* 适当延时 */
    P1ASF=0x02;                            /* 设置 ADC1/P1.1 为模拟量输入 */
    CLK_DIV |= 0x20;                       /* ADRJ=1,设置 A/D 转换结果的存储格式 */
    ADC_CONTR=0x89;                        /* 选择通道 ADC1/P1.1 并启动 A/D 转换 */
    EADC=1;                                /* 打开 ADC 中断 */
    EA=1;                                  /* 打开 CPU 总中断 */
    while(1)
    {;}
}
/* * * * * * * * * * * * *ADC 中断服务函数* * * * * * * * * * * */
void ADC_ISR (void) interrupt 5
{
    ADC_CONTR=0x81;                        /* ADC_FLAG 清 0 */
    ADCdat=ADC_RES * 256 + ADC_RESL;/* 保存 10 位 A/D 转换结果 */
    ADC_CONTR=0x89;                        /* 重新启动 A/D 转换 */
}
```

程序实际运行的 5 组结果如下:

序号	模拟电压值	ADC_RES	对应十进制数
1	1.470 V	012FH	303
2	2.601 V	0217H	535
3	3.205 V	0295H	661
4	3.501 V	02D1H	721
5	4.015 V	033BH	827

从以上例子可以看出,ADRJ 的值决定了 A/D 转换结果的存储格式,但无论是哪种存储格式,都可以分别得到 8 位或 10 位精度的数据。

① 当 ADRJ＝0 时:

8 位精度 ADC 值 ADCdat＝ADC_RES;

10 位精度 ADC 值 ADCdat＝ADC_RES * 4 ＋ ADC_RESL。

② 当 ADRJ＝1 时:

8 位精度 ADC 值 ADCdat＝ADC_RES * 64 ＋(ADC_RESL&0xFC)/4;

10 位精度 ADC 值 ADCdat＝ADC_RES * 256 ＋ ADC_RESL。

2. A/D 数据的处理及应用

(1) ADC 值的显示及应用

STC15W4K32S4 单片机集成的 10 位 A/D 转换器的结果既可以是 10 位精度,也可以是 8 位精度。ADC 的数据主要有 3 种显示方式:通过串行口发送到上位机显示、LED 数码管显示、LCD 液晶模块显示。

① 通过串行口发送到上位机显示。由于串行口每次只能发送 8 位数据,所以如果 A/D 采用 8 位精度,则转换结果可以直接通过串行口发送到上位机显示;如果 A/D 采用 10 位精度,则转换结果分成高位和低 8 位两个独立的数据,这样分别通过串行口发送到上位机处理。

② LED 数码管显示和 LCD 液晶模块显示。10 位精度的 A/D 转换结果对应十进制是 0～1023,8 位精度结果对应十进制是 0～255。通过 LED 或 LCD 显示时,需要先将十进制数转化为单个数字或字符串,即分别得到个、十、百、千位的数码,再处理后显示即可。

已知 A/D 转换结果保存在整型变量 ADCdat 中,通过运算分别得到个、十、百、千位对应的数码 g、s、b、q。

千位显示数据:q＝ADCdat/1000;

百位显示数据:b＝ADCdat%1000/100;

十位显示数据:s＝ADCdat%100/10;

个位显示数据:g＝ADCdat%10。

(2) ADC 做电压、电流、温度等物理量的数据处理及应用

输入的模拟电压经过 A/D 转换后得到的只是一个对应大小的数字信号而已,当需要用来表示具有实际意义的物理量时,数据还需要经过一定的处理。这部分数据的处理主要有查表法和运算法。查表法主要是指建立一个数组,通过查找得到相应的数据;运算法则是经过 CPU 运算得到相应的数据。具体应用如下。

【例 11.3】 通过 ADC 测量温度并进行 LED 数码管显示,假设 ADC 输入端电压变化范围为 0～5.0 V,要求数码管显示范围为 0～100。

解:ADC 输入端电压为 0～5.0 V,8 位精度 A/D 转换结果就是 0～255,要求转换成 0～100 进行显示,需要线性的转换,实际乘以一个系数就可以了,该系数是 100.0/255.0＝0.3921…,但为了避免使用浮点数,可以先乘以一个定点数 100,再去掉低位字节(即除以 255),只取高位字节即可。

同理,ADC 输入端电压为 0～5.0 V,10 位精度 A/D 采样值就是 0～1023,转换成 0～100 进行显示,需要线性的转换,可以先乘以 100,再去掉低位字节(即除以 255),最后将数

据右移 2 位即除以 4 即可。

【例 11.4】 STC15W4K32S4 单片机工作电压为＋5 V,设计一个数字电压表,对输入电压 0～5.0 V 进行测量,用 LED 数码管显示。

解:① ADC 输入端电压为 0～5.0 V,如果选择 8 位精度,则 A/D 转换值是 0～255,而 LED 数码管显示是 0.0～5.0 V,所以需要对数据进行线性转换,乘以系数 50.0/255.0,再加入小数点即可。如果乘以系数 500.0/255.0,再加入小数点,则显示为 0～5.00 V。

② ADC 输入端电压为 0～5.0 V,如果选择 10 位精度,则 A/D 转换值是 0～1023,LED 数码管显示是 0～5.0 V,所以需要对数据进行线性转换,先乘以系数 5,再除以 255 去掉低位字节,最后除以 4 将数据右移 2 位即可。

③ 相应地,如果需要测量的电压范围为 0～30.0 V,选择 10 位精度,则单片机 A/D 输入端需要加入相应的分压电阻调理电路,使输入的 0～30.0 V 变成 0～5.0 V,还需要 LED 数码管显示 0.0～30.0 V,所以需要对数据进行线性转换,先乘以系数 30,再除以 255 去掉低位字节,最后除以 4 将数据右移 2 位即可。

（3）ADC 做按键扫描识别的数据处理及应用

利用 ADC 转换功能,按键连接不同的分压电阻,从而得到不同的模拟电压值并进行转换,能够实现对相应按键的控制,这就是 A/D 键盘。有关 A/D 键盘的详细实现请读者自行查阅资料,在此不再赘述。

11.3　D/A 转换器的工作原理及性能指标

单片机内部的数字信号要转换成模拟信号才能控制相关对象。实现数字量转换成模拟量的器件称为数模转换器(DAC),简称为 D/A 转换器。本节主要介绍 D/A 转换器的原理及性能指标、D/A 转换器 TLV5616 与单片机的接口及编程方法。

11.3.1　D/A 转换器的工作原理

1. D/A 转换器的分类

D/A 转换器的种类很多,分类方法也不同。根据解码网络结构的不同,D/A 转换器可以分为 T 形、倒 T 形、权电阻和权电流等类型;根据模拟电子开关的种类不同,D/A 转换器可以分为 CMOS 型和双极性型,双极性型又分为电流开关型和 ECL 电流开关型。在速度要求不高的情况下,可选用 CMOS 开关型 D/A 转换器;如对转换速度要求较高,则应选用双极性电流开关型 D/A 转换器或转换速度更高的 ECL 电流开关型 D/A 转换器。

2. D/A 转换器的工作原理

根据分类不同,D/A 转换器的工作原理也不尽相同。下面只介绍权电阻型 D/A 转换器的工作原理,其余类型 D/A 转换器的工作原理请读者自行查阅资料学习。

权电阻型 D/A 转换器就是将某一数字量的二进制代码各位按它的权值转换成相应的电流,然后再把代表各位数值的电流叠加。一个 8 位权电阻型 D/A 转换器的原理框图如图 11.6(a)所示。

这是一个线性电阻网络,可以应用叠加原理分析网络的输出电压,即先逐个求出每个开关单独接通标准电压而其余开关均接地时网络的输出电压分量,然后将所有接标准电压开关的输出分量相加,就可以得到总的输出电压。

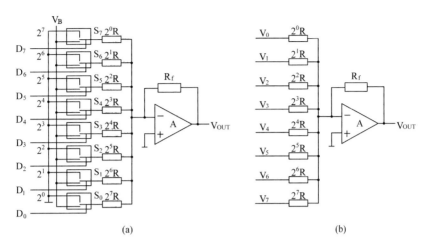

图 11.6　权电阻型 D/A 转换器原理图

$D_i=0$ 时,S_i 接地。

$D_i=1$ 时,S_i 接 V_B($i=0,1,\cdots,7$)。

权电阻型 D/A 转换器的简化电路如图 11.6(b)所示。

在图 11.6(b)中,$V_0=D_7\cdot V_B$,$V_1=D_6\cdot V_B$,$V_2=D_5\cdot V_B$,$V_3=D_4\cdot V_B$,$V_4=D_3\cdot V_B$,$V_5=D_2\cdot V_B$,$V_6=D_1\cdot V_B$,$V_7=D_0\cdot V_B$。

$$V_{OUT}=-\left(\frac{R_f}{2^0R}\cdot V_0+\frac{R_f}{2^1R}\cdot V_1+\cdots+\frac{R_f}{2^7R}\cdot V_7\right) \tag{11-1}$$

当 $R=2R_f$ 时,代入式(11-1)得:

$$V_{OUT}=-\frac{V_B}{2^8}\cdot\sum_{i=0}^{7}\cdot D_i\cdot 2^i \tag{11-2}$$

其中,$D_0,D_1,\cdots,D_7=0$ 或 1。

由此得到:

$$V_{OUT}=\frac{V_B}{2^8}\cdot D \tag{11-3}$$

11.3.2　D/A 转换器的性能指标

同 A/D 转换器类似,D/A 转换器的主要性能指标如下:

1. 分辨率

分辨率是 D/A 转换器对输入量变化敏感程度的描述,与输入数字量的位数有关。

2. 稳定时间

稳定时间又称为转换时间,指 D/A 转换器中输入二进制满量程变化时,其输出达到稳定(一般稳定到与±1/2 最低位值相当的模拟量范围内)所需的时间。一般为几十毫秒到几微秒。

3. 输出电平

不同型号的 D/A 转换器的输出电平相差较大,一般为 5~10 V,也有一些高压输出型的为 24~30 V。还有一些电流输出型,低的为 20 mA,高的可达 3 A。

4. 转换精度

转换精度是转换后所得的实际值与理想值的接近程度。

5．输入编码

如二进制码、BCD 码、双极性时的符号数值码、补码、偏移二进制码等。必要时可在 D/A 转换前用计算机进行代码转换。

11.3.3　D/A 转换器的应用举例

典型的 D/A 转换器有 8 位并行接口转换器 DAC0832 和 12 位串行接口转换器 DAC5616 等，下面以 TLV5616 为例介绍 D/A 转换器的结构和使用方法。

1．TLV5616 简介

TLV5616 是具有 4 线串行接口的 12 位精度电压输出型 D/A 转换器。4 线串行接口可以与 SPI、QSPI 和 Microwire 串行接口进行连接。TLV5616 使用一个包括 4 个控制位和 12 个数据位的 16 位串行字符串来编程。TLV5616 采用 CMOS 工艺，工作电压为 2.7～5.5 V，是一个 8 引脚封装的工业级芯片，其输出电压（由外部基准决定满度电压）由下式给出：

$$V_{OUT} = 2V_{REF} \cdot \frac{CODE}{0x1000}(V) \tag{11-4}$$

其中，V_{REF} 是基准电压；CODE 是数字输入量，范围为 0x000～0xFFF。

TLV5616 的各引脚功能如下：

第 1 脚：DIN——串行数字量输入引脚；

第 2 脚：SCLK——串行数字量时钟输入；

第 3 脚：$\overline{CS}$——片选信号，低电平有效；

第 4 脚：FS——帧同步，数字输入，用于 4 线串行接口；

第 5 脚：AGnd——模拟地；

第 6 脚：REFIN——基准模拟电压输入；

第 7 脚：OUT——DAC 模拟电压输出；

第 8 脚：V_{DD}——电源。

2．TLV5616 的内部结构

TLV5616 的内部结构如图 11.7 所示。

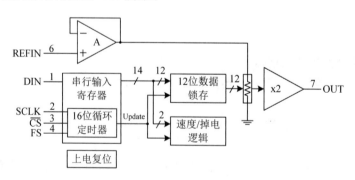

图 11.7　TLV5616 的内部结构图

TLV5616 是基于电阻串结构的 12 位、单电源 DAC，它包含一个串行接口、速度和掉电逻辑、一个基准输入缓冲器、电阻串和一个轨到轨（rail-to-rail）输出缓冲器。

3．数据传输时序图

TLV5616 的数据传输时序图如图 11.8 所示。

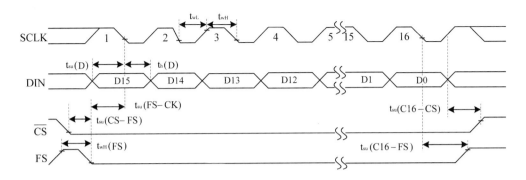

图 11.8　TLV5616 的数据传输时序图

数据传输时,首先必须使能$\overline{\text{CS}}$,然后在 FS 的下降沿启动数据的移位,在 SCLK 的下降沿逐位将数据送入内部寄存器,在 16 位数据传输完成后或者当 FS 升高时,移位寄存器中的内容被移动至 DAC 锁存器,它将输出电压更新为新的电平。

TLV5616 的串行接口有两种基本的方式:4 线带片选和 3 线不带片选。

4. 数据格式

TLV5616 的数据字包括两部分:控制位 D15~D12 和 DAC 值 D11~D0,格式如下:

D15	D14	D13	D12	D11	D10	D9	D8	D7	D6	D5	D4	D3	D2	D1	D0
×	SPD	PWR	×	DAC 值											

其中,×为任意值;SPD 为速度控制位,SPD=1 时为快速方式,SPD=0 时为慢速方式;PWR 为功率控制位,PWR=1 时为掉电方式,PWR=0 时为正常方式。

5. 单片机与 TLV5616 接口及应用实例

TLV5616 与单片机的接口相对较简单,在使用时需要在 V_{DD} 和 AGnd 之间连接一个 0.1 μF 的陶瓷旁路电容,且应使用短引线安装在尽可能靠近地的地方;使用缺氧体环(ferrite beads)可以进一步隔离系统模拟电源与数字电源。下面举例说明 TLV5616 的使用方法。

【例 11.5】　使用 STC15W4K32S4 单片机和 TLV5616 编程输出正弦波。

解:STC15W4K32S4 单片机与 TLV5616 的接口电路如图 11.9 所示。串行 DAC 输入数据和外部控制信号由单片机的 P1 端口完成,串行数据由 P1.0 引脚送出,串行时钟由 P1.1 引脚送出,P1.2 和 P1.3 引脚分别向 TLV5616 提供片选和帧同步信号。

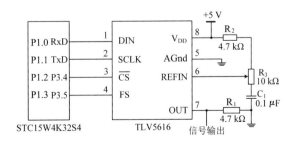

图 11.9　STC15W4K32S4 单片机与 TLV5616 的接口电路图

使用定时器以固定的频率产生中断。在中断服务子程序中提取和写入下一个数据样本（2 个字节）到 DAC 中。数据样本存储在常量数组中，描述了一个正弦波的全周期。单片机的 P1.0 引脚依次发送 16 位数据，同时 P1.1 引脚上送出同步时钟，完成一个完整字的写入过程。输出 DAC 的数据是正弦波数据，一个周期的 32 个正弦波数据（双字节数）保存在数组 Sin_Value 中。

参考 C 语言源程序如下：

```
#include <stc15.h>
#include <intrins.h>
sbit DIN= P1^0;
sbit SCLK=P1^1;
sbit CS= P1^2;
sbit FS= P1^3;
unsigned char cnt=0;                    /*定义循环计数值*/
unsigned int code Sin_Value[]=          /*正弦波 32 组数据*/
    {0x1000,0x903e,0x5097,0x305c,0xb086,0x70ca,0xf0e0,0xf06e,
    0xf039,0xf06e,0xf0e0,0x70ca,0xb086,0x305c,0x5097,0x903e,
    0x1000,0x6021,0xa0e8,0xc063,0x40f9,0x80b5,0x009f,0x0051,
    0x0026,0x0051,0x009f,0x80b5,0x40f9,0xc063,0xa0e8,0x6021};
/* * * * * * * * * * * 向 TLV5616 写入数据函数 * * * * * * * * * */
void tlv5616_out(unsigned int dat)
{
    unsigned char i;
    CS=0;
    SCLK=1;
    FS=0;
    for(i=0;i<16;i++)                   /*串行发送 16 位数据*/
    {
        _nop_(); _nop_();
        DIN=(bit)(dat&0x8000);
        SCLK=0;
        _nop_();_nop_();
        dat=dat<<1;
        SCLK=1;
        _nop_(); _nop_();
    }
    CS=1;
    FS=1;
    SCLK=0;
```

```
        for(i=0;i<100;i++);                           /*适当延时*/
}
void main(void)
{
        TMOD=0X02;                                    /*定时器 T0 工作方式 2*/
        TH0=0xC8;
        TL0=0xC8;
        FS=1;                                         /*置 FS=1*/
        CS=1;                                         /*置 CS=1*/
        ET0=1;                                        /*允许定时器 T0 中断*/
        EA=1;                                         /*允许 CPU 中断*/
        TR0=1;                                        /*启动定时器 T0*/
        while(1) ;
}
/* * * * * * *定时器 T0 中断服务函数* * * * * * */
void T0_ISR() interrupt 1
{
        tlv5616_out(Sin_Value[cnt++]);
}
```

本 章 小 结

STC15W4K32S4 单片机集成有 8 通道 10 位高速电压输入型模拟数字转换器(ADC)，采用逐次比较方式进行 A/D 转换，速度可达到 300 kHz(30 万次/秒)。STC15W4K32S4 单片机 ADC 输入通道与 P1 端口复用，上电复位后 P1 端口默认为弱上拉型 I/O 端口，用户可以通过程序设置 P1ASF 特殊功能寄存器将 8 路中的任何一路设置为 ADC 功能，不作为 ADC 功能的仍可作为普通 I/O 端口使用。

STC15W4K32S4 单片机的 A/D 模块主要由模拟输入通道功能控制寄存器 P1ASF、ADC 控制寄存器 ADC_CONTR、ADC 转换结果存储格式控制寄存器 CLK_DIV、A/D 转换结果寄存器 ADC_RES 和 ADC_RESL 等 5 个特殊功能寄存器进行控制与管理。

D/A 转换器(DAC)是一种将数字量信号转换为模拟量的设备，常用于单片机应用系统的现场控制，根据结构不同，可分为并行接口 DAC 和串行接口 DAC 两种。

习题与思考题

一、填空题

1. A/D 转换器的电路按照工作原理一般可以分为 _____、_____ 和 _____ 等 3 种类型。

2. 8 位 A/D 转换器的转换精度比 10 位 A/D 转换器的精度_____。

3. A/D 转换器的位数越高,说明 A/D 转换器电路的转换精度就越_____。

4. 若有一个 10 位 ADC,$V_{REF} = +5$ V,当输入模拟电压为 3.2 V 时,对应的数字量为_____。

5. STC15W4K 系列单片机的 ADC 与_____复用,共有_____路_____位的 A/D 转换器。

二、选择题

1. STC15W4K 系列单片机的 ADC 速度最高可达(　　　)。

A. 1 万次/秒　　　　B. 10 万次/秒　　　　C. 20 万次/秒　　　　D. 30 万次/秒

2. 当 P1ASF=35H 时,说明可用作 A/D 转换器的模拟输入通道是(　　　)。

A. P1.7、P1.6、P1.3、P1.1　　　　　　　B. P1.5、P1.4、P1.2、P1.0

C. P1.2、P1.0　　　　　　　　　　　　　D. P1.4、P1.5

3. STC15W4K 系列单片机 A/D 转换的中断号和中断向量分别是(　　　)。

A. 5/1BH　　　　B. 7/0BH　　　　C. 12/23H　　　　D. 5/0BH

4. STC15W4K 系列单片机的 ADC 模块的电路类型是(　　　)。

A. 并行比较型　　　B. 逐次逼近型　　　C. 双积分型　　　D. 双极性型

5. STC15W4K 单片机的电源为 +5 V,ADRJ=0、ADC_RES=25H、ADC_RESL=33H 时,测得的模拟输入信号约为(　　　)。

A. 0.180 V　　　　B. 0.737 V　　　　C. 0.249 V　　　　D. 3.930 V

三、判断题

1. STC15W4K 系列单片机的 A/D 转换中断有 2 个优先级。(　　　)

2. STC15W4K 系列单片机的 ADC 模块的电路类型是双积分型。(　　　)

3. STC15W4K 系列单片机的 DAC 模块为 10 位精度。(　　　)

4. STC15W4K 系列单片机的 DAC 模块是并行接口。(　　　)

5. 当 ADC_CONTR=83H 时,单片机选择的当前模拟通道是 P1.3。(　　　)

四、简答题

1. STC15W4K 系列单片机的 A/D 模块的输入通道以及转换位数分别是多少?

2. STC15W4K 系列单片机的 A/D 模块的基准电压是什么?当工作电压不稳定时,应如何处理?

3. 简述 STC15W4K 系列单片机 A/D 转换的数据格式。

4. STC15W4K 系列单片机的 A/D 模块参考电压为单片机电源电压,当电源电压不稳定时,应如何保证测量精度?

5. 简述 ADC 和 DAC 的性能指标。

五、程序设计题

1. 利用 STC15W4K32S4 单片机的 A/D 模块设计一个 8 通道数据采集系统,每 10 s 巡回检测一次,能够依次轮流显示每个通道的电压数据和当前的通道号,每通道显示停留时间 1 s。采用 LED 数码管显示测量数据,测量数据精确到小数点 2 位,画出硬件电路图并编写程序。

2. 试利用 STC15W4K 系列单片机的 ADC 模块做按键扫描应用,驱动 16 个按键,画出电路图并编写相应的程序。

第 12 章　单片机的应用系统设计

【本章要点】

单片机系统在工业控制、智能化仪器、机器人、玩具及家用电器等领域已得到广泛应用，掌握单片机的应用系统设计方法，对于从事电子行业的工程技术人员具有十分重要的作用。本章以实例的方式介绍了单片机应用系统的硬件电路设计、外部接口技术、软件设计与开发过程和系统调试方法。

本章的主要内容有：

- 单片机系统的设计原则和开发流程。
- STC15W4K 系列单片机开发板设计。
- STC15W4K 系列单片机的低功耗设计。
- 单片机系统的看门狗定时器。
- STC15W4K 系列单片机的增强型 PWM 波形发生器。
- 单片机系统的应用设计举例。

12.1　单片机应用系统的设计原则与开发流程

单片机应用系统由于其应用目的不同，在设计时自然要考虑其应用特点，如有些系统可能对用户的操作体验有苛刻的要求，有些系统可能对测量精度有很高的要求，有些系统可能对实时控制有较强的要求，也有些系统可能对数据处理能力有特别的要求，所以，要设计一个符合生产要求的单片机应用系统，就必须充分了解这个系统的应用目的和其特殊性。虽然单片机应用系统各有特点，但单片机应用系统的设计和开发过程又具有一定的共性，本节从单片机应用系统的设计原则与开发流程来阐述一般单片机应用系统的设计和开发过程。

12.1.1　单片机应用系统的设计原则

1. 系统功能满足生产需求

将系统功能需求作为出发点，根据实际生产要求设计各个功能模块，如显示、键盘、数据采集、检测、通信、控制、驱动、供电方式等。

2. 系统运行安全可靠

在元器件选择和使用上，应选用可靠性高的元器件，防止元器件的损坏影响系统的可靠运行；在硬件电路设计上，应选用典型应用电路，排除电路的不稳定因素；在系统工艺设计上，应采取必要的抗干扰措施，如去耦、光耦隔离和屏蔽等，防止环境干扰对系统造成影响，同时程序上应注意采取传输速率、节电方式和掉电保护等软件抗干扰措施。

3. 系统具有较高的性价比

简化外围硬件电路,在系统性能许可的范围内尽可能用软件程序取代硬件电路,从而降低系统的制造成本,以取得最高的性价比。

4. 系统易于操作和维护

操作方便表现在操作简单、直观形象和便于操作。在系统设计时,在系统性能不变的情况下,应尽可能地简化人机交互接口,可以有操作菜单,但常用参数设置应明显,做到良好的用户体验。

5. 系统功能应灵活,便于扩展

提供灵活的功能扩展,就要充分考虑和利用现有的各种资源,在系统结构、数据接口方面能够灵活扩展,为将来可能的应用拓展提供空间。

6. 系统具有自诊断功能

采用必要的冗余设计或增加自诊断功能。这方面在成熟的批量化生产的电子产品上体现得很明显,如空调、洗衣机、电磁炉等产品,当出现故障时,通常会显示相应的代码,提示用户或专业人员是哪一个模块出现了故障,帮助快速锁定故障点方便维修。

7. 系统能与上位机通信或并用

PC 上位机具有强大的数据处理能力以及友好的控制界面,系统的许多操作可通过上位机的软件界面上相应按钮单击鼠标来完成,从而实现远程控制等。单片机系统与上位机通信常通过串行口传输数据来实现。

在这些原则中,适用、可靠、经济最为重要。对于一个应用系统的设计要求,应根据具体任务和实际情况进行具体分析后提出。

12.1.2 单片机应用系统的开发流程

1. 产品需求分析和可行性分析

在进行应用系统设计时,要先调查市场和用户需求,了解用户对未来产品性能的期望。对国内外同类产品状况进行调查,包括结构及性能存在的问题,搜集该产品的各种技术资料,整理供求关系和可行性分析报告,得出市场和用户需求、经济效益、社会效益、技术支持、开发环境以及现在的竞争力与未来的生命力等结论。

2. 确定系统的功能和性能

系统的功能主要有数据采集、数据处理和输出控制等,对各项功能要进行细分。系统性能主要有精度、速度、功耗、硬件、体积、质量、价格和可靠性等技术指标。一旦产品的功能和性能指标确定,就应该在这些指标的限定下进行设计。

3. 系统设计方案

系统设计方案是系统实现的基础。方案的设计主要依据市场和用户的需求、应用环境状况、关键技术支持、同类系统经验借鉴和开发人员的设计经验,主要内容包括系统结构设计、系统功能设计、系统实现方法等,方案中应提供系统模型如硬件结构框图与程序流程图。

4. 系统硬件电路设计

系统硬件电路设计就是根据系统设计方案,将硬件电路框图转化为具体的电路。电路设计包括单片机的选型、外围器件的选择、外围电路的连接方法、PCB 设计与加工以及元器件采购、焊接、组装和调试等工作。

在硬件设计方面,全球半导体公司(如 TI、STC、PIC、Atmel、Philips、Motorola 等)都竞

相推出各种高性能、低功耗的单片机和外围芯片,使得硬件设计与实现呈现多元化趋势。在这种情况下,硬件设计的外部条件越来越好,集成度越来越高,在实现相同功能的情况下电路越来越简化。

5. 系统软件设计

在开始系统软件设计前首先应进行软件功能规划,主要内容有功能性设计、可靠性设计和管理设计。工作内容是将系统要实现的功能划分成多个子功能,将各子功能分解成若干程序模块。功能性设计和运行管理设计通过各种不同程序模块来实现,可靠性设计渗透到各模块的设计之中。因此,整个软件系统可以看成由若干功能模块组成。

完成功能模块设计后,还要进行软件层次规划,要理清主程序、中断程序以及子程序之间的层次关系,将各功能模块合理地组织到主程序及各中断子程序中。由于每个功能模块的实现都在一定程度上与硬件电路有关,因此每个功能模块的安排方式一般不是唯一的,对应不同的硬件设计可以有不同的安排。

在软件设计方面,虽然开发工具和程序设计语言在不断地提高,但技术人员本身的软件素质对软件设计水平无疑起决定作用。软件设计水平在单片机系统产品开发的过程中占有重要地位,直接影响到产品的竞争力。软件设计是一门科学,有其自身的规律,也有很多成熟的理论和算法。因此,在软件开发过程中,技术人员需要不断地学习软件设计理论和算法思想,通过模仿和实验相结合,总结出软件设计规律和设计经验,以提高自身的软件设计能力和水平。

6. 系统调试

系统调试的作用是检验所设计的系统是否正确可靠,从中发现软、硬件设计或组装过程中出现的错误和不足。硬件电路设计问题可采用万用表、示波器、信号发生器、逻辑笔及逻辑分析仪等手段进行检查和排除。软件设计问题应采用单片机仿真器、仿真软件调试环境(如 Keil μVision5)对各种程序进行逐一编译、调试和运行,保证其通过,然后进行程序连接、系统综合统调和测试,直到程序运行正确为止。最后,将程序编译并生成二进制执行文件(通常扩展名为 BIN 或 HEX),再将此文件写入单片机,即可进行软件运行和整机测试。

7. 系统方案局部修改及再调试

对于在系统综合调试过程中发现的问题、错误及出现的不可靠因素要提出有效的解决办法,然后对原方案进行局部修改,再进行调试运行,直到运行成功并达到系统的设计要求。

8. 生成正式产品

作为正式产品,不仅要有正确、可靠的软硬件系统,还应提供该产品的全部文档资料,包括系统设计方案、电路原理图、软件清单(加注释)、软硬件功能说明书、配置说明书和系统操作手册等。此外,还需要考虑产品的外观设计、包装、运输、促销及售后服务等商品化问题。

12.2　单片机的开发板设计

单片机开发板是以单片机为核心并包含必要外围电路的单片机应用系统,是用于学习各种型号单片机的实验设备,根据单片机使用的型号不同又可分为 51 单片机开发板、STC 单片机开发板、AVR 单片机开发板等。本节重点介绍 STC15W4K32S4 单片机开发板的设计与制作。

12.2.1 STC15系列单片机迷你开发板设计

为了帮助读者更好地学习单片机,掌握单片机设计开发智能化产品的方法,在总结单片机应用系统开发的基础上,以IAP15W4K61S4单片机(STC15W4K系列单片机中内置硬件仿真器的型号)为核心,设计开发了一款新型迷你STC单片机开发板,其外观如图12.1所示。

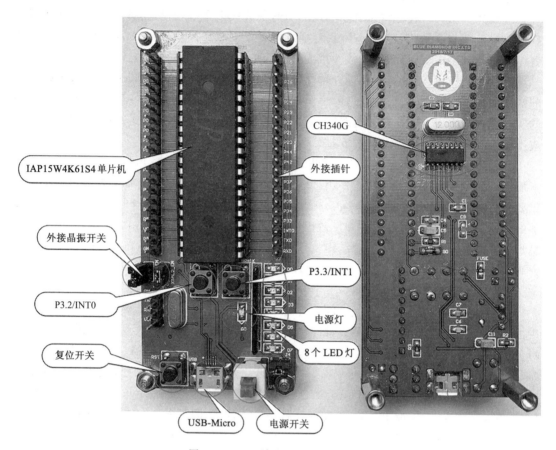

图 12.1　STC 单片机开发板外观图

该开发板使用具有仿真器功能的IAP15W4K61S4单片机,可以实现在线硬件仿真;供电方式为直接从USB取电+5 V;40个I/O引脚都外接到插针,必要时可以使用这些I/O口线连接和扩展其他外围电路;开发板上设计了外部晶振,用户可通过跳线开关实现内部晶振与外部晶振的选择,需要注意的是跳线开关闭合时,单片机会自动检测到外部晶振的存在,此时如果选择使用内部晶振,则单片机以默认25 MHz的频率运行,用户不可更改内部晶振频率;单片机串行口1的P3.0/P3.1引脚通过USB转TTL芯片连接PC机,单片机与PC机之间只需一条USB连接线即可实现开发板的供电、信息传递和程序下载。

图12.2所示是STC单片机迷你开发板电路原理图。在开发板中,核心器件是PDIP40封装的IAP15W4K61S4单片机。这款单片机开发板抗干扰能力强,加密性高,可方便地编程下载程序。使用该开发板能够完成本教材的大部分例程的验证和实验内容,另外的实验内容则需要其他外围电路和模块才能完成。

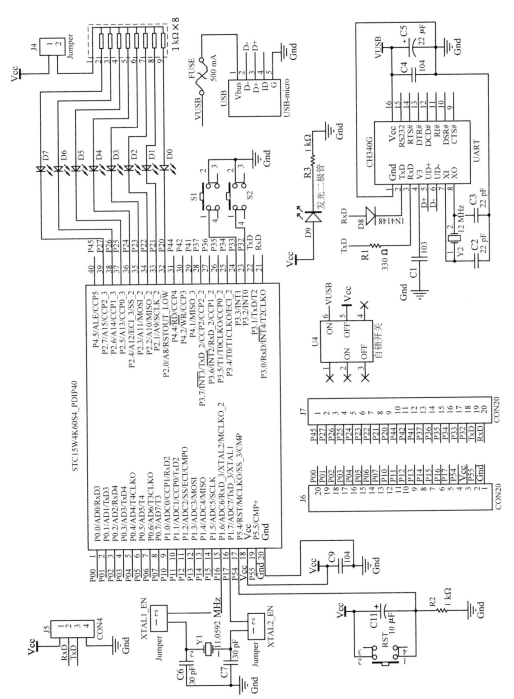

图 12.2　STC 单片机迷你开发板电路原理图

12.2.2　STC15 系列单片机的学习板设计

单片机学习板的设计与开发板类似,两者并没有根本性的区别,其主要特色是面向单片机的初学者提供尽可能多的软硬件资源,方便用户的学习、实验和开发工作,在本质上也是一种实验设备(图 12.3)。其主要特点如下:

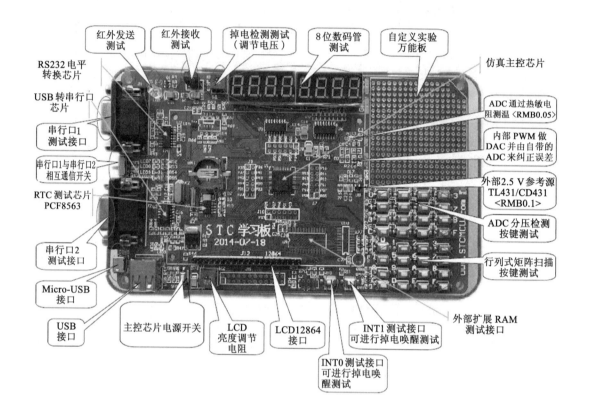

图 12.3　STC15W4K 单片机学习板布局图

1. 单片机内置硬件仿真器

STC 单片机学习板使用具有仿真器功能的 IAP15W4K58S4 单片机,可以实现在线仿真;供电方式有从 USB 取电和外接 5 V 供电两种;板载 USB 转 TTL 芯片 CH340G,通过 USB 连接线即可实现程序下载和数据通信,无须购买专门的下载器和电源适配器,同时配合自动下载电路,可轻松实现一条 USB 线供电和全自动下载,非常方便程序调试,无须频繁地开/关电源来下载程序。

2. 下载程序方式多样

板载 STC15W204S 八脚单片机,可监控下载软件发出的下载指令,自动控制板子冷启动,实现全自动下载,该方式为全硬件方式,不占用 IAP15W4K58S4 单片机任何资源。除了 USB 自动下载方式外,还可直接通过 DB9 串行口进行手动方式下载程序,灵活性高,满足实际开发调试需要。

3. 集成了丰富的外围器件

学习板上带有锁存功能的数码管驱动芯片,同时自带 ADC 单通道驱动 16 按键和I/O 端口行列扫描驱动 16 按键两种电路;此外,还带有外部扩展 RAM 模块、LCD12864 液晶模块、PCF8563 时钟模块、RS232 模块、红外收发模块、掉电检测模块、温度传感器等多个模块;包含 4 位 LED 流水灯,可做流水灯实验、定时闪烁实验等,使用 I/O 端口直接驱动。

12.3　电机控制及应用

12.3.1　直流电机的控制

直流电机是使机械能与电能相互转换的机械,直流电机把直流电能变为机械能。在直流电机控制中,主要涉及正、反转控制和速度控制两种。正、反转控制是通过改变直流电机的工作电压极性来实现的,而速度控制则是使用 PWM 方式进行控制,即在单位时间内,调整直流电机的通、断电时间来实现控制。直流电机的控制也可以直接选择成品的 PWM 模块来实现,例如基于 L298N、BTS7960 等芯片的集成模块,但在多数情况下,直接使用单片机产生 PWM 脉冲控制直流电机的方法可以简化硬件电路,节约成本。

直流电机有以下 4 方面的优点:

① 调速范围广,且易于平滑调节;

② 过载、启动、制动转矩大;

③ 易于控制,可靠性高;

④ 调速时的能量损耗较小。

所以,在调速要求高的场所,如轧钢机、轮船推进器、电车、电气铁道牵引、高炉送料、造纸、纺织、拖动、吊车、挖掘机械等方面,直流电机均得到广泛的应用。

1. 直流电机的驱动

用单片机控制直流电机时,需要外加驱动电路,为直流电机提供足够大的驱动电流。不同直流电机的驱动电流也不同,要根据实际需求选择合适的驱动电路,通常有以下几种驱动电路:三极管电流放大驱动电路、电机专用驱动模块(如 L298)和达林顿驱动器等。如果是驱动单个电机,并且电机的驱动电流不大时,可用三极管搭建驱动电路,其缺点是实现起来麻烦一些;如果电机所需要的驱动电流较大,可直接选用市场上现成的电机专用驱动模块,这种模块接口简单,操作方便,并可为电机提供较大的驱动电流,但它的价格要高一些;达林顿驱动器实际上是一个集成芯片,单块芯片同时可驱动 8 个电机,每个电机由单片机的一个 I/O 端口控制,当需要调节直流电机转速时,使单片机的相应 I/O 端口输出不同占空比的 PWM 波形即可。

2. 正、反转控制电路

图 12.4 所示为一个典型的直流电机控制电路,因为它的形状酷似字母"H",故此种电路也被称为桥式驱动电路。H 桥式电机驱动电路包括一个电机和 4 个三极管,要使电机运转,必须导通对角线上的一对三极管,根据不同三极管对的导通情况,电流可能从左上至右下或从右上至左下流过电机,从而控制电机的转向:图中 Q1 和 Q4 导通时,电流由左上向右

下方经过电机,电机按照顺时针方向转动;Q2 和 Q3 导通时,电流则按照右上至左下的方向流过电机,此时,电机按照逆时针方向转动。

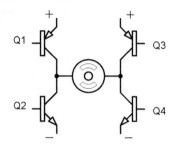

图 12.4　H 桥式电机驱动电路

某直流电机正、反转控制驱动原理如图 12.5 所示,图中若 PWM1＝1 且 PWM2＝0 时,Q5 导通,Q6 截止,进而 Q1、Q4 导通,电机正转;当 PWM1＝0 且 PWM2＝1 时,Q5 截止,Q6 导通,进而 Q2、Q3 导通,电机反转;当 PWM1、PWM2 同时为高电平或低电平时,电机不转。

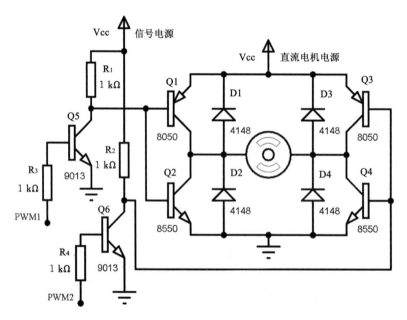

图 12.5　直流电机驱动原理图

3. 单片机输出 PWM 控制直流电机速度

脉冲宽度调制 PWM 是按一定规律改变脉冲序列的脉冲宽度,以调节输出量和波形的一种调制方式,控制系统中常用的是矩形波 PWM 信号,通过控制改变输出 PWM 波的占空比。如图 12.6 所示,在控制电机的转速时,占空比越大,速度越快,如果全为高电平,即占空比为 100％时,速度达到最快。

当用单片机 I/O 端口输出 PWM 信号时,可采用以下三种方法:

(1) 利用软件延时。分别对高、低电平延时不同的时间,然后对 I/O 端口电平取反,如

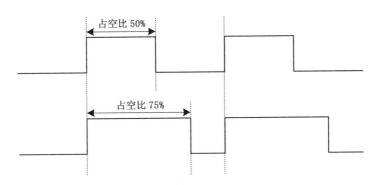

图 12.6 PWM 信号的占空比

此循环就可得到 PWM 信号。

（2）利用定时器。控制方法同上，只是在这里使用单片机的定时器来定时进行高、低电平的持续时间，而不用软件延时。

（3）利用单片机自带的 PWM 控制器。STC15 系列单片机内置 PWM 控制器，其他型号的单片机也带有 PWM 控制器，如 PIC 单片机、AVR 单片机等。

4．直流电机应用举例

图 12.7 是直流电机扩展实验的原理图，电机扩展板独立于单片机开发板，其上使用 12 V 直流电源，单片机开发板上使用 5 V 电源，在做本实验时，两电源需要共地。电机扩展板上用一个达林顿反相驱动器 ULN2803 驱动电机，这里仅驱动一路电机，电机的一端接＋12 V 电源，另一端接 ULN2803 的 OUT7 引脚，ULN2803 的 IN7 引脚与单片机的 P1.5引脚相连，通过控制单片机的 P1.5 引脚输出 PWM 信号，由此控制直流电机的速度与启停。

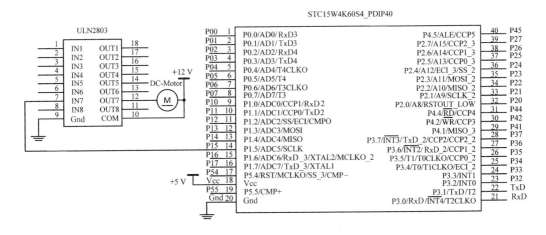

图 12.7 单片机与直流电机连接图

【例 12.1】 使用 STC15W4K32S4 单片机驱动直流电机，要求使用独立按键控制电机的启停和转速调节，如图 12.8 所示。

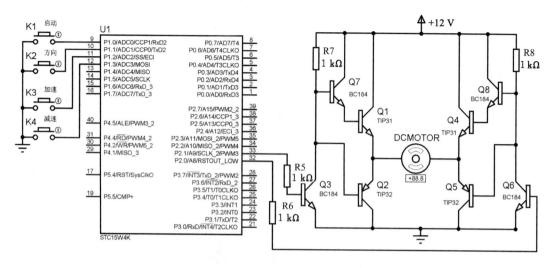

图 12.8　带调速正、反转可控的直流电机电路

解：设单片机的 SYSclk＝11.0592 MHz，使用定时器 T0 产生 50 μs 的定时时间作为定时脉冲，每 20 个脉冲为一个 PWM 周期，即一个 PWM 周期为 1 ms，通过控制一个周期内高、低电平的脉冲数即可改变 PWM 输出的占空比。

参考 C 语言源程序如下：

```
#include <stc15.h>
#define uchar unsigned char
sbit K_START= P1^0;            /* 定义启停控制 */
sbit K_DIR=P1^1;               /* 定义正反转控制 */
sbit K_UP=P1^2;                /* 定义加速控制 */
sbit K_DOWN=P1^3;              /* 定义减速控制 */
sbit M1=P2^0;                  /* 电机驱动控制 */
sbit M2=P2^1;                  /* 电机驱动控制 */
bit M=0;                       /* 定义 PWM 输出的逻辑电平 */
bit SW=0;                      /* 定义启停控制变量 */
bit LR=0;                      /* 定义正反转控制变量 */
uchar pwm=20;                  /* 定义 pwm 周期数 */
uchar pwmH=1;                  /* 定义高电平脉冲个数 */
uchar cnt=0;                   /* 定义脉冲个数计数变量 */
/* * * * * * * * * * *延时函数* * * * * * * * * * * */
void delay(uchar i)
{
    uchar j,k;
```

```
    for(j=i; j>0; j——)
        for(k=125; k>0; k——);
}
/*******按键处理函数*******/
void keyscan()
{
    if(K_START == 0)              /*检测启停按键*/
    {
        delay(5);                 /*延时消抖*/
        if(K_START == 0)
        {
            SW=~SW;
        }
        while(K_START == 0);      /*等待按键释放*/
    }
    if(K_DIR == 0)                /*检测正反转按键*/
    {
        delay(5);                 /*延时消抖*/
        if(K_DIR == 0)
        {
            LR=~LR;
        }
        while(K_DIR == 0);        /*等待按键松开*/
    }
    if(K_UP == 0)                 /*检测加速按键*/
    {
        delay(5);                 /*延时消抖*/
        if(K_UP == 0)
        {
            pwmH++;               /*加速键按下,脉冲个数加1*/
            if(pwmH == pwm)
                pwmH=pwm-1;
        }
        while(K_UP == 0);         /*等待按键松开*/
    }
    if(K_DOWN == 0)              /*检测减速按键*/
    {
        delay(5);
```

```
            if(K_DOWN == 0)
            {
                pwmH－－;                    /* 减速键按下,脉冲个数减 1 */
                if(pwmH == 0)
                    pwmH=1;
            }
            while(K_DOWN == 0);
    }
}
/* * * * * * 定时器 T0 中断服务函数 * * * * * * */
void T0_ISR() interrupt 1
{
    cnt++;
    if(cnt >= pwmH)
        M=0;
    if(cnt == pwm)
    {
        cnt=0;
        M=1;
    }
}
/* * * * * * * * 50 us@11.0592 MHz * * * * * * */

void Timer0Init(void)
{
    AUXR &= 0x7F;                    /* 定时器时钟 12T 模式 */
    TMOD &= 0xF0;                    /* 设置定时器模式 */
    TMOD |= 0x02;                    /* 设置定时器模式 */
    TL0=0xD2;                        /* 设置定时初值 */
    TH0=0xD2;                        /* 设置定时重载值 */
    ET0 =1;
    EA=1;
    TR0=1;                           /* 定时器 T0 开始计时 */
}

void main()
{
    P2M1 &= 0xFC;
    P2M0 &= 0xFC;                     /* 设置 P2.0、P2.1 为准双向口 */
```

```
    Timer0Init();
    while(1)
    {
        keyscan();
        if(SW == 0)                /* 电机停止 */
        {
            M1=0;
            M2=0;
        }
        if(SW == 1)                /* 电机启动 */
        {
            if(LR == 0)            /* 电机正转 */
            {
                M1=0;
                M2=M;
            }
            if(LR == 1)            /* 电机反转 */
            {
                M1=M;
                M2=0;
            }
        }
    }
}
```

12.3.2　步进电机的控制

步进电机是将电脉冲信号转变为角位移或线位移的开环控制元件。在非超载情况下，电机的转速、停止的位置只取决于脉冲信号的频率和脉冲数，不受负载变化的影响，即给电机一个脉冲信号，电机就会转过一个步距角。由于这一线性关系的存在，加上步进电机只有周期性的误差而无累积误差等特点，使得步进电机在速度、位置等的控制操作非常简单。虽然步进电机应用广泛，但它并不像普通的直流或交流电机那样能在常规状态下使用，它必须使用由双环形脉冲信号和功率驱动电路等组成的控制器驱动。因此，用好步进电机也非易事，它涉及机械、电机、电子及计算机等许多专业知识。

1. 步进电机的参数

步进电机可以分为永磁式(PM)、反应式(VR)和混合式(HB)三种。永磁式一般为二相，转矩和体积较小，步距角一般为 7.5°或 15°；反应式一般为三相，可实现大转矩输出，步距角一般为 1.5°，但噪声和振动都很大；混合式则兼具永磁式和反应式的优点，它又分为二相和五相，二相步距角一般为 1.8°，而五相步距角一般为 0.72°，这种步进电机的应用最为广泛。

(1) 步进电机的静态指标

① 相数：电机内部的线圈组数。目前常用的有二相、三相、四相、五相步进电机。电机相数不同，其步距角也不同，一般二相电机的步距角为 0.9°/1.8°，三相为 0.75°/1.5°、五相为 0.36°/0.72°。在没有细分驱动器时，用户主要靠选择相数来满足自己对步距角的要求。如果使用细分驱动器，则相数将变得没有意义，用户只需在驱动器上改变细分数，就可以改变步距角。

② 步距角：表示控制系统每发一个步进脉冲信号，电机所转动的角度。电机出厂时给出了一个步距角的值，如 86BYG250A 型电机的值为 0.9°/1.8°（表示半步工作时为 0.9°、整步工作时为 1.8°），这个步距角可称为"电机固有步距角"，它不一定是电机实际工作时的真正步距角，真正的步距角和驱动器有关。

③ 拍数：完成一个磁场周期性变化所需脉冲数或导电状态，或指电机转过一个步距角所需脉冲数。以四相电机为例，有四相四拍运行方式，即 AB→BC→CD→DA→AB；四相八拍运行方式，即 A→AB→B→BC→C→CD→D→DA→A。

④ 定位转矩：电机在不通电状态下，转子自身的锁定力矩（由磁场齿形的谐波以及机械误差造成）。

⑤ 保持转矩：步进电机通电但没有转动时，定子锁住转子的力矩。通常步进电机在低速时的力矩接近保持转矩。由于步进电机的输出力矩随速度的增大而不断衰减，输出功率也随速度的增大而变化，所以保持转矩就成了衡量步进电机最重要的参数之一。比如，当人们说 2 N·m 的步进电机时，在没有特殊说明的情况下，是指保持转矩为 2 N·m 的步进电机。

（2）步进电机的动态指标

① 步距角精度：步进电机每转过一个步距角的实际值与理论值的误差，用百分比表示，即误差/步距角×100%。不同运行拍数其值也不同，四拍运行时应在 5% 之内，八拍运行时应在 15% 以内。

② 失步：电机运转时运转的步数不等于理论上的步数，称为失步。

③ 失调角：转子齿轴线偏移定子齿轴线的角度。电机运转必存在失调角，由失调角产生的误差，采用细分驱动是不能解决的。

④ 电机的共振点：步进电机均有固定的共振区域，其共振区一般在 50～80 r/min 或 180 r/min 左右。电机驱动电压越高，电机电流越大，负载越轻，电机体积越小，则共振区越向上偏移。为使电机输出转矩大、不失步且整个系统的噪声低，一般工作点均应尽可能多地偏离共振区。因此，在使用步进电机时应避开此共振区。

2. 步进电机的控制原理

步进电机是一种将电脉冲转换成相应角位移或线位移的电磁机械装置。它具有快速启、停能力，在电机的负荷不超过它能提供的动态转矩时，可以通过输入脉冲来控制它在一瞬间的启动或停止。步进电机的步距角和转速只与输入的脉冲频率有关，与环境温度、气压、振动无关，也不受电网电压的波动和负载变化的影响。因此，步进电机多应用在需要精确定位的场合。

（1）工作原理

步进电机都需要以脉冲信号电流来驱动,假设每旋转一圈需要 200 个脉冲信号来励磁,可以计算出每个励磁信号能使步进电机前进 1.8°,其旋转角度与脉冲的个数成正比。步进电机的正、反转由励磁脉冲产生的顺序来控制。六线式四相步进电机是比较常见的,它的控制等效电路如图 12.9 所示。它有 4 条励磁信号引线 A、$\overline{A}$、B、$\overline{B}$,通过控制这 4 条引线上励磁脉冲产生的时刻,即可控制步进电机的转动。每出现一个脉冲信号,步进电机只走一步。因此,只要依序不断送出脉冲信号,步进电机就能实现连续转动。

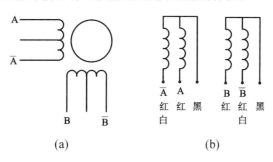

图 12.9　六线式四相步进电机的控制等效电路
(a) 等效电路;(b) 绕组说明

(2) 励磁方式

步进电机的励磁方式分为全步励磁和半步励磁两种。其中,全步励磁又有一相励磁和二相励磁之分;半步励磁又称一二相励磁。假设每旋转一圈需要 200 个脉冲信号来励磁,可以计算出每个励磁信号能使步进电机前进 1.8°,简要介绍如下。

① 一相励磁。在每一瞬间,步进电机只有一个线圈导通。每送一个励磁信号,步进电机旋转 1.8°,这是三种励磁方式中最简单的一种。

其特点是:精确度好、消耗电力小,但输出转矩最小,振动较大。如果以该方式控制步进电机正转,对应的励磁顺序如表 12.1 所列。若励磁信号反向传送,则步进电机反转。表中的“1”和“0”分别表示高电平和低电平。

表 12.1　一相励磁顺序表

STEP	A	$\overline{A}$	B	$\overline{B}$
1	1	0	0	0
2	0	1	0	0
3	0	0	1	0
4	0	0	0	1

励磁顺序说明:1→2→3→4
　　　　　　　　↑_____|

② 二相励磁。在每一瞬间,步进电机有两个线圈同时导通。每送一个励磁信号,步进电机旋转 1.8°。

其特点是:输出转矩大,振动小,因而成为目前使用最多的励磁方式。如果以该方式控制步进电机正转,对应的励磁顺序如表 12.2 所列。若励磁信号反向传送,则步进电机反转。

表 12.2 二相励磁顺序表

STEP	A	$\overline{A}$	B	$\overline{B}$
1	1	1	0	0
2	0	1	1	0
3	0	0	1	1
4	1	0	0	1

励磁顺序说明: $1 \rightarrow 2 \rightarrow 3 \rightarrow 4$

③ 一二相励磁。为一相励磁与二相励磁交替导通的方式。每送一个励磁信号,步进电机旋转 $0.9°$ 。

其特点是:分辨率高,运转平滑,故应用也很广泛。如果以该方式控制步进电机正转,对应的励磁顺序如表 12.3 所列。若励磁信号反向传送,则步进电机反转。

表 12.3 一二相励磁顺序表

STEP	A	$\overline{A}$	B	$\overline{B}$
1	1	0	0	0
2	1	1	0	0
3	0	1	0	0
4	0	1	1	0
5	0	0	1	0
6	0	0	1	1
7	0	0	0	1
8	1	0	0	1

励磁顺序说明: $1 \rightarrow 2 \rightarrow 3 \rightarrow 4 \rightarrow 5 \rightarrow 6 \rightarrow 7 \rightarrow 8$

3. 步进电机与单片机的接口技术

步进电机的驱动一种方法是选用专用的电机驱动器或模块,如 L298、FT5754 等,这类驱动模块接口简单且操作方便,它们既可驱动步进电机,也可驱动直流电机。另一种方法是利用三极管自己搭建驱动电路,实现过程较烦琐,可靠性也会降低。此外,还有一种常用方法就是使用达林顿驱动器,如 ULN2803。该芯片单片最多可一次驱动八线步进电机,当然直接驱动四线或六线制电机也是没有问题的,下面介绍该芯片与单片机的连接方法。

使用 ULN2803 控制步进电机与单片机连接原理图如图 12.10 所示,采用六线制四相步进电机,Phase1～Phase4 为电机接口驱动线,电机电源为 ＋12 V,这 4 条驱动线通过 ULN2803 后与单片机的 P1.0～P1.3 引脚相连。

4. 步进电机应用举例

【例 12.2】 用独立按键控制步进电机正转、反转、加速、减速。驱动方式采用一相励磁,即 4 条信号线每次只有一个为高电平,并使用 LED 指示灯显示正转、反转及停止状态。

解:根据题意,设计硬件结构图如图 12.11 所示。

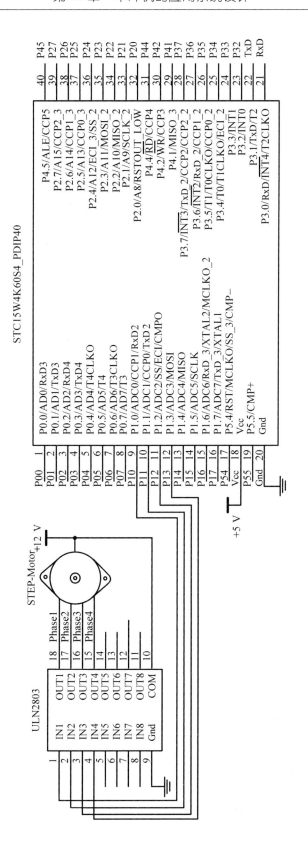

图 12.10 单片机与步进电机连接图

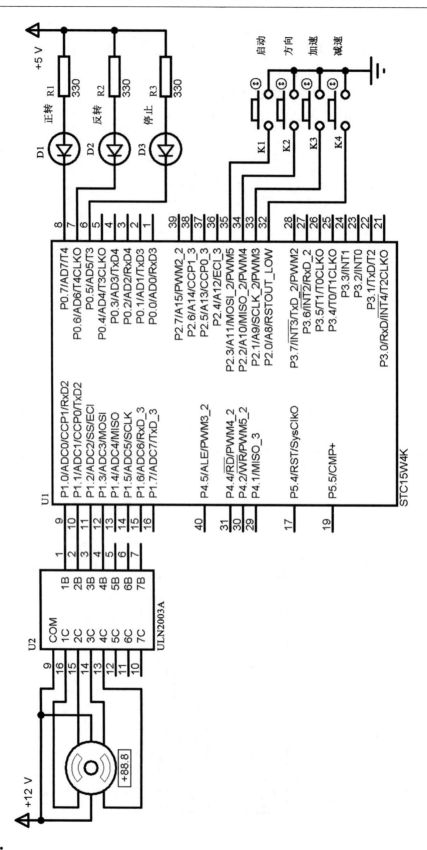

图 12.11 正反转可控的步进电机驱动电路图

在图 12.11 中,ULN2003A 内置 7 路达林顿管反相驱动电路对四相步进电机进行驱动,ULN2003A 的 1B~4B 连接到单片机的 P1.0~P1.3,单片机的 P2.0~P2.3 分别连接 4 个独立按键,P0.5~P0.7 则分别连接 3 个 LED 发光二极管。

本例的关键在于励磁顺序的确定,四相步进电机的励磁方式有 3 种,如表 12.4 所列,本例中的四相步进电机工作于 8 拍方式。

表 12.4 四相步进电机的 3 种励磁方式

单 4 拍					双 4 拍					8 拍				
STEP	A	B	C	D	STEP	A	B	C	D	STEP	A	B	C	D
1	1	0	0	0	1	1	1	0	0	1	1	0	0	0
2	0	1	0	0	2	0	1	1	0	2	1	1	0	0
3	0	0	1	0	3	0	0	1	1	3	0	1	0	0
4	0	0	0	1	4	1	0	0	1	4	0	1	1	0
5	1	0	0	0	5	1	1	0	0	5	0	0	1	0
6	0	1	0	0	6	0	1	1	0	6	0	0	1	1
7	0	0	1	0	7	0	0	1	1	7	0	0	0	1
8	0	0	0	1	8	1	0	0	1	8	1	0	0	1

参考 C 语言源程序如下:

```c
#include <stc15.h>
#define uint unsigned int
#define uchar unsigned char
uchar code FFW[]={0x01,0x03,0x02,0x06,0x04,0x0c,0x08,0x09};
uchar code REV[]={0x09,0x08,0x0c,0x04,0x06,0x02,0x03,0x01};
sbit K_START= P2^3;            /* 定义启停控制 */
sbit K_DIR= P2^2;              /* 定义正反转控制 */
sbit K_UP= P2^1;               /* 定义加速控制 */
sbit K_DOWN= P2^0;             /* 定义减速控制 */
bit SW=0;                      /* 定义启停控制变量 */
bit LR=0;                      /* 定义正反转控制变量 */
uchar Speed=1;                 /* 定义转速变量 */
/* * * * * * * * * * * 延时函数 * * * * * * * * * * * */
void DelayMS(uint ms)
{
    uchar i;
    while(ms--)
    {
        for(i=0;i<120;i++);
    }
}
```

```
/ * * * * * * * * * * * 正转驱动函数 * * * * * * * * * * /
void STEP_MOTOR_FFW()
{
    uchar i;
    for(i=0; i<8; i++)
    {
        if(SW == 0)   break;
        P1=FFW[i];
        DelayMS(Speed);
    }
}
/ * * * * * * * * * * * 反转驱动函数 * * * * * * * * * * /
void STEP_MOTOR_REV()
{
    uchar i;
    for(i=0; i<8; i++)
    {
        if(SW == 0)   break;
        P1=REV[i];
        DelayMS(Speed);
    }
}
/ * * * * * * * 按键处理函数 * * * * * * * /
void keyscan()
{
    if(K_START == 0)                /ﾅ检测启停按键*/
    {
        DelayMS(10);                /ﾅ延时消抖*/
        if(K_START == 0)
        {
            SW=~SW;
        }
        while(K_START == 0);                /ﾅ等待按键释放*/
    }
    if(K_DIR == 0)                /ﾅ检测正反转按键*/
    {
        DelayMS(10);                /ﾅ延时消抖*/
```

```
        if(K_DIR == 0)
        {
            LR=~LR;
        }
        while(K_DIR == 0);                    /* 等待按键松开 */
    }
    if(K_UP == 0)
    {
        DelayMS(10);                          /* 延时消抖 */
        if(K_UP == 0)
        {
            Speed++;                          /* 加速键按下,脉冲个数加 1 */
            if(Speed>20)
                Speed=20;
        }
        while(K_UP == 0);                     /* 等待按键松开 */
    }
    if(K_DOWN == 0)
    {
        DelayMS(10);
        if(K_DOWN == 0)
        {
            Speed--;                          /* 减速键按下,脉冲个数减 1 */
            if(Speed == 0)
                Speed=1;
        }
        while(K_DOWN == 0);
    }
}
void main()
{
    P2M1 &= 0xF0;
    P2M0 &= 0xF0;                    /* 设置 P2.0～P2.4 为准双向口 */
    P0M1 &= 0x3F;
    P0M0 &= 0x3F;                    /* 设置 P0.7～P0.6 为准双向口 */
    while(1)
    {
        keyscan();
```

```
        if(SW == 1)
        {
            P0=0xcf；
            if(LR == 0)
            {
                P0 &= 0x7f；
                STEP_MOTOR_FFW()；
            }
            else
            {
                P0 &= 0xbf；
                STEP_MOTOR_REV()；
            }
        }
        else P0=0xff；
    }
}
```

12.4　单片机的省电模式

单片机应用电子系统的低功耗设计越来越重要,特别是在电池供电的手持式电子设备中尤为突出。一般的单片机应用系统使用正常工作模式即可,如果系统对于速度要求不高,可对系统时钟进行分频,让单片机工作在慢速模式,以节约电能;此外,多数单片机还提供空闲模式或掉电模式,从而大大降低单片机的工作电流。

STC15 系列单片机可以工作于正常工作模式、慢速模式、空闲模式和掉电模式,一般把后 3 种模式称为省电模式,也就是低功耗设计的重要体现。正常工作模式下,STC15 系列单片机的典型功耗是 $2.7 \sim 7$ mA,而掉电模式下的典型功耗是小于 0.1 μA,空闲模式下的典型功耗是 1.8 mA。

低速/慢速模式由时钟分频器 CLK_DIV/PCON2 控制,而空闲模式和掉电模式则由电源控制寄存器 PCON 的相应位控制。

12.4.1　STC15 系列单片机的慢速模式

系统速度要求不高时,可以降低系统时钟,让单片机工作在低速模式。利用特殊功能寄存器 CLK_DIV/PCON2 可以对单片机进行时钟分频,寄存器 CLK_DIV 各位定义如下:

名称	地址	D7	D6	D5	D4	D3	D2	D1	D0	复位值
CLK_DIV	97H	MCKO_S1	MCKO_S0	ADRJ	Tx_Rx	MCLK0_2	CLKS2	CLKS1	CLKS0	00000000

系统时钟的分频情况如表 12.5 所列。

表 12.5 CPU 系统时钟与分频系数表

CLK2	CLK1	CLK0	SYSclk	CLK2	CLK1	CLK0	SYSclk
0	0	0	f_{osc}	1	0	0	$f_{osc}/16$
0	0	1	$f_{osc}/2$	1	0	1	$f_{osc}/32$
0	1	0	$f_{osc}/4$	1	1	0	$f_{osc}/64$
0	1	1	$f_{osc}/8$	1	1	1	$f_{osc}/128$

其中,f_{osc} 表示系统晶振频率,SYSclk 表示 CPU 的系统时钟,STC15W4K 单片机可以在正常工作时分频,也可以在空闲模式下分频工作。

12.4.2 STC15 系列单片机的空闲模式与掉电模式

STC15 系列单片机的空闲与掉电模式的应用主要是空闲/掉电方式的进入和退出/唤醒两个方面。

1. 空闲模式和掉电模式的控制

空闲和掉电模式的进入由电源控制寄存器 PCON 的相应位控制。电源控制寄存器 PCON 各位的定义如下:

名称	地址	D7	D6	D5	D4	D3	D2	D1	D0	复位值
PCON	87H	SMOD	SMOD0	LVDF	POF	GF1	GF0	PD	IDL	00110000

(1) IDL:IDL=1 时,单片机将进入空闲模式(即 IDLE 模式)。在空闲模式下,仅 CPU 没有时钟不工作外,其余模块仍正常运行,如外部中断、内部低电压检测电路、定时器、A/D 转换等。

(2) PD:PD=1 时,单片机将进入掉电模式。在掉电模式下,时钟停振,CPU、定时器、看门狗、A/D 转换、串行口全部停止工作,只有外部中断继续工作。进入掉电模式后,所有的 I/O 端口、特殊功能寄存器维持进入掉电模式前一时刻的状态不变。

(3) LVDF:低电压检测标志位,同时也是低电压检测中断请求标志位。在进入掉电模式前,如果低电压检测电路被允许产生中断,则低电压检测电路在进入掉电模式后也可继续工作;否则在进入掉电模式后,低电压检测电路将停止工作,以降低功耗。

(4) POF:上电复位标志位,单片机停电后,上电复位标志位为 1,可由软件清零。

(5) GF1 和 GF0:通用用户标志位,用户可以随意使用。

(6) SMOD 和 SMOD0:串行口的相关控制位,与电源管理无关,在此不作介绍。

注意:当单片机进入空闲模式或者掉电模式后,当任何一个中断产生时,它们都可以将单片机唤醒,单片机被唤醒后,CPU 将继续执行进入空闲模式语句的下一条指令。

2. 空闲模式

(1) 在空闲模式下,RAM、堆栈指针(SP)、程序计数器(PC)、程序状态字(PSW)、累加器(A)等寄存器都保持原有数据。I/O 端口保持空闲模式进入前一时刻的逻辑状态。单片机所有外部设备都能正常工作。

看门狗在空闲模式下是否工作取决于看门狗定时器控制寄存器 WDT_CONTR 的 IDLE_WDT/WDT _CONTR.3。当 IDLE_WDT=1 时,看门狗定时器在空闲模式正常工作。当 IDLE _WDT=0 时,看门狗定时器在空闲模式停止工作。

（2）有两种方式可以退出空闲模式：

① 外部复位 RST 引脚硬件复位，将复位引脚拉高并保持 24 个时钟加上 20 μs，产生复位。再将 RST 引脚拉低，结束复位，单片机从用户程序 0000H 处开始进入正常工作模式。

② 外部中断、定时器中断、低电压检测中断以及 A/D 转换中的任何一个中断的产生都会引起 IDL/PCON.0 被硬件清除，从而退出空闲模式。当任何一个中断产生时，它们都可以将单片机唤醒，单片机被唤醒后，CPU 将继续执行进入空闲模式语句的下一条指令，之后将进入相应的中断服务子程序。

3. 掉电模式

（1）将 PD/PCON.1 置"1"，单片机将进入 Power Down（掉电）模式，掉电模式也叫停机模式。进入掉电模式后，单片机所使用的时钟停振，由于无时钟源，CPU、看门狗、定时器、串行口、A/D 转换等功能模块停止工作，外部中断、CCP 继续工作。如果低压检测电路被允许可产生中断，则低压检测电路也可继续工作，否则将停止工作。进入掉电模式后，所有 I/O 端口、SFRs（特殊功能寄存器）维持进入掉电模式前那一刻的状态不变。如果掉电唤醒专用定时器在进入掉电模式之前被打开（即在进入掉电模式之前 WKTEN/WKTCH.7＝1），则进入掉电模式后，掉电唤醒专用定时器将开始工作。

（2）进入掉电模式后，STC15W4K32S4 单片机中可将掉电模式唤醒的管脚资源有：

① 外部中断 INT0/P3.2、INT1/P3.3、$\overline{INT2}$/P3.6、$\overline{INT3}$/P3.7、$\overline{INT4}$/3.0 和 CCP 中断（CCP0、CCP1、CCP2）均可以唤醒 CPU；掉电唤醒之后 CPU 首先执行设置单片机进入掉电模式语句的下一条语句（建议在设置单片机进入掉电模式的语句后多加几个 NOP 空指令），然后执行相应的中断服务程序。

② 如果串行口 RxD、RxD2、RxD3、RxD4 中断在进入掉电模式前被设置允许，则进入掉电模式后，串行口发生由高到低的变化时也可以将 MCU 从掉电模式唤醒。当 MCU 由 RxD 或 RxD2 或 RxD3 或 RxD4 唤醒时，如果主时钟使用的是内部系统时钟，MCU 在等待 64 个时钟后将时钟供给 CPU 工作；如果主时钟使用的是外部晶振时钟，MCU 在等待 1024 个时钟后将时钟供给 CPU 工作。CPU 获得时钟后，程序从上次设置单片机进入掉电模式语句的下一条语句开始往下执行。

③ 如果定时器 T0、T1、T2、T3、T4 中断在进入掉电模式前被设置允许，则进入掉电模式后，如果外部引脚发生由高到低的电平变化可以将单片机从掉电模式中唤醒。当 MCU 由定时器外部管脚电压变化唤醒时，如果主时钟使用的是内部系统时钟，MCU 在等待 64 个时钟后，就认为此时系统时钟从开始起振的不稳定状态已经过渡到稳定状态，就将时钟供给 CPU 工作；如果主时钟使用的是外部晶振时钟，MCU 在等待 1024 个时钟后，就将时钟供给 CPU 工作。CPU 获得时钟后，程序从上次设置单片机进入掉电模式语句的下一条语句开始往下执行，不进入相应定时器的中断程序。

④ 如果 STC15 系列单片机内置掉电唤醒专用定时器被允许（通过软件将 WKTCH 寄存器中的 WKTEN/WKTCH.7 位置"1"，就可以打开内部掉电唤醒专用定时器），当 MCU 进入掉电模式后，掉电唤醒专用定时器开始工作，MCU 可由该掉电唤醒专用定时器唤醒。

⑤ 外部 RST 引脚复位也可将 MCU 从掉电模式中唤醒，复位唤醒后的 MCU 将从系统 ISP 监控程序区开始工作。

【例 12.3】　STC15W4K 系列单片机 P2 端口连接 8 个 LED 灯,LED0 工作在闪烁状态,P3.0~P3.3 连接 4 个独立按键。按下按键 P3.0,单片机进入空闲模式;按下按键 P3.1,单片机进入掉电模式;按下按键 P3.2/INT0 使单片机退出空闲/掉电模式,如果是退出空闲模式则点亮 LED5 和 LED6,退出掉电模式则点亮 LED5 和 LED7。

解:单片机 P2 端口连接 8 个 LED 灯顺序为 P2.7↔LED7,…,P2.0↔LED0,参考 C 语言源程序如下:

```c
#include <stc15.h>
#include <intrins.h>
sbit KIDLE=P3^0;              /* 定义空闲按键 */
sbit KPWDN=P3^1;              /* 定义掉电按键 */
sbit KWAKE=P3^2;              /* 定义 INT0 唤醒按键 */
bit IDLE=0;                   /* 定义空闲控制变量 */
bit PWDN=0;                   /* 定义掉电控制变量 */
/ * * * * * * * * * 延时函数 * * * * * * * * * * * * /
void DelayMS(unsigned int ms)
{
    unsigned char i;
    while(ms——)
    {
        for(i=0;i<120;i++);
    }
}
/ * * * * * * * * * * 状态灯闪烁函数 * * * * * * * * * /
void Normal_Flashing()
{
    P20=0;
    DelayMS(500);
    P20=1;
    DelayMS(500);
}
/ * * * * * * * * 外部中断初始化函数 * * * * * * * /
void INT_Init()
{
    IT0=1;
    EX0=1;
    EA=1;
}
```

```
void main()
{
    P2M1 &= 0x00;
    P2M0 &= 0x00;                    /* 设置 P2 端口为准双向口 */
    INT_Init();
    while(1)
    {
        if(KIDLE == 0)              /* 检测空闲按键 */
        {
            DelayMS(10);            /* 延时消抖 */
            if(KIDLE == 0)
            {
                IDLE=1;
                PCON |= 0x01;       /* 单片机将进入空闲模式 */
                _nop_();_nop_();_nop_();_nop_();
            }
            while(KIDLE == 0);      /* 等待按键释放 */
        }
        if(KPWDN == 0)              /* 检测掉电按键 */
        {
            DelayMS(10);            /* 延时消抖 */
            if(KPWDN == 0)
            {
                PWDN=1;
                PCON |= 0x02;       /* 单片机将进入掉电模式 */
                _nop_();_nop_();_nop_();_nop_();
            }
            while(KPWDN == 0);      /* 等待按键释放 */
        }
        Normal_Flashing();
    }
}
/* * * * 外部中断 0 服务函数 * * * /
void INT0_ISR() interrupt 0
{
    if(IDLE == 1)
    {
        IDLE=0;
```

```
        P25=0；
        P26=0；
        while(KWAKE == 0)；
    }
    if(PWDN == 1)
    {
        PWDN=0；
        P25=0；
        P27=0；
        while(KWAKE == 0)；
    }
}
```

4. 内部掉电唤醒专用定时器的应用

使用内部掉电唤醒专用定时器可唤醒单片机,使其恢复到正常工作状态,此功能适合单片机周期性工作的应用场合。

STC15 系列单片机的专用定时器唤醒由特殊功能寄存器 WKTCH、WKTCL 管理和控制。它们的定义如下:

名称	地址	D7	D6	D5	D4	D3	D2	D1	D0	复位值
WKTCL	AAH									11111111
WKTCH	ABH	WKTEN								01111111

WKTEN:内部唤醒定时器的使能控制位。当 WKTEN=1 时,允许内部掉电唤醒定时器;当 WKTEN=0 时,禁止内部掉电唤醒定时器。

内部掉电唤醒定时器是一个 15 位定时器,{WKTCH[6:0],WKTCL[7:0]}构成最长 15 位计数值,定时从 0 开始计数。

STC15 系列带有掉电唤醒专用定时器的单片机除增加了特殊功能寄存器 WKTCL 和 WKTCH 外,还设计了 2 个隐藏的特殊功能寄存器 WKTCL_CNT 和 WKTCH_CNT 用于控制内部掉电唤醒专用定时器。WKTCL_CNT 与 WKTCL 共用同一个地址,WKTCH_CNT 与 WKTCH 共用同一个地址,WKTCL_CNT 和 WKTCH_CNT 是隐藏的,对用户不可见。WKTCL_CNT 和 WKTCH_CNT 实际上是作计数器使用,而 WKTCL 和 WKTCH 实际上作比较器使用。当用户对 WKTCL 和 WKTCH 写入内容时,该内容只写入寄存器 WKTCL 和 WKTCH 中,而不会写入 WKTCL_CNT 和 WKTCH_CNT 中。当用户读寄存器 WKTCL 和 WKTCH 中的内容时,实际上读的是寄存器 WKTCL_CNT 和 WKTCH_CNT 中的内容,而不是 WKTCL 和 WKTCH 中的内容。

当 WKTEN/WKTCH.7=1 时,允许内部掉电唤醒专用定时器,当 MCU 进入掉电模式后,掉电唤醒专用定时器开始工作。掉电唤醒专用定时器将 MCU 从掉电模式中唤醒的执行过程是:一旦 MCU 进入掉电模式,内部掉电唤醒专用定时器{WKTCH_CNT, WKTCL_CNT}就从 7FFFH 开始计数,直到计数与{WKTCH[6:0],WKTCL[7:0]}所设定的值相等后就启动系统时钟,并在时钟稳定后供给 CPU、定时器、看门狗、A/D 转换等模块;CPU 获得时钟后,程序从上次设置单片机进入掉电模式语句的下一条语句开始往下执行。掉电唤醒之后,WKTCH_CNT 和 WKTCL_CNT 的内容保持不变,因此可通过读{WKTCH,WKTCL}的内容(实际上是读{WKTCH_CNT, WKTCL_CNT}的内容)读出单片机在掉电模式所等待的时间。

内部掉电唤醒定时器的定时时钟约为 32768 Hz,存在一定误差,计数脉冲周期约为 488.28 μs,定时时间的计算方法为{WKTCH[6:0],WKTCL[7:0]}的值加 1 后乘以 488.28 μs。

内部掉电唤醒定时器的最小和最大定时时间分别为 488.28 μs 和 488.28 μs×32768＝16 s。

【例 12.4】 采用内部掉电唤醒定时器唤醒单片机的掉电状态,唤醒时间为 500 ms。

解:唤醒时间为 500 ms,则需要计数值 X＝500 ms/488 μs≈400H,所以 WKTCH 和 WKTCL 的设定值为 400H 减 1,即 3FFH,即 WKTCH＝03H,WKTCL＝FFH。

参考 C 语言源程序如下:

```
#include <stc15.h>
void main(void)
{
    WKTCH=0x03;
    WKTCL=0xFF;
    //...添加其他代码
    while(1)
    {;}
}
```

12.5 单片机的看门狗定时器

STC15W4K 系列单片机内置了看门狗定时器 WDT,其主要作用是在单片机受到外部电磁干扰或者自身程序设计等异常情况导致程序跑飞时,重新复位单片机,即看门狗电路的基本作用就是监视 CPU 的运行工作,如果 CPU 在规定的时间内没有按要求访问看门狗,就认为 CPU 处于异常状态,看门狗就会强迫 CPU 复位,使系统重新从头开始按规律执行用户程序。

12.5.1 看门狗定时器的工作原理

看门狗定时器的控制寄存器为 WDT_CONTR,其格式如下:

名称	地址	D7	D6	D5	D4	D3	D2	D1	D0	复位值
WDT_CONTR	C1H	WDT_FLAG	×	EN_WDT	CLR_WDT	IDLE_WDT	PS2	PS1	PS0	0x000000

(1) WDT_FLAG:看门狗溢出标志位,当定时溢出时该位由硬件置 1,可用软件将其清零。

(2) EN_WDT:看门狗允许位。当设置为 1 时看门狗启动;当设置为 0 时看门狗不起作用。

（3）CLR_WDT：看门狗清零位。当设置为 1 时看门狗将重新计数，硬件将自动清零此位。

（4）IDLE_WDT：看门狗空闲模式位。当设置为 1 时看门狗定时器在空闲模式计数；当设置为 0 时看门狗定时器在空闲模式不计数。

（5）PS2、PS1、PS0：看门狗定时器预分频系数控制位。

看门狗溢出时间计算方法：

$$看门狗溢出时间＝（12×预分频系数×32768）/晶振时钟频率$$

例如，晶振时钟频率为 12 MHz，PS2＝0，PS1＝0，PS0＝1 时，看门狗溢出时间为：

$$（12×4×32768）/12000000＝131.0（ms）$$

看门狗定时器的预分频系数与 WDT 溢出时间的关系如表 12.6 所列。

表 12.6　预分频系数与 WDT 溢出时间关系表

PS2	PS1	PS0	预分频系数	WDT 溢出时间/ms		
				11.0592 MHz	12 MHz	20 MHz
0	0	0	2	71.1	65.5	39.3
0	0	1	4	142.2	131	78.6
0	1	0	8	284.4	262.1	157.3
0	1	1	16	568.8	524.2	314.6
1	0	0	32	1137.7	1048.5	629.1
1	0	1	64	2275.5	2097.1	1250
1	1	0	128	4551.1	4194.3	2500
1	1	1	256	9102.2	8388.6	5000

12.5.2　看门狗定时器的应用

当启用看门狗定时器后，用户程序必须周期性地复位 WDT，以表示程序还在正常运行，并且复位周期必须小于 WDT 的溢出时间。如果用户程序在 WDT 溢出时间内不能复位 WDT，WDT 将溢出并强制 CPU 自动复位，从而确保程序不会进入死循环，或者执行到无程序代码区。复位 WDT 的方法是重写 WDT 控制寄存器的内容。

【例 12.5】　设单片机系统周期性工作时间为 1000 ms，设置并启动看门狗。

解： 该系统时钟为 11.0592 MHz，由表 12.6 可知，预分频系数应选取 32，此时看门狗的溢出时间为 1137.7 ms，满足系统要求。

使用 WDT 的 C 语言源程序示例如下：

```
#include <stc15.h>
void main(void)
{
    /* ...其他初始化代码 */
    WDT_CONTR=0x3c;
```

```
/*开启 WDT,WDT 重新计数,空闲模式计数,预分频系数为 32*/
while(1)
{
    Display();                    /*显示子程序(示例)*/
    Keyscan();                    /*键盘子程序(示例)*/
    /*...其他程序代码*/
    WDT_CONTR=0x3c;               /*复位 WDT*/
}
}
```

【例 12.6】 单片机接有按键 KEY/P3.2 和 LED/P2.0,LED 以时间间隔 T 闪烁,设置看门狗溢出时间大于 T,程序正常运行。当按下 KEY 时 T 逐渐变大,LED 闪烁变慢,当多次按下 KEY 后,闪烁间隔大于看门狗溢出时间,以此模拟程序跑飞,迫使系统自动复位,单片机重新运行程序,要求应用 WDT 看门狗定时器来实现。

解:假设单片机 SYSclk=11.0592 MHz,时间间隔 T=200 ms;按键 KEY 按下一次闪烁间隔加倍,根据表 12.6 所列,看门狗时间设置为 1.1377 s,即 PS2=1,PS1=0,PS0=0,WDT_CONTR=0x3C,参考 C 语言源程序如下:

```
#include <stc15.h>
sbit KEY=P3^2;                    /*定义按键接口*/
sbit LED=P2^0;                    /*定义 LED 接口*/
/*****延时函数*****/
void Delayms(unsigned int t)
{
    unsigned int i,j;
    for(i=0;i<t;i++)
        for(j=0;j<2000;j++);
}
void main(void)
{
    unsigned int T=200;
    WDT_CONTR=0x3c;               /*WDT 初始化*/
    while(1)
    {
        LED=~LED;
        Delayms(T);               /*LED 闪烁延时*/
        if(KEY == 0)
        {
            Delayms(10);          /*按键消抖*/
            if(KEY == 0)
```

```
        {
            T＝T ＋ 200;                    /＊T 变大直至程序跑飞＊/
            while(KEY＝＝0);                /＊等待按键松开＊/
        }
    }
    WDT_CONTR＝0x3c;                        /＊复位 WDT＊/
    }
}
```

12.6　增强型 PWM 波形发生器

STC15W4K32S4 单片机集成了 6 路独立增强型 PWM 波形发生器。内部共用一个 15 位的计数器,用户可以设置每路 PWM 的初始电平。此外,每路 PWM 波形发生器内部有两个用于控制波形翻转的计数器 T1、T2,可以非常灵活地对 PWM 的占空比以及 PWM 的输出延迟进行控制,也可将其中的任意两路配合使用,实现互补对称输出以及死区控制等。

增强型的 PWM 波形发生器内置外部异常事件监控功能。例如,外部端口 P2.4 的电平异常、比较器比较结果异常等,可在紧急情况下关闭 PWM 输出。

STC15W4K32S4 单片机增强型 PWM 输出端口定义如表 12.7 所列。

表 12.7　PWM 输出端口定义表

第一组	PWM2	PWM3	PWM4	PWM5	PWM6	PWM7
	P3.7	P2.1	P2.2	P2.3	P1.6	P1.7
第二组	PWM2_2	PWM3_2	PWM4_2	PWM5_2	PWM6_2	PWM7_2
	P2.7	P4.5	P4.4	P4.2	P0.7	P0.6

注意:

① 两组 PWM 的引脚使用寄存器 PWMnCR 中的位 PWMn_PS 进行切换(n＝2,3,4,5,6,7)。

② 所有与 PWM 相关的引脚,在上电后均默认为高阻输入态,必须在程序中将这些 I/O 设置为双向口或强推挽模式才可正常输出波形。

1. 增强型 PWM 波形发生器相关功能寄存器

增强型 PWM 波形发生器相关的特殊功能寄存器主要有 P_SW2、PWMCFG、PWMCR、PWMIF、PWMFDCR、PWMCH、PWMCL、PWMCKS 以及每个独立的 PWM 通道控制寄存器 PWMnCR、PWMnT1H、PWMnT1L、PWMnT2H 和 PWMnT2L(n＝2,3,4,5,6,7)。详情如表 12.8 所列。

表 12.8   增强型 PWM 波形发生器功能寄存器

名称	地址	D7	D6	D5	D4	D3	D2	D1	D0	复位值
P_SW2	BAH	EAXSFR	×	PWM67_S	PWM2345_S	×	S4_S	S3_S	S2_S	xx00x000
PWMCFG	F1H	×	CBTADC	C7INI	C6INI	C5INI	C4INI	C3INI	C2INI	00000000
PWMCR	F5H	ENPWM	ECBI	ENC7O	ENC6O	ENC5O	ENC4O	ENC3O	ENC2O	00000000
PWMIF	F6H	×	CBIF	C7IF	C6IF	C5IF	C4IF	C3IF	C2IF	x0000000
PWMFDCR	F7H	×	×	ENFD	FLTFLIO	EFDI	FDCMP	FDIO	FDIF	xx000000
PWMCH	FFF0H	×				PWMCH[14:8]				x0000000
PWMCL	FFF1H					PWMCL[7:0]				00000000
PWMCKS	FFF2H	×	×	×	SELT2		PS[3:0]			xxx00000
PWMnT1H	—	×				PWMnT1H[14:8]				x0000000
PWMnT1L	—					PWMnT1L[7:0]				00000000
PWMnT2H	—	×				PWMnT2H[14:8]				x0000000
PWMnT2L	—					PWMnT2L[7:0]				00000000
PWMnCR	—	×	×	×	×	PWMn_PS	EPWMnI	ECnT2SI	ECnT1SI	xxxx0000

（1）端口配置寄存器 P_SW2

① EAXSFR：扩展 SFR 访问控制使能。

0：MOVX A，@DPTR/MOVX @DPTR，A 指令的操作对象为扩展 RAM(XRAM)；

1：MOVX A，@DPTR/MOVX @DPTR，A 指令的操作对象为扩展 SFR(XSFR)。

注意：若要访问 PWM 在扩展 RAM 区的特殊功能寄存器，必须先将 EAXSFR 位置 1。

② PWM67_S：PWM6、PWM7 输出引脚选择位。

0：选择 PWM6/P1.6、PWM7/P1.7 引脚；

1：选择 PWM6_2/P0.7、PWM7_2/P0.6 引脚。

（2）PWM 配置寄存器 PWMCFG

① CBTADC：PWM 计数器归零/CBIF＝1 时触发 ADC 转换。

0：PWM 计数器归零时不触发 ADC 转换；

1：PWM 计数器归零时自动触发 ADC 转换。

注意：前提条件是 PWM 和 ADC 必须被使能，即 ENPWM＝1 且 ADCON＝1。

② CnINI：设置 PWMn 输出端口的初始电平(n＝2,3,4,5,6,7)。

0：PWMn 输出端口的初始电平为低电平；

1：PWMn 输出端口的初始电平为高电平。

（3）PWM 控制寄存器 PWMCR

① ENPWM：使能增强型 PWM 波形发生器。

0：关闭 PWM 波形发生器；

1：使能 PWM 波形发生器，PWM 计数器开始计数。

注意：

· ENPWM 使能前必须保证所有其他的 PWM 设置都完成，使能后内部的 PWM 计数器会立即开始计数，并与 T1、T2 两个翻转点的值进行比较。

· ENPWM 控制位既是整个 PWM 模块的使能位，也是 PWM 计数器开始计数的控制位。在 PWM 计数器计数的过程中,若 ENPWM＝0,PWM 计数会立即停止,当再次令 EN-PWM＝1 时,PWM 的计数会从 0 开始重新计数,而不会从原来停止的位置开始计数。

② ECBI:PWM 计数器归零中断使能位。

0:关闭 PWM 计数器归零中断(CBIF 依然会被硬件置位);

1:使能 PWM 计数器归零中断。

③ ENCnO:PWMn 输出使能位(n＝2,3,4,5,6,7)。

0:PWM 通道 n 的端口为 GPIO;

1:PWM 通道 n 的端口为 PWM 输出口,受 PWM 波形发生器控制。

(4) PWM 中断标志寄存器 PWMIF

① CBIF:PWM 计数器归零中断标志位。当 PWM 计数器归零时,硬件自动将此位置 1。当 ECBI＝1 时,程序会跳转到相应中断入口执行中断服务程序。该位需要软件清零。

② CnIF:第 n 通道的 PWM 中断标志位(n＝2,3,4,5,6,7)。可设置在翻转点 1 和翻转点 2 触发 CnIF(详见 ECnT1SI 和 ECnT2SI)。当 PWM 发生翻转时,硬件自动将此位置 1。当 EPWM7I＝1 时,程序会跳转到相应中断入口执行中断服务程序。该位需要软件清零。

(5) PWM 外部异常控制寄存器 PWMFDCR

① ENFD:PWM 外部异常检测功能控制位。

0:关闭 PWM 的外部异常检测功能;

1:使能 PWM 的外部异常检测功能。

② FLTFLIO:发生 PWM 外部异常时的 PWM 输出口控制位。

0:发生 PWM 外部异常时,PWM 的输出口不做任何改变;

1:发生 PWM 外部异常时,PWM 的输出口立即被设置为高阻输入模式。

③ EFDI:PWM 异常检测中断使能位。

0:关闭 PWM 异常检测中断(FDIF 依然会被硬件置位);

1:使能 PWM 异常检测中断。

④ FDCMP:设定 PWM 异常检测源为比较器的输出。

0:比较器与 PWM 无关;

1:当比较器正极 P5.5/CMP＋的电平比负极 P5.4/CMP－的电平高或者比较器正极 P5.5/CMP＋的电平比内部参考电压源 1.28 V 高时,触发 PWM 异常。

⑤ FDIO:设定 PWM 异常检测源为端口 P2.4 的状态。

0:P2.4 的状态与 PWM 无关;

1:当 P2.4 的电平为高电平时,触发 PWM 异常。

⑥ FDIF:PWM 异常检测中断标志位。当发生 PWM 异常时,硬件自动将此位置 1。当 EFDI＝1 时,程序会跳转执行中断服务程序,该位需要软件清零。

(6) PWM 计数器 PWMCH/PWMCL

PWM 计数器{PWMCH[14:8],PWMCL[7:0]}是一个 15 位的寄存器,可设定 1～32767 之间的任意值作为 PWM 的周期。PWM 波形发生器的计数器从 0 开始计数,每个 PWM 时钟周期递增 1,当内部计数器的计数值达到{PWMCH,PWMCL}所设定的 PWM 周期时,PWM 波形发生器内部的计数器将会从 0 重新开始计数,硬件会自动将 PWM 归零中断标志位 CBIF 置 1,若 ECBI＝1,程序将跳转执行中断服务程序。

(7) PWM 时钟选择寄存器 PWMCKS

① SELT2:PWM 时钟源选择。

0:PWM 时钟源为系统时钟经分频器分频之后的时钟;

1:PWM 时钟源为定时器 T2 的溢出脉冲。

② PS[3:0]:系统时钟预分频系数。当 SELT2＝0 时,PWM 时钟为系统时钟/(PS[3:0]＋1)。

(8) PWM 的翻转计数器{PWMnT2H,PWMnT2L}/{PWMnT1H,PWMnT1L}

PWM 波形发生器设计了两个用于控制 PWM 波形翻转的 15 位计数器,分别为第一次翻转计数器{PWMnT1H[14:8],PWMnT1L[7:0]}和第二次翻转计数器{PWMnT2H[14:8],PWMnT2L[7:0]},可设定 1～32767 之间的任意值。PWM 波形发生器内部计数器的计数值与 T1/T2 所设定的值相匹配时,PWM 的输出波形将发生翻转。

(9) PWMn 的控制寄存器 PWMnCR

① PWMn_PS:PWMn 输出管脚选择位。

0:PWMn 的输出管脚为表 12.7 所列第一组;

1:PWMn 的输出管脚为表 12.7 所列第二组。

② EPWMnI:PWMn 中断使能控制位。

0:关闭 PWMn 中断;

1:使能 PWMn 中断,当 CnIF 被硬件置 1 时,程序将跳转执行中断服务程序。

③ ECnT2SI:PWMn 的 T2 匹配发生波形翻转时的中断控制位。

0:关闭 T2 翻转时中断;

1:使能 T2 翻转时中断,当 PWM 发生器计数值与 T2 计数器所设定的值相匹配时,PWM 的波形发生翻转,同时将 CnIF 置 1,若 EPWMnI＝1,则程序将跳转执行中断服务程序。

④ ECnT1SI:PWMn 的 T1 匹配发生波形翻转时的中断控制位。

0:关闭 T1 翻转时中断;

1:使能 T1 翻转时中断,当 PWM 发生器计数值与 T1 计数器所设定的值相匹配时,PWM 的波形发生翻转,同时将 CnIF 置 1,若 EPWMnI＝1,则程序将跳转执行中断服务程序。

2. 增强型 PWM 波形发生器应用

【例 12.7】 使用 STC15W4K32S4 单片机的 PWM 波形发生器生成一个重复的 PWM 波形,波形如图 12.12 所示。PWM 波形发生器的时钟频率为系统时钟的 1/4,波形由通道 4 输出,周期为 20 个 PWM 时钟,占空比为 65%,有 4 个 PWM 时钟的相位延迟。

解:根据题意,PWM 通道 4 为第一组 P2.2 引脚,默认为高阻输入,需要将引脚工作模式设置为准双向口或强推挽模式;设置 PWMCKS 选择 PWM 时钟为 Fosc/4;PWM 计数值{PWMCH,PWMCL}为 20,第一次翻转计数值{PWM4T1H,PWM4T1L}＝0003H,第二次翻转计数值{PWM4T2H,PWM4T2L}＝16＝0010H。相应的汇编语言参考源程序如下:

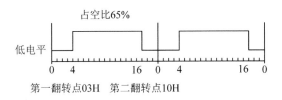

第一翻转点03H　第二翻转点10H

图 12.12　例 12.7 PWM 波形发生器输出波形图

```
;汇编语言参考代码
;定义特殊功能寄存器
P2M1 EQU 95H
P2M0 EQU 96H
P_SW2 EQU 0BAH
PWMCFG EQU 0F1H
PWMCR EQU 0F5H
PWMCKS EQU 0FFF2H
PWMCH EQU 0FFF0H
PWMCL EQU FFF1H
PWM4T1H EQU 0FF20H
PWM4T1L EQU 0FF21H
PWM4T2H EQU 0FF22H
PWM4T2L EQU 0FF23H
PWM4CR EQU 0FF24H
    ORG 0100H
MAIN:
    MOV P2M1,#00H            ;设置 P2.2 为准双向口
    MOV P2M0,#00H
    MOV P_SW2,#80H           ;EAXSFR＝1 允许访问 XRAM 地址的 SFR
    ANL PWMCFG,#0FBH         ;通道 4 初始低电平
    MOV DPTR,#PWMCKS         ;设置波形发生器的 PWM 时钟为 Fosc/4
    MOV A,#03H
    MOVX @DPTR,A
;设置 PWM 周期为 20 个时钟周期   ;{PWMCH,PWMCL}<=19
    MOV DPTR,#PWMCH
    MOV A,#00H
    MOVX @DPTR,A             ;首先设置 PWMCH
    MOV DPTR,#PWMCL
    MOV A,#13H
    MOVX @DPTR,A             ;写入 PWMCL 的同时会更新 PWMCH
```

```
        MOV DPTR,#PWM4T1H          ;通道 4 的第一次翻转计数值为 0003H
        MOV A,#00H
        MOVX @DPTR,A
        MOV DPTR,#PWM4T1L
        MOV A,#03H
        MOVX @DPTR,A
        MOV DPTR,#PWM4T2H          ;通道 4 的第二次翻转计数值为 0010H
        MOV A,#00H
        MOVX @DPTR,A
        MOV DPTR,#PWM4T2L
        MOV A,#10H
        MOVX @DPTR,A
        MOV DPTR,#PWM4CR           ;通道 4 输出引脚 P2.2,禁止中断
        MOV A,#00H
        MOVX @DPTR,A
        MOV A,P_SW2                ;禁止 xSFR,恢复正常访问 XRAM 存储器
        ANL A,#7FH
        MOV P_SW2,A
        MOV A,PWMCR                ;使能 PWM 和通道 4,输出 PWM 波
        ORL A,#84H
        MOV PWMCR,A
        SJMP $
        END
```

C 语言参考源程序如下:

```
/* 以下 SFR 定义已经包含在 STC15.H 中 */
/* 可以直接使用#include <stc15.h> */
#include <absacc.h>
#define PWMCKS XBYTE[0xFFF2]
#define PWMCH XBYTE[0xFFF0]
#define PWMCL XBYTE[0xFFF1]
#define PWM4T1H XBYTE[0xFF20]
#define PWM4T1L XBYTE[0xFF21]
#define PWM4T2H XBYTE[0xFF22]
#define PWM4T2L XBYTE[0xFF23]
#define PWM4CR XBYTE[0xFF24]
```

```
sfr P2M1 = 0x95;
sfr P2M0 = 0x96;
sfr P_SW2 = 0xBA;
sfr PWMCFG = 0xF1;
sfr PWMCR = 0xF5;
/* 以上定义已经包含在 STC15.H 中 */
void main()
{
    P2M1=0x00;
    P2M0=0x00;               /* 设置 P2.2 为准双向口 */
    P_SW2=0x80;              /* 设置 EAXSFR=1 允许访问 XRAM 地址的 SFR */
    PWMCFG &= 0xFB;          /* 设置通道 4 初始低电平 */
    PWMCKS=0x03;             /* 设置波形发生器的 PWM 时钟为 Fosc/4 */
    PWMCH=0;
    PWMCL=19;                /* PWM 计数值{PWMCH,PWMCL}<=19 */
    PWM4T1H=0;
    PWM4T1L=3;               /* 通道 4 的第一次翻转计数值为 3 */
    PWM4T2H=0;
    PWM4T2L=16;              /* 通道 4 的第二次翻转计数值为 16 */
    PWM4CR=0x00;             /* 通道 4 输出引脚 P2.2,禁止中断 */
    P_SW2 &= 0x7F;           /* 禁止 xSFR,恢复正常访问 XRAM 存储器 */
    PWMCR=0x84;              /* 使能 PWM 和通道 4,输出 PWM 波 */
    while(1);
}
```

程序执行后的结果如图 12.13 所示。

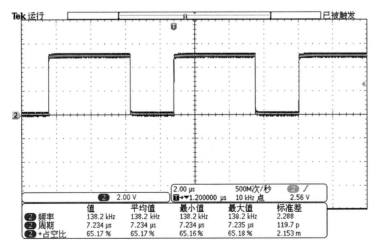

图 12.13　例 12.7 程序 PWM 输出波形图

本 章 小 结

单片机的设计和开发遵循严格的流程和原则,其中可靠性高、性价比高、可维护性高及设计周期短是主要考虑的因素。此外,开发流程上涉及硬件和软件的多方面知识,包括可行性分析、方案设计、PCB 电路制作、软件调试和产品测试等各个方面。

直流电机和步进电机是机电控制中一种常用的执行机构,本章介绍了直流电机和步进电机运行的方向控制和速度控制原理及方法。

低功耗设计是单片机应用系统设计的重要部分,STC15W4K 系列单片机提供了三种省电模式,即低速模式、空闲模式和掉电模式。STC15W4K 系列单片机内部集成了硬件看门狗电路,只需简单编程,即可实现看门狗功能,防止程序运行中出现异常,提高了系统的可靠性。

STC15W4K 系列单片机集成了 6 路增强型 PWM,只需简单编程即可输出灵活配置的 PWM 波形。

习题与思考题

一、填空题

1. 单片机应用系统的设计原则中最重要的是_____、_____和_____。

2. 单片机的应用系统开发总体上可分为硬件开发和_____两部分。

3. 单片机的最小系统是指_____,其中的三要素包括电源、_____和_____。

4. 直流电机的正、反转控制是通过改变直流工作电压的_____来实现的,而速度控制一般采用_____方式来实现。

5. 步进电机是一种将电脉冲信号转换为_____或_____的电磁机械装置,是工业过程控制常用的执行部件之一。

6. 步进电机的旋转方向是通过改变步进电机供电节拍的_____来实现的,其速度控制是通过控制供电节拍的_____来实现的。

7. STC15W4K32S4 单片机的典型工作功耗是_____,空闲模式下的典型功耗是_____,掉电模式下的典型功耗是_____。

8. STC15W4K 系列单片机进入掉电模式后,除了可以通过外部中断及其他中断的外部引脚进行唤醒外,还可以通过内部_____唤醒 CPU。

9. 启动 STC15W4K 系列单片机内部的_____定时器,可以增加单片机运行的可靠性。

10. STC15W4K32S4 单片机内置_____通道独立增强型 PWM 输出,并可通过设置占空比实现_____输出和_____控制。

二、选择题

1. PWM 的含义是指(   )。

A. 直流调速系统   B. 脉冲宽度调制   C. 正弦波脉宽调制   D. 单边脉宽调制

2. STC15W4K 系列单片机空闲模式下不工作的模块是（　　）。

A. CPU　　　　　B. 中断系统　　　C. A/D 转换　　　D. 定时器

3. 单片机最小系统中不应包含（　　）。

A. 电源电路　　　B. 晶振电路　　　C. 复位电路　　　D. A/D 转换电路

4. STC15W4K 系列单片机在停机模式下，仍能正常工作的模块是（　　）。

A. 定时器　　　　B. 外部中断　　　C. 看门狗　　　　D. 串行口

5. 以下不能唤醒掉电模式下的 STC15W4K 系列单片机的是（　　）。

A. INT0　　　　　B. CCP0　　　　　C. RxD　　　　　D. ADC0

6. STC15W4K32S4 单片机空闲模式下的典型功耗约为（　　）。

A. 2.7 mA　　　　B. 0.1 mA　　　　C. 27 μA　　　　D. 1.8 mA

7. PWM 信号的高电平时间为 200 ms，周期为 1000 ms，则 PWM 信号的占空比是（　　）。

A. 20%　　　　　B. 25%　　　　　C. 30%　　　　　D. 80%

8. 当 PCON＝22H 时，STC15W4K32S4 单片机进入（　　）模式。

A. 正常工作　　　B. 空闲　　　　　C. 低速　　　　　D. 掉电

9. 若 SYSclk＝12 MHz、CLK_DIV＝01H，则单片机的工作时钟频率为（　　）。

A. 3 MHz　　　　B. 12 MHz　　　　C. 1.5 MHz　　　　D. 6 MHz

10. 若 WKTCH＝81H、WKTCL＝55H，则 STC15W4K 系列单片机内部的掉电唤醒专用定时器的定时时间约为（　　）。

A. 166.4 ms　　　B. 62.9 ms　　　C. 41.5 ms　　　D. 165.4 ms

11. 若 SYSclk＝12 MHz，用户程序的周期性最大循环时间为 500 ms，对看门狗定时器的设置正确的是（　　）。

A. WDT_CONTR＝0x33；　　　　B. WDT_CONTR＝0x3C；

C. WDT_CONTR＝0x32；　　　　D. WDT_CONTR＝0xB3；

12. STC15W4K32S4 单片机内部集成有（　　）路增强型 PWM 输出。

A. 8　　　　　　　B. 5　　　　　　　C. 6　　　　　　　D. 3

三、简答题

1. 简述单片机应用系统的开发流程。

2. 简述直流电机速度控制与方向控制的基本原理，对驱动电路有什么要求？

3. 简述步进电机速度控制与方向控制的基本原理，对驱动电路有什么要求？

4. 简述 PWM 控制方式的特点和实现方法。

5. STC15 系列单片机有哪几种省电模式？如何设置进入相应模式？

6. STC15 系列单片机进入掉电模式后，如何唤醒？

7. STC15 系列单片机空闲模式下的唤醒方式有哪几种？

8. 简述 STC15 系列单片机看门狗的工作原理及其作用。

9. 简述看门狗控制寄存器 WDT_CONTR 各控制位的作用，如何设置实现看门狗功能？

10. 简述使用 STC15W4K 系列单片机输出带有死区控制功能的 PWM 的方法。

四、综合设计题

1. 设计一个直流控制电路,要求具有以下功能:

(1) 具有正、反转控制功能;

(2) 具有速度调节功能,速度共分为 20 挡;

(3) 使用 1602 型 LCD 显示当前的正、反转状态和当前速度级别。

画出硬件电路图,绘制程序流程图,编写程序并上机调试。

2. 设计一个四相步进电机控制系统,要求使用四相四拍驱动方式,设置一个启动/停止按键。画出硬件电路图,绘制程序流程图,编写程序并上机调试。

附录 A　ASCII 码表及扩展 ASCII 码表

ASCII 码表

ASCII 值	十六进制	控制字符	ASCII 值	十六进制	控制字符	ASCII 值	十六进制	控制字符	ASCII 值	十六进制	控制字符
0	00	NUL	32	20	(space)	64	40	@	96	60	、
1	01	SOH	33	21	!	65	41	A	97	61	a
2	02	STX	34	22	"	66	42	B	98	62	b
3	03	ETX	35	23	#	67	43	C	99	63	c
4	04	EOT	36	24	$	68	44	D	100	64	d
5	05	ENQ	37	25	%	69	45	E	101	65	e
6	06	ACK	38	26	&	70	46	F	102	66	f
7	07	BEL	39	27	'	71	47	G	103	67	g
8	08	BS	40	28	(	72	48	H	104	68	h
9	09	HT	41	29	)	73	49	I	105	69	i
10	0A	LF	42	2A	*	74	4A	J	106	6A	j
11	0B	VT	43	2B	+	75	4B	K	107	6B	k
12	0C	FF	44	2C	,	76	4C	L	108	6C	l
13	0D	CR	45	2D	—	77	4D	M	109	6D	m
14	0E	SO	46	2E	.	78	4E	N	110	6E	n
15	0F	SI	47	2F	/	79	4F	O	111	6F	o
16	10	DLE	48	30	0	80	50	P	112	70	p
17	11	DC1	49	31	1	81	51	Q	113	71	q
18	12	DC2	50	32	2	82	52	R	114	72	r
19	13	DC3	51	33	3	83	53	S	115	73	s
20	14	DC4	52	34	4	84	54	T	116	74	t
21	15	NAK	53	35	5	85	55	U	117	75	u
22	16	SYN	54	36	6	86	56	V	118	76	v
23	17	ETB	55	37	7	87	57	W	119	77	w
24	18	CAN	56	38	8	88	58	X	120	78	x
25	19	EM	57	39	9	89	59	Y	121	79	y
26	1A	SUB	58	3A	:	90	5A	Z	122	7A	z
27	1B	ESC	59	3B	;	91	5B	[	123	7B	{
28	1C	FS	60	3C	<	92	5C	\	124	7C		

续表

ASCII 值	十六进制	控制字符	ASCII 值	十六进制	控制字符	ASCII 值	十六进制	控制字符	ASCII 值	十六进制	控制字符
29	1D	GS	61	3D	=	93	5D	]	125	7D	}
30	1E	RS	62	3E	>	94	5E	^	126	7E	~
31	1F	US	63	3F	?	95	5F	—	127	7F	DEL

说明:ASCII 码的 0~31 及 127(共 33 个)是控制字符或通信专用字符,其余为可显示字符。

ASCII 值	十六进制	缩写(字符)	功能
0	00	NUL(null)	空字符
1	01	SOH(start of headline)	标题开始
2	02	STX(start of text)	正文开始
3	03	ETX(end of text)	正文结束
4	04	EOT(end of transmission)	传输结束
5	05	ENQ(enquiry)	请求
6	06	ACK(acknowledge)	收到通知
7	07	BEL(bell)	响铃
8	08	BS(backspace)	退格
9	09	HT(horizontal tab)	水平制表符
10	0A	LF(NL line feed, new line)	换行键
11	0B	VT(vertical tab)	垂直制表符
12	0C	FF(NP form feed, new page)	换页键
13	0D	CR(carriage return)	回车键
14	0E	SO(shift out)	移出
15	0F	SI(shift in)	移入
16	10	DLE(data link escape)	数据链路转义
17	11	DC1(device control 1)	设备控制 1
18	12	DC2(device control 2)	设备控制 2
19	13	DC3(device control 3)	设备控制 3
20	14	DC4(device control 4)	设备控制 4
21	15	NAK(negative acknowledge)	拒绝接收
22	16	SYN(synchronous idle)	同步空闲
23	17	ETB(end of trans. block)	传输块结束
24	18	CAN(cancel)	取消
25	19	EM(end of medium)	介质中断
26	1A	SUB(substitute)	替补
27	1B	ESC(escape)	转义,溢出
28	1C	FS(file separator)	文件分割符

续表

ASCII 值	十六进制	缩写（字符）	功能
29	1D	GS(group separator)	分组符
30	1E	RS(record separator)	记录分离符
31	1F	US(unit separator)	单元分隔符
127	7F	DEL(delete)	删除

扩展 ASCII 码表

以下为码值为 128～255 的扩展 ASCII 码表：

ASCII 值	十六进制	控制字符	ASCII 值	十六进制	控制字符	ASCII 值	十六进制	控制字符	ASCII 值	十六进制	控制字符
128	80	保留	160	A0	保留	192	C0	À	224	E0	à
129	81	保留	161	A1	¡	193	C1	Á	225	E1	á
130	82	保留	162	A2	¢	194	C2	Â	226	E2	â
131	83	保留	163	A3	£	195	C3	Ã	227	E3	ã
132	84	IND	164	A4	保留	196	C4	Ä	228	E4	ä
133	85	NEL	165	A5	¥	197	C5	Å	229	E5	å
134	86	SSA	166	A6	保留	198	C6	Æ	230	E6	æ
135	87	ESA	167	A7	§	199	C7	Ç	231	E7	ç
136	88	HTS	168	A8	¤	200	C8	È	232	E8	è
137	89	HTJ	169	A9	©	201	C9	É	233	E9	é
138	8A	VTS	170	AA	a	202	CA	Ê	234	EA	ê
139	8B	PLD	171	AB	«	203	CB	Ë	235	EB	ë
140	8C	PLU	172	AC	保留	204	CC	Ì	236	EC	ì
141	8D	RI	173	AD	保留	205	CD	Í	237	ED	í
142	8E	SS2	174	AE	保留	206	CE	Î	238	EE	î
143	8F	SS3	175	AF	保留	207	CF	Ï	239	EF	ï
144	90	DCS	176	B0	°	208	D0	保留	240	F0	保留
145	91	PU1	177	B1	±	209	D1	Ñ	241	F1	ñ
146	92	PU2	178	B2	²	210	D2	Ò	242	F2	ò
147	93	STS	179	B3	³	211	D3	Ó	243	F3	ó
148	94	CCH	180	B4	保留	212	D4	Ô	244	F4	ô
149	95	MW	181	B5	µ	213	D5	Õ	245	F5	õ
150	96	SPA	182	B6	¶	214	D6	Ö	246	F6	ö
151	97	EPA	183	B7	·	215	D7	OE	247	F7	oe

续表

ASCII 值	十六进制	控制字符	ASCII 值	十六进制	控制字符	ASCII 值	十六进制	控制字符	ASCII 值	十六进制	控制字符
152	98	保留	184	B8	保留	216	D8	Ø	248	F8	ø
153	99	保留	185	B9	¹	217	D9	Ù	249	F9	ù
154	9A	保留	186	BA	º	218	DA	Ú	250	FA	ú
155	9B	CSI	187	BB	»	219	DB	Û	251	FB	û
156	9C	ST	188	BC	¼	220	DC	Ü	252	FC	ü
157	9D	OSC	189	BD	½	221	DD	Ý	253	FD	ÿ
158	9E	PM	190	BE	保留	222	DE	保留	254	FE	保留
159	9F	APC	191	BF	¿	223	DF	ß	255	FF	保留

附录 B　STC15W4K 单片机学习板参考线路图

STC15W4K 学习板参考线路图

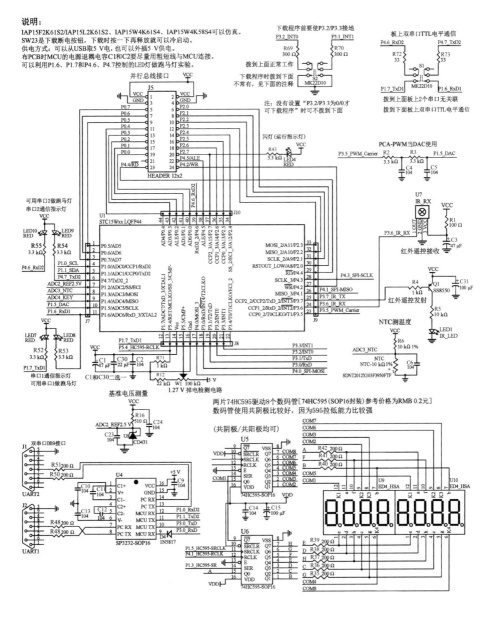

STC15W4K 学习板参考线路图续(1)

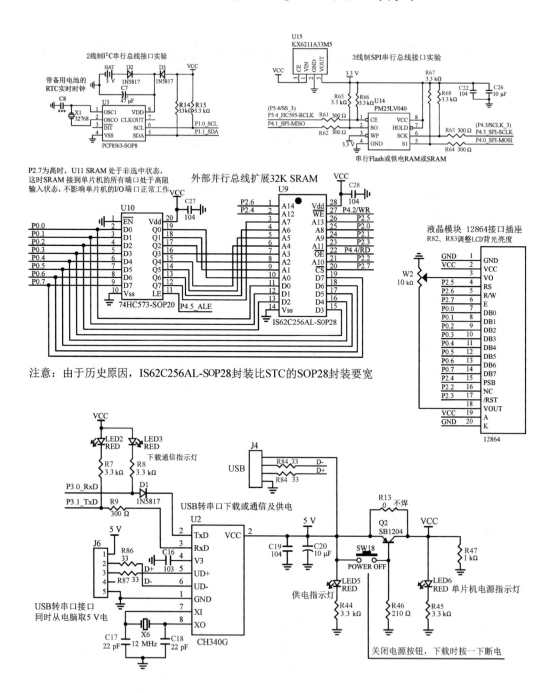

STC15W4K 学习板参考线路图续(2)

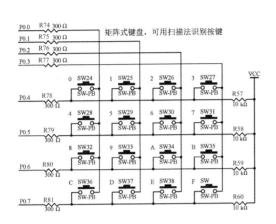

矩阵式键盘，可用扫描法识别按键

读ADC键的方法：
每隔10 ms左右读一次ADC值，并且保存最后3次的读数，其变化比较小时再判断键。判断键有效时，允许一定的偏差，比如±16个字的偏差。

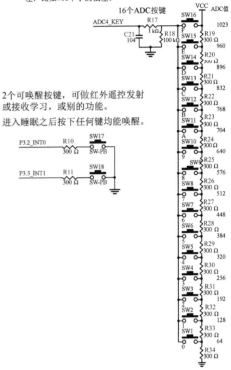

2个可唤醒按键，可做红外遥控发射或接收学习，或别的功能。
进入睡眠之后按下任何键均能唤醒。

PCB板上根据情况留一些过孔焊盘方便做实验(图例20×20)

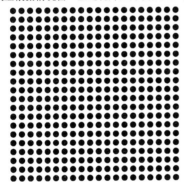

参 考 文 献

[1] 陈桂友. 单片微型计算机原理及接口技术[M]. 北京:高等教育出版社,2012.

[2] 陈桂友. 增强型 8051 单片机实用开发技术[M]. 北京:北京航空航天大学出版社,2010.

[3] 丁向荣. 单片微机原理与接口技术:基于 STC15 系列单片机[M]. 2 版.北京:电子工业出版社,2018.

[4] 宏晶科技. STC15 系列单片机器件手册.[2015-02-15].http://www.stcmcu.com/index.htm.

[5] 黄金明. Visual C++6.0 基础与实例教程[M].北京:中国电力出版社,2007.

[6] 李干林. 微机原理及接口技术[M]. 北京:北京大学出版社,2015.

[7] 林立,张俊亮,曹旭东,等. 单片机原理及应用:基于 Proteus 和 Keil C[M]. 北京:电子工业出版社,2009.

[8] 陆志才. 微型计算机组成原理[M]. 北京:高等教育出版社,2003.

[9] 彭伟. 单片机 C 语言程序设计实训 100 例:基于 8051+Proteus 仿真[M]. 北京:电子工业出版社,2009.

[10] 綦声波,张玲."飞思卡尔"杯智能车设计与实践[M]. 北京:北京航空航天大学出版社,2015.

[11] 谭浩强. C 程序设计[M].3 版.北京:清华大学出版社,2005.

[12] 夏路易. 单片机技术基础教程与实践[M]. 北京:电子工业出版社,2008.

[13] 谢维成,杨加国.单片机原理与应用及 C51 程序设计[M]. 3 版.北京:清华大学出版社,2014.

[14] 徐爱钧,徐阳. 单片机原理与应用:基于 Proteus 虚拟仿真技术[M]. 2 版.北京:机械工业出版社,2013.

[15] 姚燕南,薛钧义. 微型计算机原理与接口技术[M]. 北京:高等教育出版社,2004.

[16] 张国勋,孙海. 单片机原理及应用[M]. 2 版.北京:中国电力出版社,2007.

[17] 张荣标,等. 微型计算机原理与接口技术[M]. 2 版.北京:机械工业出版社,2009.

[18] 张毅刚,彭喜源. MCS-51 单片机应用设计[M].3 版.哈尔滨:哈尔滨工业大学出版社,2008.

[19] 张毅刚. 单片机原理及接口技术(C51 编程)[M]. 北京:人民邮电出版社,2011.

[20] 赵丽清,惠鸿忠. 单片机原理与 C51 基础[M]. 北京:机械工业出版社,2012.

[21] 郑学坚,周斌. 微型计算机原理及应用[M]. 3 版.北京:清华大学出版社,2012.

[22] 周明德,蒋本珊. 微机原理与接口技术[M]. 2 版.北京:人民邮电出版社,2007.

[23] 朱文忠,蒋华龙. 单片机原理与应用技术[M]. 北京:电子工业出版社,2017.